ÉLÉMENTS

DE

GÉOMÉTRIE.

ÉLÉMENTS
DE
GÉOMÉTRIE,

AVEC DES NOTES;

SECONDE ÉDITION REVUE, CORRIGÉE ET AUGMENTÉE DE LA TRIGONOMÉTRIE;

PAR A. M. LE GENDRE, membre de l'Institut national.

A PARIS,

Chez FIRMIN DIDOT, rue de Thionville, n.° 116, Libraire pour les Mathématiques et l'Architecture.

AN VIII.

PRÉFACE.

Les Éléments d'Euclide jouissent depuis vingt siècles de l'estime générale des savants, et cet ouvrage, au moins dans ses premiers livres, est encore aujourd'hui l'un des meilleurs guides qu'on puisse suivre dans l'étude de la Géométrie. Si on examine cependant avec attention les principes qui servent de base à ces Eléments, on remarquera qu'ils laissent quelque chose à desirer du côté de l'exactitude, puisqu'on y trouve sous le nom d'axiomes des propositions qui ne sont pas absolument évidentes, et qui auroient dû être démontrées d'après la définition de la ligne droite. Ainsi l'axiome x, portant que *deux lignes droites ne renferment pas d'espace*, est une vérité qui devroit être contenue dans la définition de la ligne droite, ou en découler immédiatement. L'axiome xi, *que tous les angles droits sont égaux entre eux*, est une vérité qu'on devroit conclure de ce que deux lignes droites peuvent toujours être superposées. Enfin dans l'axiome xii il est dit que *si deux droites situées dans un même plan, font, avec une troisième, deux angles intérieurs d'un même côté, dont la somme soit moindre que deux angles droits, ces deux droites prolongées doivent se rencontrer.* Cette dernière vérité sur laquelle Euclide fonde particulièrement la théorie des parallèles, est la moins évidente de toutes, et celle qui auroit le plus besoin d'être démontrée. Et si on a quelque chose à reprocher à l'exactitude d'Euclide, à plus forte raison peut-on n'être pas pleinement satisfait des méthodes suivies par les auteurs modernes d'Eléments, qui en général se sont beaucoup plus attachés à rendre les démonstrations courtes et faciles, qu'à leur procurer l'avantage d'une exactitude rigoureuse (1).

Dans cet ouvrage, dont une première édition a déja été soumise au public, j'ai tâché d'ajouter de nouveaux degrés de perfection à quelques points des Eléments : et d'abord j'ai porté mon attention sur la définition de la ligne droite qui est pour ainsi dire le fondement de toute la Géométrie.

Dans Euclide, la définition de la ligne droite ainsi conçue : *Recta linea est quæ ex æquo suis interjicitur punctis*, n'est qu'une notion vague et obscure qui pourroit d'ailleurs être supprimée comme n'étant nécessaire à aucune démonstration. Aussi voit-on que l'auteur y a suppléé par les axiomes déja cités, et surtout par le xe.

En suivant le sens de l'axiome x, on peut dire que *la ligne droite est celle qui ne peut avoir qu'une position entre deux points donnés*, et cet

(1) Voyez ce que dit d'Alembert sur les Eléments de Géométrie, tom. IV et V de ses Mélanges de littérature et de philosophie.

énoncé est peut-être la définition la plus simple et la plus générale qu'on puisse donner de la ligne droite. Il est certain qu'il exprime une propriété caractéristique et essentielle de la ligne droite ; car toute ligne qui n'est pas droite (un arc de cercle par exemple), peut tourner autour de deux de ses points, et prendre une infinité de positions dans l'espace ; la ligne droite seule tournant autour de ses deux extrémités, ne déplace aucun de ses points et conserve la même position.

De cette définition on ne pourroit pas conclure immédiatement que la ligne droite est la plus courte entre deux points donnés, ni par conséquent qu'elle en est la distance ; mais d'abord on prouvera aisément que des distances égales répondent à des lignes droites égales, et qu'une plus grande distance entre deux points répond à une plus grande ligne droite menée entre ces deux mêmes points. Ces rapports (semblables à ceux qui ont lieu entre l'arc et sa corde) suffisent pour démontrer de suite les propositions I, II, III, IV, V, VI, à très-peu près comme elles le sont dans cet ouvrage ; ensuite on pourra reprendre dans Euclide les propositions V, VI, VII, VIII, XVI, XVIII, XIX et XX avec les démonstrations de cet auteur auxquelles on n'aura rien à changer. Arrivé à la proposition XX, on aura prouvé que dans tout triangle un côté est toujours plus petit que la somme des deux autres. De là, en raisonnant comme dans la prop. III, liv. VII, on conclura facilement que la ligne droite est la plus courte entre deux points donnés, et qu'elle en mesure la distance.

Il semble donc qu'au moyen de la définition qui précède, substituée à la définition insignifiante d'Euclide, on peut supprimer les axiomes X et XI, et conserver à très-peu près le même ordre dans les Eléments. Quant à l'axiome XII, la difficulté de le démontrer reste la même dans l'un et l'autre systêmes ; mais on verra qu'elle peut être surmontée par d'autres considérations, et qu'ainsi les Eléments de géométrie se trouveront dégagés de toute supposition.

Mais si la voie que nous indiquons est la plus parfaite, elle n'est pas la plus facile à saisir pour ceux qui n'ont encore aucune teinture de la géométrie; car la notion de la ligne qui ne peut avoir qu'une position, est plus négative que positive, et par conséquent peu claire; d'un autre côté, il faut avouer que ce n'est que par une abstraction assez pénible qu'on peut distinguer, dans le cours de plusieurs propositions, la ligne droite menée entre deux points, d'avec la ligne la plus courte qui doit mesurer la distance de ces deux mêmes points.

Par ces raisons, j'ai cru devoir sacrifier quelque chose de l'exactitude à laquelle j'aspirois, et en me rapprochant des notions communes qu'il est difficile de contester, j'appelerai *ligne droite* celle qui est la plus courte entre deux points donnés, et je supposerai qu'il n'en existe qu'une. C'est sur ce principe considéré à la fois comme définition et comme axiome, que j'ai tâché d'établir l'édifice entier des Eléments.

Je supposé que le lecteur ait connoissance de la théorie des proportions, qu'on trouve expliquée dans les traités ordinaires d'arithmétique ou d'algèbre ; je lui suppose même la connoissance des premières règles de l'algèbre, telles que l'addition et soustraction des quantités et les opérations les plus simples qu'on fait subir aux équations du premier degré. Les anciens, qui ne connoissoient pas l'algèbre, y suppléoient par le raisonnement et par l'usage des proportions, qu'ils manioient avec beaucoup de dextérité. Pour nous, qui avons cet instrument de plus qu'eux, nous aurions tort de n'en pas faire usage s'il en peut résulter une plus grande facilité. Je n'ai donc pas hésité à employer des signes et des opérations d'algèbre, lorsque je l'ai jugé nécessaire : mais je n'ai eu garde de compliquer d'opérations difficiles ce qui doit être simple par sa nature ; et tout l'usage que j'ai fait de l'algèbre dans ces Eléments se réduit, comme je l'ai déja dit, à quelques règles très-simples qu'on peut savoir presque sans se douter que ce soit de l'algèbre.

Il me semble au reste que si l'étude de la géométrie doit être précédée de quelques leçons d'algèbre, il ne sera pas inutile non plus de mener de front l'étude de ces deux sciences, et de les entre-mêler, autant qu'il sera possible, l'une avec l'autre. A mesure qu'on avance dans la géométrie, on se trouve dans la nécessité de combiner ensemble un plus grand nombre de rapports, et l'algèbre peut être d'un grand secours pour conduire aux résultats de la manière la plus prompte et la plus facile.

Cet ouvrage est divisé en huit livres, dont quatre traitent de la géométrie plane et quatre de la géométrie solide.

Le livre I.er, intitulé *les Principes*, contient les propriétés des lignes droites qui se rencontrent, celles des perpendiculaires, des parallèles, etc.

Le livre II, intitulé *le Cercle*, traite des propriétés les plus simples du cercle, de celles des cordes, des tangentes, et de la mesure des angles par les arcs de cercle.

Ces deux premiers livres sont terminés par le résolution de quelques problêmes concernant la construction des figures.

Le livre III, intitulé *la Proportion des figures*, renferme la mesure des surfaces, leur comparaison, les propriétés du triangle rectangle, celles des triangles équiangles, des figures semblables, etc. On nous reprochera peut-être d'avoir mêlé indistinctement les propriétés des lignes avec celle des surfaces; mais en cela nous avons suivi à peu près l'ordre d'Euclide, et cet ordre ne peut manquer d'être bon si les propositions sont bien enchaînées les unes aux autres. Ce livre est encore terminé par une suite de problêmes relatifs aux objets qui y sont traités.

Le livre IV traite *des Polygones réguliers et de la mesure du cercle.* Deux lemmes servent de base à cette mesure, qui d'ailleurs est démontrée à la manière d'Archimède : nous donnons ensuite deux méthodes d'approximation pour quarrer le cercle, l'une desquelles est de Jacques Grégory. Ce livre est suivi d'une appendice, où l'on démontre que le cercle est plus grand que toute figure rectiligne isopérimètre.

Le livre V renferme les propriétés *des plans* et celles *des angles solides.* Cette partie est très-nécessaire pour l'intelligence des solides et des figures où l'on considère différents plans. Nous avons tâché de la rendre plus claire et plus rigoureuse qu'elle ne l'est dans les ouvrages ordinaires.

Le livre VI traite *des Polyedres*, et de leur mesure. Ce livre paroîtra très-différent de ce qu'il est dans les autres Eléments; nous avons cru devoir le présenter d'une manière entièrement nouvelle.

Le livre VII est un traité abrégé *de la Sphère et des triangles sphériques*. Ce traité ne fait pas ordinairement partie des Eléments de géométrie; cependant nous croyons qu'il doit y entrer, ne fût-ce que pour servir d'introduction à la trigonométrie sphérique.

L'appendice ajoutée aux livres VI et VII a pour objet *les Polyedres réguliers ;* matière traitée assez au long dans Euclide, et qui peut fournir des applications intéressantes dans la trigonométrie.

Le livre VIII traite *des trois Corps ronds*, qui sont la sphère, le cône et le cylindre ; on y mesure les surfaces et les solidités de ces corps par une méthode analogue à celle d'Archimède, et fondée, quant aux surfaces, sur les mêmes principes que nous tâchons de démontrer sous le nom de *lemmes préliminaires*.

Les notes que j'ai ajoutées à la suite de la géométrie ont différents objets : les unes contiennent des recherches ou des discussions relatives à la perfection des Eléments ; les autres, et ce sont les plus essentielles, contiennent des démonstrations rigoureuses qu'il conviendra de substituer dans une seconde lecture à d'autres démonstrations moins complètes ou moins exactes que j'ai laissées dans quelques endroits du texte pour ne pas rendre la première lecture des Eléments trop difficile ; enfin il en est plusieurs qui contiennent les solutions analytiques de divers problêmes de géométrie utiles ou curieux. Ces notes sont destinées principalement à ceux qui veulent approfondir l'étude de la géométrie, et qui se sont déja rendu familiers avec les calculs algébriques : on pourra les passer sans inconvénient, si on veut se borner à la partie purement élémentaire.

Il existe aussi dans la géométrie des parties moins nécessaires que les autres, et qu'on peut passer entièrement ou réserver pour une seconde lecture : on les a distinguées, ainsi que les notes, par un caractère d'impression plus petit.

Pour rendre ces éléments d'une utilité plus générale, j'ai cru devoir y ajouter un traité de trigonométrie rectiligne et sphérique, avec le développement des principales formules trigonométriques dont on fait usage dans l'analyse. J'ai démontré les principes fondamentaux de la trigonométrie par la voie synthétique ; je me suis servi ensuite de l'analyse pour combiner entre elles les différentes formules données par ces principes, et en déduire la résolution des différents cas. Cette marche m'a paru à la fois la plus simple et la plus facile : elle réduit les principes au plus petit nombre possible ; elle donne la facilité de les retrouver au besoin, sans aucune construction de figures, par le moyen d'une seule formule aisée à retenir ; enfin elle dispense aussi de se rappeler les règles assez embarrassantes que donnent la plupart des auteurs, pour distinguer si les parties cherchées sont plus grandes ou plus petites que l'angle droit ou le quart de circonférence.

La trigonométrie est suivie d'une appendice où j'ai traité différents cas particuliers susceptibles de solutions utiles ou élégantes. On y trouvera entr'autres la théorie par laquelle on ramène aux triangles rectilignes, les triangles sphériques dont les côtés sont très-petits par rapport au rayon de la sphère, et aussi les triangles sphériques dont deux angles sont très-petits.

Je ne terminerai pas ce discours sans donner un témoignage public de ma reconnoissance aux géomètres qui ont bien voulu examiner la première édition de cet ouvrage, et me faire part des imperfections ou des erreurs qu'ils y ont remarquées. J'attendois surtout des savants étrangers qui ont un goût particulier pour la méthode des anciens, les observations les plus propres à perfectionner mon travail : mon attente n'a point été trompée. Simon l'Huillier, célèbre professeur de Genève, m'a fait apercevoir, le premier, qu'on ne pouvoit pas regarder comme rigoureuse, la démonstration du lemme, sur lequel j'avois établi la théorie des parallèles ; la même observation m'a été faite ensuite par le savant L. W. Gilbert, de Halle, qui a donné une traduction allemande des trois premiers livres de mes éléments, enrichie de notes historiques et critiques. Mais il ne suffisoit pas de connoître l'erreur, il falloit la corriger, et malheureusement il ne m'a été donné aucune direction sur ce point important. Après bien des recherches et des tentatives infructueuses que j'ai faites pour démontrer, soit la théorie des parallèles, soit le théorême sur la somme des trois angles d'un triangle, je suis parvenu à démontrer cette dernière proposition de deux manières; l'une plus simple, mais moins rigoureuse, que j'ai insérée dans le texte; l'autre moins simple, mais plus rigoureuse, que l'on trouvera dans les notes.

Le même Simon l'Huillier ayant observé que la démonstration de la prop. XXV, liv. VII, (c'est la prop. XXVI dans cette édition), étoit fondée sur une supposition que l'on pouvoit contester; savoir, que le triangle dont la surface est un *maximum*, ne peut avoir qu'une forme déterminée; j'ai cherché une autre démonstration du même théorême, indépendante de toute supposition. Cette démonstration se trouvera dans les notes.

Enfin, un jeune géomètre étranger, dont j'ignore le nom, s'est aperçu que j'avois supposé mal à propos, dans la prop. XXI, liv. VII, (I.re édition), que les deux triangles sphériques AOC, BDN sont égaux, tandis qu'ils ne sont que symmétriques l'un de l'autre. Cette observation m'a obligé de démontrer la proposition que deux triangles sphériques symmétriques sont égaux en surface, et celle-ci m'a donné occasion de démontrer dans les notes, une autre proposition fort importante, savoir, que deux polyedres symmétriques sont égaux en solidité; proposition que jusques-là je n'avois pas réussi à démontrer par la seule superposition. J'ajouterai que le jeune géomètre à qui je dois ces perfectionnements, avoit trouvé de son côté les démonstrations des deux mêmes propositions.

Ayant donné tous mes soins pour que cet ouvrage fût le moins imparfait qu'il m'a été possible, j'espère qu'il sera reçu favorablement du public: je desire surtout qu'il soit utile à l'instruction de la jeunesse, et qu'il contribue à former des géomètres dignes de succéder à ceux qui ont illustré le XVIII.[me] siècle.

N. B. Les nombres mis en marge indiquent les propositions auxquelles on renvoie pour l'intelligence du discours. Un seul nombre, comme 4, indique la 4.e proposition du livre courant: deux nombres 20. 3 indiquent la 20.e proposition du 3.e livre. Dans la Trigonométrie on a distingué les articles et les renvois par des chiffres romains.

ÉLÉMENTS
DE
GÉOMÉTRIE.

LIVRE PREMIER.

LES PRINCIPES.

DÉFINITIONS.

I. La géométrie est une science qui a pour objet la mesure de l'étendue.

L'étendue a trois dimensions, longueur, largeur et hauteur.

II. La *ligne* est une longueur sans largeur.

Les extrémités d'une ligne s'appellent *points* : le point n'a donc pas d'étendue.

III. La *ligne droite* est le plus court chemin d'un point à un autre.

IV. Toute ligne qui n'est ni droite ni composée de lignes droites est une *ligne courbe*.

Ainsi AB est une ligne droite, ACDB une ligne fig. 1.
brisée ou composée de lignes droites, et AEB est une ligne courbe.

V. *Surface* est ce qui a longueur et largeur sans hauteur ou épaisseur.

VI. Le *plan* est une surface, dans laquelle prenant deux points à volonté, et joignant ces deux points par une ligne droite, cette ligne est toute entière dans la surface.

VII. Toute surface qui n'est ni plane ni composée de surfaces planes est une *surface courbe.*

VIII. *Solide* ou *corps* est ce qui réunit les trois dimensions de l'étendue.

fig. 2. IX. Lorsque deux lignes droites AB, AC, se rencontrent, la quantité plus ou moins grande dont elles sont écartées l'une de l'autre s'appelle *angle*; le point de rencontre ou d'*intersection* A est le *sommet* de l'angle; les lignes AB, AC, en sont les *côtés.*

L'angle se désigne quelquefois par la lettre du sommet A seulement, d'autres fois par trois lettres BAC ou CAB, ayant soin de mettre la lettre du sommet au milieu.

Les angles sont, comme toutes les quantités, susceptibles d'addition, de soustraction, de multiplication et de division. Ainsi (fig. 20) l'angle DCE est la somme des deux angles DCB, BCE, et l'angle DCB est la différence des deux angles DCE, BCE.

fig. 3. X. Lorsque la ligne droite AB rencontre une autre ligne CD, de telle sorte que les angles adjacents BAC, BAD, soient égaux entre eux, chacun de ces angles s'appelle un *angle droit,* et la ligne AB est dite *perpendiculaire* sur CD.

fig. 4. XI. Tout angle BAC plus petit qu'un angle droit est un *angle aigu*; tout angle plus grand DEF est un *angle obtus.*

XII. Deux lignes sont dites *parallèles*, lorsque étant situées dans le même plan, elles ne peuvent se rencontrer à quelque distance qu'on les prolonge l'une et l'autre. fig. 5.

XIII. *Figure plane* est un plan terminé de toutes parts par des lignes.

Si les lignes sont droites, l'espace qu'elles renferment s'appelle *figure rectiligne* ou *polygone*, et fig. 6.
les lignes elles-mêmes prises ensemble forment le contour ou *périmètre* du polygone.

XIV. Le polygone de trois côtés est le plus simple de tous, il s'appelle *triangle*; celui de quatre côtés s'appelle *quadrilatère*; celui de cinq, *pentagone*; celui de six, *hexagone*, etc.

XV. On appelle triangle *équilatéral* celui qui a fig. 7.
ses trois côtés égaux; triangle *isoscèle*, celui dont fig. 8.
deux côtés seulement sont égaux; triangle *scalène*, fig. 9.
celui qui a ses trois côtés inégaux.

XVI. Le triangle *rectangle* est celui qui a un angle droit. Le côté opposé à l'angle droit s'appelle *hypoténuse*. Ainsi ABC est un triangle rectangle fig. 10.
en A, le côté BC est son hypoténuse.

XVII. Parmi les quadrilatères on distingue:

Le *quarré*, qui a ses côtés égaux et ses angles fig. 11.
droits. (Voy. la prop. xx, liv. I.)

Le *rectangle*, qui a ses angles droits sans avoir fig. 12.
les côtés égaux. (Voy. la même prop.)

Le *parallélogramme* ou *rhombe*, qui a les côtés fig. 13.
opposés parallèles.

Le *losange*, dont les côtés sont égaux sans que fig. 14.
les angles soient droits.

fig. 16. Enfin, le *trapèze* dont deux côtés seulement sont parallèles.

XVIII. On appelle *diagonale* la ligne menée d'un
fig. 42. angle à un autre. Telle est AC.

XIX. Polygone *équilatéral* est celui dont tous les côtés sont égaux; polygone *équiangle* celui dont tous les angles sont égaux.

XX. Deux polygones sont *équilatéraux entre eux* lorsqu'ils ont les côtés égaux chacun à chacun, et placés dans le même ordre, c'est-à-dire, lorsqu'en suivant leurs contours dans un même sens le premier côté de l'un est égal au premier de l'autre, le second de l'un au second de l'autre, le troisième au troisième, et ainsi de suite. On entend de même ce que signifient deux polygones *équiangles entre eux*.

Dans l'un ou l'autre cas les côtés égaux ou les angles égaux s'appellent côtés ou angles *homologues*.

N. B. Dans les quatre premiers livres il ne sera question que de figures planes ou tracées sur une surface plane.

Explication des termes et des signes.

Axiome est une proposition évidente par elle-même.

Théoréme est une vérité qui devient évidente au moyen d'un raisonnement appelé *démonstration*.

Probléme est une question proposée qui exige une *solution*.

Lemme est une vérité employée subsidiairement pour la démonstration d'un théoréme ou la solution d'un probléme.

Le nom commun de *proposition* s'attribue indifféremment aux théorèmes, problèmes et lemmes.

Corollaire est la conséquence qui découle d'une ou de plusieurs propositions.

Scholie est une remarque sur une ou plusieurs propositions précédentes, tendant à faire apercevoir leur liaison, leur utilité, leur restriction ou leur extension.

Hypothèse est une supposition faite soit dans l'énoncé d'une proposition, soit dans le courant d'une démonstration.

Le signe = est le signe de l'égalité; ainsi l'expression A=B signifie que A égale B.

Pour exprimer que A est plus petit que B, on écrit A < B.

Pour exprimer que A est plus grand que B, on écrit A > B.

Le signe + se prononce *plus*, il indique l'addition.

Le signe — se prononce *moins*, il indique la soustraction. Ainsi A+B représente la somme des quantités A et B; A—B représente leur différence ou ce qui reste en ôtant B de A; de même A—B+C ou A+C—B, signifie que A et C doivent être ajoutés ensemble, et que B doit être retranché du tout.

Le signe × indique la multiplication; ainsi A×B représente le produit de A multiplié par B. Au lieu du signe × on emploie quelquefois un point; ainsi A.B est la même chose que A×B. On indique aussi le même produit sans aucun signe intermédiaire par AB; mais il ne faut employer cette expression que lorsqu'on n'a pas en même temps à employer celle de la ligne AB, distance des points A et B.

L'expression $A \times (B+C-D)$ représente le produit de A par la quantité $B+C-D$. S'il falloit multiplier $A+B$ par $A-B+C$, on indiqueroit le produit ainsi $(A+B) \times (A-B+C.)$ Tout ce qui est renfermé entre parenthèses est considéré comme une seule quantité.

Un nombre mis au-devant d'une ligne ou d'une quantité sert de multiplicateur à cette ligne ou à cette quantité; ainsi pour exprimer que la ligne AB est prise trois fois, on écrit 3AB; pour désigner la moitié de l'angle A on écrit $\frac{1}{2}$A.

Le quarré de la ligne AB se désigne par $\overline{AB}^2$; son cube par $\overline{AB}^3$. On expliquera en son lieu ce que signifient précisément le quarré et le cube d'une ligne.

Le signe $\sqrt{}$ indique une racine à extraire; ainsi $\sqrt{2}$ est la racine quarrée de 2; $\sqrt{A \times B}$ est la racine du produit $A \times B$, ou la moyenne proportionnelle entre A et B.

AXIOMES.

1. Deux quantités égales à une troisième sont égales entre elles.

2. Le tout est plus grand que sa partie.

3. Le tout est égal à la somme des parties dans lesquelles il a été divisé.

4. D'un point à un autre on ne peut mener qu'une seule ligne droite.

5. Deux grandeurs, ligne, surface ou solide, sont égales, lorsqu'étant placées l'une sur l'autre elles coïncident dans toute leur étendue.

PROPOSITION I.

THÉORÊME.

Les angles droits sont tous égaux entre eux.

Soit la ligne droite CD perpendiculaire à AB, et GH à EF ; je dis que les angles ACD, EGH, seront égaux entre eux. fig. 16.

Prenez les quatre distances égales CA, CB, GE, GF, la distance AB sera égale à la distance EF, et on pourra placer la ligne EF sur AB, de manière que le point E tombe en A et le point F en B. Ces deux lignes ainsi posées coïncideront entièrement l'une avec l'autre ; car, sans cela, il y auroit deux lignes droites de A en B, ce qui est impossible * ; donc le point G milieu de EF tombera sur le point C milieu de AB. Le côté GE étant ainsi appliqué sur CA, je dis que le côté GH tombera sur CD ; car supposons, s'il est possible, qu'il tombe sur une ligne CK différente de CD ; puisque, par hypothèse *, l'angle EGH=HGF, il faudroit qu'on eût ACK=KCB. Mais l'angle ACK est plus grand que ACD, l'angle KCB est plus petit que BCD ; d'ailleurs, par hypothèse, ACD=BCD ; donc ACK est plus grand que KCB ; donc la ligne GH ne peut tomber sur une ligne CK différente de CD ; donc elle tombe sur CD, et l'angle EGH sur ACD ; donc tous les angles droits sont égaux entre eux.

* ax. 4.

* déf. 10.

PROPOSITION II.

THÉORÊME.

Toute ligne droite CD *qui en rencontre une autre* AB *fait avec celle-ci deux angles adjacents* ACD, BCD, *dont la somme est égale à deux angles droits.*

fig. 17. Au point C élevez sur AB la perpendiculaire CE. L'angle ACD est la somme des angles ACE, ECD, donc ACD+BCD sera la somme des trois ACE, DCE, BCD. Le premier de ceux-ci est droit, les deux autres font ensemble l'angle droit BCE ; donc la somme des deux angles ACD, BCD, est égale à deux angles droits.

Corollaire I. Si l'un des angles ACD, BCD, est droit, l'autre le sera pareillement.

fig. 18. *Corollaire* II. Si la ligne DE est perpendiculaire à AB, réciproquement AB sera perpendiculaire à DE.

Car, de ce que DE est perpendiculaire à AB, il s'ensuit que l'angle ACD est égal à son adjacent DCB, et qu'ils sont tous deux droits. Mais de ce que l'angle ACD est un angle droit, il s'ensuit que son adjacent ACE est aussi un angle droit ; donc l'angle ACE=ACD ; donc AB est perpendiculaire à DE.

fig. 54. *Corollaire* III. Tous les angles consécutifs BAC, CAD, DAE, EAF, formés d'un même côté de la droite BF, pris ensemble, valent deux angles droits, car leur somme est égale à celle des deux angles BAC, CAF.

PROPOSITION III.

THÉORÈME.

Deux lignes droites qui ont deux points communs coïncident l'une avec l'autre dans toute leur étendue, et ne forment qu'une seule et même ligne droite.

Soient les deux points communs A et B; d'abord les deux lignes n'en doivent faire qu'une entre A et B, car, sans cela, il y auroit deux lignes droites de A en B, ce qui est impossible *. Supposons ensuite que ces lignes étant prolongées, elles commencent à se séparer au point C, l'une devenant CD, l'autre CE. Menons au point C la ligne CF qui fasse avec CA l'angle droit ACF. Puisque la ligne ACD est droite, l'angle FCD sera un angle droit *; puisque la ligne ACE est droite, l'angle FCE sera pareillement un angle droit. Mais la partie FCE ne peut pas être égale au tout FCD; donc les lignes droites qui ont deux points A et B communs ne peuvent se séparer en aucun point de leur prolongement; donc elles ne forment qu'une seule et même ligne.

fig. 19.

* ax. 4.

* pr. 2. cor. 1.

PROPOSITION IV.

THÉORÈME.

Si deux angles adjacents ACD, DCB, *valent ensemble deux angles droits, les deux côtés* AC, CB, *seront en ligne droite.*

Car si CB n'est pas le prolongement de AC, soit CE ce prolongement, alors la ligne ACE étant

fig. 20.

droite, la somme des angles ACD, DCE, sera égale
*pr. 2. à deux droits *. Mais, par hypothèse, la somme des angles ACD, DCB, est aussi égale à deux droits; donc ACD+DCB, seroit égale à ACD+DCE; retranchant de part et d'autre l'angle ACD, il resteroit la partie DCB égale au tout DCE, ce qui est impossible. Donc CB est le prolongement de AC.

PROPOSITION V.

THÉORÊME.

Toutes les fois que deux lignes droites AB, DE, *se coupent, les angles opposés au sommet sont égaux.*

fig. 21. Car, puisque la ligne DE est droite, la somme des angles ACD, ACE, est égale à deux droits; et puisque la ligne AB est droite, la somme des angles ACE, BCE, est égale aussi à deux droits. Donc la somme ACD+ACE, est égale à la somme ACE+BCE. Retranchant de part et d'autre le même angle ACE, il restera l'angle ACD égal à son opposé BCE.

On démontreroit de même que l'angle ACE est égal à son opposé BCD.

Scholie. Les quatre angles formés autour d'un point par deux droites qui se coupent, valent ensemble quatre angles droits. Car les angles ACE, BCE, pris ensemble, valent deux angles droits; et les deux autres ACD, BCD, ont la même valeur.

fig. 22. En général, si tant de droites qu'on voudra CA, CB, etc. se rencontrent en un point C, la somme de tous les angles consécutifs ACB, BCD, DCE,

ECF, FCA, sera égale à quatre angles droits. Car si on formoit au point C quatre angles droits au moyen de deux lignes perpendiculaires entre elles, le même espace seroit rempli, soit par les quatre angles droits, soit par les angles successifs ACB, BCD, etc.

PROPOSITION VI.

THÉORÈME.

Deux triangles sont égaux lorsqu'ils ont un angle égal compris entre côtés égaux chacun à chacun.

Soit l'angle A égal à l'angle D, le côté AB égal à DE, le côté AC égal à DF ; je dis que les triangles ABC, DEF, seront égaux. fig. 23.

En effet ces triangles peuvent être posés l'un sur l'autre de manière qu'ils coïncident parfaitement. Et d'abord si on place le côté DE sur son égal AB, le point D tombera en A et le point E en B. Mais puisque l'angle D est égal à l'angle A, dès que le côté DE sera placé sur AB, le côté DF prendra la direction AC. De plus DF est égal à AC ; donc le point F tombera en C, et le troisième côté EF couvrira exactement le troisième côté BC; donc le triangle DEF est égal au triangle ABC*. * ax. 5.

Corollaire. De ce que trois choses sont égales dans deux triangles, savoir, l'angle A=D, AB=DE, AC=DF, on peut conclure que les trois autres le sont, savoir, l'angle B=E, l'angle C=F, et le côté BC=EF.

PROPOSITION VII.

THÉORÊME.

Deux triangles sont égaux lorsqu'ils ont un côté égal adjacent à deux angles égaux chacun à chacun.

fig. 25. Soit le côté BC égal au côté EF, l'angle B égal à l'angle E, et l'angle C égal à l'angle F, je dis que le triangle DEF sera égal au triangle ABC.

Car, pour opérer la superposition, soit placé EF sur son égal BC, le point E tombera en B et le point F en C. Puisque l'angle E est égal à l'angle B, le côté ED prendra la direction de BA; ainsi le point D se trouvera sur quelque point de la ligne BA. De même, puisque l'angle F est égal à l'angle C, la ligne FD prendra la direction de CA, et le point D se trouvera sur quelque point du côté CA; donc le point D qui doit se trouver à la fois sur les deux lignes BA, CA, tombera sur leur intersection A; donc les deux triangles ABC, DEF, coïncident l'un avec l'autre, et sont parfaitement égaux.

Corollaire. De ce que trois choses sont égales dans deux triangles, savoir, BC=EF, B=E, C=F, on peut conclure que les trois autres le sont, savoir, AB=DE, AC=DF, A=D.

PROPOSITION VIII.

THÉORÊME.

Dans tout triangle un côté quelconque est plus petit que la somme des deux autres.

fig. 25. Car la ligne droite BC, par exemple, est le plus

court chemin de B en C*; donc BC est plus petit que BA+AC. * ax. 4

PROPOSITION IX.

THÉORÊME.

Si, d'un point O *pris au dedans du triangle* ABC, *on mène aux extrémités d'un côté* BC *les lignes* OB, OC, *la somme de ces lignes sera moindre que celle des deux autres côtés* AB, AC. fig. 24.

Soit prolongé BO jusqu'à la rencontre du côté AC en D; la ligne droite OC est plus courte que OD+DC*; ajoutant de part et d'autre BO, on aura BO+OC<BO+OD+DC, ou BO+OC<BD+DC. * pr. 8.

On a pareillement BD<BA+AD; ajoutant de part et d'autre DC, on aura BD+DC<BA+AC. Mais on vient de trouver BO+OC<BD+DC; donc, à plus forte raison, BO+OC<BA+AC.

PROPOSITION X.

THÉORÊME.

Si les deux côtés AB, AC, *du triangle* ABC *sont égaux aux deux côtés* DE, DF, *du triangle* DEF, *chacun à chacun, si en même temps l'angle* BAC *compris par les premiers est plus grand que l'angle* EDF *compris par les seconds, je dis que le troisième côté* BC *du premier triangle sera plus grand que le troisième* EF *du second.* fig. 25.

Faites l'angle CAG=D, prenez AG=DE, et joignez CG, le triangle GAC sera égal au triangle DEF, puisqu'ils ont par construction un angle *pr. 6. égal compris entre côtés égaux*, on aura donc CG=EF. Maintenant il peut arriver trois cas, selon que le point G tombe hors du triangle ABC, ou sur le côté BC, ou au-dedans du même triangle.

fig. 25. *Premier cas*. La ligne droite GC est plus courte que GI+IC, la ligne droite AB est plus courte que AI+IB; donc GC+AB est plus petite que GI+AI+IC+IB, ou, ce qui est la même chose, GC+AB < AG+BC. Retranchant d'un côté AB et de l'autre son égale AG, il restera GC < BC; or GC=EF, donc on aura EF < BC.

fig. 26. *Second cas*. Si le point G tombe sur le côté BC il est évident que GC ou son égale EF sera plus petite que BC.

fig. 27. *Troisième cas*. Enfin si le point G tombe au dedans du triangle ABC, on aura, suivant le théorême précédent, AG+GC < AB+BC. Retranchant d'une part AG, et de l'autre son égale AB, il restera GC < BC, ou EF < BC.

PROPOSITION XI.

THÉORÊME.

fig. 23. *Deux triangles qui sont équilatéraux entre eux sont aussi équiangles l'un à l'autre.*

Soit le côté AB=DE, AC=DF, BC=EF, je dis qu'on aura l'angle A=D, B=E, C=F.

Car si l'angle A étoit plus grand que l'angle D, comme les côtés AB, AC, sont égaux aux côtés DE, DF, chacun à chacun, il s'ensuivroit, par le théorême précédent, que le côté BC est plus grand que EF ; et si l'angle A étoit plus petit que D, il s'ensuivroit que le côté BC est plus petit que EF ; or BC est égal à EF, donc l'angle A ne peut être ni plus grand ni plus petit que l'angle D, donc il lui est égal. On prouvera de même que l'angle B=E, et que l'angle C=F.

Scholie. On peut remarquer que les angles égaux sont opposés à des côtés égaux. Ainsi les angles égaux A et D sont opposés aux côtés égaux BC, EF.

PROPOSITION XII.

THÉORÊME.

Dans un triangle isoscèle les angles opposés aux côtés égaux sont égaux.

Soit le côté AB=AC, je dis qu'on aura l'angle B=C. fig. 28.

Tirez la ligne AD du *sommet* A au point D milieu de la *base* BC, les deux triangles ABD, ADC, auront les trois côtés égaux chacun à chacun ; savoir AD commun, AB=AC par hypothèse, et BD=DC par construction ; donc, en vertu du théorême précédent, l'angle B est égal à l'angle C.

Corollaire. Un triangle équilatéral est en même temps *équiangle*, c'est-à-dire, qu'il a ses angles égaux.

Scholie. L'égalité des triangles ABD, ACD, prouve en même temps que l'angle BAD=DAC, et que l'angleBDA=ADC, donc ces deux derniers sont droits; *donc la ligne menée du sommet d'un triangle isoscèle au milieu de sa base est perpendiculaire à cette base, et divise l'angle du sommet en deux parties égales.*

Dans un triangle non isoscèle on prend indifféremment pour *base* un côté quelconque, et alors le *sommet* est l'angle opposé. Dans le triangle isoscèle on prend particulièrement pour *base* le côté qui n'est point égal aux autres.

PROPOSITION XIII.

THÉORÊME.

fig. 29. *Réciproquement si deux angles sont égaux dans un triangle, les côtés opposés seront égaux, et le triangle sera isoscèle.*

Soit l'angle ABC=ACB, je dis que le côté AC sera égal au côté AB.

Car si ces côtés ne sont pas égaux, soit AB le plus grand des deux. Prenez BD=AC et joignez DC. L'angle DBC est, par hypothèse, égal à l'angle ACB; les deux côtés DB, BC, sont égaux aux deux AC, BC; donc le triangle DBC est égal au triangle ABC *; ce qui est absurde, puisque la partie ne peut pas être égale au tout. Donc les côtés AB, AC, sont égaux, et le triangle ABC est isoscèle.

* pr. 6.

PROPOSITION XIV.

THÉORÊME.

De deux côtés d'un triangle celui-là est le plus grand qui est opposé à un plus grand angle, et réciproquement de deux angles d'un triangle celui-là est le plus grand qui est opposé à un plus grand côté.

fig. 30. 1.° Soit l'angle C > B, je dis que le côté AB opposé à l'angle C est plus grand que le côté AC opposé à l'angle B.

Soit fait l'angle BCD=B ; dans le triangle BDC on aura * BD=DC. Mais la ligne droite AC est plus courte que AD+DC, et AD+DC=AD+DB =AB. Donc AB est plus grand que AC. *pr. 13.

2.° Soit le côté AB>AC, je dis que l'angle C opposé au côté AB sera plus grand que l'angle B opposé au côté AC.

Car si on avoit C<B, il s'ensuivroit par ce qui vient d'être démontré, AB<AC, ce qui est contre la supposition. Si on avoit C=B, il s'ensuivroit * AB=AC, ce qui est encore contre la supposition. Donc il faut que l'angle C soit plus grand que B. *pr. 12.

PROPOSITION XV.

THÉORÊME.

D'un point A *donné hors d'une droite* DE *on ne peut mener qu'une seule perpendiculaire à cette droite.*

Car supposons qu'on puisse en mener deux AB et AC ; prolongeons l'une d'elles AB d'une quantité BF=AB, et joignons FC. fig. 31.

Le triangle CBF est égal au triangle ABC. Car l'angle CBF est droit ainsi que CBA, le côté CB est commun, et le côté BF=AB. Donc ces triangles sont égaux *, et il s'ensuit que l'angle BCF=BCA. L'angle BCA est droit par hypothèse, donc l'angle BCF l'est aussi. Mais si les angles adjacents BCA, BCF, valent ensemble deux angles droits, il faut que la ligne ACF soit droite * ; d'où il résulte qu'entre les deux mêmes points A et F on pourroit mener deux lignes droites ABF, ACF ; or *pr. 6. *pr. 4.

ax. 4. cela est impossible, donc il est pareillement impossible que deux perpendiculaires soient menées d'un même point sur la même ligne droite.

fig. 17. *Scholie.* Par un même point C donné sur la ligne AB, il est également impossible de mener deux perpendiculaires à cette ligne. Car si CD et CE étoient ces deux perpendiculaires, l'angle DCB seroit droit ainsi que BCE, et la partie seroit égale au tout, ce qui est impossible*. *ax. 2.

PROPOSITION XVI.

THÉORÊME.

fig. 51. *Si d'un point* A *situé hors d'une droite* DE *on mène la perpendiculaire* AB *sur cette droite, et différentes obliques* AE, AC, AD, *etc. à différents points de cette même droite :*

1.° *La perpendiculaire* AB *sera plus courte que toute oblique.*

2.° *Les deux obliques* AC, AE, *menées de part et d'autre de la perpendiculaire à des distances égales* BC, BE, *seront égales.*

3.° *De deux obliques* AC *et* AD, *ou* AE *et* AD, *menées comme on voudra, celle qui s'écarte le plus de la perpendiculaire sera la plus longue.*

Prolongez la perpendiculaire AB d'une quantité BF=AB, et joignez FC, FD.

1.° Le triangle BCF est égal au triangle BCA, car l'angle droit CBF=CBA, le côté CB est commun, et le côté BF=BA; donc* le troisième côté CF est égal au troisième AC. Or ABF ligne droite est plus courte que ACF ligne brisée, donc AB *pr. 6.

moitié de ABF est plus courte que AC moitié de ACF. Donc 1.° la perpendiculaire est plus courte que toute oblique.

2.° Si on suppose BE=BC, comme on a en outre AB commun et l'angle ABE=ABC, il s'ensuit que le triangle ABE est égal au triangle ABC. Donc les côtés AE, AC, sont égaux. Donc 2.° deux obliques qui s'écartent également de la perpendiculaire sont égales.

3.° Dans le triangle ADF la somme des lignes AC, CF, est plus petite * que la somme des côtés AD, DF. Donc AC, moitié de la ligne ACF est plus courte que AD moitié de ADF. Donc 3.° les obliques qui s'écartent le plus de la perpendiculaire sont les plus longues. *pr. 9.

Corollaire I. La perpendiculaire mesure la vraie distance d'un point à une ligne, puisqu'elle est plus courte que toute oblique.

II. D'un même point on ne peut mener à une même ligne trois droites égales. Car si cela étoit, il y auroit d'un même côté de la perpendiculaire deux obliques égales, ce qui est impossible.

PROPOSITION XVII.

THÉORÈME.

Si par le point C, *milieu de la ligne* AB, *on élève la perpendiculaire* EF *sur cette ligne ;* 1.° *chaque point de la perpendiculaire sera également distant des deux extrémités de la ligne* AB ; 2.° *tout point hors de la perpendiculaire sera inégalement distant des mêmes extrémités* A *et* B. fig. 52.

Car 1.° puisqu'on suppose AC=CB, les deux obliques AD, DB, s'écartent également de la perpendiculaire; donc elles sont égales. Il en est de même des deux obliques AE, EB, des deux AF, FB, etc. Donc 1.° tout point de la perpendiculaire est également distant des extrémités A et B.

2.° Soit I un point hors de la perpendiculaire; si on joint IA, IB, l'une de ces lignes coupera la perpendiculaire en D, d'où l'on tirera DB. Cela posé, IB est plus petit que ID+DB : mais à cause de DB=DA, on a ID+DB=ID+DA=IA; donc IB<IA; donc 2.° tout point hors de la perpendiculaire sera inégalement distant des extrémités A et B.

PROPOSITION XVIII.

THÉORÊME.

Deux triangles rectangles sont égaux lorsqu'ils ont l'hypoténuse égale et un côté égal.

fig. 53. Soit l'hypoténuse AC=DF, et le côté AB=DE, je dis que le triangle rectangle ABC sera égal au triangle rectangle DEF.

L'égalité seroit manifeste si le troisième côté BC étoit égal au troisième EF : supposons, s'il est possible, que ces côtés ne soient pas égaux, et que BC soit le plus grand. Prenez BG=EF et joignez AG. Le triangle ABG est égal au triangle DEF, car l'angle droit B est égal à l'angle droit E, le côté AB=DE, et le côté BG=EF; donc ces deux trian-

pr. 6. gles sont égaux, et on a par conséquent AG=DF : mais, par hypothèse, DF=AC; donc AG=AC.

Mais l'oblique AC ne peut être égale à AG*, puisqu'elle est plus éloignée de la perpendiculaire AB; donc il est impossible que BC diffère de EF ; donc le triangle ABC est égal au triangle DEF. *pr. 16.

PROPOSITION XIX.

THÉORÊME.

Dans tout triangle la somme des trois angles est égale à deux angles droits.

Soit ABC le triangle proposé ; au point C faites fig. 35. l'angle BCD égal à ABC, prenez CD=AB et joignez BD, vous aurez le triangle BCD égal à ABC, puisqu'ils ont par construction un angle égal compris entre côtés égaux, chacun à chacun* ; donc le côté *pr. 6. BD=AC, et l'angle CDB=BAC. Au point D faites semblablement l'angle CDE=ABC et le côté DE=BC; joignez CE, vous aurez un nouveau triangle CDE égal au triangle ABC : continuez ainsi à construire les triangles DEF, EFG, FGH, etc. égaux au triangle proposé ABC, avec la condition que tous les côtés égaux AC, BD, CE, DF, EG, FH, etc. soient situés alternativement de part et d'autre de la chaîne indéfinie ABHG. Cela posé, je dis que les lignes extérieures ACEG, etc. BDFH, etc. seront deux lignes droites.

On peut prouver d'abord que les trois angles réunis dans chacun des points C, D, E, F, etc. sont égaux aux trois angles du triangle ABC ; en effet, au point D, par exemple, on a, par suite de la construction, l'angle BDC=BAC, l'angle CDE=ABC et l'angle EDF=ACB ; et la disposition des angles est semblable dans les autres points F, H, K, etc. de la ligne BDFH, etc. Au point C on a l'angle ACB qui appartient au triangle ABC, on a aussi par suite de la construction l'angle BCD=ABC, et DCE=BAC. Donc les trois angles BCA, BCD, DCE, sont égaux aux trois angles du triangle proposé ABC, et on démontrera la même chose des trois angles réunis en E, en G, en I, etc. leur disposition étant la même que celle des angles autour de C. Donc les angles réunis aux différens points C, D, E, F, G, etc. forment partout une somme égale à celle des trois angles du triangle ABC.

Maintenant si la ligne ACEGI, etc. n'étoit pas une ligne droite, elle s'écarteroit de la direction AC dans un sens ou dans un autre, soit vers X, soit vers Y. Supposons qu'elle s'en écarte vers X, en sorte qu'elle forme une espèce de polygone concave du côté de X, comme seroit l'arc de courbe *acegilnpr*, etc. à l'égard du point x; l'autre côté BDFHK, etc. de la même bande ou chaîne, sera forcé de prendre une semblable courbure et d'être concave vers X. Mais la même raison qui rendroit le contour ACEG, etc. concave vers X, doit évidemment rendre le contour BDFH, etc. concave vers Y, puisque tout est égal de part et d'autre. Donc il faudroit que la même ligne BDFHK, etc. fût à la fois concave vers X et concave vers Y, ce qui est impossible. Donc elle n'est concave ni vers X ni vers Y; donc les deux lignes BDFH, etc., ACEG, etc. sont deux lignes droites.

Puisque la ligne ACE est droite, les trois angles

ACB, BCD, DCE, pris ensemble, valent deux angles droits*. Donc la somme des trois angles du triangle ABC est pareillement égale à deux angles droits. *pr. 2, cor. 3.

Corollaire I. Deux angles d'un triangle étant donnés, ou seulement leur somme, on connoîtra le troisième en retranchant la somme de ces angles de deux angles droits.

II. Si deux angles d'un triangle sont égaux à deux angles d'un autre triangle, chacun à chacun, le troisième sera égal au troisième, et les triangles seront équiangles entre eux.

III. Dans un triangle il ne peut y avoir qu'un seul angle droit, car s'il y en avoit deux, le troisième angle deviendroit nul. A plus forte raison ne peut-il y avoir qu'un seul angle obtus.

IV. Dans un triangle rectangle la somme des deux angles aigus est égale à un angle droit.

V. Dans un triangle équilatéral, chaque angle est égal au tiers de deux angles droits ou aux deux tiers d'un angle droit; de sorte que l'angle droit étant exprimé par 1, l'angle du triangle équilatéral sera exprimé par $\frac{2}{3}$.

VI. Dans tout triangle BAC si on prolonge le côté CA vers D, l'angle extérieur BAD sera égal à la somme des deux intérieurs opposés B et C: car en ajoutant de part et d'autre BAC les deux sommes sont égales à deux angles droits. fig. 41.

PROPOSITION XX.

THÉORÊME.

La somme de tous les angles intérieurs d'un polygone est égale à autant de fois deux angles droits qu'il y a d'unités dans le nombre des côtés moins deux.

fig. 42. Soit ABCDEF, etc. le polygone proposé; si d'un même angle A (c'est-à-dire de son sommet) on mène à tous les angles opposés les diagonales AC, AD, AE, etc., il est aisé de voir que le polygone sera partagé en cinq triangles, s'il a sept côtés; en six triangles, s'il avoit huit côtés, et en général en autant de triangles que le polygone a de côtés moins deux. On voit en même temps que la somme des angles de tous ces triangles ne diffère point de la somme des angles du polygone; donc cette dernière somme est égale à autant de fois deux angles droits qu'il y a de triangles, c'est-à-dire, qu'il y a d'unités dans le nombre des côtés du polygone moins deux.

Corollaire I. La somme des angles d'un quadrilatère est égale à deux angles droits multipliés par 4—2, ce qui fait quatre angles droits. Donc si tous les angles du quadrilatère sont égaux, chacun d'eux sera un angle droit; ce qui justifie la déf. XVII, où l'on a supposé que les quatre angles d'un quadrilatère sont droits dans le cas du rectangle et du quarré.

II. La somme des angles d'un pentagone est de 2 angles droits multipliés par 5—2, ce qui fait 6 angles droits. Donc lorsqu'un pentagone est *équiangle*, c'est-à-dire, lorsque ses angles sont égaux les uns aux autres, chacun d'eux est égal au cinquième de six angles droits ou aux $\frac{6}{5}$ d'un angle droit.

III. La somme des angles d'un hexagone est de $2 \times (6-2)$ ou 8 angles droits; donc dans l'hexagone équiangle chacun des angles est le sixième de 8 angles droits ou les $\frac{4}{3}$ d'un angle droit; ainsi de suite.

Scholie. Si on vouloit appliquer la proposition XX à un polygone qui auroit un ou plusieurs angles *rentrans*, il faudroit considérer chaque angle rentrant comme étant plus grand que deux angles droits. Mais, pour éviter tout embarras, nous ne considérerons ici et dans la suite que les polygones à angles *saillans*, qu'on peut appeler autrement *polygones convexes*. Tout polygone convexe est tel qu'une ligne droite menée comme on voudra ne peut rencontrer le contour de ce polygone qu'en deux points. fig. 43.

PROPOSITION XXI.

THÉORÊME.

Si deux lignes droites AC, ED, *sont perpendiculaires à une troisième* AE, *ces deux lignes seront parallèles, c'est-à-dire, qu'elles ne pourront se rencontrer à quelque distance qu'on les prolonge.*

Car si elles se rencontroient en un point O, il y auroit deux perpendiculaires OA, OE, abaissées d'un même point O sur une même ligne AE, ce qui est impossible*. fig. 56.

* pr. 15.

PROPOSITION XXII.

THÉORÈME.

fig. 36. *Si deux lignes droites* AC, BD, *font avec une troisième* AB *deux angles intérieurs* CAB, ABD, *dont la somme soit égale à deux angles droits, les lignes* AC, BD, *seront parallèles.*

Si les angles CAB, ABD étoient égaux entre eux, ils seroient droits l'un et l'autre, et on tomberoit dans le cas de la proposition précédente; supposons donc que ces deux angles sont inégaux, et par le point A soit abaissée AE perpendiculaire sur BD.

Dans le triangle rectangle ABE la somme des deux angles aigus ABE, BAE est égale à un angle
*pr. 19. droit *; cette somme étant retranchée de celle
cor. 4. des deux angles ABE, BAC qui, par hypothèse, est égale à deux angles droits, il restera l'angle CAE égal à un angle droit. Donc les deux lignes AC, BD sont perpendiculaires à une même ligne
*pr. 21. AE, donc elles sont parallèles *.

PROPOSITION XXIII.

THÉORÈME.

fig. 36. a. *Si deux lignes droites* AF, BD *font avec une troisième* AB *deux angles intérieurs* FAB, ABD *dont la somme soit moindre ou plus grande que deux angles droits, je dis que les deux lignes* AF, BD *prolongées suffisamment se rencontreront.*

Menez AC de manière que la somme des angles

CAB+ABD soit égale à deux angles droits, il pourra arriver deux cas selon que l'angle BAF sera plus petit ou plus grand que BAC, c'est-à-dire, selon que la somme donnée FAB+ABD sera plus petite ou plus grande que deux angles droits.

Soit 1.° l'angle BAF < BAC; tirez par le point A une oblique quelconque AM qui rencontre BD en M, l'angle AMB sera égal à MAC, puisqu'en ajoutant de part et d'autre une même quantité MAB+ABM, les deux sommes sont égales chacune à deux angles droits. Prenez maintenant MN=AM et joignez AN, l'angle AMB extérieur au triangle MAN est égal à la somme des deux intérieurs opposés MAN, ANM *; ceux-ci sont égaux entre eux, puisque AM=MN; donc l'angle AMB ou son égal MAC est double de MAN; donc la ligne AN divise en deux parties égales l'angle CAM, et rencontre la ligne BD en un point N situé à la distance MN=AN. Il suit de la même démonstration que si sur la ligne BD on prend semblablement NP=AN on aura le point P où doit aboutir la ligne droite qui divise en deux parties égales l'angle CAN. On peut donc prendre ainsi successivement la moitié, le quart, le huitième, le seizième, etc. de l'angle CAM, et les lignes qui opèrent ces divisions rencontreront la ligne BD en des points de plus en plus éloignés, mais faciles à déterminer, puisqu'on aura successivement MN=AM, NP=AN, PQ=AP, etc. On peut même remarquer que chaque distance d'un point d'intersection au point A, n'est pas tout-à-fait double de

* pr. 19.

la distance de l'intersection précédente ; car AN par exemple est moindre que AM+MN, ou que le double de AM, on a pareillement AP $<$ 2AN, AQ $<$ 2AP, et ainsi de suite. Mais en continuant de sous-diviser l'angle CAM en raison double, on parviendra bientôt à un angle CAZ plus petit que l'angle CAF, et il sera encore vrai que AZ prolongée rencontre BD en un point déterminé, donc à plus forte raison la ligne AF située dans l'angle BAZ rencontrera BD. Donc si les deux angles BAF, ABD font ensemble une somme moindre que deux angles droits, les lignes AF, BD prolongées suffisamment se rencontreront.

fig. 36. b. Supposons 2.° que les deux angles FAB, ABD fassent une somme plus grande que deux angles droits; si on prolonge FA vers G et DB vers E, la somme des quatre angles FAB, BAG, ABD, ABE sera égale à quatre angles droits *, et si on en retranche FAB+ABD plus grande que deux angles droits, le reste BAG+ABE sera plus petit que deux angles droits. Donc suivant le premier cas les lignes AG, BE prolongées suffisamment doivent se rencontrer.

*pr. 2.

Corollaire. Par un point donné A on ne peut mener qu'une seule parallèle à la ligne donnée BD; car il n'y a qu'une ligne AC qui fasse la somme des deux angles BAC+ABD égale à deux angles droits, celle-là est la parallèle demandée: toute autre ligne AF feroit la somme des deux angles BAF+ABD plus petite ou plus grande que deux angles droits, donc elle rencontreroit la ligne BD.

PROPOSITION XXIV.

THÉORÊME.

Si deux lignes parallèles AB, CD, *sont rencontrées par une sécante* EF, *la somme des deux angles intérieurs* AGO, GOC, *sera égale à deux angles droits.* fig. 37.

Car si elle étoit plus grande ou plus petite, les deux lignes AB, CD, se rencontreroient d'un côté ou de l'autre, et ne seroient pas parallèles.

Corollaire I. Si l'angle GOC est droit, l'angle AGO doit l'être aussi ; donc *toute ligne perpendiculaire à l'une des parallèles est perpendiculaire à l'autre.*

Corollaire II. Puisque AGO+GOC est égal à deux angles droits, et que GOD+GOC est aussi égal à deux angles droits, en retranchant de part et d'autre GOC, on aura l'angle AGO=GOD. Par conséquent les quatre angles aigus EGB, AGO, GOD, COF, sont égaux entre eux ; il en est de même des quatre angles obtus AGE, OGB, COG, DOF; et en même temps si on ajoute l'un des quatre angles aigus à l'un des quatre obtus, la somme fera toujours deux angles droits.

Scholie. On donne ordinairement des noms particuliers à quelques-uns de ces angles comparés deux à deux. Nous avons déja appelé les angles AGO, GOC, *intérieurs d'un même côté* ; les angles BGO, GOD, ont le même nom. Les angles AGO, GOD, s'appellent *alternes-internes,* ou simplement *alternes* ; il en est de même des angles BGO, GOC.

Les angles EGB, GOD, s'appellent *internes-externes*; et enfin les angles EGB, COF, prennent le nom d'*alternes-externes*. On peut donc regarder comme autant de propositions déja démontrées les suivantes.

1.° Les angles intérieurs d'un même côté pris ensemble valent deux angles droits.

2.° Les angles alternes-internes sont égaux.

3.° Les angles internes-externes sont égaux.

4.° Les angles alternes-externes sont égaux.

Réciproquement, si les angles désignés dans un de ces cas sont égaux, on peut conclure que les lignes auxquelles ils se rapportent sont parallèles. Soit, par exemple, l'angle AGO=GOD; puisque GOC+GOD est égal à deux droits, on aura aussi
pr. 22. AGO+COG égal à deux droits; donc les lignes AG, CO, sont parallèles.

PROPOSITION XXV.

THÉORÊME.

fig. 58. *Deux lignes* AB, CD, *parallèles à une troisième* EF, *sont parallèles entre elles.*

Menez la sécante PQR perpendiculaire à EF. Puisque AB est parallèle à EF, PR sera perpen-
cor. 1, pr. 24. diculaire à AB; de même puisque CD est parallèle à EF, la sécante PR sera perpendiculaire à CD; donc AB et CD sont perpendiculaires à la
pr. 21. même ligne PQ; donc elles sont parallèles.

PROPOSITION XXVI.

THÉORÊME.

Deux parallèles sont partout également distantes.

Entre les deux parallèles AC, BD, menez partout où vous voudrez les deux perpendiculaires AB, CD, je dis que ces deux perpendiculaires sont égales. fig. 39.

Les lignes AB, CD, perpendiculaires à l'une des parallèles sont en même temps perpendiculaires à l'autre *; et si on mène EF perpendiculaire sur le milieu de AC, EF sera aussi perpendiculaire à BD, de sorte que tous les angles en A, E, C, B, F, D, seront droits. Cela posé je dis que le quadrilatère AEFB peut être placé exactement sur le quadrilatère CEFD; car le côté EF est commun, l'angle AEF est égal à FEC, et le côté EA est égal à EC par construction : donc le point A tombera en C. Mais l'angle EAB est égal à ECD; donc AB et CD seront dans une même direction. D'ailleurs l'angle EFB=EFD; donc FB et FD seront aussi dans la même direction; donc les deux quadrilatères coïncideront entièrement l'un avec l'autre, et on aura par conséquent AB=CD. * pr. 24.

PROPOSITION XXVII.

THÉORÊME.

Si deux angles BAC, DEF, *ont les côtés parallèles chacun à chacun, et dirigés dans le même sens, ces deux angles seront égaux.* fig. 40.

Prolongez, s'il est nécessaire, DE jusqu'à la rencontre de AC en G; l'angle DEF est égal à DGC,
pr. 24. parce que EF est parallèle à GC; l'angle DGC est égal à BAC, parce que DG est parallèle à AB; donc l'angle DEF est égal à BAC.

Scholie. On met dans cette proposition la restriction que EF soit dirigé dans le même sens que AC, et ED dans le même sens que AB; car si on prolonge FE vers H, l'angle DEH aura ses côtés parallèles à ceux de l'angle BAC; mais ces angles ne seront pas égaux, parce que EH et AC sont dirigés en sens contraires : dans ce cas l'angle DEH et l'angle BAC feroient ensemble deux angles droits.

PROPOSITION XXVIII.

THÉORÊME.

Les côtés opposés d'un parallélogramme sont égaux ainsi que les angles opposés.

fig. 44. Tirez la diagonale BD, les deux triangles ADB, DBC, ont le côté commun BD; de plus, à cause
pr. 24. des parallèles AD, BC, l'angle ADB=DBC, et à cause des parallèles AB, CD, l'angle ABD=BDC.
pr. 7. Donc les deux triangles ABD, DBC, sont égaux; donc le côté AB opposé à l'angle ADB est égal au côté DC opposé à l'angle égal DBC, et pareillement le troisième côté AD est égal au troisième BC : donc les côtés opposés d'un parallélogramme sont égaux.

En second lieu, de l'égalité des mêmes triangles il s'ensuit que l'angle A est égal à l'angle C, et aussi que l'angle ADC composé des deux angles ADB, BDC, est égal à l'angle ABC composé des deux angles DBC, ABD; donc les angles opposés d'un parallélogramme sont égaux.

Corollaire. Donc deux parallèles AB, CD, comprises entre deux autres parallèles AD, BC, sont égales.

PROPOSITION XXIX.

THÉORÊME.

Si dans un quadrilatère ABCD *les côtés opposés sont égaux, en sorte qu'on ait* AB=CD, *et* AD=BC, *les côtés égaux seront parallèles et la figure sera un parallélogramme.* fig. 44.

Car en tirant la diagonale BD, les deux triangles ABD, BDC, auront les trois côtés égaux chacun à chacun; donc ils seront égaux; donc l'angle ADB opposé au côté AB est égal à l'angle DBC opposé au côté CD; donc * le côté AD est parallèle à BC. *pr. 24.
Par une semblable raison AB est parallèle à CD; donc le quadrilatère ABCD est un parallélogramme.

PROPOSITION XXX.

THÉORÊME.

Si deux côtés opposés AB, CD, *d'un quadrilatère sont égaux et parallèles, les deux autres côtés seront pareillement égaux et parallèles, et la figure* ABCD *sera un parallélogramme.*

Soit tirée la diagonale BD; puisque AB est parallèle à CD, les angles alternes ABD, BDC sont

égaux : d'ailleurs le côté AB=DC, le côté BD est
pr. 6. commun; donc le triangle ABD est égal au triangle DBC; donc le coté AD=BC, l'angle ADB=DBC, et par conséquent AD est parallèle à BC; donc la figure ABCD est un parallélogramme.

PROPOSITION XXXI.

THÉORÊME.

fig. 45. *Les deux diagonales* AC, DB, *d'un parallélogramme se coupent mutuellement en deux parties égales au point* O.

Car en comparant le triangle ADO au triangle COB, on trouve le côté AD=CB, l'angle ADO=CBO, et l'angle DAO=OCB; donc ces deux trian-
pr. 7. gles sont égaux; donc AO, côté opposé à l'angle ADO, est égal à OC côté opposé à l'angle OBC; donc aussi DO=OB.

Scholie. Dans le cas du losange les côtés AB, BC étant égaux, les triangles AOB, OBC ont les trois côtés égaux, chacun à chacun, et sont par conséquent égaux; donc les deux diagonales d'un losange se coupent mutuellement à angles droits.

LIVRE II.

LE CERCLE ET LA MESURE DES ANGLES.

DÉFINITIONS.

I. LA *circonférence du cercle* est une ligne courbe dont tous les points sont également distants d'un point intérieur qu'on appelle *centre*. fig. 46.

Le *cercle* est l'espace terminé par cette ligne courbe.

N. B. Quelquefois dans le discours on confond le cercle avec sa circonférence; mais il sera toujours facile de rétablir l'exactitude des expressions en se souvenant que le cercle est une surface qui a longueur et largeur, tandis que la circonférence n'est qu'une ligne.

II. Toute ligne droite CA, CE, CD, etc. menée du centre à la circonférence, s'appelle *rayon* ou *demi-diamètre*. Toute ligne, comme AB, qui passe par le centre et qui est terminée de part et d'autre à la circonférence, s'appelle *diamètre*.

En vertu de la définition du cercle tous les rayons sont égaux; tous les diamètres sont égaux aussi et doubles du rayon.

III. On appelle *arc* une portion de circonférence telle que FHG.

La *corde* ou *sous-tendante* de l'arc est la ligne droite FG qui joint ses deux extrémités.

IV. *Segment* est la surface ou portion du cercle comprise entre l'arc et la corde.

N. B. A la même corde FG répondent toujours deux arcs FHG, FEG, et par conséquent aussi deux segments; mais c'est toujours le plus petit dont on entend parler, à moins qu'on n'exprime le contraire.

V. *Secteur* est la partie du cercle comprise entre un arc DE, et les deux rayons CD, CE, menés aux extrémités de cet arc.

fig. 47. VI. On appelle *ligne inscrite dans le cercle*, celle dont les extrémités sont à la circonférence, comme AB :

Angle inscrit, un angle tel que BAC, dont le sommet est à la circonférence, et qui est formé par deux cordes :

Triangle inscrit, un triangle tel que BAC, dont les trois angles ont leurs sommets à la circonférence :

Et en général *figure inscrite*, celle dont tous les angles ont leurs sommets à la circonférence : en même temps on dit que le cercle est *circonscrit* à cette figure.

fig. 48. VII. On appelle *sécante* une ligne qui rencontre la circonférence en deux points ; telle est AB.

VIII. *Tangente* est une ligne qui n'a qu'un point de commun avec la circonférence ; telle est CD.

Le point commun M s'appelle *point de contact*.

IX. Pareillement deux circonférences sont *tangentes* l'une à l'autre lorsqu'elles n'ont qu'un point de commun.

X. Un polygone est *circonscrit à un cercle*, lorsque tous ses côtés sont des *tangentes* à la circonférence ; dans le même cas on dit que le cercle est *inscrit* dans le polygone.

PROPOSITION I.

THÉORÊME.

Tout diamètre AB *divise le cercle et sa circonférence en deux parties égales.*

Car si on applique la figure AEB sur AFB, en conservant la base commune AB, il faudra que la ligne courbe AEB tombe exactement sur la ligne courbe AFB, sans quoi il y auroit dans l'une ou l'autre des points inégalement éloignés du centre, ce qui est contre la définition du cercle. fig. 49.

PROPOSITION II.

THÉORÊME.

Toute corde est plus petite que le diamètre.

Car si aux extrémités de la corde AD on mène les rayons AC, CD, on aura $AD < AC + CD$, ou $AD < AB$.

Corollaire. Donc la plus grande ligne droite qu'on puisse inscrire dans un cercle est égale à son diamètre.

PROPOSITION III.

THÉORÊME.

Une ligne droite ne peut rencontrer une circonférence en plus de deux points.

Car si elle la rencontroit en trois, ces trois points seroient également distants du centre; il y auroit donc trois lignes égales menées d'un même point sur une même ligne droite, ce qui est impossible*.

*pr. 16, liv. 1.

PROPOSITION IV.

THÉORÈME.

Dans un même cercle ou dans des cercles égaux, les arcs égaux sont sous-tendus par des cordes égales, et réciproquement les cordes égales sous-tendent des arcs égaux.

fig. 50. Le rayon AC étant égal au rayon EO, et l'arc AMD égal à l'arc ENG, je dis que la corde AD sera égale à la corde EG.

Car le diamètre AB étant égal au diamètre EF, le demi-cercle AMDB pourra s'appliquer exactement sur le demi-cercle ENGF, et la ligne courbe AMDB coïncidera entièrement avec la ligne courbe ENGF. Mais on suppose la portion AMD égale à la portion ENG; donc le point D tombera sur le point G; donc la corde AD est égale à la corde EG.

Réciproquement, en supposant toujours le rayon AC=EO, si la corde AD=EG, je dis que l'arc AMD sera égal à l'arc ENG.

Car en tirant les rayons CD, OG, les deux triangles ACD, EOG, auront les trois côtés égaux chacun à chacun, savoir, AC=EO, CD=OG, et AD =EG; donc ces triangles sont égaux, donc l'angle ACD=EOG. Mais en posant le demi-cercle ADB sur son égal EGF, puisque l'angle ACD=EOG, il est clair que le rayon CD tombera sur le rayon OG, et le point D sur le point G; donc l'arc AMD est égal à l'arc ENG.

PROPOSITION V.

THÉORÈME.

Dans le même cercle ou dans des cercles égaux, un plus grand arc est sous-tendu par une plus grande corde, et réciproquement, pourvu que les arcs dont il s'agit soient moindres qu'une demi-circonférence.

Car soit l'arc AH plus grand que AD, et soient menées les cordes AD, AH, et les rayons CD, CH : les deux côtés AC, CH, du triangle ACH sont égaux aux deux côtés AC, CD, du triangle ACD : l'angle ACH est plus grand que ACD; donc* le troisième côté AH est plus grand que le troisième AD; donc la corde qui sous-tend le plus grand arc est la plus grande. fig. 50. * 10. 1.

Réciproquement, si la corde AH est supposée plus grande que AD, on conclura des mêmes triangles que l'angle ACH est plus grand que ACD, et qu'ainsi l'arc AH est plus grand que AD.

Scholie. Nous supposons que les arcs dont il s'agit sont plus petits que la demi-circonférence. S'ils étoient plus grands la propriété contraire auroit lieu : l'arc augmentant, la corde diminueroit, et réciproquement. Ainsi l'arc AKBD étant plus grand que AKBH, la corde AD est plus petite que AH.

PROPOSITION VI.

THÉORÈME.

fig. 51. *Le rayon* CG, *perpendiculaire à une corde* AB, *divise cette corde et l'arc sous-tendu* AGB, *chacun en deux parties égales.*

Menez les rayons AC, CB; ces rayons sont, par rapport à la perpendiculaire CD, deux obliques égales; donc ils s'écartent également de la per-
*16. 1. pendiculaire *; donc AD=DB.

En second lieu, puisque AD=DB, CG est une
17. 1. perpendiculaire élevée sur le milieu de AB; donc tout point de cette perpendiculaire doit être également distant des deux extrémités A et B. Le point G est un de ces points; donc la distance AG=GB. Mais si la corde AG est égale à la corde
pr. 4. GB, l'arc AG sera égal à l'arc GB; donc le rayon CG, perpendiculaire à la corde AB, divise l'arc sous-tendu par cette corde en deux parties égales au point G.

Scholie. Le centre C, le milieu D de la corde AB, et le milieu G de l'arc sous-tendu par cette corde, sont trois points situés sur une même ligne perpendiculaire à la corde. Or il suffit de deux points pour déterminer la position d'une ligne; donc toute ligne qui passe par deux des points mentionnés, passera nécessairement par le troisième et sera perpendiculaire à la corde.

Il s'ensuit aussi que *la perpendiculaire élevée sur le milieu d'une corde passe par le centre et par le milieu de l'arc sous-tendu par cette corde.*

Car cette perpendiculaire se confond avec celle qui seroit abaissée du centre sur la même corde, puisqu'elles passent toutes deux par le milieu de la corde.

PROPOSITION VII.

THÉORÈME.

Par trois points donnés A, B, C, *non en ligne droite, on peut toujours faire passer une circonférence, mais on n'en peut faire passer qu'une.* fig. 52.

Joignez AB, BC, et divisez ces deux lignes en deux parties égales par les perpendiculaires DE, FG; je dis d'abord que ces perpendiculaires se rencontreront en un point O.

Car les lignes DE, FG, se couperont nécessairement si elles ne sont pas parallèles. Or supposons qu'elles fussent parallèles, la ligne AB perpendiculaire à DE seroit perpendiculaire à FG*, et l'angle K seroit droit; mais BK prolongement de BD est différente de BF, puisque les trois points A, B, C, ne sont pas en ligne droite; donc il y auroit deux perpendiculaires BF, BK, abaissées d'un même point sur la même ligne, ce qui est impossible; donc les perpendiculaires DE, FG, se couperont toujours en un point O. * 24. 1.

Maintenant le point O, comme appartenant à la perpendiculaire DE, est à égale distance des deux points A et B*; le même point O, comme appartenant à la perpendiculaire FG, est à égale distance des deux points B, C; donc les trois distances OA, OB, OC, sont égales; donc la circon- * 17. 1.

férence décrite du centre O et du rayon OB passera par les trois points donnés A, B, C.

Il est prouvé par là qu'on peut toujours faire passer une circonférence par trois points donnés, non en ligne droite ; je dis de plus qu'on n'en peut faire passer qu'une.

Car s'il y avoit une seconde circonférence qui passât par les trois points donnés A, B, C, son
17. 1. centre ne pourroit être hors de la ligne DE, puisqu'alors il seroit inégalement éloigné de A et de B ; il ne pourroit être non plus hors de la ligne FG par une raison semblable : donc il seroit à la fois sur les deux lignes DE, FG. Or deux lignes droites ne peuvent se couper en plus d'un point ; donc il n'y a qu'une circonférence qui puisse passer par trois points donnés.

Corollaire. Deux circonférences ne peuvent se rencontrer en plus de deux points ; car si elles avoient trois points communs, elles auroient le même centre et ne feroient qu'une seule et même circonférence.

PROPOSITION VIII.

THÉORÊME.

Deux cordes égales sont également éloignées du centre, et si deux cordes sont inégales, la plus petite sera la plus éloignée du centre.

fig. 53. 1.° Soit la corde AB=DE : divisez ces cordes en deux également par les perpendiculaires CF, CG, et tirez les rayons CA, CD.

Les triangles rectangles CAF, DCG, ont les hy-

poténuses CA, CD, égales; de plus, le côté AF moitié de AB est égal au côté DG moitié de DE: donc ces triangles sont égaux*, et le troisième *18. 1.
côté CF est égal au troisième CG; donc 1.° les deux cordes égales AB, DE, sont également éloignées du centre.

2.° Soit la corde AH plus grande que DE, l'arc AKH sera plus grand que l'arc DME*; sur l'arc *pr. 5.
AKH prenez la partie ANB=DME, tirez la corde AB, et abaissez CF perpendiculaire sur cette corde, et CI perpendiculaire sur AH; il est clair que CF est plus grand que CO, et CO plus grand que CI*; *16. 1.
donc à plus forte raison CF > CI. Mais CF=CG, puisque les cordes AB, DE, sont égales; donc on a CG > CI; donc de deux cordes inégales la plus petite est la plus éloignée du centre.

PROPOSITION IX.

THÉORÊME.

La perpendiculaire BD *menée à l'extrémité du* fig. 54.
rayon CA *est une tangente à la circonférence.*

Car toute oblique CE est plus longue que la perpendiculaire CA*; donc le point E est hors du *16. 1.
cercle, donc la ligne BD n'a que le point A commun avec la circonférence, donc BD est une *tangente**. *déf. 8.

Scholie. On ne peut mener par un point donné A qu'une seule tangente AD à la circonférence; car si on en pouvoit mener une autre, celle-ci ne seroit plus perpendiculaire au rayon CA; donc, par rapport à cette nouvelle tangente, le rayon

CA seroit une oblique, et la perpendiculaire abaissée du centre sur cette tangente seroit plus courte que CA; donc cette prétendue tangente entreroit dans le cercle et seroit une sécante.

PROPOSITION X.

THÉORÈME.

fig. 55. *Deux parallèles* AB, DE, *interceptent sur la circonférence des arcs égaux* MN, PQ.

Il peut arriver trois cas.

1.° Si les deux parallèles sont sécantes, menez le rayon CH perpendiculaire à la corde MP, il sera en même temps perpendiculaire à sa parallèle
24. 1. NQ; donc le point H sera à la fois le milieu de
6. l'arc MHP et celui de l'arc NHQ; on aura donc l'arc MH=HP et l'arc NH=HQ; de là résulte MH—NH=HP—HQ, c'est-à-dire MN=PQ.

fig. 56. 2.° Si des deux parallèles AB, DE, l'une est sécante, l'autre tangente, au point de contact H menez le rayon CH, ce rayon sera perpendiculaire à la tangente DE et aussi à sa parallèle MP. Mais puisque CH est perpendiculaire à la corde MP, le point H est le milieu de l'arc MHP; donc les arcs MH, HP, compris entre les parallèles AB, DE, sont égaux.

3.° Enfin si les deux parallèles DE, IL, sont tangentes, l'une en H, l'autre en K, menez la sécante parallèle AB, vous aurez par ce qui vient d'être démontré MH=HP et MK=KP, donc l'arc entier HMK=HPK, et de plus on voit que chacun de ces arcs est une demi-circonférence.

PROPOSITION XI.

THÉORÊME.

Si deux circonférences se coupent en deux points, la ligne qui passe par leurs centres sera perpendiculaire à la corde qui joint les points d'intersection, et la divisera en deux parties égales.

Car la ligne AB qui joint les points d'intersection est une corde commune aux deux cercles. Or si sur le milieu de cette corde on élève une perpendiculaire, elle doit passer par chacun des deux centres C et D*. Mais par deux points donnés on ne peut mener qu'une seule ligne droite ; donc la ligne droite qui passe par les centres sera perpendiculaire sur le milieu de la corde commune. fig. 57 et 58.

PROPOSITION XII.

THÉORÊME.

Si la distance des deux centres est plus courte que la somme des rayons, et si en même temps le plus grand rayon est moindre que la somme du plus petit et de la distance des centres, les deux cercles se couperont.

Car, pour qu'il y ait lieu à intersection, il faut que le triangle CAD soit possible. Il faut donc, non seulement que CD soit < AC+AD, mais aussi que le plus grand rayon AD soit < AC+CD. Or toutes les fois que le triangle CAD sera possible, il est clair que les circonférences décrites des centres C et D se couperont en A et B. fig. 57 et 58. fig. 57. fig. 58.

PROPOSITION XIII.

THÉORÊME.

fig. 59. *Si la distance* CD *des centres de deux cercles est égale à la somme de leurs rayons* CA, AD, *ces deux cercles se toucheront extérieurement.*

Il est clair qu'ils auront le point A commun : mais ils n'auront que ce point ; car, pour avoir deux points communs, il faudroit que la distance des centres fût plus petite que la somme des rayons.

PROPOSITION XIV.

THÉORÊME.

fig. 60. *Si la distance* CD *des centres de deux cercles est égale à la différence de leurs rayons* CA, AD, *ces deux cercles se toucheront intérieurement.*

D'abord il est clair qu'ils ont le point A commun : ils n'en peuvent avoir d'autre ; car pour cela il faudroit que le plus grand rayon AD fût plus petit que la somme faite du rayon AC joint à la distance des centres CD, ce qui n'a pas lieu.

Corollaire. Donc si deux cercles se touchent, soit intérieurement, soit extérieurement, les centres et le point de contact sont sur la même ligne droite.

fig. 59 et 60. *Scholie.* Tous les cercles qui ont leur centre sur la droite CD, et qui passent par le point A, sont tangents les uns aux autres ; ils n'ont entre eux que le seul point A de commun. Et si par le point

A on mène AE perpendiculaire à CD, la droite AE sera une tangente commune à tous ces cercles.

PROPOSITION XV.

THÉORÊME.

Dans le même cercle ou dans des cercles égaux, fig. 61.
les angles égaux ACB, DCE, *dont le sommet est au centre, interceptent sur la circonférence des arcs égaux* AB, DE.

Réciproquement si les arcs AB, DE, *sont égaux, les angles* ACB, DCE, *seront aussi égaux.*

Car 1.° si l'angle ACB est égal à l'angle DCE, ces deux angles pourront se placer l'un sur l'autre; et comme leurs côtés sont égaux, il est clair que le point A tombera en D et le point B en E. Mais alors l'arc AB doit aussi tomber sur l'arc DE; car si les deux arcs n'étoient pas confondus en un seul, il y auroit dans l'un ou dans l'autre des points inégalement éloignés du centre, ce qui est impossible; donc l'arc AB=DE.

2.° Si on suppose AB=DE, je dis que l'angle ACB sera égal à DCE. Car si ces angles ne sont pas égaux, soit ACB le plus grand, et soit pris ACI=DCE, on aura par ce qui vient d'être démontré AI=DE : mais par hypothèse l'arc AB=DE; donc on auroit AI=AB, ou la partie égale au tout, ce qui est impossible; donc l'angle ACB =DCE.

PROPOSITION XVI.

THÉORÊME.

fig. 62. *Dans le même cercle ou dans des cercles égaux, si deux angles au centre* ACB, DCE, *sont entre eux comme deux nombres entiers, les arcs interceptés* AB, DE, *seront entre eux comme les mêmes nombres, et on aura cette proportion:*

Angl. ACB : angl. DCE :: arc AB : arc DE.

Supposons, par exemple, que les angles ACB, DCE, sont entre eux comme 7 est à 4; ou ce qui revient au même, supposons que l'angle M qui servira de commune mesure soit contenu sept fois dans l'angle ACB, et quatre dans l'angle DCE. Les angles partiels ACm, mCn, nCp, etc. DCx, xCy, etc. étant égaux entre eux, les arcs partiels Am, mn, np, etc. Dx, xy, etc. seront aussi égaux entre eux; donc l'arc entier AB sera à l'arc entier DE comme 7 est à 4. Or il est visible que le même raisonnement auroit toujours lieu, quand à la place de 7 et 4 on auroit d'autres nombres quelconques; donc si le rapport des angles ACB, DCE, peut être exprimé en nombres entiers, les arcs AB, DE, seront entre eux comme les angles ACB, DCE.

Scholie. Réciproquement, si les arcs AB, DE, étoient entre eux comme deux nombres entiers, les angles ACB, DCE, seroient entre eux comme les mêmes nombres, et on auroit toujours ACB : DCE :: AB : DE.

PROPOSITION XVII.

THÉORÈME.

Quel que soit le rapport des deux angles ACB, *ces deux angles seront toujours entre eux comme les arcs* AB, AD, *interceptés entre leurs côtés et décrits de leurs sommets comme centres avec des rayons égaux.* fig. 63.

Supposons le plus petit angle placé dans le plus grand : si on n'a pas la proportion énoncée, l'angle ACB sera à l'angle ACD comme l'arc AB est à un arc plus grand ou plus petit que AD. Supposons cet arc plus grand, et représentons-le par AO, nous aurons ainsi :

Angle ACB : angle ACD :: arc AB : arc AO.

Imaginons maintenant que l'arc AB soit divisé en parties égales dont chacune soit plus petite que DO, il y aura au moins un point de division entre D et O : soit I ce point, et joignons CI ; les arcs AB, AI, seront entre eux comme deux nombres entiers, et on aura en vertu du théorème précédent :

Angl. ACB : angl. ACI :: arc AB : arc AI.

Rapprochant ces deux proportions l'une de l'autre, et observant que les antécédents sont les mêmes, on en conclura que les conséquents sont proportionnels, et qu'ainsi :

Angl. ACD : angl. ACI :: arc AO : arc AI.

Mais l'arc AO est plus grand que l'arc AI : il faudroit donc, pour que la proportion subsistât, que l'angle ACD fût plus grand que l'angle ACI; or, au contraire, il est plus petit; donc il est impossible que l'angle ACB soit à l'angle ACD comme l'arc AB est à un arc plus grand que AD.

On démontreroit par un raisonnement entièrement semblable que le quatrième terme de la proportion ne peut être plus petit que AD; donc il est exactement AD, donc on a la proportion

Angl. ACB : angl. ACD :: arc AB : arc AD.

Corollaire. Puisque l'angle au centre du cercle et l'arc intercepté entre ses côtés ont une telle liaison que, quand l'un augmente ou diminue dans un rapport quelconque, l'autre augmente ou diminue dans le même rapport, on est en droit d'établir l'une de ces grandeurs pour la mesure de l'autre. Ainsi nous prendrons désormais l'arc AB pour la mesure de l'angle ACB. Il faut seulement observer, dans la comparaison des angles entre eux, que les arcs qui leur servent de mesure doivent être décrits avec des rayons égaux; car c'est ce que supposent toutes les propositions précédentes.

Scholie I. Il paroît plus naturel de mesurer une quantité par une quantité de la même espèce, et sur ce principe il conviendroit de rapporter tous les angles à l'angle droit. Ainsi l'angle droit étant l'unité de mesure, un angle aigu seroit exprimé par un nombre compris entre 0 et 1, et un angle obtus par un nombre entre 1 et 2. Mais cette manière d'exprimer les angles ne seroit pas la plus commode dans l'usage; on a trouvé beaucoup plus simple de les mesurer par des arcs de cercle, à cause de la facilité de faire des arcs égaux à des arcs donnés, et pour beaucoup d'autres raisons. Au reste, si la mesure des angles par les arcs de cercle est en quelque sorte indirecte, il n'en est pas moins facile d'obtenir par leur moyen la mesure directe et absolue. Car si vous comparez l'arc qui sert de mesure à un angle avec le quart de la circonférence, vous aurez le rapport de l'angle donné à l'angle droit, ce qui est la mesure absolue.

Scholie II. Tout ce qui a été démontré dans les trois propositions précédentes, pour la comparaison des angles avec les arcs, a lieu également pour la comparaison des secteurs avec les arcs : car les secteurs sont égaux lorsque les angles le sont, et en général ils sont proportionnels aux angles, donc *deux secteurs* ACB, ACD, *pris dans le même cercle ou dans des cercles égaux, sont entre eux, comme les arcs* AB, AD, *bases de ces mêmes secteurs.*

On voit par là que les arcs de cercle qui servent de mesure aux angles peuvent aussi servir de mesure aux différens secteurs d'un même cercle ou de cercles égaux.

PROPOSITION XVIII.

THÉORÊME.

L'angle inscrit BAD *a pour mesure la moitié de l'arc* BD *compris entre ses côtés.* fig. 64.

Supposons d'abord que le centre du cercle soit situé dans l'angle BAD, on menera le diamètre AE et les rayons CB, CD. L'angle BCE, extérieur au triangle ABC, est égal à la somme des deux inté-

19. 1. rieurs CAB, ABC: mais le triangle BAC étant isoscèle, l'angle CAB=ABC; donc l'angle BCE est double de BAC. L'angle BCE, comme angle au centre, a pour mesure l'arc BE; donc l'angle BAC aura pour mesure la moitié de BE. Par une raison semblable l'angle CAD aura pour mesure la moitié de ED; donc BAC+CAD ou BAD aura pour mesure la moitié de BE+ED ou la moitié de BD.

fig. 65. Supposons en second lieu que le centre C soit situé hors de l'angle BAD, alors menant le diamètre AE, l'angle BAE aura pour mesure la moitié de BE, l'angle DAE la moitié de DE; donc leur différence BAD aura pour mesure la moitié de BE moins la moitié de ED, ou la moitié de BD.

Donc tout angle inscrit a pour mesure la moitié de l'arc compris entre ses côtés.

fig. 66. *Corollaire* I. Tous les angles BAC, BDC, etc. inscrits dans le même segment sont égaux; car ils ont pour mesure la moitié de l'arc BOC.

fig. 67. II. Tout angle BAD inscrit dans le demi-cercle est un angle droit; car il a pour mesure la moitié de la demi-circonférence BOD, ou le quart de la circonférence.

Pour démontrer la même chose d'une autre manière, tirez le rayon AC; le triangle BAC est isoscèle, ainsi l'angle BAC=ABC; le triangle CAD est pareillement isoscèle; donc l'angle CAD=ADC; donc BAC+CAD ou BAD=ABD+ADB: mais si les deux angles B et D du triangle ABD valent ensemble le troisième BAD, les trois angles du triangle vaudront deux fois l'angle BAD, ils valent d'ailleurs deux angles droits; donc l'angle BAD est un angle droit.

III. Tout angle BAC inscrit dans un segment plus grand que le demi-cercle est un angle aigu; car il a pour mesure la moitié de l'arc BOC moindre qu'une demi-circonférence. fig. 66.

Et tout angle BOC inscrit dans un segment plus petit que le demi-cercle est un angle obtus; car il a pour mesure la moitié de l'arc BAC plus grand qu'une demi-circonférence.

IV. Les angles opposés A et C d'un quadrilatère inscrit ABCD valent ensemble deux angles droits; car l'angle BAD a pour mesure la moitié de l'arc BCD, l'angle BCD a pour mesure la moitié de l'arc BAD; donc les deux angles BAD, BCD, pris ensemble, ont pour mesure la moitié de la circonférence; donc leur somme équivaut à deux angles droits. fig. 68.

PROPOSITION XIX.

THÉORÊME.

L'angle BAC, *formé par une tangente et une corde, a pour mesure la moitié de l'arc* ADC *compris entre ses côtés.* fig. 69.

Au point de contact A menez le diamètre AD; l'angle BAD est droit*, il a pour mesure la moitié de la demi-circonférence AMD, l'angle DAC a pour mesure la moitié de DC; donc BAD+DAC ou BAC a pour mesure la moitié de AMD plus la moitié de DC, ou la moitié de l'arc entier ADC. * 9.

On démontreroit de même que l'angle CAE a

pour mesure la moitié de l'arc AC compris entre ses côtés.

Problêmes relatifs aux deux premiers Livres.

PROBLÊME I.

fig. 70. *Diviser la droite donnée* AB *en deux parties égales.*

Des points A et B comme centres avec un rayon plus grand que la moitié de AB, décrivez deux arcs qui se coupent en D, le point D sera également éloigné des points A et B. Marquez de même au dessus ou au dessous de la ligne AB un second point E également éloigné des points A et B. Par les deux points D, E, tirez la ligne DE, je dis que DE coupera la ligne AB en deux parties égales au point C.

Car les deux points D et E étant chacun également éloignés des extrémités A et B, ils doivent se trouver tous deux dans la perpendiculaire élevée sur le milieu de AB. Mais par deux points donnés il ne peut passer qu'une seule ligne droite; donc la ligne DE sera cette perpendiculaire elle-même qui coupe la ligne AB en deux parties égales au point C.

PROBLÊME II.

fig. 71. *Par un point* A, *donné sur la ligne* BC, *élever une perpendiculaire à cette ligne.*

Prenez les points B et C à égale distance de A, ensuite des points B et C, comme centres, et d'un rayon plus grand que BA, décrivez deux arcs qui se coupent en D; tirez AD qui sera la perpendiculaire demandée.

Car le point D, étant également éloigné de B et de C, appartient à la perpendiculaire élevée sur le milieu de BC; donc AD est cette perpendiculaire.

Scholie. La même construction sert à faire un angle droit BAD en un point donné A sur une ligne donnée BC.

PROBLÈME III.

D'un point A, *donné hors de la droite* BD, *abaisser une perpendiculaire sur cette droite.* fig. 72.

Du point A, comme centre, et d'un rayon suffisamment grand, décrivez un arc qui coupe la ligne BD aux deux points B et D. Marquez ensuite un point E également distant des points B et D, et tirez AE qui sera la perpendiculaire demandée.

Car les deux points A et E sont chacun également distants des points B et D; donc la ligne AE est perpendiculaire sur le milieu de BD.

PROBLÈME IV.

Au point A *de la ligne* AB, *faire un angle égal à l'angle donné* K. fig. 73.

Du sommet K, comme centre, et d'un rayon à volonté, décrivez l'arc IL terminé aux deux côtés de l'angle. Du point A, comme centre, et d'un rayon AB égal à KI, décrivez l'arc indéfini BO. Prenez ensuite un rayon égal à la corde LI; du point B, comme centre, et de ce rayon, décrivez un arc qui coupe en D l'arc indéfini BO; tirez AD, et l'angle DAB sera égal à l'angle donné K.

Car les deux arcs BD, LI, ont des rayons égaux
4. 2. et des cordes égales; donc ils sont égaux; donc l'angle BAD=IKL.

PROBLÈME V.

fig. 74. *Diviser un angle ou un arc donné en deux parties égales.*

1.° S'il faut diviser l'arc AB en deux parties égales, des points A et B, comme centres, et avec un même rayon, décrivez deux arcs qui se coupent en D. Par le point D et par le centre C tirez CD qui coupera l'arc AB en deux parties égales au point E.

Car les deux points C et D sont chacun également distants des extrémités A et B de la corde AB; donc la ligne CD est perpendiculaire sur le milieu de cette corde; donc elle divise l'arc AB
6. 2. en deux parties égales au point E.

2.° S'il faut diviser en deux parties égales l'angle ACB, on commencera par décrire du sommet C, comme centre, l'arc AB, et le reste comme il vient d'être dit. Il est clair que la ligne CD divisera en deux parties égales l'angle ACB.

Scholie. On peut par la même construction diviser chacune des moitiés AE, EB, en deux parties égales; ainsi par des sous-divisions successives on divisera un angle ou un arc donné en quatre parties égales, en huit, en seize, etc.

PROBLÈME VI.

fig 75. *Par un point donné* A *mener une parallèle à la ligne donnée* BC.

Du point A, comme centre, et d'un rayon suffisamment grand, décrivez l'arc indéfini EO; du point E, comme centre, et du même rayon, décrivez l'arc AF, prenez ED=AF, et tirez AD qui sera la parallèle demandée.

Car en joignant AE, on voit que les angles alternes AEF, EAD, sont égaux; donc les lignes AD, EF, sont parallèles*. * 24. 1.

PROBLÊME VII.

Deux angles A *et* B *d'un triangle étant donnés, trouver le troisième.*

Tirez la ligne indéfinie DEF, faites au point E l'angle DEC=A, et l'angle CEH=B: l'angle restant HEF sera le troisième angle requis; car ces trois angles pris ensemble valent deux angles droits. fig. 76.

PROBLÊME VIII.

Etant donnés deux côtés B *et* C *d'un triangle et l'angle* A *qu'ils comprennent, décrire le triangle.* fig. 77.

Ayant tiré la ligne indéfinie DE, faites au point D l'angle EDF égal à l'angle donné A; prenez ensuite DG=B, DH=C, et tirez GH; DGH sera le triangle demandé.

PROBLÊME IX.

Etant donnés un côté et deux angles d'un triangle, décrire le triangle.

Les deux angles donnés seront ou tous deux adjacents au côté donné, ou l'un adjacent, l'autre opposé. Dans ce dernier cas cherchez le troisième, vous aurez ainsi les deux angles adjacents. Cela fig. 78. posé, tirez la droite DE égale au côté donné, faites au point D l'angle EDF égal à l'un des angles adjacents, et au point E l'angle DEG égal à l'autre ; les deux lignes DF, EG, se couperont en H, et DEH sera le triangle requis.

PROBLÊME X.

Les trois côtés A, B, C, *d'un triangle étant donnés, décrire le triangle.*

fig. 79. Tirez DE égal au côté A ; du point E, comme centre, et d'un rayon égal au second côté B, décrivez un arc ; du point D, comme centre, et d'un rayon égal au troisième côté C, décrivez un autre arc qui coupe le premier en F ; tirez DF, EF, et DEF sera le triangle requis.

Scholie. Si l'un des côtés étoit plus grand que la somme des deux autres, les arcs ne se couperoient pas ; mais la solution sera toujours possible si la somme de deux côtés, pris comme on voudra, est plus grande que le troisième.

PROBLÊME XI.

Etant donnés deux côtés A *et* B *d'un triangle, avec l'angle* C *opposé au côté* B, *décrire le triangle.*

fig. 80. Il y a deux cas : 1.° si l'angle C est droit ou obtus, faites l'angle EDF égal à l'angle C ; prenez DE=A, du point E comme centre, et d'un rayon égal au côté donné B, décrivez un arc qui coupe en F la ligne DF ; tirez EF, et DEF sera le triangle demandé.

Il faut dans ce premier cas que le côté B soit plus grand que A, car l'angle C étant droit ou obtus, est le plus grand des angles du triangle; donc le côté opposé doit aussi être le plus grand.

2.° Si l'angle C est aigu, et que B soit plus grand que A, la même construction a toujours lieu, et DEF est le triangle requis. fig. 81.

Mais si, l'angle C étant aigu, le côté B est moindre que A, alors l'arc décrit du centre E avec le rayon EF=B coupera le côté DF en deux points F et G, situés du même côté de D : donc il y aura deux triangles DEF, DEG, qui satisferont également au problême. fig. 82.

Scholie. Le problême seroit impossible dans tous les cas si le côté B étoit plus petit que la perpendiculaire abaissée de E sur la ligne DF.

PROBLÊME XII.

Les côtés adjacents A *et* B *d'un parallélogramme étant donnés avec l'angle* C *qu'ils comprennent, décrire le parallélogramme.* fig. 83.

Tirez la ligne DE=A, faites au point D l'angle FDE=C, prenez DF=B; décrivez deux arcs, l'un du point F comme centre, et d'un rayon FG=DE, l'autre du point E comme centre, et d'un rayon EG=DF : au point G où ces deux arcs se coupent, tirez FG, EG; et DEGF sera le parallélogramme demandé.

Car, par construction, les côtés opposés sont égaux; donc la figure décrite est un parallélogramme*, et ce parallélogramme est formé avec les côtés donnés et l'angle donné. *29. 1.

Corollaire. Si l'angle donné est droit, la figure

sera un rectangle ; si de plus les côtés sont égaux, ce sera un quarré.

PROBLÊME XIII.

Trouver le centre d'un cercle ou d'un arc donné.

fig. 84. Prenez à volonté dans la circonférence ou dans l'arc trois points A, B, C, joignez ou imaginez qu'on joigne AB et BC, divisez ces deux lignes en deux parties égales par les perpendiculaires DE, FG ; le point O où ces perpendiculaires se rencontrent sera le centre cherché.

Scholie. La même construction sert à faire passer une circonférence par les trois points donnés A, B, C, et aussi à décrire une circonférence dans laquelle le triangle donné ABC soit inscrit.

PROBLÊME XIV.

Par un point donné mener une tangente à un cercle donné.

fig. 85. Si le point donné A est sur la circonférence, tirez le rayon CA, et menez AD perpendiculaire à
*9. 2. CA ; AD sera la tangente demandée *.

fig. 86. Si le point A est hors du cercle, joignez le point A et le centre par la ligne droite CA ; divisez CA en deux également au point O ; du point O comme centre et du rayon OC, décrivez une circonférence qui coupera la circonférence donnée au point B ; tirez AB, et AB sera la tangente demandée.

Car, en menant CB, l'angle CBA inscrit dans le
*18. 2. demi-cercle est un angle droit * ; donc AB est perpendiculaire à l'extrémité du rayon CB ; donc elle est tangente.

Scholie. Le point A étant hors du cercle, on voit qu'il y a toujours deux tangentes égales AB, AD, qui passent par le point A; elles sont égales, car les triangles rectangles CBA, CDA, ont l'hypoténuse CA commune, et le côté CB=CD. Donc ils sont égaux*; donc AD=AB, et en même temps l'angle CAD=CAB. *18. 1.

PROBLÊME XV.

Inscrire un cercle dans un triangle donné ABC. fig. 87.

Divisez les angles A et B en deux également par les lignes AO et BO qui se rencontreront en O; du point O abaissez les perpendiculaires OD, OE, OF, sur les trois côtés du triangle : je dis que ces perpendiculaires seront égales entre elles; car, par construction, l'angle DAO=OAF, l'angle droit ADO=AFO; donc le troisième angle AOD est égal au troisième AOF. D'ailleurs le côté AO est commun aux deux triangles AOD, AOF, et les angles adjacents au côté égal sont égaux; donc ces deux triangles sont égaux; donc DO=OF. On prouvera de même que les deux triangles BOD, BOE, sont égaux; donc OD=OE; donc les trois perpendiculaires OD, OE, OF, sont égales entre elles.

Maintenant si, du point O comme centre et du rayon OD, on décrit une circonférence, il est clair que cette circonférence sera inscrite dans le triangle ABC; car le côté AB, perpendiculaire à l'extrémité du rayon OD, est une tangente : il en est de même des côtés BC, AC.

Scholie. Les trois lignes qui divisent en deux également les trois angles concourent en un même point.

PROBLÈME XVI.

fig. 88 et 89. *Sur une droite donnée* AB, *décrire un segment* capable *de l'angle donné* C, *c'est-à-dire un segment tel que tous les angles qui y sont inscrits soient égaux à l'angle donné* C.

Prolongez AB vers D, faites au point B l'angle DBE=C, tirez BO perpendiculaire à BE, et GO perpendiculaire sur le milieu de AB; du point de rencontre O, comme centre, et du rayon OB, décrivez un cercle, le segment demandé sera AMB.

Car puisque BF est perpendiculaire à l'extrémité du rayon OB, BF est une tangente, et l'angle ABF
* 19. 2. a pour mesure la moitié de l'arc AKB*, d'ailleurs l'angle AMB, comme angle inscrit, a aussi pour mesure la moitié de l'arc AKB; donc l'angle AMB =ABF=EBD=C; donc tous les angles inscrits dans le segment AMB sont égaux à l'angle donné C.

Scholie. Si l'angle donné étoit droit, le segment cherché seroit le demi-cercle décrit sur le diamètre AB.

PROBLÈME XVII.

fig. 90. *Trouver le rapport numérique de deux lignes droites données* AB, CD, *si toutefois ces deux lignes ont entre elles une mesure commune.*

Portez la plus petite CD sur la plus grande AB autant de fois qu'elle peut y être contenue, par exemple, deux fois, avec le reste BE.

Portez le reste BE sur la ligne CD autant de fois qu'il peut y être contenu, une fois, par exemple, avec le reste DF.

Portez le second reste DF sur le premier BE,

autant de fois qu'il peut y être contenu, une fois, par exemple, avec le reste BG.

Portez le troisième reste BG sur le second DF autant de fois qu'il peut y être contenu.

Continuez ainsi jusqu'à ce que vous ayez un reste qui soit contenu un nombre de fois juste dans le précédent.

Alors ce dernier reste sera la commune mesure des lignes proposées, et en le regardant comme l'unité, on trouvera aisément les valeurs des restes précédents, et enfin celles des deux lignes proposées, d'où l'on conclura leur rapport en nombres.

Par exemple, si l'on trouve que GB est contenu deux fois justes dans FD, BG sera la commune mesure des deux lignes proposées. Soit BG=1, on aura FD=2 : mais EB contient une fois FD plus GB; donc EB=3; CD contient une fois EB plus FD; donc CD=5; enfin, AB contient deux fois CD plus EB; donc AB=13; donc le rapport des deux lignes AB, CD, est celui de 13 à 5. Si la ligne CD étoit prise pour unité, la ligne AB seroit $\frac{13}{5}$, et si la ligne AB étoit prise pour unité, la ligne CD seroit $\frac{5}{13}$.

Scholie. La méthode qu'on vient d'expliquer est la même que prescrit l'arithmétique pour trouver le commun diviseur de deux nombres; ainsi elle n'a pas besoin d'une autre démonstration.

Il est possible que, quelque loin qu'on continue l'opération, on ne trouve jamais un reste qui soit contenu un nombre de fois juste dans le précédent. Alors les deux lignes n'ont point de commune mesure, et sont ce qu'on appelle *incommensurables :* on en verra ci-après un exemple dans le rapport de la diagonale au côté du quarré. On ne peut donc alors trouver le rapport exact en nombres; mais en négligeant le dernier reste, on trouvera un rapport plus ou moins approché, selon que l'opération aura été poussée plus ou moins loin.

PROBLÊME XVIII.

fig. 91. *Deux angles* A *et* B *étant donnés, trouver leur commune mesure, s'ils en ont une, et de là leur rapport en nombres.*

Décrivez avec des rayons égaux les arcs CD, EF, qui servent de mesure à ces angles; procédez ensuite, pour la comparaison des arcs CD, EF, comme dans le problême précédent; car un arc peut être porté sur un arc de même rayon, comme une ligne droite sur une ligne droite. Vous parviendrez ainsi à la commune mesure des arcs CD, EF, s'ils en ont une, et à leur rapport en nombres. Ce rap-
*17. 2. port sera le même que celui des angles donnés *; et si DO est la commune mesure des arcs, DAO sera celle des angles.

Scholie. On peut ainsi trouver la valeur absolue d'un angle en comparant l'arc qui lui sert de mesure à toute la circonférence : par exemple, si l'arc CD est à la circonférence comme 3 est à 25, l'angle A sera les $\frac{3}{25}$ de quatre angles droits, ou $\frac{12}{25}$ d'un angle droit.

Il pourra arriver aussi que les arcs comparés n'aient pas de commune mesure; alors on n'aura pour les angles que des rapports en nombres plus ou moins approchés, selon que l'opération aura été poussée plus ou moins loin.

LIVRE III.

LES PROPORTIONS DES FIGURES.

DÉFINITIONS.

I. J'APPELLERAI *figures équivalentes* celles dont les surfaces sont égales.

Deux figures peuvent être équivalentes quoique très-dissemblables; par exemple, un cercle peut être équivalent à un quarré, un triangle à un rectangle, etc.

La dénomination de figures égales sera conservée à celles qui, étant appliquées l'une sur l'autre, coïncident dans tous leurs points. Tels sont deux cercles dont les rayons sont égaux, deux triangles dont les trois côtés sont égaux chacun à chacun, etc.

II. Deux figures sont *semblables*, lorsqu'elles ont les angles égaux chacun à chacun et les côtés *homologues* proportionnels. Par côtés homologues, on entend ceux qui ont la même position dans les deux figures, ou qui sont adjacents à des angles égaux. Ces angles eux-mêmes s'appellent *angles homologues*.

Deux figures égales sont toujours semblables, mais deux figures semblables peuvent être fort inégales.

III. Dans deux cercles différens, on appelle *arcs semblables*, *secteurs semblables*, *segments semblables*, ceux qui répondent à des angles au centre égaux.

fig. 92. Ainsi l'angle A étant égal à l'angle O, l'arc BC est semblable à l'arc DE, le secteur ABC au secteur ODE, etc.

IV. La *hauteur* d'un parallélogramme est la perpendiculaire EF menée entre les deux côtés ou *bases* opposées AB, CD. fig. 93.

V. La *hauteur* d'un triangle est la perpendiculaire AD abaissée du sommet d'un angle A sur le côté opposé BC qu'on appelle la *base*. fig. 94.

fig. 95. VI. La *hauteur* du trapèze est la perpendiculaire EF menée entre ses deux *bases* parallèles AB, CD.

VII. L'*aire* ou la surface d'une figure sont des termes à peu près synonymes. L'aire désigne plus particulièrement la quantité superficielle de la figure, en tant qu'elle est mesurée ou comparée à d'autres surfaces.

N. B. Pour l'intelligence de ce livre et des suivants, il faut avoir présente la théorie des proportions, pour laquelle nous renvoyons aux traités ordinaires d'arithmétique et d'algèbre. Nous ferons seulement une observation qui est très-importante pour fixer le vrai sens des propositions, et dissiper toute obscurité soit dans l'énoncé, soit dans les démonstrations.

Si on a la proportion A:B::C:D, on sait que le produit des extrêmes A×D est égal au produit des moyens B×C.

Cette vérité est incontestable pour les nombres; elle l'est aussi pour des grandeurs quelconques, pourvu qu'elles s'expriment ou qu'on les imagine exprimées en nombres; et c'est ce qu'on peut toujours supposer : par exemple, si A, B, C, D sont des lignes, on peut imaginer qu'une de ces quatre lignes, ou une cinquième, si l'on veut, serve à toutes de commune mesure et soit prise pour unité; alors A, B, C, D représentent chacune un certain nombre d'unités, entier ou rompu, commensurable ou incommensurable; et la proportion entre les lignes A, B, C, D, devient une proportion de nombres.

Le produit des lignes A et D, qu'on appelle aussi leur *rectangle*, n'est donc autre chose que le nombre d'unités linéaires contenues dans A, multiplié par le nombre d'unités linéaires contenues dans B; et on conçoit facilement que ce produit peut et doit être égal à celui qui résulte semblablement des lignes B et C.

Les grandeurs A et B peuvent être d'une espèce, par exemple des lignes, et les grandeurs C et D d'une autre espèce, par exemple des surfaces; alors il faut toujours regarder ces grandeurs comme des nombres; A et B s'exprimeront en unités linéaires, C et D en unités superficielles, et le produit $A \times D$ sera un nombre comme le produit $B \times C$.

En général, dans toutes les opérations qu'on fera sur les proportions, il faut toujours regarder les termes de ces proportions comme autant de nombres, chacun de l'espèce qui lui convient, et on n'aura aucune peine à concevoir ces opérations et les conséquences qui en résultent.

Nous devons avertir aussi que plusieurs de nos démonstrations sont fondées sur quelques-unes des règles les plus simples de l'algèbre, lesquelles sont fondées elles-mêmes sur les axiomes connus: ainsi si l'on a $A = B + C$, et qu'on multiplie chaque membre par une même quantité M, on en conclut $A \times M = B \times M + C \times M$. Pareillement si l'on a $A = B + C$ et $D = E - C$, et qu'on ajoute les quantités égales, en effaçant $+C$ et $-C$ qui se détruisent, on en conclura $A + D = B + E$, et ainsi des autres Tout cela est assez évident par soi-même; mais en cas de difficulté il sera bon de consulter les livres d'algèbre, et d'entremêler ainsi l'étude des deux sciences.

PROPOSITION I.

THÉORÊME.

Les parallélogrammes qui ont des bases égales et des hauteurs égales sont équivalents.

fig. 96. Soit AB la base commune des deux parallélogrammes ABCD, ABEF; puisqu'ils sont supposés avoir la même hauteur, les bases supérieures DC, FE, seront situées sur une même ligne parallèle à AB. Or on a par la nature des parallélogrammes AD=BC, et AF=BE; par la même raison on a DC=AB, et FE=AB; donc DC=FE; donc, retranchant DC et FE de la même ligne DE, les restes CE et DF seront égaux. Il suit de là que les triangles DAF, CBE, sont équilatéraux entre eux et par conséquent égaux.

Mais si du quadrilatère ABED on retranche le triangle ADF, il reste le parallélogramme ABEF; et si du même quadrilatère ABED on retranche le triangle CBE, il reste le parallélogramme ABCD. Donc les deux parallélogrammes ABCD, ABEF, qui ont même base et même hauteur, sont équivalents.

fig. 97. *Corollaire.* Donc tout parallélogramme ABCD est équivalent au rectangle ABEF de même base et de même hauteur.

PROPOSITION II.

THÉORÈME.

Tout triangle ABC *est la moitié du parallélogramme* ABCD *qui a même base et même hauteur.* fig. 98.

Car les triangles ABC, ACD, sont égaux*. *30. 1.

Corollaire I. Donc un triangle ABC est la moitié du rectangle BCEF qui a même base BC et même hauteur AO; car le rectangle BCEF est équivalent au parallélogramme ABCD.

Corollaire II. Tous les triangles qui ont des bases égales et des hauteurs égales sont équivalents.

PROPOSITION III.

THÉORÈME.

Deux rectangles de même hauteur sont entre eux comme leurs bases. fig. 99.

Soient ABCD, AEFD, deux rectangles qui ont pour hauteur commune AD; je dis qu'ils sont entre eux comme leurs bases AB, AE.

Supposons d'abord que les bases AB, AE, sont commensurables entre elles, et qu'elles sont, par exemple, comme les nombres 7 et 4 : si on divise AB en sept parties égales, AE contiendra 4 de ces parties; élevez à chaque point de division une perpendiculaire à la base, vous formerez ainsi sept rectangles partiels, qui seront égaux entre eux, puisqu'ils auront même base et même hauteur. Le rectangle ABCD contiendra sept rectangles partiels tandis que AEFD en contiendra quatre. Donc lé rectangle ABCD est au rectangle AEFD comme 7 est à 4, ou comme AB est à AE. Le même raisonnement peut être appliqué à tout autre rapport que celui de 7 à 4 : donc, quel que soit ce rapport, pourvu qu'il soit commensurable, on aura

ABCD : AEFD :: AB : AE.

fig. 100. Supposons en second lieu que les bases AB, AE, soient incommensurables entre elles, je dis qu'on n'en aura pas moins

ABCD : AEFD :: AB : AE.

Car si cette proposition n'est pas vraie, les trois premiers termes demeurant les mêmes, le quatrième sera plus grand ou plus petit que AE. Supposons qu'il soit plus grand et qu'on ait

ABCD : AEFD :: AB : AO.

Divisez la ligne AB en parties égales plus petites que EO, il y aura au moins un point de division I entre E et O : par ce point élevez la perpendiculaire IK ; les bases AB, AI, seront commensurables entre elles ; et ainsi on aura par ce qui vient d'être démontré

ABCD : AIKD :: AB : AI.

Mais on a par hypothèse

ABCD : AEFD :: AB : AO.

Dans ces deux proportions, les antécédents sont égaux ; donc les conséquents sont proportionnels, et il en résulte

AIKD : AEFD :: AI : AO.

Mais AO est plus grand que AI ; donc, pour que cette proportion subsistât, il faudroit que le rectangle AEFD fût plus grand que AIKD ; or, au contraire, il est plus petit, donc la proportion est impossible, donc ABCD ne peut être à AEFD comme AB est à une ligne plus grande que AE.

Par un raisonnement entièrement semblable, on prouveroit que le quatrième terme de la proportion ne peut être plus petit que AE; donc il est égal à AE.

Donc, quel que soit le rapport des bases, deux rectangles de même hauteur ABCD, AEFD, sont entre eux comme leurs bases AB, AE.

PROPOSITION IV.

THÉORÈME.

Deux rectangles quelconques ABCD, AEGF, *sont entre eux comme les produits des bases multipliées par les hauteurs, de sorte qu'on a* ABCD : AEGF :: AB × AD : AE × AF. fig. 101.

Prolongez les côtés GE, CD, jusqu'à leur rencontre en H; les deux rectangles ABCD, AEHD, ont même hauteur AD; ils sont donc entre eux comme leurs bases AB, AE : de même les deux rectangles AEHD, AEGF, ont même hauteur AE; ils sont donc entre eux comme leurs bases AD, AF : ainsi on aura les deux proportions

ABCD : AEHD :: AB : AE,
AEHD : AEGF :: AD : AF.

Multipliant ces proportions par ordre, et observant que le moyen terme AEHD peut être omis comme multiplicateur commun à l'antécédent et au conséquent, on aura

ABCD : AEGF :: AB × AD : AE × AF.

Scholie. Donc on peut prendre pour mesure d'un rectangle le produit de sa base par sa hauteur, pourvu qu'on entende par ce produit celui de deux nombres, savoir, le nombre d'unités linéaires contenues dans la base, et le nombre d'unités linéaires contenues dans la hauteur.

Cette mesure d'ailleurs n'est pas absolue, mais seulement relative; elle suppose qu'on évalue semblablement un autre rectangle en mesurant ses côtés par la même unité linéaire; on obtient ainsi un second produit, et le rapport des deux produits est égal à celui des rectangles, conformément à la proposition qu'on vient de démontrer.

Par exemple, si la base du rectangle A est de trois unités et sa hauteur de dix, le rectangle sera représenté par le nombre 3×10, ou 30, nombre qui ainsi isolé ne signifie rien; mais si on a un second rectangle B dont la base soit de douze unités et la hauteur de sept, le second rectangle sera représenté par le nombre 7×12, ou 84 : de là on conclura que les deux rectangles A et B sont entre eux comme 30 est à 84; donc si on convenoit de prendre le rectangle A pour l'unité de mesure dans les surfaces, le rectangle B auroit alors pour mesure absolue $\frac{84}{30}$, c'est-à-dire qu'il seroit égal à $\frac{84}{30}$ d'unités superficielles.

Il est plus ordinaire et plus simple de prendre le quarré pour l'unité de surface, et on choisit le quarré dont le côté est l'unité de longueur; alors la mesure que nous avons regardée simplement comme relative devient absolue : par exemple, le nombre 30, par lequel nous avons mesuré le rectangle A, représente 30 unités superficielles, ou 30 de ces quarrés dont le côté est égal à l'unité. C'est ce que la fig. 102 rend sensible. fig. 102.

On confond assez souvent en géométrie le produit de deux lignes avec leur *rectangle*, et cette expression a même passé en arithmétique, pour désigner le produit de deux nombres inégaux, comme on emploie celle de *quarré*, pour exprimer le produit d'un nombre multiplié par lui-même.

Les quarrés des nombres 1, 2, 3, etc. sont 1, 4, 9, etc. Aussi voit-on que le quarré fait sur une ligne double est quadruple; sur une ligne triple, il est neuf fois plus grand, et ainsi de suite. fig. 103.

PROPOSITION V.

THÉORÈME.

L'aire d'un parallélogramme quelconque est égale au produit de sa base par sa hauteur.

Car le parallélogramme ABCD est équivalent au rectangle ABEF, qui a même base AB et même hauteur BE; or celui-ci a pour mesure AB × BE. Donc AB × BE est égal à l'aire du parallélogramme ABCD. fig. 97.

Corollaire. Les parallélogrammes de même base sont entre eux comme leurs hauteurs, et les parallélogrammes de même hauteur sont entre eux comme leurs bases : car A, B, C étant trois grandeurs quelconques, on a généralement A × C : B × C :: A : B.

PROPOSITION VI.

THÉORÊME.

L'aire d'un triangle est égale au produit de sa base par la moitié de sa hauteur.

fig. 104. Car le triangle ABC est la moitié du parallélogramme ABCE, qui a même base BC et même hauteur AD : or la surface du parallélogramme $=BC\times AD$; donc celle du triangle $=\frac{1}{2}BC\times AD$, ou $BC\times\frac{1}{2}AD$.

Corollaire. Donc deux triangles de même hauteur sont entre eux comme leurs bases, et deux triangles de même base sont entre eux comme leurs hauteurs.

PROPOSITION VII.

THÉORÊME.

fig. 105. *L'aire du trapèze* ABCD *est égale à sa hauteur* EF, *multipliée par la demi-somme des bases parallèles* AB, CD.

Par le point I milieu du côté CB, menez KL parallèle au côté opposé AD, et prolongez DC jusqu'à la rencontre de KL.

Dans les triangles IBL, ICK, on a le côté IB=IC par construction, l'angle LIB=CIK, et l'angle IBL
24. 1. =ICK, puisque CK et BL sont parallèles; donc
7. 1. ces triangles sont égaux; donc le trapèze ABCD est équivalent au parallélogramme ADKL, et il a pour mesure $EF\times AL$.

Mais on a AL=DK, et puisque le triangle IBL

est égal au triangle KCI, le côté BL=CK : donc AB+CD=AL+DK=2AL, et ainsi AL est la demi-somme des bases AB, CD : donc enfin l'aire du trapèze ABCD est égale à la hauteur EF multipliée par la demi-somme des bases AB, CD, ce qui s'exprime ainsi : $ABCD = EF \times \left(\frac{AB+CD}{2}\right)$.

Scholie. Si par le point I milieu de BC on mène IH parallèle à la base AB, le point H sera aussi le milieu de AD; car la figure AHIL est un parallélogramme, ainsi que DHIK, puisque les côtés opposés sont parallèles; on a donc AH=IL et DH=IK : or IL=IK, puisque les triangles BIL, CIK, sont égaux; donc AH=DH.

On peut remarquer que la ligne $HI = AL = \frac{AB+CD}{2}$; donc l'aire du trapèze peut s'exprimer aussi par EF×HI. Elle est donc égale à la hauteur du trapèze multipliée par la ligne qui joint les milieux des côtés non parallèles.

PROPOSITION VIII.

THÉORÊME.

Si une ligne AC *est divisée en deux parties* AB, BC, *le quarré fait sur la ligne entière* AC *contiendra le quarré fait sur* AB, *plus le quarré fait sur* BC, *plus deux fois le rectangle compris sous les deux parties* AB, BC, *ce qu'on exprime ainsi*, $\overline{AC}^2$ *ou* $(AB+BC)^2 = \overline{AB}^2 + \overline{BC}^2 + 2AB \times BC$. fig. 106.

Construisez le quarré ACDE, prenez AF=AB, menez FG parallèle à AC, et BH parallèle à AE.

Le quarré ABCD est divisé en quatre parties : la première ABIF est le quarré fait sur AB, puisqu'on a pris AF=AB : la seconde IGDH est le quarré fait sur BC, car puisqu'on a AC=AE, et AB=AF, la différence AC—AB est égale à la différence AE—AF, c'est-à-dire que BC=EF. Mais à cause des parallèles IG=BC, et DG=EF ; donc HIGD est égal au quarré fait sur BC. Ces deux parties étant retranchées du quarré total, il reste les deux rectangles BCGI, EFIH, qui ont chacun pour mesure AB×BC. Donc le quarré fait sur AC, etc.

Scholie. Cette proposition revient à celle qu'on démontre en algèbre pour la formation du quarré d'un binôme, et qui est ainsi exprimée : $(a+b)^2 = a^2+2ab+b^2$.

PROPOSITION IX.

THÉORÊME.

fig. 107. *Si la ligne* AC *est la différence des deux lignes* AB, BC, *le quarré fait sur* AC *contiendra le quarré de* AB *plus le quarré de* BC *moins deux fois le rectangle fait sur* AB *et* BC ; *c'est-à-dire qu'on aura* $\overline{AC}^2$ *ou* $(AB-BC)^2 = \overline{AB}^2 + \overline{BC}^2 - 2AB \times BC$.

Construisez le quarré ABIF, prenez AE=AC, menez CG parallèle à BI, HK parallèle à AB, et achevez le quarré EFLK.

Les deux rectangles CBIG, GLKD, ont chacun pour mesure AB×BC : si on les retranche de la figure entière ABILKEA qui a pour valeur $\overline{AB}^2+\overline{BC}^2$, il est clair qu'il restera le quarré ACDE; donc, etc.

Scholie. Cette proposition revient à la formule d'algèbre $(a-b)^2=a^2+b^2-2ab$.

PROPOSITION X.

THÉORÈME.

Le rectangle fait sur la somme et la différence de deux lignes est égal à la différence des quarrés de ces lignes : ainsi on a $(AB+BC)\times(AB-BC)=\overline{AB}^2-\overline{BC}^2$. fig. 108.

Construisez sur AB et AC les quarrés ABIF, ACDE, prolongez AB d'une quantité $BK=BC$, et achevez le rectangle AKLE.

La base AK du rectangle est la somme des deux lignes AB, BC, sa hauteur AE est la différence de ces mêmes lignes. Donc le rectangle $AKLE=(AB+BC)\times(AB-BC)$. Mais ce même rectangle est composé des deux parties $ABHE+BHLK$; et la partie BHLK est égale au rectangle EDGF, car $BH=ED$ et $BK=EF$; donc $AKLE=ABHE+EDGF$. Or ces deux parties forment le quarré ABIF moins le quarré DHIG qui est le quarré fait sur BC : donc enfin $(AC+BC)\times(AC-BC)=\overline{AB}^2-\overline{BC}^2$.

Scholie. Cette proposition revient à la formule d'algèbre $(a+b)(a-b)=a^2-b^2$.

PROPOSITION XI.

THÉORÊME.

Le quarré fait sur l'hypoténuse d'un triangle rectangle est égal à la somme des quarrés faits sur les deux autres côtés.

fig. 109. Soit ABC un triangle rectangle en A : ayant formé des quarrés sur les trois côtés, abaissez de l'angle droit sur l'hypoténuse la perpendiculaire AD que vous prolongerez jusqu'en E ; tirez ensuite les diagonales AF, CH.

L'angle ABF est composé de l'angle ABC plus l'angle droit CBF ; l'angle CBH est composé du même angle ABC plus l'angle droit ABH ; donc l'angle ABF=HBC. Mais AB=BH comme côtés d'un même quarré, et BF=BC par la même raison. Donc les triangles ABF, HBC, ont un angle égal compris entre côtés égaux, donc ils sont égaux.

Le triangle ABF est la moitié du rectangle BDEF, (ou pour abréger BE) qui a même base BF et même
pr. 2. hauteur BD. Le triangle HBC est pareillement la moitié du quarré AH, car l'angle BAC étant droit ainsi que BAL, AC et AL ne font qu'une même ligne droite parallèle à HB ; donc le triangle HBC et le quarré AH, qui ont la base commune BH, ont aussi la hauteur commune AB. Donc le triangle est la moitié du quarré.

On a déja prouvé que le triangle ABF est égal au triangle HBC ; donc le rectangle BDEF, double du triangle ABF, est équivalent au quarré AH, double du triangle HBC. On démontrera de même que le rectangle CDEG est équivalent au quarré AI; mais les deux rectangles BDEF, CDEG, pris ensemble, font le quarré BCGF; donc le quarré BCGF, fait sur l'hypoténuse, est égal à la somme des quarrés ABHL, ACIK, faits sur les deux autres côtés; ou en d'autres termes, $\overline{BC}^2 = \overline{AB}^2 + \overline{AC}^2$.

Corollaire I. Donc le quarré d'un des côtés de l'angle droit est égal au quarré de l'hypoténuse moins le quarré de l'autre côté, ce qu'on exprime ainsi : $\overline{AB}^2 = \overline{BC}^2 - \overline{AC}^2$.

Corollaire II. Soit ABCD un quarré, AC sa diagonale; le triangle ABC est rectangle et isoscèle : ainsi on aura $\overline{AC}^2 = \overline{AB}^2 + \overline{BC}^2 = 2\overline{AB}^2$. Donc *le quarré fait sur la diagonale* AC *est double du quarré fait sur le côté* AB. fig. 118.

On peut rendre sensible cette propriété en menant par les points A et C des parallèles à BD, et par les points B et D des parallèles à AC : on formera ainsi un nouveau quarré EFGH qui sera le quarré de AC. Or on voit que EFGH contient huit triangles égaux, et que ABCD en contient quatre; donc le quarré EFGH est double de ABCD.

Puisque $\overline{AC}^2 : \overline{AB}^2 :: 2 : 1$, on a, en extrayant la racine quarrée, $AC : AB :: \sqrt{2} : 1$. Donc *la diagonale d'un quarré est incommensurable avec son côté.*

C'est ce qu'on développera davantage dans une autre occasion.

Corollaire III. On a démontré que le quarré AH est équivalent au rectangle BDEF; or, à cause de la hauteur commune BF, le quarré BCGF est au fig. 109.

rectangle BDEF comme la base BC est à la base BD; donc

$$\overline{BC}^2 : \overline{AB}^2 :: BC : BD.$$

Donc *le quarré de l'hypoténuse est au quarré d'un des côtés de l'angle droit comme l'hypoténuse est au segment adjacent à ce côté.* On appelle ici *segment* la partie de l'hypoténuse déterminée par la perpendiculaire abaissée de l'angle droit; ainsi BD est le segment adjacent au côté AB, et DC est le segment adjacent au côté AC. On auroit semblablement

$$\overline{BC}^2 : \overline{AC}^2 :: BC : CD.$$

Corollaire IV. Les rectangles BDEF, DCGE, ayant aussi même hauteur, sont entre eux comme leurs bases BD, CD. Or ces rectangles sont équivalents aux quarrés $\overline{AB}^2$, $\overline{AC}^2$; donc

$$\overline{AB}^2 : \overline{AC}^2 :: BD : DC.$$

Donc *les quarrés des deux côtés de l'angle droit sont entre eux comme les segments de l'hypoténuse adjacents à ces côtés.*

PROPOSITION XII.

THÉORÊME.

fig. 110. *Dans un triangle* ABC, *si l'angle* C *est aigu, le quarré du côté opposé sera plus petit que la somme des quarrés des côtés qui comprennent l'angle* C; *et si l'on abaisse* AD *perpendiculaire sur* BC, *la différence sera égale au double du rectangle* BC × CD; *de sorte qu'on aura*

$$\overline{AB}^2 = \overline{AC}^2 + \overline{BC}^2 - 2BC \times CD.$$

Il y a deux cas. 1.° Si la perpendiculaire tombe

au dedans du triangle ABC, on aura $BD=BC-CD$, et par conséquent * $\overline{BD}^2=\overline{BC}^2+\overline{CD}^2-2BC\times CD$. Ajoutant de part et d'autre $\overline{AD}^2$, et observant que les triangles rectangles ABD, ADC, donnent $\overline{AD}^2+\overline{BD}^2=\overline{AB}^2$ et $\overline{AD}^2+\overline{DC}^2=\overline{AC}^2$, on aura $\overline{AB}^2=\overline{BC}^2+\overline{AC}^2-2BC\times CD$. * 9.

2.° Si la perpendiculaire AD tombe hors du triangle ABC, on aura $BD=CD-BC$, et par conséquent* $\overline{BD}^2=\overline{CD}^2+\overline{BC}^2-2CD\times BC$. Ajoutant de part et d'autre $\overline{AD}^2$, on en conclura de même * 9.

$$\overline{AB}^2=\overline{BC}^2+\overline{AC}^2-2BC\times CD.$$

PROPOSITION XIII.

THÉORÊME.

Dans un triangle ABC, *si l'angle* C *est obtus, le quarré du côté opposé* AB *sera plus grand que la somme des quarrés des côtés qui comprennent l'angle* C, *et si on abaisse* AD *perpendiculaire sur* BC, *la différence sera égale au double du rectangle* BC × CD; *de sorte qu'on aura* fig. 111.

$$\overline{AB}^2=\overline{AC}^2+\overline{BC}^2+2BC\times CD.$$

La perpendiculaire ne peut pas tomber au dedans du triangle; car si elle tomboit par exemple en E, le triangle ACE auroit à la fois l'angle droit E et l'angle obtus C, ce qui est impossible *; donc elle tombe au dehors, et on a $BD=BC+CD$. De là résulte * $\overline{BD}^2=\overline{BC}^2+\overline{CD}^2+2BC\times CD$. Ajoutant de part et d'autre $\overline{AD}^2$ et faisant les réductions com- *19. 1. * 8.

6

me dans le théorème précédent, on en conclura $\overline{AB}^2 = \overline{BC}^2 + \overline{AC}^2 + 2BC \times CD$.

Scholie. Le triangle rectangle est le seul dans lequel la somme des quarrés de deux côtés soit égale au quarré du troisième; car si l'angle compris par ces côtés est aigu, la somme de leurs quarrés sera plus grande que le quarré du côté opposé; s'il est obtus, elle sera moindre.

PROPOSITION XIV.

THÉORÈME.

fig. 112. *Dans un triangle quelconque* ABC, *si on mène du sommet au milieu de la base la ligne* AE, *je dis qu'on aura* $\overline{AB}^2 + \overline{AC}^2 = 2\overline{AE}^2 + 2\overline{BE}^2$.

Abaissez la perpendiculaire AD sur la base BC, le triangle AEC donnera par le théorème XII

$$\overline{AC}^2 = \overline{AE}^2 + \overline{EC}^2 - 2EC \times ED.$$

Le triangle ABE donnera par le théorème XIII

$$\overline{AB}^2 = \overline{AE}^2 + \overline{EB}^2 + 2EB \times ED.$$

Donc, en ajoutant et observant que EB=EC, on aura

$$\overline{AB}^2 + \overline{AC}^2 = 2\overline{AE}^2 + 2\overline{EB}^2.$$

Corollaire. Donc *dans tout parallélogramme la somme des quarrés des côtés est égale à la somme des quarrés des diagonales.*

fig. 113. Car les diagonales AC, BD, se coupent mutuel-
3. 1. lement en deux parties égales au point E; ainsi le triangle ABC donne

$$\overline{AB}^2 + \overline{BC}^2 = 2\overline{AE}^2 + 2\overline{BE}^2.$$

Le triangle ADC donne pareillement

$$\overline{AD}^2+\overline{DC}^2=2\overline{AE}^2+2\overline{DE}^2.$$

Ajoutant membre à membre, et observant que BE=DE, on aura

$$\overline{AB}^2+\overline{AD}^2+\overline{DC}^2+\overline{BC}^2=4\overline{AE}^2+4\overline{DE}^2.$$

Mais $4\overline{AE}^2$ est le quarré de 2AE ou de AC; $4\overline{DE}^2$ est le quarré de BD; donc la somme des quarrés des côtés est égale à la somme des quarrés des diagonales.

PROPOSITION XV.

THÉORÊME.

La ligne DE, *menée parallèlement à la base d'un triangle* ABC, *divise les côtés* AB, AC, *proportionnellement, de sorte qu'on a* AD:DB :: AE:EC. fig. 114.

Joignez BE et DC, les deux triangles BDE, DEC, ont même base DE; ils ont aussi même hauteur, puisque les sommets B et C sont situés sur une parallèle à la base. Donc ces triangles sont équivalents*. * 2.

Les triangles ADE, BDE, dont le sommet commun est E, ont même hauteur et sont entre eux comme leurs bases AD, BD*; ainsi on a * 6.

ADE:BDE :: AD:BD.

Les triangles ADE, DEC, dont le sommet commun est D, ont aussi même hauteur et sont entre eux comme leurs bases AE, EC; donc

ADE:DEC :: AE:EC.

Mais le triangle BDE=DEC; donc, à cause du rapport commun dans ces deux proportions, on en conclura AD:DB :: AE.EC.

Corollaire I. De là résulte *componendo* AD+DB:AD :: AE+EC:AE, ou AB:AD :: AC:AE, et aussi AB:BD :: AC:CE.

fig. 115. *Corollaire* II. *Si entre deux droites* AB, CD, *on mène tant de parallèles qu'on voudra*, AC, EF, GH, BD, etc. *ces droites seront coupées proportionnellement, et on aura* AE:CF :: EG:FH :: GB:HD.

Car soit O le point de concours des droites AB, CD; dans le triangle OEF, où la ligne AC est menée parallèlement à la base EF, on aura OE:AE :: OF:CF, ou OE:OF :: AE:CF. Dans le triangle OGH, on aura semblablement OE:EG :: OF:FH, ou OE:OF :: EG:FH. Donc, à cause du rapport commun, OE:OF, ces deux proportions donnent AE:CF :: EG:FH. On démontrera de la même manière qu'on a EG:FH :: GB:HD, et ainsi de suite. Donc les lignes AB, CD, sont coupées proportionnellement par les parallèles EF, GH, etc.

PROPOSITION XVI.

THÉORÈME.

fig. 116. *Réciproquement si les côtés* AB, AC, *sont coupés proportionnellement par la ligne* DE, *de sorte qu'on ait* AD:DB :: AE:EC, *je dis que la ligne* DE *sera parallèle à la base* BC.

Car si DE n'est pas parallèle à BC, supposons que DO en soit une; alors, suivant le théorème précédent, on aura AD:BD :: AO:OC. Mais par hypothèse AD:DB :: AE:EC: donc on auroit AO:OC :: AE:EC; proportion impossible, puisque d'une part l'antécédent AE est plus grand que

AO, et que de l'autre le conséquent EC est plus petit que OC. Donc la parallèle à BC menée par le point D ne peut différer de DE; donc DE est cette parallèle.

PROPOSITION XVII.

THÉORÊME.

La ligne AD, *qui divise en deux parties égales l'angle* BAC *d'un triangle, divisera la base* BC *en deux segments* BD, DC, *proportionnels aux côtés adjacents* AB, AC; *de sorte qu'on aura* BD:DC:: AB:AC. fig. 117.

Par le point C menez CE parallèle à AD jusqu'à la rencontre de BA prolongé.

Dans le triangle BCE, la ligne AD est parallèle à la base CE; ainsi on a la proportion

BD:DC:: AB:AE.

Mais le triangle ACE est isoscèle; car, à cause des parallèles AD, CE, l'angle ACE=DAC, et l'angle AEC=BAD*: or, par hypothèse, DAC=BAD; * 25. 1. donc l'angle ACE=AEC, et par suite AE=AC*; * 13. 1. substituant donc AC à la place de AE dans la proportion précédente on aura

BD:DC:: AB:AC.

PROPOSITION XVIII.

THÉORÊME.

Deux triangles équiangles ont les côtés homologues proportionnels et sont semblables.

Soient ABC, CDE, deux triangles qui ont les fig. 119.

angles égaux chacun à chacun, savoir BAC=CDE, ABC=DCE, et ACB=DEC; je dis que les côtés homologues ou adjacents aux angles égaux seront proportionnels, de sorte qu'on aura BC:CE :: AB: CD :: AC:DE.

Placez les côtés homologues BC, CE, dans la même direction; et prolongez les côtés BA, ED, jusqu'à ce qu'ils se rencontrent en F.

Puisque BCE est une ligne droite, et que l'angle
24. 1. BCA=CED, il s'ensuit que AC est parallèle à DE. Pareillement, puisque l'angle ABC=DCE, la ligne AB est parallèle à DC. Donc la figure ACDF est un parallélogramme.

Dans le triangle BFE la ligne AC est parallèle à
15. la base FE; ainsi on a BC:CE :: BA:AF. A la place de AF mettant son égale CD, on aura

BC:CE :: BA:CD.

Dans le même triangle BFE, si on regarde BF comme la base, CD est une parallèle à cette base, et on a la proportion BC:CE :: FD:DE. A la place de FD mettant son égale AC, on aura

BC:CE :: AC:DE.

Enfin de ces deux proportions qui contiennent le même rapport, BC:CE, on peut conclure aussi

AC:DE :: BA:CD.

Donc les triangles équiangles BAC, CDE, ont les côtés homologues proportionnels : mais suivant la définition II, deux figures sont semblables lorsqu'elles ont à la fois les angles égaux chacun à chacun et les côtés homologues proportionnels; donc les triangles équiangles BAC, CDE, sont deux figures semblables.

Corollaire. Il suffit pour que deux angles soient semblables qu'ils aient deux angles égaux chacun à chacun, car alors le troisième sera égal de part et d'autre et les deux triangles seront équiangles.

Scholie. Remarquez que, dans les triangles semblables, les côtés homologues sont opposés à des angles égaux; ainsi l'angle ACB étant égal à DEC, le côté AB est homologue à DC; de même AC est homologue à DE, et BC à CE : les côtés homologues étant reconnus, on forme aussitôt les proportions

AB:DC :: AC:DE :: BC:CE.

PROPOSITION XIX.

THÉORÊME.

Deux triangles qui ont les côtés homologues proportionnels sont équiangles et semblables. fig. 120.

Supposons qu'on ait BC:EF :: AB:DE :: AC:DF; je dis que les triangles ABC, DEF, auront les angles égaux, savoir, A=D, B=E, C=F.

Faites au point E l'angle FEG=B et au point F l'angle EFG=C, le troisième G sera égal au troisième A, et les deux triangles ABC, EFG, seront équiangles. Donc on aura par le théorème précédent BC:EF :: AB:EG : mais par hypothèse BC: EF :: AB:DE; donc EG=DE. On aura encore par le même théorème BC:EF :: AC:FG : or on a par hypothèse BC:EF :: AC:DF; donc FG=DF; donc les triangles EGF, DEF, ont les trois côtés égaux chacun à chacun; donc ils sont égaux. Mais par construction le triangle EGF est équiangle au triangle ABC; donc aussi les triangles DEF, ABC, sont équiangles et semblables.

Scholie I. On voit par ces deux dernières propositions qu'il suffit, pour que deux triangles soient semblables, ou qu'ils soient équiangles, ou que les côtés homologues soient proportionnels. Il n'en est pas de même dans les figures de plus de trois côtés; car, dès qu'il s'agit seulement des quadrilatères, on peut, sans changer les angles, altérer la proportion des côtés, ou, sans altérer les côtés, changer les angles; ainsi la proportionnalité des côtés ne peut être une suite de l'égalité des
fig. 121. angles, ni *vice versâ*. On voit, par exemple, qu'en menant EF parallèle à BC, les angles du quadrilatère AEFD sont égaux à ceux du quadrilatère ABCD; mais la proportion des côtés est différente : de même, sans changer les quatre côtés AB, BC, CD, AD, on peut rapprocher ou éloigner le point B du point D, ce qui altérera les angles.

Scholie II. Les deux propositions précédentes, qui n'en font proprement qu'une, jointes à celle du quarré de l'hypoténuse, sont les propositions les plus importantes et les plus fécondes de la géométrie; elles suffisent presque seules à toutes les applications et à la résolution de tous les problèmes : la raison en est que toutes les figures peuvent se partager en triangles, et un triangle quelconque en deux triangles rectangles. Ainsi les propriétés générales des triangles renferment implicitement celles de toutes les figures.

PROPOSITION XX.

THÉORÊME.

Deux triangles qui ont un angle égal compris entre côtés proportionnels sont semblables. fig. 122.

Soit l'angle A=D, et supposons qu'on a AB : DE :: AC : DF ; je dis que le triangle ABC est semblable à DEF.

Prenez AG=DE et menez GH parallèle à BC, l'angle AGH sera égal à l'angle ABC, et le triangle AGH sera équiangle au triangle ABC ; on aura donc AB : AG :: AC : AH : mais par hypothèse AB : DE :: AC : DF, et par construction AG=DE ; donc AH=DF. Les deux triangles AGH, DEF, ont donc un angle égal compris entre côtés égaux ; donc ils sont égaux. Or le triangle AGH est semblable à ABC ; donc DEF est aussi semblable à ABC.

PROPOSITION XXI.

THÉORÊME.

Deux triangles qui ont les côtés homologues parallèles, ou qui les ont perpendiculaires, chacun à chacun, sont semblables.

Car 1.° Si le côté AB est parallèle à DE, et BC à fig. 123.
EF, l'angle ABC sera égal à DEF* ; si de plus AC * 27. 1.
est parallèle à DF, l'angle ACB sera égal à DFE, et aussi BAC à EDF : donc les triangles ABC, DEF, sont équiangles ; donc ils sont semblables.

2.° Soit le côté DE perpendiculaire à AB, et le fig. 124.
côté DF à AC ; dans le quadrilatère AIDH les deux

angles I et H seront droits; les quatre angles valent
20. 1. ensemble quatre angles droits; donc les deux restants IAH, IDH, valent deux angles droits. Mais les deux angles EDF, IDH, valent aussi deux angles droits; donc l'angle EDF est égal à BAC. Pareillement si le troisième côté EF est perpendiculaire au troisième BC, on démontrera que l'angle DFE=C, et DEF=B. Donc les deux triangles ABC, DEF, qui ont les côtés perpendiculaires chacun à chacun, sont équiangles et semblables.

Scholie. On peut remarquer que, dans le cas des côtés parallèles, les côtés homologues sont les côtés parallèles, et, dans celui des côtés perpendiculaires, ce sont les côtés perpendiculaires. Ainsi, dans ce dernier cas, DE est homologue à AB, DF à AC, et EF à BC.

Le cas des côtés perpendiculaires pourroit offrir une situation relative des deux triangles, différente de ce qu'elle est supposée dans la fig. 124; mais l'égalité des angles respectifs se démontreroit toujours soit par des quadrilatères tels que AIDH, dont deux angles sont droits, soit par la comparaison de deux triangles qui, avec des angles opposés au sommet, auroient chacun un angle droit. D'ailleurs on pourroit toujours supposer qu'on a construit au dedans du triangle ABC un triangle DEF, dont les côtés soient parallèles à ceux du triangle comparé à ABC, et alors la démonstration rentreroit dans le cas de la fig. 124.

PROPOSITION XXII.

THÉORÊME.

Les lignes AF, AG, *etc. menées comme on voudra par le sommet d'un triangle, divisent proportionnellement la base* BC *et sa parallèle* DE, *de sorte qu'on a* DI : BF :: IK : FG :: KL : GH, etc. fig. 125.

Car, puisque DI est parallèle à BF, le triangle ADI est équiangle à ABF, et on a la proportion DI : BF :: AI : AF. De même IK étant parallèle à FG, on a AI : AF :: IK : FG. Donc, à cause du rapport commun AI : AF, on aura DI : BF :: IK : FG. On trouvera semblablement IK : FG :: KL : GH, etc. Donc la ligne DE est divisée aux points I, K, L, comme la base BC l'est aux points F, G, H.

Corollaire. Donc, si BC étoit divisée en parties égales, aux points F, G, H, la parallèle DE seroit divisée de même en parties égales, aux points I, K, L.

PROPOSITION XXIII.

THÉORÊME.

Si de l'angle droit A *d'un triangle rectangle on abaisse la perpendiculaire* AD *sur l'hypoténuse;* fig. 126.

1.° *Les deux triangles partiels* ABD, ADC, *seront semblables entre eux et au triangle total* ABC;

2.° *Chaque côté* AB *ou* AC *sera moyen proportionnel entre l'hypoténuse* BC *et le segment adjacent* BD *ou* DC.

3.° *La perpendiculaire* AD *sera moyenne proportionnelle entre les deux segments* BD, DC.

Car 1.° le triangle BAD et le triangle BAC ont l'angle commun B; de plus l'angle droit BDA est égal à l'angle droit BAC; donc le troisième angle BAD de l'un est égal au troisième C de l'autre. Donc ces deux triangles sont équiangles et semblables. On démontrera de même que le triangle DAC est semblable au triangle BAC; donc les trois triangles sont équiangles et semblables.

2.° Puisque le triangle BAD est semblable au triangle BAC, leurs côtés homologues sont proportionnels. Or le côté BD dans le petit triangle est homologue à BA dans le grand, parce qu'ils sont opposés à des angles égaux BAD, BCA; l'hypoténuse BA du petit est homologue à l'hypoténuse BC du grand; donc on peut former la proportion BD:BA :: BA:BC. On auroit de la même manière DC:AC :: AC:BC. Donc 2.° chacun des côtés AB, AC, est moyen proportionnel entre l'hypoténuse et le segment adjacent à ce côté.

3.° Enfin la similitude des triangles ABD, ADC, donne, en comparant les côtés homologues, BD: AD :: AD:DC. Donc 3.° la perpendiculaire AD est moyenne proportionnelle entre les segments BD, DC de l'hypoténuse.

Scholie. La proportion BD:AB :: AB:BC donne, en égalant le produit des extrêmes à celui des moyens, $\overline{AB}^2 = BD \times BC$. On a de même $\overline{AC}^2 = DC \times BC$; donc $\overline{AB}^2 + \overline{AC}^2 = BD \times BC + DC \times BC$; le second membre est la même chose que $(BD + DC) \times BC$, et il se réduit à $BC \times BC$ ou $\overline{BC}^2$; donc on a

$\overline{AB}^2+\overline{AC}^2=\overline{BC}^2$; donc le quarré fait sur l'hypoténuse BC est égal à la somme des quarrés faits sur les deux autres côtés AB, AC. Nous retombons ainsi sur la proposition du quarré de l'hypoténuse par une voie très-différente de celle que nous avions suivie ; d'où l'on voit qu'à proprement parler, la proposition du quarré de l'hypoténuse est une suite de la proportionnalité des côtés dans les triangles équiangles : ainsi les propositions fondamentales de la géométrie se réduisent pour ainsi dire à celle-ci seule, que les triangles équiangles ont leurs côtés homologues proportionnels.

Il arrive souvent, comme on vient d'en voir un exemple, qu'en tirant des conséquences d'une ou de plusieurs propositions, on retombe sur des propositions déja démontrées. En général, ce qui caractérise particulièrement les théorêmes de géométrie, et ce qui est une preuve invincible de leur certitude, c'est qu'en les combinant ensemble d'une manière quelconque, pourvu qu'on raisonne juste, on tombe toujours sur des résultats exacts. Il n'en seroit pas de même si quelque proposition étoit fausse ou n'étoit vraie qu'à-peu-près ; il arriveroit souvent que, par la combinaison des propositions entre elles, l'erreur s'accroîtroit et deviendroit sensible. C'est ce dont on voit des exemples dans toutes les démonstrations où nous nous servons de la *réduction à l'absurde*. Ces démonstrations, où l'on a pour but de prouver que deux quantités sont égales, consistent à faire voir que, s'il y avoit entre elles la moindre inégalité, on seroit conduit par la suite des raisonnements à une absurdité manifeste et palpable; d'où l'on est obligé de conclure que ces deux quantités sont égales.

fig. 127. *Corollaire.* Si d'un point A de la circonférence on mène les deux cordes AB, AC, aux extrémités du diamètre BC, le triangle BAC sera rectangle en
* 18. 2. A*. Donc, 1.° *la perpendiculaire* AD *est moyenne proportionnelle entre les deux segments du diamètre* BD, DC, ou, ce qui revient au même, le quarré $\overline{AD}^2$ est égal au rectangle BD × DC.

2.° *La corde* AB *est moyenne proportionnelle entre le diamètre* BC *et le segment adjacent* BD, ou, ce qui revient au même, $\overline{AB}^2 = BD \times BC$. On a semblablement $\overline{AC}^2 = CD \times BC$; donc $\overline{AB}^2 : \overline{AC}^2 :: BD : DC$; et si on compare $\overline{AB}^2$ à $\overline{BC}^2$, on aura $\overline{AB}^2 : \overline{BC}^2 :: BD : BC$; on auroit de même $\overline{AC}^2 : \overline{BC}^2 :: DC : BC$. Ces rapports des quarrés des côtés, soit entre eux, soit avec le quarré de l'hypoténuse, ont été déja donnés dans les corol. III et IV de la prop. XI.

PROPOSITION XXIV.

THÉORÊME.

Deux triangles qui ont un angle égal sont entre eux comme les rectangles des côtés qui comprennent
fig. 128. *l'angle égal. Ainsi le triangle* ABC *est au triangle* ADE *comme le rectangle* AB × AC *est au rectangle* AD × AE.

Tirez BE; les deux triangles ABE, ADE, dont le sommet commun est en E, ont même hauteur, et sont entre eux comme leurs bases AB, AD; donc

$$ABE : ADE :: AB : AD.$$

On a de même

$$ABC : ABE :: AC : AE.$$

Multipliant ces deux proportions par ordre, et omettant le commun terme ABE, on aura

$$ABC : ADE :: AB \times AC : AD \times AE.$$

Corollaire. Donc les deux triangles seroient équivalents, si le rectangle AB × AC étoit égal au rectangle AD × AE, ou si on avoit AB : AD :: AE : AC, ce qui auroit lieu si la ligne DC étoit parallèle à BE.

PROPOSITION XXV.

THÉORÊME.

Deux triangles semblables sont entre eux comme les quarrés des côtés homologues.

Soit l'angle A = D et l'angle B = E; d'abord, à cause des angles égaux A et D, on aura par la proposition précédente fig. 122.

$$ABC : DEF :: AB \times AC : DE \times DF.$$

On a d'ailleurs à cause de la similitude des triangles AB : DE :: AC : DF.

Et si on multiplie cette proportion terme à terme par la proportion identique

$$AC : DF :: AC : DF,$$

il en résultera

$$AB \times AC : DE \times DF :: \overline{AC}^2 : \overline{DF}^2.$$

Donc

$$ABC : DEF :: \overline{AC}^2 : \overline{DF}^2.$$

Donc deux triangles semblables ABC, DEF, sont entre eux comme les quarrés des côtés homologues AC, DF, ou comme les quarrés de deux autres côtés homologues quelconques.

PROPOSITION XXVI.

THÉORÈME.

Deux polygones semblables sont composés d'un même nombre de triangles semblables chacun à chacun et semblablement disposés.

fig. 129. Dans le polygone ABCDE menez d'un même angle A les diagonales AC, AD, aux autres angles. Dans l'autre polygone FGHIK, menez semblablement, de l'angle F homologue à A, les diagonales FH, FI aux autres angles.

Puisque les polygones sont semblables, l'angle
* déf. 2. ABC est égal à son homologue FGH*, et de plus les côtés AB, BC, sont proportionnels aux côtés FG, GH; de sorte qu'on a AB:FG :: BC:GH. Il suit de là que les triangles ABC, FGH, sont sembla-
* 20. bles*; donc l'angle BCA est égal à GHF. Ces angles égaux étant retranchés des angles égaux BCD, GHI, les restes ACD, FHI, seront égaux. Mais, puisque les triangles ABC, FGH, sont semblables, on a AC:FH :: BC:GH. D'ailleurs, à cause de la similitude des polygones, BC:GH :: CD:HI; donc AC:FH :: CD:HI. Mais on a déja vu que l'angle ACD=FHI; donc les triangles ACD, FHI, ont un angle égal compris entre côtés proportionnels; donc ils sont semblables. On continueroit de même à démontrer la similitude des triangles suivans,

quel que fût le nombre des côtés des polygones proposés; donc deux polygones semblables sont composés d'un même nombre de triangles semblables et semblablement disposés.

Scholie. La proposition inverse est également vraie : *si deux polygones sont composés d'un même nombre de triangles semblables et semblablement disposés, ces deux polygones seront semblables.*

Car la similitude des triangles respectifs donnera l'angle ABC=FGH, BCA=GHI, ACD=FHI; donc BCD=GHI, de même CDE=HIK, etc. De plus on aura AB : FG :: BC : GH :: AC : FH :: CD : HI, etc. Donc les deux polygones ont les angles égaux et les côtés proportionnels; donc ils sont semblables.

PROPOSITION XXVII.

THÉORÈME.

Les contours ou périmètres des polygones semblables sont comme les côtés homologues, et leurs surfaces comme les quarrés des côtés homologues.

Car 1.° puisqu'on a, par la nature des figures fig. 129.
semblables, AB:FG :: BC:GH :: CD:HI, etc., on peut conclure de cette suite de rapports égaux : La somme des antécédents AB+BC+CD, etc., périmètre de la première figure, est à la somme des conséquents FG+GH+HI, etc., périmètre de la seconde figure, comme un seul côté AB est à son homologue FG.

2.° Puisque les triangles ABC, FGH, sont semblables, on a* ABC:FGH :: $\overline{AC}^2$:$\overline{FH}^2$; de même les *25.

triangles ACD, FHI, étant semblables, on a ACD : FHI :: $\overline{AC}^2 : \overline{FH}^2$; donc, à cause du rapport commun $\overline{AC}^2 : \overline{FH}^2$, on a

ABC : FGH :: ACD : FHI.

Par un raisonnement semblable on trouveroit

ACD : FHI :: ADE : FIK.

Et ainsi de suite s'il y avoit un plus grand nombre de triangles. De cette suite de rapports égaux on conclura : La somme des antécédents ABC+ACD+ADE, ou le polygone ABCDE, est à la somme des conséquents ou au polygone FGHIK, comme un antécédent ABC est à son conséquent FGH, ou comme $\overline{AB}^2$ est à $\overline{FG}^2$; donc les polygones semblables sont entre eux comme les quarrés des côtés homologues.

Corollaire. Si on construit trois figures semblables dont les côtés homologues soient égaux aux trois côtés d'un triangle rectangle, la figure faite sur le grand côté sera égale à la somme des deux autres. Car ces trois figures sont proportionnelles aux quarrés de leurs côtés homologues; or le quarré de l'hypoténuse est égal à la somme des quarrés des deux autres côtés; donc, etc.

PROPOSITION XXVIII.

THÉORÊME.

fig. 150. *Les parties de deux cordes* AB, CD, *qui se coupent dans un cercle, sont réciproquement proportionnelles; c'est-à-dire qu'on a* AO : DO :: CO : OB.

Joignez AC et BD : dans les triangles ACO, BOD,

les angles en O sont égaux comme opposés au sommet; l'angle A est égal à l'angle D, parce qu'ils sont inscrits dans le même segment *; par la même raison l'angle C=B; donc ces triangles sont semblables, et les côtés homologues donnent la proportion AO:DO :: CO:OB. * 18. 2.

Corollaire. On tire de là AO×OB=DO×CO; donc le rectangle des deux parties de l'une des cordes est égal au rectangle des deux parties de l'autre.

PROPOSITION XXIX.

THÉORÊME.

Si d'un même point O, *pris hors du cercle, on mène les sécantes* OB, OC, *terminées à l'arc concave* BC, *les sécantes entières seront réciproquement proportionnelles à leurs parties extérieures; c'est-à-dire qu'on aura* OB:OC :: OD:OA. fig. 131.

Car, en joignant AC, BD, les triangles OAC, OBD, ont l'angle O commun; de plus, l'angle B=C *; donc ces triangles sont semblables, et les côtés homologues donnent la proportion * 18. 2.

OB:OC :: OD:OA.

Corollaire. Donc le rectangle OA×OB est égal au rectangle OC×OD.

Scholie. On peut remarquer que cette proposition a beaucoup d'analogie avec la précédente, et qu'elle n'en diffère qu'en ce que les deux cordes AB, CD, au lieu de se couper dans le cercle, se coupent au dehors. La proposition suivante peut encore être regardée comme un cas particulier de celle-ci.

PROPOSITION XXX.

THÉORÈME.

fig. 132. *Si d'un même point* O *pris hors du cercle on mène une tangente* OA *et une sécante* OC, *la tangente sera moyenne proportionnelle entre la sécante et sa partie extérieure ; de sorte qu'on aura* OC:OA :: OA:OD ; *ou, ce qui revient au même*, $\overline{OA}^2 = OC \times OD$.

Car, en joignant AD et AC, les triangles OAD, OAC, ont l'angle O commun; de plus l'angle OAD,
19. 2. formé par une tangente et une corde, a pour mesure la moitié de l'arc AD, et l'angle C a la même mesure; donc l'angle OAD=C; donc les deux triangles sont semblables, et on a la proportion OC:OA :: OA:OD
qui donne $\overline{OA}^2 = OC \times OD$.

PROPOSITION XXXI.

THÉORÈME.

fig. 133. *Dans un triangle* ABC, *si on divise l'angle* A *en deux parties égales par la ligne* AD, *le rectangle des côtés* AB, AC, *sera égal au rectangle des segments* BD, DC, *plus le quarré de la sécante* AD.

Faites passer une circonférence par les trois points A, B, C, prolongez AD jusqu'à la circonférence, et joignez CE.

Le triangle BAD est semblable au triangle EAC; car, par hypothèse, l'angle BAD=EAC; de plus, l'angle B=E, puisqu'ils ont tous deux pour mesure la moitié de l'arc AC; donc ces triangles sont semblables, et les côtés homologues donnent la proportion BA:AE::AD:AC. De là résulte BA×AC=AE×AD; mais AE=AD+DE, et en multipliant de part et d'autre par AD, on a $AE \times AD = \overline{AD}^2 +$ $AD \times DE$; d'ailleurs $AD \times DE = BD \times DC$*; donc enfin * 28.

$$BA \times AC = \overline{AD}^2 + BD \times DC.$$

PROPOSITION XXXII.

THÉORÊME.

Dans un triangle ABC, *le rectangle des deux côtés* AB, AC, *est égal au rectangle compris par le diamètre* CE *du cercle circonscrit et la perpendiculaire* AD *abaissée sur le troisième côté* BC. fig. 134.

Car, en joignant AE, les triangles ABD, AEC, sont rectangles, l'un en D, l'autre en A; de plus l'angle B=E; donc ces triangles sont semblables; et ils donnent la proportion AB:CE::AD:AC; d'où résulte $AB \times AC = CE \times AD$.

Corollaire. Si on multiplie ces quantités égales par la même quantité BC, on aura $AB \times AC \times BC = CE \times AD \times BC$. Or $AD \times BC$ est le double de la surface du triangle*; donc *le produit des trois côtés d'un triangle est égal à sa surface multipliée par le double du diamètre du cercle circonscrit.* * 6.

Le produit de trois lignes s'appelle quelquefois un *solide*, par une raison qu'on verra ci-après. Sa valeur se conçoit aisément en imaginant que les lignes sont réduites en nombres, et multipliant les nombres dont il s'agit.

Scholie. On peut démontrer aussi que *la surface d'un triangle est égale à son périmètre multiplié par la moitié du rayon du cercle inscrit.*

Car les triangles AOB, BOC, AOC, qui ont leur sommet commun en O, ont pour hauteur commune le rayon du cercle inscrit; donc la somme de ces triangles sera égale à la somme des bases AB, BC, AC, multipliée par la moitié du rayon OD; donc le triangle ABC est égal à son périmètre multiplié par la moitié du rayon du cercle inscrit. fig. 87.

PROPOSITION XXXIII.

THÉORÈME.

fig. 135. *Dans tout quadrilatère inscrit* ABCD, *le rectangle des deux diagonales* AC, BD, *est égal à la somme des rectangles des côtés opposés, de sorte qu'on a*

$$AC\times BD = AB\times CD + AD\times BC.$$

Prenez l'arc CO=AD, et tirez BO qui rencontre la diagonale AC en I.

L'angle ABD=CBI, puisque l'un a pour mesure la moitié de AD, et l'autre la moitié de CO égal à AD. L'angle ADB=BCI, parce qu'ils sont inscrits dans le même segment AOB; donc le triangle ABD est semblable au triangle IBC, et on a la proportion AD:CI::BD:BC; d'où résulte AD×BC=CI×BD. Je dis maintenant que le triangle ABI est semblable au triangle BDC; car l'arc AD étant égal à CO, si on ajoute de part et d'autre OD, on aura l'arc AO =DC; donc l'angle ABI=DBC; de plus l'angle BAI=BDC comme étant inscrits dans le même segment; donc les triangles ABI, DBC, sont semblables, et les côtés homologues donnent la proportion AB:BD::AI:CD; d'où résulte AB×CD=AI×BD.

Ajoutant les deux résultats trouvés, et observant que AI×BD+CI×BD=(AI+CI)×BD=AC×BD, on aura AD×BC+AB×CD=AC×BD.

Scholie. On peut démontrer de la même manière un autre théorême sur le quadrilatère inscrit. Le triangle ABD semblable à BIC, donne aussi la proportion BD:BC::AB:BI, d'où résulte BI×BD=BC×AB. Si on joint CO, le triangle ICO, semblable à ABI, sera semblable à BDC, et donnera la proportion BD:CO::DC:OI; d'où résulte OI×BD=CO×DC, ou, à cause de CO=AD, OI×BD=AD×DC. Ajoutant les deux résultats, et observant que BI×BD+OI×BD se réduit à BO×BD, on aura

$$BO\times BD = AB\times BC + AD\times DC.$$

Si on eût pris BP=AD, et qu'on eût tiré CKP, on auroit trouvé par des raisonnements semblables

$$CP\times CA = AB\times AD + BC\times CD.$$

Mais l'arc BP étant égal à CO, si on ajoute de part et d'autre BC, on aura l'arc CBP=BCO; donc la corde CP est égale à la corde BO, et par conséquent les rectangles BO×BD et CP×CA sont entre eux comme BD est à CA; donc

$$BD:CA::AB\times BC+AD\times DC:AD\times AB+BC\times CD.$$

Donc *les deux diagonales d'un quadrilatère inscrit sont entre elles comme les sommes des rectangles des côtés qui aboutissent à leurs extrémités.*

Ces deux théorêmes peuvent servir à trouver les diagonales, quand on connoît les côtés.

PROPOSITION XXXIV.

THÉORÊME.

Soit P *un point donné au dedans du cercle sur le rayon* AC, *et soit pris un point* Q *au dehors sur le prolongement du même rayon, de sorte qu'on ait* CP:CA::CA:CQ; *si d'un point quelconque* M *de la circonférence on mène aux deux points* P *et* Q *les droites* MP, MQ, *je dis que ces droites seront partout dans le même rapport, et qu'on aura* MP:MQ::AP:AQ. fig. 136.

Car on a par hypothèse CP:CA::CA:CQ; mettant CM à la place de CA, on aura CP:CM::CM:CQ; donc les triangles CPM, CQM, ont un angle égal C compris entre côtés proportionnels*; donc ils sont semblables; donc le troisième côté MP est au troisième MQ comme CP est à CM ou CA. Mais la proportion CP:CA::CA:CQ donne, *dividendo*, CP:CA::CA—CP:CQ—CA, ou CP:CA::AP:AQ; donc MP:MQ::AP:AQ. *20. 3.

Problêmes annexés au Livre III.

PROBLÊME I.

fig. 157. *Diviser une ligne droite donnée en tant de parties égales qu'on voudra, ou en parties proportionnelles à des lignes données.*

1.° Soit proposé de diviser la ligne AB en cinq parties égales; par l'extrémité A on menera la droite indéfinie AG, et prenant AC d'une grandeur quelconque, on portera AC cinq fois sur AG. On joindra le dernier point de division G et l'extrémité B par la ligne GB, puis on menera CI parallèle à GB; je dis que AI sera la cinquième partie de la ligne AB, et qu'en portant AI cinq fois sur AB, la ligne AB sera divisée en cinq parties égales.

Car, puisque CI est parallèle à GB, les côtés AG, AB, sont coupés proportionnellement en C et I. Mais AC est la cinquième partie de AG; donc AI est la cinquième partie de AB.

fig. 158. 2.° Soit proposé de diviser la ligne AB en parties proportionnelles aux lignes données P, Q, R. Par l'extrémité A on tirera l'indéfinie AG, on prendra AC=P, CD=Q, DE=R, on joindra les extrémités E et B, et par les points C, D, on menera CI, DK, parallèles à EB; je dis que la ligne AB sera divisée en parties AI, IK, KB, proportionnelles aux lignes données P, Q, R.

Car, à cause des parallèles CI, DK, EB, les parties AI, IK, KB, sont proportionnelles aux parties

AC, CD, DE*; et par construction celles-ci sont égales aux lignes données P, Q, R. * 15.

PROBLÈME II.

Trouver une quatrième proportionnelle à trois lignes données A, B, C.

Tirez les deux lignes indéfinies DE, DF, sous un angle quelconque. Sur DE prenez DA=A et DB=B, sur DF prenez DC=C, joignez AC, et par le point B menez BX parallèle à AC; je dis que DX sera la quatrième proportionnelle demandée. fig. 139.

Car, puisque BX est parallèle à AC, on a la proportion DA:DB :: DC:DX; or les trois premiers termes de cette proportion sont égaux aux trois lignes données; donc DX est la quatrième proportionnelle demandée.

Corollaire. On trouvera de même une troisième proportionnelle aux deux lignes données A, B, car elle sera la même que la quatrième proportionnelle aux trois lignes A, B, B.

PROBLÈME III.

Trouver une moyenne proportionnelle entre deux lignes données A *et* B.

Sur la ligne indéfinie DF prenez DE=A, et EF=B; sur la ligne totale DF comme diamètre décrivez la demi-circonférence DGF; au point E élevez sur le diamètre la perpendiculaire EG, qui rencontre la circonférence en G; je dis que EG sera la moyenne proportionnelle cherchée. fig. 140.

Car la perpendiculaire GE, abaissée d'un point de la circonférence sur le diamètre, est moyenne

proportionnelle entre les deux segments du dia-
* 23. mètre DE, EF* : or ces segments sont égaux aux lignes données A et B.

PROBLÊME IV.

fig 141. *Diviser la ligne donnée* AB *en deux parties, de manière que la plus grande soit moyenne proportionnelle entre la ligne entière et l'autre partie.*

A l'extrémité B de la ligne AB élevez la perpendiculaire BC égale à la moitié de AB; du point C comme centre, et du rayon CB, décrivez une circonférence; joignez AC, qui coupera la circonférence en D, et prenez AF=AD : je dis que la ligne AB sera divisée au point F de la manière demandée, c'est-à-dire qu'on aura AB:AF :: AF:FB.

Car AB, étant perpendiculaire à l'extrémité du rayon CB, est une tangente; et si on prolonge AC jusqu'à ce qu'elle rencontre de nouveau la circon-
* 30. férence en E, on aura* AE:AB :: AB:AD; donc, *dividendo*, AE—AB:AB :: AB—AD:AD. Mais puisque le rayon BC est la moitié de AB, le diamètre DE est égal à AB, et par conséquent AE—AB=AD=AF : on a aussi, à cause de AF=AD, AB—AD=FB; donc AF:AB :: FB:AD ou AF; donc, *invertendo*, AB:AF :: AF:FB.

Scholie. Cette sorte de division de la ligne AB s'appelle division en *moyenne et extrême raison*. On en verra des usages. On peut remarquer que la sécante AE est divisée en moyenne et extrême raison au point D; car, puisque AB=DE, on a AE:DE :: DE:AD.

PROBLÊME V.

Par un point donné A *dans l'angle donné* BCD *tirer la ligne* BD, *de manière que les parties* AB, AD, *comprises entre le point* A *et les deux côtés de l'angle, soient égales.* fig. 142.

Par le point A menez AE parallèle à CD, prenez BE=CE, et par les points B et A tirez BAD, qui sera la ligne demandée.

Car AE étant parallèle à CD, on a BE : EC :: BA : AD. Or BE=EC, donc BA=AD.

PROBLÊME VI.

Faire un quarré équivalent à un parallélogramme ou à un triangle donné.

1.° Soit ABCD le parallélogramme donné, AB sa base, DE sa hauteur. Entre AB et DE cherchez une moyenne proportionnelle XY*; je dis que le quarré fait sur XY sera équivalent au parallélogramme ABCD. Car, par construction, AB : XY :: XY : DE; donc $\overline{XY}^2$=AB×DE. Or AB×DE est la mesure du parallélogramme, et $\overline{XY}^2$ celle du quarré; donc ils sont équivalents. fig. 143. *prob. 3.

2.° Soit ABC le triangle donné, BC sa base, AD sa hauteur. Prenez une moyenne proportionnelle entre BC et la moitié de AD, et soit XY cette moyenne; je dis que le quarré fait sur XY sera équivalent au triangle ABC. fig. 144.

Car, puisqu'on a BC : XY :: XY : $\frac{1}{2}$AD, il en résulte $\overline{XY}^2$=BC×$\frac{1}{2}$AD; donc le quarré fait sur XY est équivalent au triangle ABC.

PROBLÊME VII.

fig. 145. *Faire sur la ligne donnée* AD *un rectangle* ADEX *équivalent au rectangle donné* ABFC.

Cherchez une quatrième proportionnelle aux trois lignes AD, AB, AC, et soit AX cette quatrième proportionnelle ; je dis que le rectangle fait sur AD et AX sera équivalent au rectangle ABFC.

Car, puisqu'on a AD:AB::AC:AX, il en résulte AD×AX=AB×AC; donc le rectangle ADEX est équivalent au rectangle ABFC.

PROBLÊME VIII.

fig. 148. *Trouver en lignes le rapport du rectangle des deux lignes données* A *et* B *au rectangle des deux lignes données* C *et* D.

Soit X une quatrième proportionnelle aux trois lignes B, C, D; je dis que le rapport des deux lignes A et X sera égal à celui des deux rectangles A×B, C×D.

Car, puisqu'on a B:C::D:X, il en résulte C×D =B×X; donc A×B:C×D::A×B:B×X::A:X.

Corollaire. Donc, pour avoir le rapport des quarrés faits sur les lignes données A et C, cherchez une troisième proportionnelle X aux lignes A et C, en sorte qu'on ait A:C::C:X, et vous aurez $A^2:C^2::A:X$.

PROBLÈME IX.

Trouver en lignes le rapport du produit des trois lignes données A, B, C, *au produit des trois lignes données* P, Q, R. fig. 149.

Aux trois lignes données P, A, B, cherchez une quatrième proportionnelle X; aux trois lignes données C, Q, R, cherchez une quatrième proportionnelle Y. Les deux lignes X, Y, seront entre elles comme les produits $A \times B \times C$, $P \times Q \times R$.

Car, puisque $P : A :: B : X$, on a $A \times B = P \times X$; et, en multipliant de part et d'autre par C, $A \times B \times C = C \times P \times X$. De même, puisque $C : Q :: R : Y$, il en résulte $Q \times R = C \times Y$; et multipliant de part et d'autre par P, on a $P \times Q \times R = P \times C \times Y$; donc le produit $A \times B \times C$ est au produit $P \times Q \times R$ comme $C \times P \times X$ est à $P \times C \times Y$, ou comme X est à Y.

PROBLÈME X.

Trouver un triangle équivalent à un polygone donné.

Soit ABCDE le polygone donné. Tirez d'abord la diagonale CE qui retranche le triangle CDE; par le point D menez DF parallèle à CE jusqu'à la rencontre de AE prolongé; joignez CF, et le polygone ABCDE sera équivalent au polygone ABCF qui a un côté de moins. fig. 146.

Car les triangles CDE, CFE, ont la base commune CE; ils ont aussi même hauteur, puisque leurs sommets D, F, sont sur une ligne DF parallèle à la base; donc ces triangles sont équivalents. Ajoutant de part et d'autre la figure ABCE, on aura d'un côté le polygone ABCDE, et de l'autre le polygone ABCF, qui seront équivalents.

On peut pareillement retrancher l'angle B en substituant au triangle ABC le triangle équivalent AGC, et ainsi le pentagone ABCDE sera changé en un triangle équivalent GCF.

Le même procédé s'appliquera à toute autre figure; car, en diminuant d'un à chaque fois le nombre des côtés, on finira par tomber sur le triangle équivalent.

Scholie. On a déja vu que tout triangle peut
prob. 6. être changé en un quarré équivalent, ainsi on trouvera toujours un quarré équivalent à une figure rectiligne donnée. C'est ce qu'on appelle *quarrer* la figure rectiligne ou en trouver la *quadrature.*

Le problême de *la quadrature du cercle* consiste à trouver un quarré équivalent à un cercle dont le diamètre est donné.

PROBLÊME XI.

Faire un quarré qui soit égal à la somme ou à la différence de deux quarrés donnés.

fig. 147. Soient A et B les côtés des quarrés donnés:

1.° S'il faut trouver un quarré égal à la somme de ces quarrés, tirez les deux lignes indéfinies ED, EF, à angle droit; prenez ED=A et EG=B, joignez DG, et DG sera le côté du quarré cherché.

Car le triangle DEG étant rectangle, le quarré fait sur DG est égal à la somme des quarrés faits sur ED et EG.

2.° S'il faut trouver un quarré égal à la différence des quarrés donnés, formez de même l'angle droit FEH, prenez GE égal au plus petit des côtés A et B; du point G, comme centre et d'un rayon GH égal à l'autre côté, décrivez un arc qui coupe EH en H; je dis que le quarré fait sur EH sera égal à la différence des quarrés faits sur les lignes A et B.

Car le triangle GEH est rectangle, l'hypoténuse GH=A, et le côté GE=B; donc le quarré fait sur EH, etc.

Scholie. On peut trouver ainsi un quarré égal à la somme de tant de quarrés qu'on voudra; car la construction qui en réduit deux à un seul, en réduira trois à deux, et ces deux-ci à un, ainsi des autres. Il en seroit de même si quelques-uns des quarrés devoient être soustraits de la somme des autres.

PROBLÊME XII.

Construire un quarré qui soit au quarré donné ABCD, *comme la ligne* M *est à la ligne* N. fig. 150.

Sur la ligne indéfinie EG prenez EF=M, et FG=N; sur EG comme diamètre décrivez une demi-circonférence, et au point F élevez sur le diamètre la perpendiculaire FH. Du point H menez les cordes HG, HE, que vous prolongerez indéfiniment : sur la première prenez HK égale au côté AB du quarré donné, et par le point K menez KI parallèle à EG; je dis que HI sera le côté du quarré cherché.

Car, à cause des parallèles KI, GE, on a HI:HK :: HE:HG, donc $\overline{HI}^2:\overline{HK}^2::\overline{HE}^2:\overline{HG}^2$; mais dans le

23. triangle rectangle EHG, le quarré de HE est au quarré de HG comme le segment EF est au segment FG, ou comme M est à N; donc $\overline{HI}^2:\overline{HK}^2$:: M:N. Mais HK=AB; donc le quarré fait sur HI est au quarré fait sur AB comme M est à N.

PROBLÊME XIII.

fig. 129. *Sur le côté* FG, *homologue à* AB, *décrire un polygone semblable au polygone donné* ABCDE.

Dans le polygone donné tirez les diagonales AC, AD. Au point F faites l'angle GFH=BAC, et au point G l'angle FGH=ABC; les lignes EF, GH, se couperont en H, et FGH sera un triangle semblable à ABC : de même sur FH, homologue à AC, construisez le triangle FIH semblable à ADC, et sur FI, homologue à AD, construisez le triangle FIK semblable à ADE. Le polygone FGHIK sera le polygone demandé, semblable à ABCDE.

Car ces deux polygones sont composés d'un même nombre de triangles semblables et sembla-
26. blement placés.

PROBLÊME XIV.

Deux figures semblables étant données, construire une figure semblable qui soit égale à leur somme ou à leur différence.

Soient A et B deux côtés homologues des figures données; cherchez un quarré égal à la somme ou à la différence des quarrés faits sur A et B; soit X le côte de ce quarré, X sera dans la figure cherchée le côté homologue à A et B dans les figures données.

On construira ensuite la figure elle-même par le problême précédent.

Car les figures semblables sont comme les quarrés des côtés homologues ; or le quarré du côté X est égal à la somme ou à la différence des quarrés faits sur les côtés homologues A et B ; donc la figure faite sur le côté X est égale à la somme ou à la différence des figures semblables faites sur les côtés A et B.

PROBLÊME XV.

Construire une figure semblable à une figure donnée et qui soit à cette figure dans le rapport donné de M *à* N.

Soit A un côté de la figure donnée, X le côté homologue dans la figure cherchée ; il faudra que le quarré de X soit au quarré de A comme M est à N. On trouvera donc X par le problême XII ; connoissant X, le reste s'achèvera par le problême XIII.

PROBLÊME XVI.

Construire une figure semblable à la figure P *et équivalente à la figure* Q. fig. 151.

Cherchez le côté M du quarré équivalent à la figure P, et le côté N du quarré équivalent à la figure Q. Soit ensuite X une quatrième proportionnelle aux trois lignes données M, N, AB ; sur le côté X, homologue à AB, décrivez une figure semblable à la figure P ; je dis qu'elle sera de plus équivalente à la figure Q.

Car, en appelant Y la figure faite sur le côté X, on aura $P : Y :: \overline{AB}^2 : X^2$; mais, par construction, AB :

X :: M : N, ou $\overline{AB}^2 : X^2 :: M^2 : N^2$; donc $P : Y :: M^2 : N^2$. Mais on a aussi, par construction, $M^2 = P$ et $N^2 = Q$; donc $P : Y :: P : Q$; donc $Y = Q$; donc la figure Y est semblable à la figure P et équivalente à la figure Q.

PROBLÈME XVII.

fig. 152. *Construire un rectangle équivalent à un quarré donné* C, *et dont les côtés adjacents fassent une somme donnée* AB.

Sur AB comme diamètre décrivez une demi-circonférence; menez parallèlement au diamètre la ligne DE à une distance AD égale au côté du quarré donné C.

Du point E, où la parallèle coupe la circonférence, abaissez sur le diamètre la perpendiculaire EF; je dis que AF et FB seront les côtés du rectangle cherché.

Car leur somme est égale à AB, et leur rectangle AF × FB est égal au quarré de EF* ou au quarré de AD; dont ce rectangle est équivalent au quarré donné C.

* 23.

Scholie. Il faut, pour que le problème soit possible, que la distance AD n'excède pas le rayon, c'est-à-dire, que le côté du quarré C n'excède pas la moitié de la ligne AB.

PROBLÈME XVIII.

fig. 153. *Construire un rectangle équivalent à un quarré* C, *et dont les côtés adjacents aient entre eux la différence donnée* AB.

Sur la ligne donnée AB, comme diamètre, décrivez une circonférence : à l'extrémité du diamètre, menez la tangente AD égale au côté du quarré C. Par le point D et le centre O tirez la sécante DE; je dis que DE et DF seront les côtés adjacents du rectangle demandé.

Car 1.° la différence de ces côtés est égale au diamètre EF ou AB; 2.° le rectangle DE×DF est égal à $\overline{AD}^2$*; donc ce rectangle sera équivalent au quarré donné C. * 30.

PROBLÊME XIX.

Trouver la commune mesure, s'il y en a une, entre la diagonale et le côté du quarré. fig. 154.

Soit ABCG un quarré quelconque, AC sa diagonale.

Il faut d'abord porter CB sur CA autant de fois qu'il peut y être contenu, et pour cela soit décrit du centre C et du rayon CB le demi-cercle DBE : on voit que CB est contenu une fois dans AC avec le reste AD; le résultat de la première opération est donc le quotient 1 avec le reste AD, qu'il faut comparer avec BC ou son égale AB.

On peut prendre AF=AD, et porter réellement AF sur AB; on trouveroit qu'il y est contenu deux fois avec un reste : mais comme ce reste et les suivants vont en diminuant, et que bientôt ils échaperoient par leur petitesse, ce ne seroit là qu'un moyen mécanique imparfait, d'où l'on ne pourroit rien conclure pour décider si les lignes AC, CB, ont entre elles ou n'ont pas une commune mesure; or il est un moyen très-simple d'éviter les lignes décroissantes et de n'avoir à opérer que sur des lignes qui restent toujours de la même grandeur.

En effet, l'angle ABC étant droit, AB est une tangente et AE une sécante menée du même point; de sorte qu'on a AD:AB :: AB:AE. Ainsi dans la seconde opération, qui consiste à comparer AD avec AB, on peut, au lieu du rapport de AD à AB, prendre celui de AB à AE : or AB ou son égale CD est contenue deux fois dans AE avec le reste AD; donc le résultat de la seconde opération est le quotient 2 avec le reste AD qu'il faut comparer à AB.

La troisième opération, qui consiste à comparer AD avec AB, se réduira de même à comparer AB ou son égale CD avec AE, et on aura encore 2 pour quotient et AD pour reste.

De là il résulte que l'opération n'aura pas de fin, et qu'ainsi il n'y a pas de commune mesure entre la diagonale et le côté du quarré; vérité qui étoit déja connue par l'arithmétique (puisque ces deux
* 11. lignes sont entre elles :: $\sqrt{2}:1$)*, mais qui acquiert un plus grand degré de clarté par la résolution géométrique.

Scholie. Il n'est donc pas possible non plus de trouver le rapport exact en nombres de la diagonale au côté du quarré; mais on peut en approcher tant qu'on voudra au moyen de la fraction continue qui est égale à ce rapport. La première opération a donné pour quotient 1; la seconde et toutes les autres à l'infini donnent 2; ainsi la fraction dont il s'agit est $1+\cfrac{1}{2+\cfrac{1}{2+\cfrac{1}{2+\cfrac{1}{2+}}}}$, etc. à l'infini.

Par exemple, si on calcule cette fraction jusqu'au quatrième terme inclusivement, on trouve que sa valeur est $1 \frac{12}{29}$ ou $\frac{41}{29}$; de sorte que le rapport approché de la diagonale au côté du quarré est :: 41 : 29. On trouveroit un rapport plus approché en calculant un plus grand nombre de termes.

LIVRE IV.

LES POLYGONES RÉGULIERS ET LA MESURE DU CERCLE.

DÉFINITION.

Un polygone qui est à la fois équiangle et équilatéral s'appelle *polygone régulier*.

Il y a des polygones réguliers de tout nombre de côtés. Le triangle équilatéral est celui de trois côtés, et le quarré celui de quatre.

PROPOSITION I.

THÉORÊME.

fig. 155. *Deux polygones réguliers d'un même nombre de côtés sont deux figures semblables.*

Soient, par exemple, les deux hexagones réguliers ABCDEF, *abcdef*; la somme des angles est la même dans l'une et dans l'autre figure; elle est
* 20. 1. égale à huit angles droits*. L'angle A est la sixième partie de cette somme aussi bien que l'angle *a*; donc les deux angles A et *a* sont égaux; il en est par conséquent de même des angles B et *b*, des angles C et *c*, etc.

De plus, puisque par la nature de ces polygones les côtés AB, BC, CD, etc. sont égaux, ainsi que *ab*, *bc*, *cd*, etc., il est clair qu'on a les proportions

AB:ab::BC:bc::CD:cd, etc.; donc les deux figures dont il s'agit ont les angles égaux et les côtés homologues proportionnels; donc elles sont semblables*. *déf. 2, liv. III.

Corollaire. Les périmètres de deux polygones réguliers d'un même nombre de côtés sont entre eux comme les côtés homologues, et leurs surfaces sont comme les quarrés de ces mêmes côtés*. * 27.

Scholie. L'angle d'un polygone régulier se détermine par le nombre de ses côtés comme celui d'un polygone équiangle. *Voy. la propos. XX, liv. I.*

PROPOSITION II.

THÉORÊME.

Tout polygone régulier peut être inscrit et circonscrit au cercle. fig. 156.

Soit ABCDE, etc. le polygone dont il s'agit; imaginez qu'on fasse passer une circonférence par les trois points A, B, C; soit O son centre, et OP la perpendiculaire abaissée sur le milieu du côté BC; joignez AO et OD.

Le quadrilatère OPCD et le quadrilatère OPBA peuvent être superposés : en effet, le côté OP est commun, l'angle OPC=OPB, puisqu'ils sont droits; donc le côté PC s'appliquera sur son égal PB, et le point C tombera en B. De plus, par la nature du polygone, l'angle PCD=PBA; donc CD prendra la direction BA, et puisque CD=BA, le point D tombera en A, et les deux quadrilatères coïncideront entièrement l'un avec l'autre. La distance OD est donc égale à AO, et par conséquent la circonférence qui passe par les trois points A, B, C, passera aussi par le point D : mais, par un raisonnement semblable, on prouvera que la circonférence qui passe par les trois points B, C, D, passera par le point suivant E. et ainsi de suite; donc la même circonférence qui passe par les points A, B, C, passe par tous les angles du polygone, et le polygone est inscrit dans cette circonférence.

En second lieu, par rapport à cette circonférence, tous les côtés AB, BC, CD, etc. sont des cordes égales; elles sont donc également éloignées du centre*; donc si du point O, comme centre et du rayon OP, on décrit une circonférence, cette circonférence touchera le côté BC et tous les autres côtés du polygone dans leur milieu, et la circonférence sera inscrite dans le polygone, ou le polygone circonscrit à la circonférence.

* S. 2.

Scholie I. Le point O, centre commun du cercle inscrit et du cercle circonscrit, peut être regardé aussi comme le centre du polygone, et par cette raison on appelle *angle au centre* l'angle AOB formé par les deux rayons menés aux extrémités d'un même côté AB. Puisque toutes les cordes AB, BC, etc. sont égales, il est clair que tous les angles au centre sont égaux, et qu'ainsi la valeur de chacun se trouve en divisant quatre angles droits par le nombre des côtés du polygone.

Scholie II. Pour inscrire un polygone régulier d'un certain nombre de côtés dans une circonférence donnée, il ne s'agit que de diviser la circonférence en autant de parties égales que le polygone doit avoir de côtés; car, les arcs étant égaux, les cordes AB, BC, CD, etc. seront égales, les triangles ABO, BOC, COD, etc. seront égaux aussi, parce qu'ils sont équilatéraux entre eux; donc tous les angles ABC, BCD, CDE, etc. seront égaux; donc la figure ABCDE, etc. est un polygone régulier. fig. 158.

PROPOSITION III.

PROBLÈME.

Inscrire un quarré dans une circonférence donnée. fig. 157.

Tirez deux diamètres AC, BD, qui se coupent à angles droits; joignez les extrémités A, B, C, D, et la figure ABCD sera le quarré inscrit, car les angles AOB, BOC, etc. étant égaux, les cordes AB, BC, etc. sont égales.

Scholie. Le triangle BOC étant rectangle et isoscèle, on a* BC:BO :: $\sqrt{2}$:1; donc *le côté du quarré inscrit est au rayon comme la racine quarrée de 2 est à l'unité.* * 11. 3.

PROPOSITION IV.

PROBLÈME.

Inscrire un hexagone régulier et un triangle équilatéral dans une circonférence donnée. fig. 158.

Supposons le problême resolu, et soit AB un côté de l'hexagone inscrit; si on mène les rayons AO, OB, je dis que le triangle AOB sera équilatéral.

Car l'angle AOB est la sixième partie de quatre angles droits; ainsi AOB$=\frac{4}{6}=\frac{2}{3}$: les deux autres angles ABO, BAO, du même triangle valent ensemble $2-\frac{2}{3}$ ou $\frac{4}{3}$, et comme ils sont égaux, chacun d'eux $=\frac{2}{3}$; donc le triangle ABO est équilatéral; donc le côté de l'hexagone inscrit est égal au rayon.

Il suit de là que pour inscrire un hexagone régulier dans une circonférence donnée, il faut porter le rayon six fois sur la circonférence, ce qui ramenera au même point d'où on étoit parti.

L'hexagone ABCDEF étant inscrit, si l'on joint les angles alternativement, on formera le triangle équilatéral ACE.

Scholie. la figure ABCO est un parallélogramme et même un lozange, puisque AB=BC=CO=AO;

14. 3. donc la somme des qnarrés des diagonales $\overline{AC}^2+\overline{BO}^2$ est égale à la somme des quarrés des côtés, laquelle est $4\overline{AB}^2$ ou $4\overline{BO}^2$; retranchant de part et d'autre $\overline{BO}^2$, il restera $\overline{AC}^2=3\overline{BO}^2$; donc $\overline{AC}^2:\overline{BO}^2::3:1$, ou $AC:BO::\sqrt{3}:1$; donc *le côté du triangle équilatéral inscrit est au rayon comme la racine quarrée de 3 est à l'unité.*

PROPOSITION V.

PROBLÈME.

fig. 159. *Inscrire dans un cercle donné un décagone régulier, ensuite un pentagone et un penté-décagone.*

Divisez le rayon OA en moyenne et extrême rai-

prob. 4, liv. 3. son au point M, prenez la corde AB égale au plus grand segment OM, et AB sera le côté du décagone régulier qu'il faudra porter dix fois sur la circonférence.

Car, en joignant MB, on a par construction AO : OM :: OM : AM ; ou, à cause de AB=OM, AO : AB :: AB : AM ; donc les triangles ABO, AMB, ont un angle commun A compris entre côtés proportionnels ; donc ils sont semblables*. Le triangle OAB est isoscèle ; donc le triangle AMB l'est aussi, et on a AB=BM : d'ailleurs AB=OM ; donc aussi MB=OM ; donc le triangle BMO est isoscèle. *20. 3.

L'angle AMB, extérieur au triangle isoscèle BMO, est double de l'intérieur O* ; or l'angle AMB=MAB ; donc le triangle OAB est tel que chacun des angles à la base OAB ou OBA est double de l'angle du sommet O ; donc les trois angles du triangle valent cinq fois l'angle O, et ainsi l'angle O est la cinquième partie de deux angles droits, ou la dixième de quatre ; donc l'arc AB est la dixième partie de la circonférence, et la corde AB est le côté du décagone régulier. *27. 1.

Corollaire I. Si on joint de deux en deux les angles du décagone régulier, on formera le pentagone régulier ACEGI.

Corollaire II. AB étant toujours le côté du décagone, soit AL le côté de l'hexagone ; alors l'arc BL sera, par rapport à la circonférence, $\frac{1}{6} - \frac{1}{10}$ ou $\frac{1}{15}$; donc la corde BL sera le côté du penté-décagone ou polygone régulier de 15 côtés. On voit en même temps que l'arc CL est le tiers de CB.

Scholie. Un polygone régulier étant inscrit, si on divise les arcs sous-tendus par ses côtés en deux parties égales, et qu'on tire les cordes des demi-arcs, celles-ci formeront un nouveau polygone régulier d'un nombre de côtés double. Ainsi on voit que le quarré peut servir à inscrire successivement les polygones réguliers de 8, 16, 32, etc. côtés. De même l'hexagone servira à inscrire les polygones réguliers de 12, 24, 48, etc. côtés ; le décagone, des polygones de 20, 40, 80, etc. côtés ; le penté-décagone, des polygones de 30, 60, 120, etc. côtés ; et ces polygones réguliers sont les seuls qu'on puisse inscrire par les opérations simples de la géométrie élémentaire.

PROPOSITION VI.

PROBLÊME.

fig. 160. *Etant donné le polygone régulier inscrit* ABCD, *etc. circonscrire à la même circonférence un polygone semblable.*

Au milieu T de l'arc AB menez la tangente GH, qui sera parallèle à AB ; faites la même chose au milieu de chacun des autres arcs BC, CD, etc.; ces tangentes formeront par leurs intersections le polygone régulier circonscrit GHIK, etc. semblable au polygone inscrit.

Il est aisé de voir d'abord que les trois points O, B, H, sont en ligne droite, car les triangles rectangles OTH, OHN, ont l'hypoténuse commune OH, et le côté OT=ON; donc ils sont égaux ; donc l'angle TOH=HON, et par conséquent la ligne OH passe par le point B milieu de l'arc TN. Par la même raison, le point I est sur le prolongement de OC, etc. Mais, puisque GH est parallèle à AB et HI à BC, l'angle GHI=ABC ; de même HIK= BCD, etc. ; donc les angles du polygone circonscrit sont égaux à ceux du polygone inscrit. De plus, à cause de ces mêmes parallèles, on a GH : AB :: OH : OB, et HI : BC :: OH : OB ; donc GH : AB :: HI : BC. Mais AB=BC ; donc GH=HI. Par la même raison HI=IK, etc. ; donc les côtés du polygone circonscrit sont égaux entre eux ; donc ce polygone est régulier et semblable au polygone inscrit.

Corollaire I. Réciproquement, si on donnoit le polygone circonscrit GHIK, etc. et qu'il fallût tracer par son moyen le polygone inscrit ABC, etc. on voit qu'il suffiroit de mener aux angles G, H, I, etc. du polygone donné les lignes OG, OH, etc., qui rencontreroient la circonférence aux points A, B, C, etc. ; on joindroit ensuite ces points par les cordes AB, BC, etc., qui formeroient le polygone inscrit. On pourroit aussi, dans le même cas, joindre tout simplement les points de contact T, N, P, etc., par les cordes TN, NP, etc., ce qui formeroit également un polygone inscrit semblable au circonscrit.

Corollaire II. Donc on peut circonscrire à un cercle donné tous les polygones réguliers qu'on sait y inscrire, et réciproquement.

PROPOSITION VII.

THÉORÈME.

L'aire d'un polygone régulier est égale à son périmètre multiplié par la moitié du rayon du cercle inscrit. fig. 160.

Soit, par exemple, le polygone régulier GHIK, etc. : le triangle GOH a pour mesure GH $\times \frac{1}{2}$OT, le triangle OHI a pour mesure HI $\times \frac{1}{2}$ON : mais ON$=$ OT ; donc les deux triangles réunis ont pour mesure (GH$+$HI)$\times\frac{1}{2}$OT. En continuant ainsi pour les autres triangles, on verra que la somme de tous les triangles, ou le polygone entier, a pour mesure la somme des bases GH, HI, IK, etc., ou le périmètre du polygone multiplié par $\frac{1}{2}$OT moitié du cercle inscrit.

Scholie. Le rayon du cercle inscrit OT n'est autre chose que la perpendiculaire abaissée du centre sur un des côtés ; on l'appelle quelquefois l'*apothême* du polygone.

PROPOSITION VIII.

THÉORÊME.

Les périmètres des polygones réguliers d'un même nombre de côtés sont comme les rayons des cercles circonscrits, et aussi comme les rayons des cercles inscrits ; leurs surfaces sont comme les quarrés de ces mêmes rayons.

fig. 161. Soit AB un côté de l'un des polygones dont il s'agit, O son centre, et par conséquent OA le rayon du cercle circonscrit, et OD, perpendiculaire sur AB, le rayon du cercle inscrit ; soit pareillement *ab* le côté d'un autre polygone semblable, *o* son centre, *oa* et *od* les rayons des cercles circonscrit et inscrit : les périmètres des deux polygones sont entre eux comme les côtés AB et *ab*. Mais les angles A et *a* sont égaux comme étant chacun moitié de l'angle du polygone ; il en est de même des angles B et *b* : donc les triangles ABO, *abo*, sont semblables, ainsi que les triangles rectangles ADO, *ado*; donc AB:*ab*::AO:*ao*::DO:*do*; donc les périmètres des polygones sont entre eux comme les rayons AO, *ao*, des cercles circonscrits et aussi comme les rayons DO, *do*, des cercles inscrits.

Les surfaces de ces mêmes polygones sont entre elles comme les quarrés des côtés homologues AB, *ab*; elles sont par conséquent aussi comme les quarrés des rayons des cercles circonscrits AO, *ao*, ou comme les quarrés des rayons des cercles inscrits OD, *od*.

PROPOSITION IX.

LEMME.

Toute ligne courbe ou polygone qui enveloppe d'une extrémité à l'autre la ligne convexe AMB *est* fig. 162. *plus longue que la ligne enveloppée* AMB.

Nous avons déja dit que par ligne *convexe* nous entendons une ligne courbe ou polygone, ou en partie courbe et en partie polygone, telle qu'une ligne droite ne peut la couper en plus de deux points. Si la ligne AMB avoit des parties rentrantes ou des sinuosités, elle cesseroit d'être convexe, parce qu'il est aisé de voir qu'une ligne droite pourroit la couper en plus de deux points. Les arcs de cercle sont essentiellement convexes; mais la proposition dont il s'agit maintenant s'étend à une ligne quelconque qui remplit la condition exigée.

Cela posé, si la ligne AMB n'est pas plus petite que toutes celles qui l'enveloppent, il existera parmi ces dernières une ligne plus courte que toutes les autres, laquelle sera plus petite que AMB ou tout au plus égale à AMB. Soit ACDEB cette ligne enveloppante ; entre les deux lignes menez partout où vous voudrez la droite PQ qui ne rencontre point la ligne AMB, ou du moins qui ne fasse que la toucher ; la droite PQ est plus courte que PCDEQ ; donc, si à la partie PCDEQ on substitue la ligne droite PQ, on aura la ligne enveloppante APQB plus courte que APDQB. Mais, par hypothèse, celle-ci doit être la plus courte de toutes; donc cette hypothèse ne sauroit subsister; donc toutes les lignes enveloppantes sont plus longues que AMB.

fig. 163. *Scholie.* On démontrera absolument de la même manière qu'une ligne convexe et rentrante sur elle-même AMB est plus courte que toute ligne qui l'envelopperoit de toutes parts, soit que la ligne enveloppante FHG touche AMB en un ou plusieurs points, soit qu'elle l'environne sans la toucher.

PROPOSITION X.

LEMME.

Deux circonférences concentriques étant données, on peut toujours inscrire dans la plus grande un polygone régulier dont les côtés ne rencontrent pas la plus petite, et on peut aussi circonscrire à la plus petite un polygone régulier dont les côtés ne rencontrent pas la grande. Ainsi dans l'un et dans l'autre cas les côtés du polygone décrit seront renfermés entre les deux circonférences.

fig. 164. Soient CA, CB, les rayons des deux circonférences données. Au point A menez la tangente DE terminée à la grande circonférence en D et E. Inscrivez dans la grande circonférence l'un des polygones réguliers qu'on peut inscrire par les problêmes précédents, divisez ensuite les arcs sous-tendus par les côtés en deux parties égales, et menez les cordes des demi-arcs; vous aurez un polygone régulier d'un nombre de côtés double. Continuez la bissection des arcs jusqu'à ce que vous parveniez à un arc plus petit que DBE. Soit MBN cet arc (dont le milieu est supposé en B); il est clair que la corde MN sera plus éloignée du centre que DE, et qu'ainsi le polygone régulier dont MN est le côté ne sauroit rencontrer la circonférence dont CA est le rayon.

Les mêmes choses étant posées, joignez CM et CN qui rencontrent la tangente DE en P et Q; PQ sera le côté d'un polygone circonscrit à la petite circonférence, semblable au polygone inscrit dans la grande, dont le côté est MN. Or il est clair que le polygone circonscrit qui a pour côté PQ ne sauroit atteindre à la grande circonférence, puisque CP est moindre que CM.

Donc, par la même construction, on peut décrire un polygone régulier inscrit dans la grande circonférence, et un polygone semblable circonscrit à la petite, dont les côtés seront compris entre les deux circonférences.

Scholie. Si on a deux secteurs concentriques FCG, ICH, on pourra de même inscrire dans le plus grand une *portion de polygone régulier*, ou circonscrire au plus petit une portion de polygone semblable, de sorte que les contours des deux polygones soient compris entre les deux circonférences : il suffira de diviser l'arc FBG successivement en 2, 4, 8, 16, etc. parties égales, jusqu'à ce qu'on parvienne à une partie plus petite que DBE.

Nous appelons ici *portion de polygone régulier* la figure qui résulte d'une suite de cordes égales inscrites dans l'arc FG d'une extrémité à l'autre. Cette portion a les propriétés principales des polygones réguliers, elle a les angles égaux et les côtés égaux, elle est à la fois inscriptible et circonscriptible au cercle; cependant elle ne feroit partie d'un polygone régulier proprement dit, qu'autant que l'arc sous-tendu par un de ses côtés seroit une partie aliquote de la circonférence.

PROPOSITION XI.

THÉORÊME.

Les circonférences des cercles sont comme les rayons, et leurs surfaces comme les quarrés des rayons.

fig. 165. Désignons pour abréger par *circ.* CA la circonférence qui a pour rayon CA; je dis qu'on aura *circ.* CA : *circ.* OB :: CA : OB.

Car, si cette proposition n'a pas lieu, CA sera à OB comme *circ.* CA est à une circonférence plus grande ou plus petite que *circ.* OB. Supposons qu'elle est plus petite, et soit, s'il est possible, CA : OB :: *circ.* CA : *circ.* OD.

Inscrivez dans la circonférence dont OB est le rayon un polygone régulier EFGKLE dont les

côtés ne rencontrent point la circonférence dont
OD est le rayon* : inscrivez un polygone semblable * 10.
MNPSTM dans la circonférence dont CA est le
rayon.

Cela posé, puisque ces polygones sont semblables, leurs périmètres MNPSM, EFGKE sont entre eux comme les rayons CA, OB, des cercles circonscrits*, et on aura MNPSM : EFGKE :: CA : OB : * 8.
mais, par hypothèse, CA:OB :: *circ.* CA:*circ.* OD; donc MNPSM : EFGKE :: *circ.* CA : *circ.* OD. Or cette proportion est impossible, car le contour MNPSM est moindre que *circ.* CA*, et au contraire * 9.
EFGKE est plus grand que *circ.* OD; donc il est impossible que CA soit à OB comme *circ.* CA est à une circonférence plus petite que *circ.* OB, ou, en termes plus généraux, il est impossible qu'un rayon soit à un rayon comme la circonférence du premier rayon est à une circonférence plus petite que la circonférence du second rayon.

De là je conclus qu'on ne peut avoir non plus, CA est à OB comme *circ.* CA est à une circonférence plus grande que *circ.* OB; car, si cela étoit, on auroit, en renversant les rapports, OB est à CA comme une circonférence plus grande que *circ.* OB est à *circ.* CA; ou, ce qui est la même chose, comme *circ.* OB est à une circonférence plus petite que *circ.* CA; donc un rayon seroit à un rayon comme la circonférence du premier rayon est à une circonférence plus petite que la circonférence du second rayon, ce qui a été démontré impossible.

Mais si le quatrième terme de la proportion CA :OB :: *circ.* CA:X ne peut être ni plus petit ni plus grand que *circ.* OB, il faut qu'il soit égal à *circ.* OB; donc les circonférences des cercles sont entre elles comme les rayons.

Un raisonnement et une construction entièrement semblables serviront à démontrer que les surfaces des cercles sont comme les quarrés de leurs rayons. Nous n'entrerons pas dans d'autres détails sur cette proposition, qui d'ailleurs est un corollaire de la suivante.

fig. 166. *Corollaire.* Les arcs semblables AB, DE, sont comme les rayons AC, DO, et les secteurs semblables ACB, DOE, sont comme les quarrés de ces mêmes rayons.

* déf. 3, liv. 3. Car, puisque les arcs sont semblables, l'angle C est égal à l'angle O* : or l'angle C est à quatre angles droits comme l'arc AB est à la circonférence entière décrite du rayon AC* (* 17. 2.), et l'angle O est à quatre angles droits comme l'arc DE est à la circonférence décrite du rayon OD; donc les arcs AB, DE, sont entre eux comme les circonférences dont ils font partie : ces circonférences sont comme les rayons AC, DO; donc *arc.* AB : *arc.* DE :: AC : DO.

Par la même raison les secteurs ACB, DOE, sont comme les cercles entiers, ceux-ci sont comme les quarrés des rayons; donc *sect.* ACB : *sect.* DOE :: $\overline{AC}^2 : \overline{DO}^2$.

PROPOSITION XII.

THÉORÊME.

L'aire du cercle est égale au produit de sa circonférence par la moitié de son rayon.

Désignons par *surf.* CA la surface du cercle dont le rayon est CA; je dis qu'on aura *surf.* CA=$\frac{1}{2}$CA × *circ.* CA. fig. 167.

Car, si $\frac{1}{2}$CA × *circ.* CA n'est pas l'aire du cercle dont CA est le rayon, cette quantité sera la mesure d'un cercle plus grand ou plus petit. Supposons d'abord qu'elle est la mesure d'un cercle plus grand, et soit, s'il est possible, $\frac{1}{2}$CA × *circ.* CA=*surf.* CB.

Au cercle dont le rayon est CA circonscrivez un polygone régulier DEFG, etc. dont les côtés ne rencontrent pas la circonférence dont CB est le rayon *; la surface de ce polygone sera égale à son contour DE+EF+FG+, etc., multiplié par $\frac{1}{2}$AC*: mais le contour du polygone est plus grand que la circonférence inscrite, puisqu'il l'enveloppe de toutes parts; donc la surface du polygone DEFG, etc. est plus grande que $\frac{1}{2}$ AC × *circ.* AC qui est la mesure du cercle dont CB est le rayon; donc le polygone seroit plus grand que le cercle : or au contraire il est plus petit, puisqu'il y est contenu; donc il est impossible que $\frac{1}{2}$CA × *circ.* CA soit plus grand que *surf.* CA, ou, en d'autres termes, il est impossible que la circonférence d'un cercle multipliée par la moitié de son rayon soit la mesure d'un plus grand cercle.

* 10.
* 7.

nd lieu que le même produit ne

peut être la mesure d'un cercle plus petit, et pour ne pas changer de figure, je supposerai qu'il s'agit du cercle dont CB est le rayon : il faut donc prouver que $\frac{1}{2}$CB × *circ.* CB ne peut être la mesure d'un cercle plus petit, par exemple, du cercle dont le rayon est CA. En effet soit, s'il est possible, $\frac{1}{2}$CB × *circ.* CB = *surf.* CA.

Ayant fait la même construction que ci-dessus, la surface du polygone DEFG, etc. aura pour mesure (DE+EF+FG+, etc.) × $\frac{1}{2}$CA; mais le contour DE+EF+FG+, etc. est moindre que *circ.* CB qui l'enveloppe de toutes parts; donc l'aire du polygone est moindre que $\frac{1}{2}$CA × *circ.* CB, et à plus forte raison moindre que $\frac{1}{2}$CB × *circ.* CB. Cette dernière quantité est par hypothèse la mesure du cercle dont CA est le rayon; donc le polygone seroit moindre que le cercle inscrit, ce qui est absurde; donc il est impossible que la circonférence d'un cercle multipliée par la moitié de son rayon soit la mesure d'un cercle plus petit.

Donc enfin la circonférence d'un cercle multipliée par la moitié de son rayon est la mesure de ce même cercle.

fig. 168. *Corollaire* I. La surface d'un secteur est égale à l'arc de ce secteur multiplié par la moitié du rayon.

Car le secteur ACB est au cercle entier comme
* l'arc AMB est à la circonférence entière ABD*, ou comme AMB × $\frac{1}{2}$AC est à ABD × $\frac{1}{2}$AC. Mais le cercle entier = ABD × $\frac{1}{2}$AC; donc le secteur ACB a pour mesure AMB × $\frac{1}{2}$AC.

Corollaire II. Appelons π la circonférence dont le diamètre est l'unité; puisque les circonférences sont comme les rayons ou comme les diamètres, on pourra faire cette proportion : le diamètre 1 est à sa circonférence π comme le diamètre 2CA est à la circonférence qui a pour rayon CA; de sorte qu'on aura $1:\pi::2CA:$ *circ.* CA; donc *circ.* $CA=2\pi\times CA$. Multipliant de part et d'autre par $\frac{1}{2}CA$, on aura $\frac{1}{2}CA\times$ *circ.* $CA=\pi\times\overline{CA}^2$, ou *surf.* $CA=\pi.\overline{CA}^2$; donc *la surface d'un cercle est égale au quarré de son rayon multiplié par le nombre constant* π, *qui représente la circonférence dont le diamètre est* 1, *ou le rapport de la circonférence au diamètre.*

Pareillement la surface du cercle qui a pour rayon OB sera égale à $\pi\times\overline{OB}^2$: or $\pi\times\overline{CA}^2:\pi\times\overline{OB}^2::\overline{CA}^2:\overline{OB}^2$; donc *les surfaces des cercles sont entre elles comme les quarrés de leurs rayons*, ce qui s'accorde avec le théorême précédent.

Scholie. Nous avons déja dit que le problême de la quadrature du cercle consiste à trouver un quarré égal en surface à un cercle dont le rayon est connu; or on vient de prouver que le cercle est équivalent au rectangle fait sur la circonférence et la moitié du rayon, et ce rectangle se change en quarré en prenant une moyenne proportionnelle entre ses deux dimensions : ainsi le problême de la quadrature du cercle se réduit à trouver la circonférence quand on connoît le rayon, et pour cela il suffit de connoître le rapport de la circonférence au rayon ou au diamètre.

Jusqu'à présent on n'a pu déterminer ce rapport que d'une manière approchée; mais l'approximation a été poussée si loin, que la connoissance du rapport exact n'auroit aucun avantage réel sur celle du rapport approché. Aussi cette question, qui a beaucoup occupé les géomètres lorsque les méthodes d'approximation étoient moins connues, est maintenant reléguée parmi les questions oiseuses dont il n'est permis de s'occuper qu'à ceux qui ont à peine les premières notions de la géométrie.

Archimède a prouvé que le rapport de la circonférence au diamètre est compris entre $3\frac{10}{70}$ et $3\frac{10}{71}$; ainsi $3\frac{1}{7}$ ou $\frac{22}{7}$ est une valeur déja fort approchée du nombre que nous avons représenté par π, et cette première approximation est fort en usage à cause de sa simplicité. *Métius* a trouvé pour le même nombre la valeur beaucoup plus approchée $\frac{355}{113}$. Enfin la valeur de π, développée jusqu'à un certain ordre de décimales, a été trouvée par d'autres calculateurs 3,1415926535897932, etc., et on a eu la patience de prolonger ces décimales jusqu'à la cent vingt-septième ou même jusqu'à la cent cinquantième. Il est évident qu'une telle approximation équivaut à la vérité, et qu'on ne connoît pas mieux les racines des puissances imparfaites.

On expliquera dans les problèmes suivants deux des méthodes les plus simples pour obtenir ces approximations.

PROPOSITION XIII.

PROBLÊME.

Etant données la surface d'un polygone régulier inscrit et la surface d'un polygone semblable circonscrit, trouver les surfaces des polygones réguliers inscrit et circonscrit d'un nombre de côtés double.

Soit AB le côté du polygone donné inscrit, EF parallèle à AB celui du polygone semblable circonscrit, C le centre du cercle : si on tire la corde AM et les tangentes AP, BQ, la corde AM sera le côté du polygone inscrit d'un nombre de côtés double, et PQ double de PM sera celui du polygone semblable circonscrit*. Cela posé, comme chaque angle égal à ACM renferme les mêmes triangles, il suffit de considérer l'angle ACM seul, et les triangles qui y sont contenus seront entre eux comme les polygones entiers. Soit A la surface du polygone inscrit dont AB est un côté, B la surface du polygone semblable circonscrit, A′ la surface du polygone dont AM est un côté, B′ la surface du polygone semblable circonscrit ; A et B sont connus, il s'agit de trouver A′ et B′. fig. 169

* 6.

1.° Les triangles ACD, ACM, dont le sommet commun est A, sont entre eux comme leurs bases CD, CM ; d'ailleurs ces triangles sont comme les polygones A et A′ dont ils font partie : donc A : A′ :: CD : CM. Les triangles CAM, CME, dont le sommet commun est M, sont entre eux comme leurs bases CA, CE ; ces mêmes triangles sont comme les polygones A′ et B dont ils font partie :

donc $A':B::CA:CE$. Mais à cause des parallèles AD, ME, on a $CD:CM::CA:CE$; donc $A:A'::A':B$; donc le polygone A', l'un de ceux qu'on cherche, est moyen proportionnel entre les deux polygones connus A et B, et on a par conséquent $A'=\sqrt{A\times B}$.

2.° Le triangle CPM est au triangle CPE, à cause de la hauteur commune CM, comme PM est à PE; mais la ligne CP divisant en deux parties égales
19. 3. l'angle MCE, on a $PM:PE::CM:CE::CD:CA::A:A'$; donc $CPM:CPE::A:A'$, et par suite, $CPM:CPM+CPE$, ou CME, $::A:A+A'$. Mais CMPA ou 2CMP et CME sont entre eux comme les polygones B' et B dont ils font partie; donc $B':B::2A:A+A'$. On a déja déterminé A', cette nouvelle proportion déterminera B' et on aura $B'=\frac{2A\times B}{A+A'}$; donc, au moyen des polygones A et B, il est facile de trouver les polygones A' et B' qui ont deux fois plus de côtés.

PROPOSITION XIV.

PROBLÈME.

Trouver le rapport approché de la circonférence au diamètre.

Soit le rayon du cercle $=1$, le côté du quarré
5. inscrit sera $\sqrt{2}$; celui du quarré circonscrit est égal au diamètre 2; donc la surface du quarré inscrit $=2$, et celle du quarré circonscrit $=4$. Maintenant, si on fait $A=2$ et $B=4$, on trouvera par le problême précédent l'octogone inscrit $A'=\sqrt{8}=$

2,8284271, et l'octogone circonscrit $B'=\frac{16}{2+\sqrt{8}}=$ 3,3137085. Connoissant ainsi les octogones inscrit et circonscrit, on trouvera par leur moyen les polygones d'un nombre de côtés double ; il faudra de nouveau supposer $A=2,8284271$, $B=3,3137085$, et on aura $A'=\sqrt{A\times B}=3,0614674$, et $B'=\frac{2A\times B}{A+A'}$ $=3,1825979$. Ensuite ces polygones de 16 côtés serviront à connoître ceux de 32, et on continuera ainsi jusqu'à ce que le calcul ne donne plus de différence entre les polygones inscrit et circonscrit, au moins dans l'ordre de décimales auquel on s'est arrêté, qui est le septième dans cet exemple. Arrivé à ce point, on conclura que le cercle est égal au dernier résultat, car le cercle doit toujours être compris entre le polygone inscrit et le polygone circonscrit ; donc, si ceux-ci ne diffèrent point entre eux jusqu'à un certain ordre de décimales, le cercle n'en diffère pas non plus jusqu'au même ordre.

Voici le calcul de ces polygones prolongé jusqu'à ce qu'ils ne diffèrent plus dans le septième ordre de décimales :

Nombre des côtés.	Polygone inscrit.	Polygone circonscrit.
4	2,0000000	4,0000000.
8	2,8284271	3,3137085.
16	3,0614674	3,1825979.
32	3,1214451	3,1517249.
64	3,1365485	3,1441184.
128	3,1403311	3,1422236.
256	3,1412772	3,1417504.
512	3,1415138	3,1416321.

Nombre des côtés.	Polygone inscrit.	Polygone circonscrit.
1024	3,1415729	3,1416025.
2048	3,1415877	3,1415951.
4096	3,1415914	3,1415933.
8192	3,1415923	3,1415928.
16384	3,1415925	3,1415927.
32768	3,1415926	3,1415926.

De là je conclus que la surface du cercle $=3,1415926$. On pourroit avoir du doute sur la dernière décimale, à cause des erreurs qui viennent des parties négligées; mais le calcul a été fait avec une décimale de plus, pour être sûr du résultat que nous venons de trouver jusques dans la dernière décimale.

Puisque la surface du cercle est égale à la demi-circonférence multipliée par le rayon, le rayon étant 1, la demi-circonférence est 3,1415926; ou bien, le diamètre étant 1, la circonférence est 3,1415926; donc le rapport de la circonférence au diamètre désigné ci-dessus par $\pi=3,1415926$.

PROPOSITION XV.

LEMME.

fig. 170. *Le triangle* CAB *est équivalent au triangle isoscèle* DCE, *qui a le même angle* C, *et dont le côté* CE *ou* CD *est moyen proportionnel entre* CA *et* CB. *De plus, si l'angle* CAB *est droit, la perpendiculaire* CF, *abaissée sur la base du triangle isoscèle, sera moyenne proportionnelle entre le côté* CA *et la demi-somme des côtés* CA, CB.

Car 1.° à cause de l'angle commun C, le triangle ABC est au triangle isoscèle DCE comme $AC \times CB$ est à $DC \times CE$, ou $\overline{DC}^2$*; donc ces triangles seront équivalents, si $\overline{DC}^2 = AC$.

*24. 3.

$\times$CB, ou si DC est moyenne proportionnelle entre AC et CB.

2.° La perpendiculaire CGF coupant en deux parties égales l'angle ACB, on a* AG:GB::AC:CB, d'où il suit *componendo* AG:AG+GB ou AB::AC:AC+CB : mais AG est à AB comme le triangle ACG est au triangle ACB ou 2CDF; d'ailleurs si l'angle A est droit, les triangles rectangles ACG, CDF, sont semblables, et donnent ACG:CDF:: $\overline{AC}^2:\overline{CF}^2$; donc * 17. 3.

$$\overline{AC}^2 : 2\overline{CF}^2 :: AC : AC+CB.$$

Multipliant le second rapport par AC, les antécédents deviendront égaux, et on aura par conséquent $2\overline{CF}^2 = AC\times(AC+CB)$, ou $\overline{CF}^2 = AC\times\left(\frac{AC+CB}{2}\right)$; donc 2.° si l'angle A est droit, la perpendiculaire CF sera moyenne proportionnelle entre le côté AC et la demi-somme des côtés AC, CB.

PROPOSITION XVI.

PROBLÊME.

Trouver un cercle qui diffère aussi peu qu'on voudra d'un polygone régulier donné.

Soit proposé par exemple le quarré BMNP; abaissez du centre C la perpendiculaire CA sur le côté MB, et joignez CB. fig. 171.

Le cercle décrit du rayon CA est inscrit dans le quarré, et le cercle décrit du rayon CB est circonscrit à ce même quarré; le premier sera plus petit que le quarré, le second sera plus grand : mais il s'agit de resserrer ces limites.

Prenez CD et CE égales chacune à la moyenne proportionnelle entre CA et CB, joignez ED, et le triangle isoscèle CDE sera équivalent au triangle CAB*; faites de même pour chacun des huit triangles qui composent le quarré, vous formerez ainsi un octogone régulier équivalent au quarré BMNP. Le cercle décrit du rayon CF, moyen proportionnel entre CA et $\frac{CA+CB}{2}$, sera inscrit dans l'octogone, et le cercle décrit du rayon CD lui sera circonscrit. Ainsi le premier sera plus petit que le quarré donné, et le second plus grand. * 15.

Si on change de la même manière le triangle rectangle CDF en un triangle isoscèle équivalent, on formera par ce moyen un polygone régulier de seize côtés, équivalent au quarré proposé. Le cercle inscrit dans ce polygone sera plus petit que le quarré, et le cercle circonscrit sera plus grand.

On peut continuer ainsi jusqu'à ce que le rapport entre le rayon du cercle inscrit et le rayon du cercle circonscrit diffère aussi peu qu'on voudra de l'égalité. Alors l'un et l'autre cercles pourront être regardés comme équivalents au quarré proposé.

Voici à quoi se réduit la recherche des rayons successifs. Soit a le rayon du cercle inscrit dans l'un des polygones trouvés, b le rayon du cercle circonscrit au même polygone; soient a' et b' les rayons semblables pour le polygone suivant qui a un nombre de côtés double. Suivant ce que nous avons démontré, b' est une moyenne proportionnelle entre a et b, et a' est une moyenne proportionnelle entre a et $\frac{a+b}{2}$, de sorte qu'on aura $b'=\sqrt{a\times b}$, et $a'=\sqrt{a\times\frac{a+b}{2}}$; donc les rayons a et b d'un polygone étant connus, on en conclut facilement les rayons a' et b' du polygone suivant : et on continuera ainsi jusqu'à ce que la différence entre les deux rayons soit devenue insensible; alors l'un ou l'autre de ces rayons sera le rayon du cercle équivalent au quarré ou au polygone proposé.

Scholie. Cette méthode est facile à pratiquer en lignes, puisqu'elle se réduit à trouver des moyennes proportionnelles successives entre des lignes connues; mais elle réussit encore mieux en nombres, et c'est une des plus commodes que la géométrie élémentaire puisse fournir pour trouver promptement le rapport approché de la circonférence au diamètre. Soit le côté du quarré $=2$, le premier rayon inscrit CA sera 1, et le premier rayon circonscrit CB sera $\sqrt{2}$ ou 1,4142136. Faisant donc $a=1$, $b=1,4142136$, on trouvera $b'=1,1892071$, et $a'=1,0986841$. Ces nombres serviront à calculer les suivants d'après la loi de continuation.

Voici le résultat du calcul fait jusqu'à sept ou huit chiffres par les tables de logarithmes ordinaires :

Rayons des cercles circonscrits.	Rayons des cercles inscrits.
1,4142136	1,0000000.
1,1892071	1,0986841.
1,1430500	1,1210863.
1,1320149	1,1265639.
1,1292862	1,1279257.
1,1286063	1,1282657.

Maintenant que la première moitié des chiffres est la même des deux côtés, on pourra, au lieu des moyens géométriques, prendre les moyens arithmétiques qui n'en diffèrent que dans les décimales ultérieures. De cette manière l'opération s'abrège beaucoup, et les résultats sont,

1,1284360	1,1283508.
1,1283934	1,1283721.
1,1283827	1,1283774.
1,1283801	1,1283787.
1,1283794	1,1283791.
1,1283792	1,1283792.

Donc 1,1283792 est à très-peu près le rayon du cercle égal en surface au quarré dont le côté est 2. De là il est facile de trouver le rapport de la circonférence au diamètre : car on a démontré que la surface du cercle est égale au quarré de son rayon multiplié par le nombre π; donc si on divise la surface 4 par le quarré de 1,1283792, on aura la valeur de π qui se trouve par ce calcul de 3,1415926, etc., comme on l'a trouvée par une autre méthode.

APPENDICE AU LIVRE IV.

DÉFINITIONS.

I. On appelle *maximum* la quantité la plus grande entre toutes celles de la même espèce; *minimum* la plus petite.

Ainsi le diamètre du cercle est un *maximum* entre toutes les lignes qui joignent deux points de la circonférence, et la perpendiculaire est un *minimum* entre toutes les lignes menées d'un point donné à une ligne donnée.

II. On appelle figures *isopérimètres* celles qui ont des périmètres égaux.

PROPOSITION I.

THÉORÊME.

Entre tous les triangles de même base et de même périmètre, le triangle isoscèle est un maximum.

fig. 172. Soit AC=CB, et AM+MB=AC+CB; je dis que le triangle isoscèle ACB est plus grand que le triangle AMB qui a même base et même périmètre.

Du point C comme centre, et du rayon CA=CB, décrivez une circonférence qui rencontre CA prolongé en D; joignez DB; et l'angle DBA, inscrit dans le demi-cercle, sera un angle droit*. Prolongez la perpendiculaire DB vers N, faites MN=MB, et joignez AN. Enfin des points M et C abaissez MP et CG, perpendiculaires sur DN. Puisque CB =CD et MN=MB, on a AC+CB=AD, et AM+MB= AM+MN. Mais AC+CB=AM+MB; donc AD=AM+ MN; donc AD>AN : or si l'oblique AD est plus grande que l'oblique AN, elle doit être plus éloignée de la perpendiculaire AB; donc DB>BN. Donc BG, qui est moitié de BD*, sera plus grande que BP moitié de BN. Mais les

* 15. 2.

* 12. 1.

triangles ABC, ABM, qui ont même base AB, sont entre eux comme leurs hauteurs BG, BP; donc puisque BG > BP, le triangle isoscèle ABC est plus grand que le non-isoscèle ABM de même base et de même périmètre.

PROPOSITION II.

THÉORÈME.

Entre tous les polygones isopérimètres et d'un même nombre de côtés, le polygone maximum *est équilatéral.*

Car soit ABCDEF le polygone *maximum*; si le côté BC n'est pas égal à CD, faites sur la base BD un triangle isoscèle BOD qui soit isopérimètre à BCD, le triangle BOD sera plus grand que BCD*, et par conséquent le polygone ABODEF sera plus grand que ABCDEF; donc ce dernier ne seroit pas le *maximum* entre tous ceux qui ont le même périmètre et le même nombre de côtés, ce qui est contre la supposition; on doit donc avoir BC=CD : on aura par la même raison CD=DE, DE=EF, etc.; donc tous les côtés du polygone *maximum* sont égaux entre eux.

fig. 173.

*pr. 1.

PROPOSITION III.

THÉORÈME.

De tous les triangles formés avec deux côtés donnés faisant entre eux un angle à volonté, le maximum *est celui dans lequel les deux côtés donnés font un angle droit.*

Soient les deux triangles BAC, BAD, qui ont le côté AB commun, et le côté AC=AD : si l'angle BAC est droit, je dis que le triangle BAC sera plus grand que le triangle BAD, dans lequel l'angle en A est aigu ou obtus.

fig. 174.

Car la base AB étant la même, les deux triangles BAC, BAD, sont comme leurs hauteurs AC, DE : mais la perpendiculaire DE est plus courte que l'oblique AD ou son égale AC; donc le triangle BAD est plus petit que BAC.

PROPOSITION IV.

THÉORÊME.

De tous les polygones formés avec des côtés donnés et un dernier à volonté, le maximum *doit être tel que tous ses angles soient inscrits dans une demi-circonférence dont le côté inconnu sera le diamètre.*

fig. 175. Soit ABCDEF le plus grand des polygones formés avec les côtés donnés AB, BC, CD, DE, EF, et un dernier AF à volonté; tirez les diagonales AD, DF. Si l'angle ADF n'étoit pas droit, on pourroit, en conservant les parties ABCD, DEF, telles qu'elles sont, augmenter le triangle ADF et par conséquent le polygone entier en rendant l'angle ADF droit, conformément à la proposition précédente; mais ce polygone ne peut plus être augmenté, puisqu'il est supposé parvenu à son *maximum;* donc l'angle ADF est déja un angle droit. Il en est de même des angles ABF, ACF, AEF; donc tous les angles A, B, C, D, E, F, du polygone *maximum* sont inscrits dans une demi-circonférence dont le côté indéterminé AF est le diamètre.

Scholie. Cette proposition donne lieu à une question: savoir, s'il y a plusieurs manières de former un polygone avec des côtés donnés et un dernier inconnu qui sera le diamètre de la demi-circonférence dans laquelle les autres côtés sont inscrits. Avant de décider cette question, il faut observer que si une même corde AB sous-tend des arcs décrits de différents rayons AC, AD, l'angle au centre appuyé
fig. 176. sur cette corde sera le plus petit dans le cercle dont le rayon est le plus grand; ainsi ACB < ADB, car l'angle ADO = ACD
* 19. 1. + CAD*; donc ACD < ADO et son double ACB < ADB.

PROPOSITION V.

THÉORÊME.

Il n'y a qu'une manière de former le polygone ABCDEF *avec des côtés donnés et un dernier inconnu qui soit le diamètre de la demi-circonférence dans laquelle les autres côtés sont inscrits.*

Car, supposons qu'on a trouvé un cercle qui satisfasse à la question ; si on prend un cercle plus grand, les cordes AB, BC, CD, etc. répondront à des angles au centre plus petits. La somme de ces angles au centre sera donc moindre que deux angles droits, et ainsi les extrémités des côtés donnés n'aboutiront plus aux extrémités des diamètres. L'inconvénient contraire aura lieu si on prend un cercle plus petit; donc le polygone dont il s'agit ne peut être inscrit que dans un seul cercle. fig. 175.

Scholie. On peut changer à volonté l'ordre des côtés AB, BC, CD, etc. et le diamètre du cercle circonscrit sera toujours le même, ainsi que la surface du polygone; car, quel que soit l'ordre des arcs AB, BC, etc. il suffit que leur somme fasse la demi-circonférence, et le polygone aura toujours la même surface, puisqu'il sera égal au demi-cercle moins les segments AB, BC, etc. dont la somme est toujours la même.

PROPOSITION VI.

THÉORÊME.

De tous les polygones formés avec des côtés donnés, le maximum *est celui qu'on peut inscrire dans un cercle.*

Soit ABCDEFG le polygone inscrit, et *abcdefg* le non-inscriptible formé avec des côtés égaux, en sorte qu'on ait AB=*ab*, BC=*bc*, etc.; je dis que le polygone inscrit est plus grand que l'autre. fig. 177.

Tirez le diamètre EM; joignez AM, MB; sur *ab*=AB faites le triangle *abm* égal à ABM, et joignez *em*.

En vertu de la proposition IV le polygone EFGAM est

plus grand que *efgam*, à moins que celui-ci ne puisse être pareillement inscrit dans une demi-circonférence dont le côté *em* seroit le diamètre, auquel cas les deux polygones seroient égaux en vertu de la proposition V. Par la même raison le polygone EDCBM est plus grand que *edcbm*, sauf la même exception où il y auroit égalité. Donc le polygone entier EFGAMBCDE est plus grand que *efgambcde*, à moins qu'ils ne soient entièrement égaux : mais ils ne le sont pas, puisque l'un est inscrit dans le cercle, et que l'autre est supposé non-inscriptible; donc le polygone inscrit est le plus grand. Retranchant de part et d'autre les triangles égaux ABM, *abm*, il restera le polygone inscrit ABCDEFG plus grand que le non-inscriptible *abcdefg*.

Scholie. On démontrera, comme dans la proposition V, qu'il ne peut y avoir qu'un seul cercle et par conséquent qu'un seul polygone *maximum*, qui satisfasse à la question : et ce polygone seroit encore de même surface, de quelque manière qu'on changeât l'ordre de ses côtés.

PROPOSITION VII.

THÉORÊME.

Le polygone régulier est un maximum *entre tous les polygones isopérimètres et d'un même nombre de côtés.*

Car, suivant le théorême II, le polygone *maximum* a tous ses côtés égaux; et, suivant le théorême précédent, il est inscriptible dans le cercle; donc ce polygone est régulier.

PROPOSITION VIII.

LEMME.

Deux angles au centre, mesurés dans deux cercles différents, sont entre eux comme les arcs compris divisés par les rayons.

fig. 178. Ainsi l'angle C est à l'angle O comme le rapport $\frac{AB}{AC}$ est au rapport $\frac{DE}{DO}$.

D'un rayon OF égal à AC décrivez l'arc FG compris entre

les côtés OD, OE, prolongés : à cause des rayons égaux AC, OF, on aura d'abord C:O::AB:FG, ou $::\frac{AB}{AC}:\frac{FG}{FO}$; mais à cause des arcs semblables FG, DE, on a* FG:DE::FO:DO; * 11.
donc le rapport $\frac{FG}{FO}$ est égal au rapport $\frac{DE}{DO}$, et on a par conséquent $C:O::\frac{AB}{AC}:\frac{DE}{DO}$.

PROPOSITION IX.

THÉORÈME.

De deux polygones réguliers isopérimètres, celui qui a le plus de côtés est le plus grand.

Soit DE le demi-côté de l'un des polygones, O son centre, OE son apothême; soit AB le demi-côté de l'autre polygone, C son centre, CB son apothême. On suppose les centres O et C situés à une distance quelconque OC, et les apothêmes OE, CB, dans la direction OC : ainsi DOE et ACB seront les demi-angles au centre des polygones, et comme ces angles ne sont pas égaux, les lignes CA, OD, prolongées se rencontreront en un point F; de ce point, abaissez sur OC la perpendiculaire FG; des points O et C comme centres, décrivez les arcs GI, GH, terminés aux côtés OF, CF. fig. 179.

Cela posé, on aura par le lemme précédent $O:C::\frac{GI}{OG}:\frac{GH}{CG}$: mais DE est au périmètre du premier polygone comme l'angle O est à quatre angles droits, et AB est au périmètre du second comme l'angle C est à quatre angles droits; donc puisque les périmètres des polygones sont égaux, DE:AB ::O:C; donc $DE:AB::\frac{GI}{OG}:\frac{GH}{CG}$. Multipliant les antécédents par OG et les conséquents par CG, on aura DE×OG:AB ×CG::GI:GH ; mais les triangles semblables ODE, OFG, donnent OE:OG::DE:FG, d'où résulte DE×OG=OE×FG. On aura de même AB×CG=CB×FG; donc OE×FG:CB× FG::GI:GH, ou OE:CB::GI:GH. Je dis maintenant que l'arc GI est plus grand que l'arc GH, et alors il s'ensuivra que l'apothême OE est plus grand que CB.

En effet, si de l'autre côté de CF on fait la figure CKx entièrement égale à la figure CGx, de sorte qu'on ait CK=CG, l'angle HCK=HCG, et l'arc Kx=xG, la courbe KxG
* 9. envelopperа l'arc KHG, et sera plus grande que cet arc*. Donc Gx, moitié de la courbe, est plus grand que GH moitié de l'arc; donc, à plus forte raison, GI est plus grand que GH.

Il résulte de là que l'apothême OE est plus grand que CB: mais les deux polygones ayant même périmètre sont
* 7. entre eux comme leurs apothêmes*; donc le polygone qui a pour demi-côté DE est plus grand que celui qui a pour demi-côté AB: le premier a plus de côtés, puisque l'angle au centre est plus petit; donc de deux polygones réguliers isopérimètres, celui qui a le plus de côtés est le plus grand.

PROPOSITION X.

THÉORÊME.

Le cercle est plus grand que tout polygone isopérimètre.

fig. 180. Il est déja prouvé que de tous les polygones isopérimètres et d'un même nombre de côtés, le polygone régulier est le plus grand; ainsi il ne s'agit plus que de comparer le cercle à un polygone régulier quelconque isopérimètre. Soit AI le demi-côté de ce polygone, C son centre. Soit dans le cercle isopérimètre l'angle DOE=ACI, et conséquemment l'arc DE égal au demi-côté AI. Le polygone P sera au cercle C comme le triangle ACI est au secteur ODE, ou P:C::$\frac{AI\times CI}{2}:\frac{DE\times OE}{2}$::CI:OE. Soit mené au point E la tangente EG qui rencontre OD prolongé en G; les triangles semblables ACI, GOE, donneront la proportion CI:OE:: AI ou DE:GE; donc P:C::DE:GE, ou comme DE$\times\frac{1}{2}$OE qui est la mesure du secteur DOE est à GE$\times\frac{1}{2}$OE qui est la mesure du triangle GOE: or le secteur est plus petit que le triangle; donc P est plus petit que C; donc le cercle est plus grand que tout polygone isopérimètre.

LIVRE V.

LES PLANS ET LES ANGLES SOLIDES.

DÉFINITIONS.

I. Une ligne droite est *perpendiculaire à un plan*, lorsqu'elle est perpendiculaire à toutes les droites qui passent par son *pied* dans le plan*. Réciproquement le plan est perpendiculaire à la ligne. *pr. 4.

Le *pied* de la perpendiculaire est le point où cette ligne rencontre le plan.

II. Une ligne est *parallèle à un plan*, lorsqu'elle ne peut le rencontrer à quelque distance qu'on les prolonge l'un et l'autre. Réciproquement le plan est parallèle à la ligne.

III. Deux *plans* sont *parallèles* entre eux, lorsqu'ils ne peuvent se rencontrer, à quelque distance qu'on les prolonge l'un et l'autre.

IV. Il sera démontré* que l'intersection commune de deux plans qui se rencontrent est une ligne droite : cela posé, *l'angle* ou *l'inclinaison mutuelle de deux plans* est la quantité plus ou moins grande dont ils peuvent être écartés l'un de l'autre : cette quantité se mesure* par l'angle que font entre elles les deux perpendiculaires menées dans chacun de ces plans au même point de l'intersection commune. *pr. 3. *pr. 17.

Cet angle peut être aigu, droit ou obtus.

V. S'il est droit, les deux *plans* seront *perpendiculaires* entre eux.

VI. *Angle solide* est l'espace angulaire compris entre plusieurs plans qui se réunissent en un même point.

fig. 199. Ainsi l'angle solide S est formé par la réunion des plans ASB, BSC, CSD, DSA.

Il faut au moins trois plans pour former un angle solide.

PROPOSITION I.

THÉORÈME.

Une ligne droite ne peut être en partie dans un plan, en partie au dehors.

Car, suivant la définition du plan, dès qu'une ligne droite a deux points communs avec un plan, elle est toute entière dans ce plan.

Corollaire. Donc pour reconnoître si une surface est plane, il faut appliquer une ligne droite en différents sens sur cette surface, et voir si elle touche la surface dans toute son étendue.

PROPOSITION II.

THÉORÈME.

Deux lignes droites qui se coupent sont dans un même plan et en déterminent la position.

fig. 181. Soient AB, AC, deux lignes droites qui se coupent en A : on peut concevoir un plan où se trouve la ligne droite AB; si ensuite on fait tourner ce plan autour de AB, jusqu'à ce qu'il passe par le point C, alors la ligne AC, qui a deux de ses points A et C dans ce plan, y sera toute entière; donc la position de ce plan est déterminée par la seule condition de renfermer les deux droites AB, AC.

Corollaire I. Donc un triangle ABC, ou trois points A, B, C, non en ligne droite, déterminent la position d'un plan.

Corollaire II. Donc aussi deux parallèles AB, CD, déterminent la position d'un plan; car si on mène la sécante EF, le plan des deux droites AE, EF, sera celui des parallèles AB, CD. fig. 182.

PROPOSITION III.

THÉORÊME.

Si deux plans se coupent, leur intersection commune sera une ligne droite.

Car, si dans les points communs aux deux plans on en trouvoit trois qui ne fussent pas en ligne droite, les deux plans dont il s'agit, passant chacun par ces trois points, ne feroient qu'un seul et même plan, ce qui est contre la supposition.

PROPOSITION IV.

THÉORÊME.

Si une ligne droite AP *est perpendiculaire à deux autres* PB, PC, *qui se croisent à son pied dans le plan* MN, *elle sera perpendiculaire à une droite quelconque* PQ *menée par son pied dans le même plan, et ainsi elle sera perpendiculaire au plan* MN. fig. 183.

Par un point Q pris à volonté sur PQ, tirez la droite BC dans l'angle BPC, de manière que BQ=
prob. 5, liv. 3. QC, joignez AB, AQ, AC.

La base BC étant divisée en deux parties égales
14. 3. au point Q, le triangle BPC donnera

$$\overline{PC}^2+\overline{PB}^2=2\overline{PQ}^2+2\overline{QC}^2.$$

Le triangle BAC donnera pareillement

$$\overline{AC}^2+\overline{AB}^2=2\overline{AQ}^2+2\overline{QC}^2.$$

Retranchant la première égalité de la seconde, et observant que les triangles APC, APB, tous deux rectangles en P, donnent $\overline{AC}^2-\overline{PC}^2=\overline{AP}^2$, et $\overline{AB}^2-\overline{PB}^2=\overline{AP}^2$, on aura

$$\overline{AP}^2+\overline{AP}^2=2\overline{AQ}^2-2\overline{PQ}^2.$$

Donc, en prenant les moitiés de part et d'autre, on a $\overline{AP}^2=\overline{AQ}^2-\overline{PQ}^2$, ou $\overline{AQ}^2=\overline{AP}^2+\overline{PQ}^2$; donc le
15. 3. triangle APQ est rectangle en P; donc AP est perpendiculaire à PQ.

Scholie. On voit par là, non-seulement qu'il est possible qu'une ligne droite soit perpendiculaire à toutes celles qui passent par son pied dans un plan, mais que cela arrive toutes les fois que cette ligne est perpendiculaire à deux droites menées dans le plan : c'est ce qui démontre la légitimité de la définition I.

Corollaire I. La perpendiculaire AP est plus courte qu'une oblique quelconque AQ; donc elle mesure la vraie distance du point A au plan PQ.

Corollaire II. Par un point P donné sur un plan on ne peut élever qu'une seule perpendiculaire à ce plan; car si on pouvoit élever deux perpendiculaires par le même point P, conduisez suivant ces deux perpendiculaires un plan dont l'intersection avec le plan MN soit PQ; alors les deux perpendiculaires dont il s'agit seroient perpendiculaires à la ligne PQ, au même point et dans le même plan, ce qui est impossible.

Il est pareillement impossible d'abaisser d'un point donné hors d'un plan deux perpendiculaires à ce plan; car soient AP, AQ, ces deux perpendiculaires, alors le triangle APQ auroit deux angles droits APQ, AQP, ce qui est impossible.

PROPOSITION V.

THÉORÊME.

Les obliques également éloignées de la perpendiculaire sont égales; et de deux obliques inégalement éloignées de la perpendiculaire, celle qui s'en éloigne le plus est la plus longue.

Car les angles APB, APC, APD, étant droits, si on suppose les distances PB, PC, PD, égales entre elles, les triangles APB, APC, APD, auront un angle égal compris entre côtés égaux; donc ils seront égaux; donc les hypoténuses ou les obliques AB, AC, AD, seront égales entre elles. Pareillement si la distance PE est plus grande que PD ou son égale PB, il est clair que l'oblique AE sera plus grande que AB ou son égale AD. fig. 184.

Corollaire. Toutes les obliques égales AB, AC, AD, etc., aboutissent à la circonférence BCD, décrite du pied de la perpendiculaire P comme centre; donc étant donné un point A hors d'un plan, si on veut trouver sur ce plan le point P où tomberoit la perpendiculaire abaissée de A, il faut marquer sur ce plan trois points B, C, D, également éloignés du point A, et chercher ensuite le centre du cercle qui passe par ces trois points : ce centre sera le point cherché P.

Scholie. L'angle ABP est ce qu'on appelle l'*inclinaison de l'oblique* AB *sur le plan* MN ; on voit que cette inclinaison est égale pour toutes les obliques AB, AC, AD, etc. qui s'écartent également de la perpendiculaire ; car tous les triangles ABP, ACP, ADP, etc. sont égaux entre eux.

PROPOSITION VI.

THÉORÊME.

fig. 185. *Soit* AP *une perpendiculaire au plan* MN *et* BC *une ligne située dans ce plan* ; *si du pied* P *de la perpendiculaire on abaisse* PD *perpendiculaire sur* BC, *et qu'on joigne* AD, *je dis que* AD *sera perpendiculaire à* BC.

Prenez DB=DC et joignez PB, PC, AB, AC : puisque DB=DC, l'oblique PB=PC ; et par rapport à la perpendiculaire AP, puisque PB=PC, l'oblique AB=AC ; donc la ligne AD a deux de ses points A et D également distants des extrémités B et C ; donc AD est perpendiculaire sur le milieu de BC.

Corollaire. On voit en même temps que BC est perpendiculaire au plan APD, puisque BC est perpendiculaire à la fois aux deux droites AD, PD.

Scholie. Les deux lignes AE, BC, offrent l'exemple

de deux lignes qui ne se rencontrent point, parce qu'elles ne sont pas situées dans un même plan. La plus courte distance de ces lignes est la droite PD qui est à la fois perpendiculaire à la ligne AP et à la ligne BC. La distance PD est la plus courte entre ces deux lignes ; car si on joint deux autres points, comme A et B, on aura AB > AD, AD > PD ; donc, à plus forte raison, AB > PD.

Les deux lignes AE, CB, quoique non situées dans un même plan, sont censées faire entre elles un angle droit, parce que AE et la parallèle menée par un de ses points à la ligne BC feroient entre elles un angle droit. De même la ligne AB et la ligne PD qui représentent deux droites quelconques non situées dans le même plan, sont censées faire entre elles le même angle que feroit avec AB la parallèle à PD menée par un des points de AB.

PROPOSITION VII.

THÉORÊME.

Si la ligne AP *est perpendiculaire au plan* MN, *toute ligne* DE *parallèle à* AP *sera perpendiculaire au même plan.* fig. 186.

Suivant les parallèles AP, DE, conduisez un plan dont l'intersection avec le plan MN sera PD ; dans le plan MN menez BC perpendiculaire à PD et joignez AD.

Suivant le corollaire du théorême précédent, BC est perpendiculaire au plan APDE ; donc l'angle BDE est droit : mais l'angle EDP est droit aussi, puisque AP est perpendiculaire à PD, et DE parallèle à AP; donc la ligne DE est perpendiculaire aux deux droites DP, DB; donc elle est perpendiculaire à leur plan MN.

Corollaire I. Réciproquement si les droites AP, DE, sont perpendiculaires au même plan MN, elles seront parallèles; car si elles ne l'étoient pas, conduisez par le point D une parallèle à AP, cette parallèle sera perpendiculaire au plan MN; donc on pourroit, par un même point D, élever deux perpen-
4. diculaires à un même plan, ce qui est impossible.

Corollaire II. Deux lignes A et B, parallèles à une troisième C, sont parallèles entre elles; car imaginez un plan perpendiculaire à la ligne C, les lignes A et B, parallèles à cette perpendiculaire seront perpendiculaires au même plan; donc, par le corollaire précédent, elles seront parallèles entre elles : il est entendu que les trois lignes ne sont pas dans le même plan, sans quoi la proposition seroit déja connue.

PROPOSITION VIII.

THÉORÊME.

fig. 187. *Si la ligne* AB *est parallèle à une droite* CD *menée dans le plan* MN, *elle sera parallèle à ce plan.*

Car si la ligne AB, qui est dans le plan ABCD, rencontroit le plan MN, ce ne pourroit être qu'en quelque point de la ligne CD, intersection commune des deux plans : or AB ne peut rencontrer CD, puisqu'elle lui est parallèle; donc elle ne rencontrera pas non plus le plan MN; donc elle est
déf. 2. parallèle à ce plan.

PROPOSITION IX.

THÉORÊME.

Deux plans MN, PQ, *perpendiculaires à une même droite* AB, *sont parallèles entre eux.* fig. 188.

Car s'ils se rencontroient quelque part, soit O un de leurs points communs, et joignez OA, OB; la ligne AB perpendiculaire au plan MN est perpendiculaire à la droite OA menée par son pied dans ce plan; par la même raison, AB est perpendiculaire à BO; donc OA et OB seroient deux perpendiculaires abaissées du même point O sur la même ligne droite, ce qui est impossible; donc les plans MN, PQ, ne peuvent se rencontrer; donc ils sont parallèles.

PROPOSITION X.

THÉORÊME.

Les intersections EF, GH, *de deux plans parallèles* MN, PQ, *par un troisième plan* FG, *sont parallèles.* fig. 189.

Car si les lignes EF, GH, situées dans un même plan, ne sont pas parallèles, prolongées elles se rencontreroient; donc les plans MN, PQ, dans lesquels elles sont, se rencontreroient aussi; donc ils ne seroient pas parallèles.

PROPOSITION XI.

THÉORÈME.

fig. 188. *La ligne* AB *perpendiculaire au plan* MN *est perpendiculaire au plan parallèle* PQ.

Ayant tiré à volonté la ligne BC dans le plan PQ, suivant AB et BC conduisez un plan ABC dont l'intersection avec le plan MN soit AD, l'intersection AD sera parallèle à BC : mais la ligne AB perpendiculaire au plan MN est perpendiculaire à la droite AD; donc elle sera aussi perpendiculaire à sa parallèle BC; et puisque la ligne AB est perpendiculaire à toute ligne BC menée par son pied dans le plan PQ, il s'ensuit qu'elle est perpendiculaire au plan PQ.

PROPOSITION XII.

THÉORÈME.

fig. 189. *Les parallèles* EG, FH, *comprises entre deux plans parallèles* MN, PQ, *sont égales.*

Par les parallèles EG, FH, faites passer le plan EGHF qui rencontrera les plans parallèles suivant EF et GH. Les intersections EF, GH, sont parallèles ainsi que EG, FH; donc la figure EGHF est un parallélogramme; donc EG=FH.

Corollaire. Il suit de là que *deux plans parallèles sont partout à égale distance*; car si EG et FH sont perpendiculaires aux deux plans MN, PQ,
7. elles seront parallèles entre elles; donc elles sont égales.

PROPOSITION XIII.

THÉORÈME.

Si deux angles CAE, DBF, *non situés dans le même plan, ont leurs côtés parallèles et dirigés dans le même sens, ces angles seront égaux et leurs plans parallèles.* fig. 190.

Prenez AC=BD, AE=BF, et joignez CE, DF, AB, CD, EF. Puisque AC est égale et parallèle à BD, la figure ABDC est un parallélogramme*; *32. 1. donc CD est égale et parallèle à AB. Par une raison semblable EF est égale et parallèle à AB; donc aussi CD est égale et parallèle à EF; la figure CEFD est donc un parallélogramme, et ainsi le côté CE est égal et parallèle à DF; donc les triangles CAE, DBF, sont équilatéraux entre eux; donc l'angle CAE=DBF.

En second lieu, je dis que le plan ACE est parallèle au plan BDF; car, supposons que le plan parallèle à BDF, mené par le point A, rencontre les lignes CD, EF, en d'autres points que C et E, par exemple en G et H, alors, suivant la proposition XII, les trois lignes AB, GD, FH, seront égales : mais les trois AB, CD, EF, le sont déja; donc on auroit CD=GD, et FH=EF, ce qui est absurde; donc le plan ACE est parallèle à BDF.

Corollaire. Si deux plans parallèles MN, PQ, sont rencontrés par deux autres plans CABD, EABF, les angles CAE, DBF, formés par les intersections des plans parallèles, seront égaux; car

* 10. l'intersection AC est parallèle à BD*, AE l'est à BF; donc l'angle CAE=DBF.

PROPOSITION XIV.

THÉORÊME.

fig. 190. *Si trois droites* AB, CD, EF, *non situées dans le même plan, sont égales et parallèles, les triangles* ACE, BDF, *formés de part et d'autre par les extrémités de ces droites, seront égaux et leurs plans parallèles.*

Car, puisque AB est égale et parallèle à CD, la figure ABDC est un parallélogramme; donc le coté AC est égal et parallèle à BD. Par une raison semblable les côtés AE, BF sont égaux et parallèles, ainsi que CE, DF. Donc les deux triangles CAE, BDF, sont égaux : on prouvera d'ailleurs, comme dans la proposition précédente, que leurs plans sont parallèles.

PROPOSITION XV.

THÉORÊME.

Deux droites, comprises entre des plans parallèles, sont coupées en parties proportionnelles.

fig. 191. Supposons que la ligne AB rencontre les plans parallèles MN, PQ, RS, en A, E, B, et que la ligne CD rencontre les mêmes plans en C, F, D; je dis qu'on aura AE:EB :: CF:FD.

Tirez AD qui rencontre le plan PQ en G, et joignez AC, EG, GF, BD; les intersections EG, BD, des plans parallèles PQ, RS, par le plan ABD sont

parallèles*; donc AE:EB :: AG:GD : pareillement * 10.
les intersections AC, GF, étant parallèles, on a AG :GD :: CF:FD; donc, à cause du rapport commun, AG:GD, on aura AE:EB :: CF:FD.

PROPOSITION XVI.

THÉORÊME.

Soit ABCD *un quadrilatère quelconque situé ou non* fig. 192.
situé dans un même plan, si on coupe les côtés opposés proportionnellement par deux droites EF, GH, *de sorte qu'on ait* AE:EB::DF:FC, *et* BG:GC::AH:HD; *je dis que les droites* EF, GH, *se couperont en un point* M, *de manière qu'on aura* HM:MG::AE:EB, *et* EM:MF::AH :HD.

Conduisez suivant AD un plan quelconque A*b*H*c*D qui ne passe pas suivant GH; par les points E, B, C, F, menez à GH les parallèles E*e*, B*b*, C*c*, F*f*, qui rencontrent ce plan en *e*, *b*, *c*, *f*: on aura d'abord, à cause des parallèles B*b*, GH, C*c**, *b*H:H*c*::BG:GC::AH:HD; donc* les triangles * 15. 5.
AH*b*, *c*HD, sont semblables. On aura ensuite A*e*:*eb*::AE * 20. 5.
:EB, et D*f*:*fc*::DF:FC; donc A*e*:*eb*::D*f*:*fc*, ou, *componendo*, A*e*:D*f*::A*b*:D*c* : mais, à cause des triangles semblables AH*b*, *c*HD, on a A*b*:D*c*::AH:HD; donc A*e* :D*f*::AH:HD : d'ailleurs les triangles AH*b*, *c*HD, étant semblables, l'angle HA*e*=HD*f*; donc les triangles AH*e*, DH*f*, sont semblables, et l'angle AH*e*=DH*f*. Il s'ensuit d'abord que *e*H*f* est une ligne droite, et qu'ainsi les trois parallèles E*e*, GH, F*f*, sont situées dans un même plan, lequel contiendra les deux droites EF, GH; donc *celles-ci doivent se couper en un point* M. Ensuite, à cause des parallèles E*e*, MH, F*f*, on aura EM:MF::*e*H:H*f*::AH: HD. Par une construction semblable, en faisant passer un plan par AB, on démontreroit que HM:MG::AE:EB.

PROPOSITION XVII.

THÉORÈME.

fig. 193. *L'angle compris entre les deux plans* MAN, MAP, *peut être mesuré, conformément à la définition, par l'angle* NAP *que font entre elles les deux perpendiculaires* AN, AP, *menées dans chacun de ces plans à l'intersection commune* AM.

Pour démontrer la légitimité de cette mesure, il faut prouver 1.° qu'elle est constante, ou qu'elle sera la même en quelque point de l'intersection commune qu'on mène les deux perpendiculaires.

En effet, si on prend un autre point M, et qu'on mène MC dans le plan MN, et MB dans le plan MP, perpendiculaires à l'intersection commune AM; puisque MB et AP sont perpendiculaires à une même ligne AM, elles seront parallèles entre elles. Par la même raison MC est parallèle à AN; donc l'angle BMC=PAN*; donc il est indifférent de mener les perpendiculaires au point M ou au point A; l'angle compris sera toujours le même.

*13.

2.° Il faut prouver que si l'angle des deux plans augmente ou diminue dans un certain rapport, l'angle PAN augmentera ou diminuera dans le même rapport. Dans le plan PAN décrivez du centre A et d'un rayon à volonté l'arc NDP; du centre M et d'un rayon égal décrivez l'arc CEB, tirez AD à volonté; les deux plans PAN, BMC, étant perpendiculaires à une même droite MA, seront parallèles*; donc les intersections AD, ME, de

*9.

ces deux plans par un troisième AMD seront parallèles ; donc l'angle BME sera égal à PAD*. * 13.

Appelons pour un moment *coin* l'angle formé par deux plans MP, MN ; cela posé, si l'angle DAP étoit égal à DAN, il est clair que le coin DAMP seroit égal au coin DAMN ; car la base DAP se placeroit exactement sur son égale DAN, la hauteur AM seroit toujours la même ; donc les deux coins coïncideront l'un avec l'autre. On voit de même que si l'angle DAP étoit contenu un certain nombre de fois juste dans l'angle PAN, le coin DAMP seroit contenu autant de fois dans le coin PAMN. D'ailleurs du rapport en nombres entiers à un rapport quelconque la conclusion est légitime et a été démontrée dans une occasion tout-à-fait semblable* ; donc quel que soit le rapport * 17. 2.
de l'angle DAP à l'angle PAN, le coin DAMP sera dans ce même rapport avec le coin PAMN ; donc l'angle NAP peut être pris pour la mesure du coin PAMN, ou de l'angle que font entre eux les deux plans MAP, MAN.

Scholie. Lorsque deux plans se traversent mutuellement les angles opposés au sommet sont égaux, et les angles adjacents valent ensemble deux angles droits ; donc si un plan est perpendiculaire à un autre, celui-ci est perpendiculaire au premier. Pareillement dans la rencontre des plans parallèles par un troisième plan, on aura les mêmes égalités d'angles et les mêmes propriétés que dans la rencontre de deux lignes parallèles par une troisième ligne.

PROPOSITION XVIII.

THÉORÈME.

fig. 194. *La ligne* AP *étant perpendiculaire au plan* MN, *tout plan* APB, *conduit suivant* AP, *sera perpendiculaire au plan* MN.

Soit BC l'intersection des plans AB, MN; si dans le plan MN on mène DE perpendiculaire à BP, la ligne AP, étant perpendiculaire au plan MN, sera perpendiculaire à chacune des deux droites BC, DE : mais l'angle APD, formé par les deux perpendiculaires PA, PD, à l'intersection commune BP, est l'angle des deux plans AB, MN; donc, puisque cet angle est droit, les deux plans sont perpendiculaires entre eux*.

* déf. 5.

Scholie. Lorsque trois droites telles que AP, BP, DP, sont perpendiculaires entre elles, chacune de ces lignes est perpendiculaire au plan des deux autres, et les trois plans sont perpendiculaires entre eux.

PROPOSITION XIX.

THÉORÈME.

fig 194. *Si le plan* AB *est perpendiculaire au plan* MN, *et qu'on mène dans le plan* AB *la ligne* PA *perpendiculaire à l'intersection commune* PB, *je dis que* PA *sera perpendiculaire au plan* MN.

Car, si dans le plan MN on mène DP perpendiculaire à PB, l'angle APD sera droit, puisque les plans sont perpendiculaires entre eux; donc la ligne AP est perpendiculaire aux deux droites PB, PD; donc elle est perpendiculaire à leur plan MN.

Corollaire. Si le plan AB est perpendiculaire au plan MN, et que par un point P de l'intersection commune on élève une perpendiculaire au plan MN, je dis que cette perpendiculaire sera dans le plan AB; car, si elle n'y étoit pas, on pourroit mener dans le plan AB la perpendiculaire AP à l'intersection commune BP, laquelle seroit en même temps perpendiculaire au plan MN; donc au même point P il y auroit deux perpendiculaires au plan MN, ce qui est impossible.

PROPOSITION XX.

THÉORÊME.

Si deux plans AB, AD, *sont perpendiculaires à un troisième* MN, *leur intersection commune* AP *sera perpendiculaire à ce troisième plan.* fig. 194.

Car, si par le point P on élève une perpendiculaire au plan MN, cette perpendiculaire doit se trouver à la fois dans le plan AB et dans le plan AD; donc elle est leur intersection commune AP.

PROPOSITION XXI.

THÉORÊME.

Si un angle solide est formé par trois angles plans, la somme de deux quelconques de ces angles sera plus grande que le troisième. fig. 195.

Il n'y a lieu à démontrer la proposition que lorsque l'angle plan qu'on compare à la somme des deux autres est plus grand que chacun de ceux-ci. Soit donc l'angle solide S formé par trois angles plans ASB, ASC, BSC, et supposons que l'angle ASB soit le plus grand des trois; je dis qu'on aura ASB < ASC+BSC.

Dans le plan ASB faites l'angle BSD=BSC, tirez à volonté ADB; et, ayant pris SC=SD, joignez AC, BC.

Les deux côtés BS, SD, sont égaux aux deux BS, SC, l'angle BSD=BSC; donc les deux triangles BSD, BSC, sont égaux; donc BD=BC. Mais AB < AC+BC, retranchant d'un côté BD, de l'autre BC, il restera AD < AC. Les deux côtés AS, SD, sont égaux aux deux AS, SC, le troisième AD est
10. 1. plus petit que le troisième AC; donc l'angle ASD < ASC. Ajoutant BSD=BSC, on aura ASD+BSD, ou ASB < ASC+BSC.

PROPOSITION XXII.

THÉORÈME.

La somme des angles plans qui forment un angle solide est toujours moindre que quatre angles droits.

fig. 196. Coupez l'angle solide S par un plan quelconque ABCDE; d'un point O pris dans ce plan menez à tous les angles les lignes OA, OB, OC, OD, OE.

La somme des angles des triangles ASB, BSC, etc., formés autour du sommet S, équivaut à la somme des angles d'un pareil nombre de triangles AOB, BOC, etc., formés autour du sommet O. Mais au point B les angles ABO, OBC, pris ensemble, font l'angle ABC plus petit que la somme des angles

ABS, SBC*; de même au point C on a BCO+OCD *21. <BCS+SCD, et ainsi à tous les angles du polygone ABCDE. Il suit de là que, dans les triangles dont le sommet est en O, la somme des angles à la base est plus petite que la somme des angles à la base dans les triangles dont le sommet est en S; donc, par compensation, la somme des angles formés autour du point O est plus grande que la somme des angles autour du point S. Mais la somme des angles autour du point O est égale à quatre angles droits*; *5. 1. donc la somme des angles plans qui forment l'angle solide S est moindre que quatre angles droits.

Scholie. Cette démonstration suppose que l'angle solide est *convexe*, ou que le plan d'une face prolongé ne peut jamais couper l'angle solide; s'il en étoit autrement, la somme des angles plans n'auroit plus de bornes et pourroit être d'une grandeur quelconque.

PROPOSITION XXIII.

THÉORÊME.

Si deux angles solides sont composés de trois angles plans égaux chacun à chacun, les plans dans lesquels sont les angles égaux seront également inclinés entre eux.

Soit l'angle ASC=DTF, l'angle ASB=DTE, et fig. 197. l'angle BSC=ETF; je dis que les deux plans ASC, ASB, auront entre eux une inclinaison égale à celle des plans DTF, DTE.

Ayant pris SB à volonté, menez BO perpendiculaire au plan ASC; du point O où cette perpendiculaire rencontre le plan, menez OA, OC, perpendiculaires sur SA, SC; joignez AB, BC; prenez ensuite TE=SB; menez EP perpendiculaire sur le plan DTF; du point P menez PD, PF, perpendiculaires sur TD, TF; enfin joignez DE, EF.

Le triangle SAB est rectangle en A, et le trian-
* 6. gle TDE en D*, et puisque l'angle ASB=DTE, on a aussi SBA=TED. D'ailleurs SB=TE; donc le triangle SAB est égal au triangle TDE; donc SA=TD, et AB=DE. On démontrera semblablement que SC=TF, et BC=EF. Cela posé, le quadrilatère SAOC est égal au quadrilatère TDPF; car, posant l'angle ASC sur son égal DTF, à cause de SA=TD et SC=TF, le point A tombera en D et le point C en F. En même temps AO perpendiculaire à SA tombera sur DP perpendiculaire à TD, et pareillement OC sur PF; donc le point O tombera sur le point P, et on aura AO=DP. Mais les triangles AOB, DPE, sont rectangles en O et P, l'hypoténuse AB=DE, et le côté AO=DP; donc
18. 1. ces triangles sont égaux; donc l'angle OAB=PDE. L'angle OAB est l'inclinaison des deux plans ASB, ASC; l'angle PDE est celle des deux plans DTE, DTF; donc ces deux inclinaisons sont égales entre elles.

Il faut observer cependant que l'angle A du triangle rectangle OAB n'est proprement l'inclinaison des deux plans ASB, ASC, que lorsque la perpendiculaire BO tombe, par rapport à SA, du même côté que SC; si elle tomboit de l'autre côté, alors l'angle des deux plans seroit obtus, et, joint à l'angle A du triangle OAB, il feroit deux angles droits. Mais dans le même cas l'angle des deux plans TDE, TDF, seroit pareillement obtus, et, joint à l'angle D du triangle DPE, il feroit deux angles droits; donc, comme l'angle A seroit toujours égal à D, on concluroit de même que l'inclinaison des deux plans ASB, ASC, est égale à celle des deux plans TDE, TDF.

Scholie. Si deux angles solides sont composés de trois angles plans égaux chacun à chacun, et qu'en même temps les angles égaux ou homologues soient *disposés de la même manière* dans les deux angles solides, alors ces angles seront égaux, et posés l'un sur l'autre ils coïncideront. En effet on a déja vu que le quadrilatère SAOC peut être placé sur son égal TDPF; ainsi, en plaçant SA sur TD, SC tombe sur TF et le point O sur le point P. Mais à cause de l'égalité des triangles AOB, DPE, la perpendiculaire OB au plan ASB est égale à la perpendiculaire PE au plan TDF; de plus ces perpendiculaires sont dirigées dans le même sens: donc le point B tombera sur le point E, la ligne SB sur TE, et les deux angles solides coïncideront entièrement l'un avec l'autre.

Cette coïncidence cependant n'a lieu qu'en supposant que les angles plans égaux sont *disposés de la même manière* dans les deux angles solides; car, si les angles plans égaux étoient *disposés dans un ordre inverse*, ou, ce qui revient au même, si les perpendiculaires OB, PE, au lieu d'être dirigées dans le même sens par rapport aux plans ASC, DTF, étoient dirigées en sens contraires, alors il seroit impossible de faire coïncider les deux angles solides l'un avec l'autre. Il n'en seroit cependant pas moins vrai, conformément au théorème, que les plans dans lesquels sont les angles égaux seroient également inclinés entre eux ; de sorte que les deux angles solides seroient égaux dans toutes leurs parties constituantes, sans néanmoins pouvoir être superposés. Cette sorte d'égalité, qui n'est pas absolue ou de superposition, mérite d'être distinguée par une dénomination particulière : nous l'appellerons *égalité par symmétrie*. Ainsi les deux angles solides dont il s'agit, qui sont formés par trois angles plans égaux chacun à chacun, mais disposés dans un ordre inverse, nous les appellerons *angles égaux par symmétrie*, ou simplement *angles symmétriques*.

La même remarque s'applique aux angles solides formés de plus de trois angles plans : ainsi un angle solide formé par les angles plans A, B, C, D, E, et un autre angle solide formé par les mêmes angles dans un ordre inverse A, E, D, C, B, peuvent être tels que les plans dans lesquels sont les angles égaux soient également inclinés entre eux. Ces deux angles solides, qui seroient égaux sans que la superposition fût possible, s'appelleront *angles égaux par symmétrie*, ou *angles symmétriques*.

Dans les figures planes il n'y a point proprement d'*égalité par symmétrie*, et toutes celles qu'on voudroit appeler ainsi seroient des égalités absolues ou de superposition : la raison en est qu'on peut renverser une figure plane et prendre indifférémment le dessus pour le dessous. Il en est autrement dans les solides où la troisième dimension peut être prise dans deux sens différents.

PROPOSITION XXIV.

PROBLÊME.

Etant donnés les trois angles plans qui forment un angle solide, trouver par une construction plane l'angle que deux de ces plans font entre eux.

Soit S l'angle solide proposé, dans lequel on connoît les trois angles plans ASB, ASC, BSC; on demande l'angle que font entre eux deux de ces plans, par exemple, les plans ASB, ASC. fig. 198.

Imaginons qu'on ait fait la même construction que dans le théorême précédent, l'angle OAB seroit l'angle requis. Il s'agit donc de trouver le même angle par une construction plane ou tracée sur un plan.

Pour cela faites sur un plan les angles B′SA, ASC, B″SC, égaux aux angles BSA, ASC, BSC, dans la figure solide; prenez B′S et B″S égaux chacun à BS de la figure solide; des points B′ et B″ abaissez B′A et B″C perpendiculaires sur SA et SC, lesquelles se rencontrent en un point O. Du point A comme centre et du rayon AB′ décrivez la demi-circonférence B′*b*E; au point O élevez sur AO la perpendiculaire O*b* qui rencontre la circonférence en *b*, joignez A*b*, et l'angle EA*b* sera l'inclinaison cherchée des deux plans ASC, ASB, dans l'angle solide.

Tout se réduit à faire voir que le triangle AO*b*

de la figure plane est égal au triangle AOB de la figure solide. Or les deux triangles B'SA, BSA, sont rectangles en A, les angles en S sont égaux; donc les angles en B et B' sont pareillement égaux. Mais l'hypoténuse SB' est égale à l'hypoténuse SB; donc ces triangles sont égaux; donc SA de la figure plane est égale à SA de la figure solide, et aussi AB', ou son égale A*b* dans la figure plane, est égale à AB dans la figure solide. On démontrera de même que SC est égal de part et d'autre; d'où il suit que le quadrilatère SAOC est égal dans l'une et dans l'autre figures, et qu'ainsi AO de la figure plane est égal à AO de la figure solide; donc dans l'une et dans l'autre les triangles rectangles AC*b*, AOB, ont l'hypoténuse égale et un côté égal; donc ils sont égaux, et l'angle EA*b* trouvé par la construction plane est égal à l'inclinaison des deux planes SAB, SAC, dans l'angle solide.

Lorsque le point O tombe entre A et B' dans la figure plane, l'angle EA*b* devient obtus et mesure toujours la vraie inclinaison des plans. C'est pour cela que l'on a désigné par EA*b* et non par OAB l'inclinaison demandée, afin que la même solution convienne à tous les cas sans exception.

Scholie. On peut demander si, en prenant trois angles à volonté, on pourra former avec ces trois angles plans un angle solide.

D'abord il faut que la somme des trois angles donnés soit plus petite que quatre angles droits, sans quoi l'angle solide ne peut être formé; il faut de plus qu'après avoir pris deux des angles à volonté B'SA, ASC, le troisième CSB soit tel que la perpendiculaire B″C au côté SC rencontre le diamètre B′E entre ses extrémités B′ et E. Ainsi les limites de la grandeur de l'angle CSB″ sont celles qui font aboutir la perpendiculaire B″C aux points B′ et E. De ces points abaissez sur SC les perpendiculaires B′I, EK, qui rencontrent en I et K la circonférence décrite du rayon SB″, et les limites de l'angle CSB″ seront CSI et CSK.

Mais dans le triangle isoscèle B′SI, la ligne CS prolongée étant perpendiculaire à la base B′I, on a l'angle CSI=CSB′=ASC+ASB′. Et dans le triangle isoscèle ESK, la ligne SC étant perpendiculaire à EK, on a l'angle CSK=CSE. D'ailleurs, à cause des triangles égaux ASE, ASB′, l'angle ASE=ASB′; donc CSE ou CSK=ASC—ASB′.

Il résulte de là que le problème sera possible toutes les fois que le troisième angle CSB″ sera plus petit que la somme des deux autres ASC, ASB′, et plus grand que leur différence. Condition qui s'accorde avec le théorème XXI; car, en vertu de ce théorème, il faut qu'on ait CSB″ < ASC+ASB′; il faut aussi qu'on ait ASC < CSB″+ASB′, ou CSB″ > ASC—ASB′.

PROPOSITION XXV.

PROBLÈME.

Etant donnés deux des trois angles plans qui forment un angle solide, avec l'angle que leurs plans font entre eux, trouver le troisième angle plan. fig. 198.

Soient ASC, ASB′, les deux angles plans donnés, et supposons pour un moment que CSB″ soit le troisième angle que l'on cherche, alors, en faisant la même construction que dans le problème précédent, l'angle compris entre les plans des deux premiers seroit EA*b*. Or, de même qu'on détermine l'angle EA*b* par le moyen de CSB″, les deux autres étant donnés; de même on peut déterminer CSB″ par le moyen de EA*b*, ce qui résoudra le problème proposé.

Ayant pris SB′ à volonté, abaissez sur SA la perpendiculaire indéfinie B′E, faites l'angle EA*b* égal à l'angle des deux plans donnés; du point *b* où le côté A*b* rencontre la circonférence décrite du centre A et du rayon AB′, abaissez sur AE la perpendiculaire *b*O, et du point O abaissez sur SC la perpendiculaire indéfinie OCB″, que vous terminerez en B″ de manière que SB″=SB′; l'angle CSB″ sera le troisième angle plan demandé.

Car, si on forme un angle solide avec les trois angles plans B′SA, ASC, CSB″, l'inclinaison des plans où sont les angles donnés ASB′, ASC, sera égale à l'angle donné EA*b*.

fig. 199. *Scholie.* Si un angle solide est *quadruple*, ou formé par quatre angles plans ASB, BSC, CSD, DSA, la connoissance de ces angles ne suffit pas pour déterminer les inclinaisons mutuelles de leurs plans; car avec les mêmes angles plans on pourroit former une infinité d'angles solides. Mais si on ajoute une condition, par exemple, si on donne l'inclinaison des deux plans ASB, BSC, alors l'angle solide est entièrement déterminé, et on pourra trouver l'inclinaison de deux de ses plans quelconques. En effet, imaginez un angle solide *triple* formé par les angles plans ASB, BSC, ASC; les deux premiers angles sont donnés, ainsi que l'inclinaison de leurs plans; on pourra donc déterminer, par le problême qu'on vient de résoudre, le troisième angle ASC. Ensuite, si on considère l'angle solide triple formé par les angles plans ASC, ASD, DSC, ces trois angles sont connus, ainsi l'angle solide est entièrement déterminé. Mais l'angle solide quadruple est formé par la réunion des deux angles solides triples dont on vient de parler; donc, puisque ces angles partiels sont connus et déterminés, l'angle total sera pareillement connu et déterminé.

L'angle des deux plans ASD, DSC, se trouveroit immédiatement par le moyen du second angle solide partiel. Quant à l'angle des deux plans BSC, CSD, il faudroit dans un angle solide partiel chercher l'angle compris entre les deux plans ASC, DSC, et dans l'autre l'angle compris entre les deux plans ASC, BSC; la somme de ces deux angles seroit l'angle compris entre les plans BSC, DSC.

On trouvera de la même manière que, pour déterminer un angle solide quintuple, il faut connoître, outre les cinq angles plans qui le composent, deux des inclinaisons mutuelles de leurs plans. Il en faudroit trois dans l'angle solide sextuple, et ainsi de suite.

LIVRE VI.

LES POLYEDRES.

DÉFINITIONS.

I. On appelle *solide polyedre* ou simplement *poliedre* tout solide terminé par des plans ou des faces planes. (Ces plans sont nécessairement terminés eux-mêmes par des lignes droites.) On appelle en particulier *tétraedre* le solide qui a quatre faces; *hexaedre* celui qui en a six; *octaedre* celui qui en a huit; *dodécaedre* celui qui en a douze; *icosaedre* celui qui en a vingt, etc.

Le tétraedre est le plus simple des polyedres, car il faut au moins trois plans pour former un angle solide, et ces trois plans laissent un vide qui, pour être fermé, exige au moins un quatrième plan.

II. L'intersection commune de deux faces adjacentes d'un polyedre s'appelle *côté* ou *arête* du polyedre.

III. On appelle *polyedre régulier* celui dont toutes les faces sont des polygones réguliers égaux, et dont tous les angles sont égaux entre eux. Ces polyedres sont au nombre de cinq. *Voyez l'appendice aux livres VI et VII.*

IV. Le *prisme* est un solide compris sous plusieurs plans, dont deux opposés sont égaux et parallèles et les autres sont des parallélogrammes.

Pour construire ce solide, soit ABCDE un polygone quelconque; si, dans un plan parallèle à ABC, on mène les lignes FG, GH, HI, etc. égales et parallèles aux côtés AB, BC, CD, etc., le polygone FGHIK sera égal à ABCDE, les faces ABGF, BCHG, etc, seront des parallélogrammes, et le solide ainsi formé ABCDEFGHIK, sera un prisme. fig. 200.

V. Les polygones égaux et parallèles ABCDE, FGHIK, s'appellent les *bases du prisme*; les autres faces prises ensemble constituent ce qu'on appelle la surface *latérale* ou *convexe du prisme.*

VI. La *hauteur d'un prisme* est la distance de ses deux bases, ou la perpendiculaire abaissée d'un point de la base supérieure sur le plan de la base inférieure.

VII. Un *prisme* est *droit* lorsque les côtés AF, BG, etc. sont perpendiculaires aux plans des bases; alors chacun de ces côtés est égal à la hauteur du prisme. Dans tout autre cas le prisme est *oblique* et la hauteur est plus petite que le côté.

VIII. Un *prisme* est *triangulaire, quadrangulaire, pentagonal, hexagonal*, etc., selon que la base est un triangle, un quadrilatère, un pentagone, un hexagone, etc.

IX. Le prisme qui a pour base un parallélogramme a toutes ses faces parallélogrammiques; il s'appelle *parallélepipede.* fig. 206.

Le *parallélepipede* est *rectangle* lorsque toutes ses faces sont des rectangles.

X. Parmi les parallélepipedes rectangles on distingue le *cube* ou hexaedre régulier compris sous six quarrés égaux.

fig. 201. XI. La *pyramide* est le solide formé, lorsque plusieurs plans triangulaires partent d'un même point S, et se terminent à un même plan polygonal ABCDE.

Le polygone ABCDE s'appelle la *base* de la pyramide, le point S en est le *sommet*, et l'ensemble des triangles ASB, BSC, etc. forme la *surface convexe* ou *latérale* de la pyramide.

XII. La *hauteur* de la pyramide est la perpendiculaire abaissée du sommet sur le plan de la base, prolongé s'il est nécessaire.

XIII. La pyramide est *triangulaire*, *quadrangulaire*, etc., selon que la base est un triangle, un quadrilatère, etc.

XIV. Une pyramide est *régulière* lorsque la base est un polygone régulier, et qu'en même temps la perpendiculaire abaissée du sommet sur le plan de la base, passe par le centre de cette base. Cette ligne s'appelle alors l'*axe* de la pyramide.

XV. *Diagonale* d'un polyedre est la ligne menée d'un angle à un autre.

XVI. J'appellerai *polyedres symmétriques* deux polyedres qui ont une base commune et qui sont construits semblablement, l'un au dessus du plan de cette base, l'autre au dessous, de sorte que les angles solides homologues sont situés à égales distances du plan de la base, sur une même droite perpendiculaire à ce plan.

fig. 202. Par exemple, si la droite ST est perpendiculaire au plan ABC, et qu'au point O où elle rencontre ce plan elle soit divisée en deux parties égales, les deux pyramides SABC, TABC, qui ont la base commune ABC, seront deux polyedres symmétriques.

XVII. Deux *pyramides triangulaires* sont *semblables*, lorsqu'elles ont deux faces semblables chacune à chacune, semblablement placées et également inclinées entre elles.

Ainsi, en supposant les angles ABC=DEF, BAC =EDF, ABS=DET, BAS=EDT, si en outre l'inclinaison des plans ABS, ABC, est égale à celle de leurs homologues DTE, DEF, les pyramides SABC, TDEF, seront semblables. fig. 203.

XVIII. Ayant formé un triangle avec les sommets de trois angles pris sur une même face ou base d'un polyedre, on peut imaginer que les sommets des différents angles solides du polyedre, situés hors du plan de cette base, soient ceux d'autant de pyramides triangulaires qui ont pour base commune le triangle désigné, et chacune de ces pyramides déterminera la position de chaque angle solide du polyedre par rapport à la base. Cela posé :

Deux *polyedres* sont *semblables* lorsqu'ayant des bases semblables, les angles solides homologues, hors de ces bases, sont déterminés par des pyramides triangulaires semblables chacune à chacune.

N. B. Tous les polyedres que nous considérons sont des polyedres à angles saillants ou polyedres *convexes*. Nous appelons ainsi ceux dont la surface ne peut être rencontrée par une ligne droite en plus de deux points. Dans ces sortes de polyedres le plan d'une face prolongé ne peut couper le solide; il est donc impossible que le polyedre soit en partie au dessus du plan d'une face, en partie au dessous; il est tout entier d'un même côté de ce plan.

PROPOSITION I.

THÉORÊME.

Deux polyedres ne peuvent avoir les mêmes angles et en même nombre sans coïncider l'un avec l'autre. (Par angles on entend ici les points situés à leurs sommets.)

Car, supposons l'un des polyedres déja construit, si on veut en construire un autre qui ait les mêmes angles et en même nombre, il faudra que les plans de celui-ci ne passent pas tous par les mêmes angles que dans le premier, sans quoi ils ne différeroient pas l'un de l'autre : mais alors il est clair que quelques-uns des nouveaux plans couperoient le premier polyedre; il y auroit des angles solides au dessus de ces plans et des angles solides au dessous, ce qui ne peut convenir à un polyedre convexe : donc, si deux polyedres ont les mêmes angles et en même nombre, ils doivent nécessairement coïncider l'un avec l'autre.

fig. 204. *Scholie.* Etant donnés de position les points A, B, C, K, etc. qui doivent servir d'angles solides à un polyedre, il est facile de décrire le polyedre.

Choisissez d'abord trois points voisins D, E, H, tels que le plan DEH passe, s'il y a lieu, par de nouveaux points K, C, mais laisse tous les autres d'un même côté, tous au dessus du plan ou tous au dessous; le plan DEH ou DEHKC, ainsi déterminé, sera une face du solide. Suivant un de ses côtés EH, conduisez un plan que vous ferez tourner jusqu'à ce qu'il rencontre un nouvel angle F, ou plusieurs à la fois F, I; vous aurez une seconde face qui sera FEH ou FEHI. Continuez ainsi en faisant passer des plans par les côtés trouvés jusqu'à ce que le solide soit terminé de toutes parts: ce solide sera le polyedre demandé, car il n'y en a pas deux qui puissent passer par les mémes angles.

PROPOSITION II.

THÉORÊME.

Dans deux polyedres symmétriques les faces homologues sont égales chacune à chacune, et l'inclinaison de deux faces adjacentes, dans un de ces solides, est égale à l'inclinaison des faces homologues dans l'autre. fig. 205.

Soit ABCDE la base commune aux deux polyedres; soient M et N deux angles solides quelconques de l'un des polyedres (1), M′ et N′ les angles homologues de l'autre polyedre; il faudra, suivant la définition, que les droites MM′, NN′, soient perpendiculaires au plan ABC et soient divisées en deux parties égales aux points m et n où elles rencontrent ce plan. Cela posé, je dis que la distance MN est égale à M′N′.

Car, si on fait tourner le trapèze mM′N′n autour de mn jusqu'à ce que son plan s'applique sur le plan mMNn; à cause des angles droits en m et en n, le côté mM′ tombera sur son égal mM, et

(1) C'est pour abréger le discours qu'on prend les angles solides pour les sommets de ces mêmes angles, mais il est visible qu'on ne veut parler que des sommets.

nN' sur nN ; donc les deux trapezes coïncideront, et on aura $MN = M'N'$.

Soit P un troisième angle du polyèdre supérieur, et P' son homologue dans l'autre, on aura de même $MP = M'P'$ et $NP = N'P'$; donc *le triangle* MNP, *qui joint trois angles quelconques du polyedre supérieur, est égal au triangle* $M'N'P'$ *qui joint les trois angles homologues de l'autre polyedre.*

Si parmi ces triangles on considère seulement ceux qui sont formés à la surface des polyedres, on peut déja conclure que les surfaces des deux polyedres sont composées d'un même nombre de triangles égaux chacun à chacun.

Je dis maintenant que si des triangles sont dans un même plan sur une surface et forment une même face polygone, les triangles homologues seront dans un même plan sur l'autre surface et formeront une face polygone égale.

En effet, soient MPN, NPQ, deux triangles adjacents qu'on suppose dans un même plan, et soient $M'P'N'$, $N'P'Q'$, leurs homologues. On a l'angle $MNP = M'N'P'$, l'angle $PNQ = P'N'Q'$; et si on joint MQ et $M'Q'$, le triangle MNQ seroit égal à $M'N'Q'$, ainsi on auroit l'angle $MNQ = M'N'Q'$. Mais, puisque $MPNQ$ est un seul plan, on a l'angle $MNQ = MNP + PNQ$. Donc on aura aussi $M'N'Q' = M'N'P' + P'N'Q'$. Or, si les trois plans $M'N'P'$, $P'N'Q'$, $M'N'Q'$, n'étoient pas confondus en un seul, ces trois plans formeroient un angle solide, et on
*20. 5. auroit * l'angle $M'N'Q' < M'N'P' + P'N'Q'$. Donc, puisque cette condition n'a pas lieu, les deux triangles $M'N'P'$, $P'N'Q'$, sont dans un même plan.

Il suit de là que chaque face, soit triangulaire, soit polygone, d'un polyedre, répond à une face égale dans l'autre, et qu'ainsi les deux polyedres sont compris sous un même nombre de plans égaux chacun à chacun.

Il reste à prouver que l'inclinaison de deux faces adjacentes quelconques dans l'un des polyedres, est égale à l'inclinaison de deux faces homologues dans l'autre.

Soient MPN, NPQ, deux triangles formés sur l'arête commune NP dans les plans de deux faces adjacentes; soient M'P'N', N'P'Q', leurs homologues; on peut concevoir en N un angle solide formé par les trois angles plans MNQ, MNP, PNQ, et en N' un angle solide formé par les trois M'N'Q', M'N'P', P'N'Q'. Or on a déja prouvé que ces angles plans sont égaux chacun à chacun; donc l'inclinaison des deux plans MNP, PNQ, est égale à celle de leurs homologues M'N'P', P'N'Q'*. *22. 5.

Donc, dans les polyedres symmétriques, les faces sont égales chacune à chacune, et les plans de deux faces quelconques adjacentes d'un des solides, ont entre eux la même inclinaison que les plans des deux faces homologues de l'autre solide.

Corollaire. Puisque les parties constituantes d'un solide, angles, côtés, inclinaisons de faces, sont égales aux parties constituantes de l'autre, on peut conclure que *deux polyedres symmétriques sont égaux quoiqu'ils ne puissent être superposés.* Car il n'y a d'autre différence dans les deux solides que celle de la position des parties, laquelle n'est point essentielle à la grandeur de ces mêmes parties. *Voyez la note VII:*

Scholie. On peut remarquer que *les angles solides d'un polyedre sont les symmétriques des angles solides de l'autre polyedre :* car, si l'angle solide N est formé par les plans MNP, PNQ, QNR, etc., son homologue N′ est formé par les plans M′N′P′, P′N′Q′, Q′N′R′, etc. Ceux-ci paroissent disposés dans le même ordre que les autres; mais, comme les deux angles solides sont dans une situation inverse l'un par rapport à l'autre, il s'ensuit que la disposition réelle des plans qui forment l'angle solide N′ est l'inverse de celle qui a lieu dans l'angle homologue N. D'ailleurs les inclinaisons des plans consécutifs sont égales dans l'un et dans l'autre angle solide. Donc les angles solides sont symmétriques l'un de l'autre. *Voyez le scholie de la prop. XXIII, liv. V.*

Cette remarque prouve qu'*un polyedre quelconque ne peut avoir qu'un polyedre symmétrique.* Car, si on construisoit sur une autre base un nouveau polyedre symmétrique au polyedre donné, les angles solides de celui-ci seroient toujours symmétriques des angles du polyedre donné. Donc ils seroient égaux à ceux du polyedre symmétrique construit sur la première base. D'ailleurs les faces homologues seroient toujours égales. Donc les poliedres symmétriques construits sur une base ou sur une autre auroient les faces égales et les angles solides égaux; donc ils coïncideroient par la superposition et ne feroient qu'un seul et même polyedre.

PROPOSITION III.

THÉORÊME.

Deux prismes sont égaux lorsqu'ils ont un angle solide compris entre trois plans égaux chacun à chacun et semblablement placés.

Soit la base ABCDE égale à la base *abcde*, le parallélogramme ABGF égal au parallélogramme *abgf*, et le parallélogramme BCHG égal au parallélogramme *bchg*; je dis que le prisme ABCI sera égal au prisme *abci*. fig. 200.

Car, soit posée la base ABCDE sur son égale *abcde*, ces deux bases coïncideront; mais les trois angles plans qui forment l'angle solide B sont égaux aux trois angles plans qui forment l'angle solide *b* chacun à chacun, savoir, ABC=*abc*, ABG=*abg* et GBC=*gbc*; de plus ces angles sont semblablement placés; donc les angles solides B et *b* sont égaux, et par conséquent le côté BG tombera sur son égal *bg*. On voit aussi qu'à cause des parallélogrammes égaux ABGF, *abgf*, le côté GF tombera sur son égal *gf*, et semblablement GH sur *gh*; donc la base supérieure FGHIK coïncidera entièrement avec son égale *fghik*, et les deux solides seront confondus en un seul, puisqu'ils auront les mêmes angles solides*. Donc *deux prismes sont égaux*, etc. * 1.

Scholie. Un prisme est entièrement déterminé lorsqu'on connoît sa base ABCDE et que l'arête BG est donnée de grandeur et de position. Car, si par le point G on mène GF égale et parallèle à

AB, GH égale et parallèle à BC, et que dans le
* 13. 5 plan FGH, parallèle à ABC*, on décrive le polygone FGHIK égal à ABCDE, il est clair que tous les angles du prisme seront déterminés. Donc deux prismes construits avec les mêmes données ne peuvent être inégaux; ce qui confirme la proposition que nous venons de démontrer.

PROPOSITION IV.

THÉORÊME.

Dans tout parallélepipede les plans opposés sont égaux et parallèles.

fig. 206. Car, suivant la définition de ce solide, les bases ABCD, FFGH, sont des parallélogrammes égaux, et leurs côtés sont parallèles : il reste donc à démontrer que la même chose à lieu pour deux faces latérales opposées telles que AEHD, BFGC. Or, AD est égale et parallèle à BC, puisque la figure ABCD est un parallélogramme ; par une raison semblable AE est égale et parallèle à BF. Donc
13. 5. l'angle DAE est égal à l'angle CBF, et le plan DAE parallèle à CBF. Donc aussi le parallélogramme DAEH est égal au parallélogramme CBFG. On démontrera de même que les parallélogrammes ABFE, DCGH, sont égaux et parallèles. Donc *dans tout parallélepipede*, etc.

Corollaire. Puisque le parallélepipede est un solide compris sous six plans dont les opposés sont égaux et parallèles, il s'ensuit qu'une face quelconque et son opposée peuvent être prises pour les bases du parallélepipede.

Scholie. Etant données trois droites AB, AE, AD, non situées dans le même plan et faisant entre elles des angles donnés, on peut sur ces trois droites construire un parallélepipede AG; il faut pour cela mener par l'extrémité de chaque droite un plan parallèle au plan des deux autres, savoir, par le point B un plan parallèle à DAE, par le point D un plan parallèle à BAE, et par le point E un plan parallèle à BAD. Les rencontres mutuelles de ces plans formeront le parallélepipede demandé AG.

PROPOSITION V.

THÉORÊME.

Dans tout parallélepipede les angles solides opposés sont symmétriques l'un de l'autre, et les diagonales menées par ces angles se coupent mutuellement en deux parties égales.

Comparons, par exemple, l'angle solide A à son opposé G; l'angle EAB, égal à EFB, est aussi égal à HGC, l'angle DAE=DHE=CGF, et l'angle DAB =DCB=HGF. Donc les trois angles plans qui forment l'angle solide A sont égaux aux trois qui forment l'angle solide G, chacun à chacun. Mais, comme ils sont disposés différemment dans les deux angles solides, il s'ensuit que ces deux angles A et G sont symmétriques l'un de l'autre*. fig. 206. *23. 5.

En second lieu imaginons deux diagonales quelconques EC, AG, menées par des angles opposés. Puisque AE est égale et parallèle à CG, la figure AEGC est un parallélogramme; donc les diagonales EC, AG, se couperont mutuellement en deux parties égales. Mais la diagonale EC et une autre DF se couperont aussi en deux parties égales; donc le milieu d'une diagonale est le milieu des trois autres, et par conséquent les quatre diagonales se couperont en deux parties égales, dans un même point qu'on peut regarder comme le centre du parallélepipede.

PROPOSITION VI.

THÉORÊME.

fig. 207. *Le plan* BDHF *qui passe par deux arêtes parallèles opposées* BF, DH, *divise le parallélepipede* AG *en deux prismes triangulaires* ABDHEF, GHFBCD, *symmétriques l'un de l'autre.*

D'abord ces deux solides sont des prismes, car les triangles ABD, EFH, ont leurs côtés égaux et parallèles; donc ils sont égaux, et en même temps les faces latérales ABFE, ADHE, BDHF, sont des parallélogrammes; donc le solide ABDHEF est un prisme; il en est de même du solide GHFBCD. Je dis maintenant que ces deux prismes sont symmétriques l'un de l'autre.

Sur la base ABD faites le prisme ABDE'F'H' qui soit le symmétrique du prisme ABDEFH. Suivant
* 2. ce qui a été démontré*, le plan ABF'E' est égal à ABFE, et le plan ADH'E' est égal à ADHE : mais si on compare le prisme GHFBCD au prisme ABDH'E'F', la base GHF est égale à ABD, le parallélogramme GHDC, qui est égal à ABFE, est aussi égal à ABF'E', et le parallélogramme GFBC, qui est égal à ADHE, est aussi égal à ADH'E'.

Donc les trois plans qui forment l'angle solide G dans le prisme GHFBCD sont égaux aux trois plans qui forment l'angle solide A dans le prisme ABDH'E'F', chacun à chacun; d'ailleurs ils sont disposés semblablement. Donc ces deux prismes sont égaux* et pourroient être superposés. Mais l'un d'eux, ABDH'E'F', est symmétrique du prisme ABDHEF; donc l'autre, GHFBCD, est aussi le symmétrique de ABDHEF. * 5.

Corollaire. Puisque deux prismes symmétriques sont égaux en solidité*, il s'ensuit qu'un prisme triangulaire quelconque ABDHEF est la moitié du parallélepipede construit sur les trois arêtes AB, AD, AE, qui aboutissent à un même angle A : il seroit aussi la moitié du parallélepipede construit sur trois autres arêtes BA, BD, BF. * pr. 2. cor.

PROPOSITION VII.

THÉORÊME.

Si deux parallélepipedes AG, AL, *ont une base commune* ABCD, *et que leurs bases supérieures* EFGH, IKLM, *soient comprises dans un même plan et entre les mêmes parallèles* EK, HL, *ces deux parallélepipedes seront équivalents entre eux.* fig. 208 et 209.

Il peut arriver trois cas, dont deux sont représentés par les figures 208 et 209, et le troisième auroit lieu si FG se confondoit avec IM, mais la démonstration est la même pour tous. Et d'abord je dis que le prisme triangulaire AEIDHM est égal au prisme triangulaire BFKCGL.

En effet, puisque AE est parallèle à BF et HE

à GF, l'angle AEI=BFK, HEI=GFK; et HEA=GFB. De ces six angles les trois premiers forment l'angle solide E, les trois autres forment l'angle solide F; donc, puisque les angles plans sont égaux chacun à chacun et semblablement disposés, il s'ensuit que les angles solides E et F, sont égaux. Maintenant, si on pose le prisme AEM sur le prisme BFL, et d'abord la base AEI sur la base BFK, ces deux bases étant égales coïncideront; et puisque l'angle solide E est égal à l'angle solide F, le côté EH tombera sur son égal FG. Il n'en faut pas davantage pour prouver que les deux prismes coïncideront dans toute leur étendue; car la base AEI et l'arête EH déterminent le prisme AEM, comme la base BFK et l'arête FG déterminent le prisme
* 3. BFL*. Donc ces prismes sont égaux.

Mais, si du solide AEL on retranche le prisme AEM, il restera le parallélepipede AIL; et, si du même solide AEL on retranche le prisme BEL, il restera le parallélepipede AEG. Donc les deux parallélepipedes AIL, AEG, sont équivalents entre eux.

PROPOSITION VIII.

THÉORÊME.

fig. 210. *Deux parallélepipedes de même base et de même hauteur sont équivalents entre eux.*

Soit ABCD la base commune aux deux parallélepipedes AG, AL; puisqu'ils ont même hauteur, leurs bases supérieures EFGH, IKLM, seront sur le même plan. De plus, les côtés EF et AB sont égaux et parallèles, il en est de même de IK et AB;

donc EF est égal et parallèle à IK; par une raison semblable GF est égale et parallèle à LK. Soient prolongés les côtés EF, HG, ainsi que LK, IM, jusqu'à ce que les uns et les autres forment par leurs intersections le parallélogramme NOPQ, il est clair que ce parallélogramme sera égal à chacune des bases EFGH, IKLM. Or, si on imagine un troisième parallélepipede qui, avec la même base inférieure ABCD, ait pour base supérieure NOPQ, ce troisième parallélepipede seroit équivalent au parallélepipede AG*, puisqu'ayant même base inférieure, les bases supérieures sont comprises dans un même plan et entre les parallèles GQ, FN. Par la même raison ce troisième parallélepipede seroit équivalent au parallélepipede AL. Donc les deux parallélepipedes AG, AL, qui ont même base et même hauteur, sont équivalents entre eux. * 7.

PROPOSITION IX.

THÉORÊME.

Tout parallélepipede peut être changé en un parallélepipede rectangle équivalent qui aura même hauteur et une base équivalente. fig. 210 et 211.

Soit AG le parallélepipede proposé; des points A, B, C, D, menez AI, BK, CL, DM, perpendiculaires au plan de la base; vous formerez ainsi le parallélepipede AL équivalent au parallélepipede AG, et dont les faces latérales AK, BL, etc. seront des rectangles. Si donc la base ABCD est un rectangle, AL sera le parallélepipede rectangle équi-

valent au parallélepipede proposé AG. Mais, si
fig. 211. ABCD n'est pas un rectangle, menez AO et BN perpendiculaires sur CD, ensuite OQ et NP perpendiculaires sur la base, vous aurez le solide ABNOIKPQ qui sera un parallélepipede rectangle. En effet, par construction, la base ABON et son opposée IKPQ sont des rectangles; les faces latérales en sont aussi, puisque les arêtes AI, OQ, etc. sont perpendiculaires au plan de la base : donc le solide AP est un parallélepipede rectangle. Mais les deux parallélepipedes AP, AL, peuvent être
fig. 210. censés avoir même base ABKI et même hauteur AO : donc ils sont équivalents; donc le parallélepipede AG, qu'on avoit d'abord changé en un parallélepipede équivalent AL, se trouve de nouveau changé en un parallélepipede rectangle équivalent AP, qui a la même hauteur AI, et dont la base ABNO est équivalente à la base ABCD.

PROPOSITION X.

LEMME.

fig. 200. *Toute section* NOPQR, *faite dans un prisme par un plan parallèle à la base* ABCDE, *est égale à cette base.*

Car les parallèles AN, BO, CP, etc. comprises
* 12. 5. entre les plans parallèles ABC, NOP, sont égales*; et ainsi toutes les figures ABON, BCPO, etc. sont des parallélogrammes. De là il suit que le côté ON est égal à AB, OP à BC, QP à CD, etc. De plus, les
* 15. 5. côtés égaux sont parallèles; donc* l'angle ABC=NOP, l'angle BCD=OPQ, etc. Donc les deux poly-

gones ABCDE, NOPQR, ont les côtés égaux et les angles égaux, chacun à chacun; donc ils sont égaux.

PROPOSITION XI.

THÉORÈME.

Deux parallélepipedes rectangles AG, AL, *qui ont la même base* ABCD, *sont entre eux comme leurs hauteurs* AE, AI. fig. 212.

Supposons d'abord que les hauteurs AE, AI, soient entre elles comme deux nombres entiers, par exemple, comme 15 est à 8. On divisera AE en 15 parties égales dont AI contiendra 8; et par les points de division x, y, z, etc. on menera des plans parallèles à la base. Ces plans partageront le solide AG en 15 parallélepipedes partiels qui seront tous égaux entre eux, car ils auront des bases égales et des hauteurs égales; des bases égales, parce que toute section, comme MIKL, faite dans un prisme parallèlement à sa base ABCD, est égale à cette base; des hauteurs égales, parce que ces hauteurs sont les divisions mêmes Ax, xy, yz, etc. Or, de ces 15 parallélepipedes, 8 sont contenus dans AL; donc le solide AG est au solide AL comme 15 est à 8, ou en général comme la hauteur AE est à la hauteur AI.

En second lieu, si le rapport de AE à AI ne peut s'exprimer en nombres, je dis qu'on n'en aura pas moins *solid.* AG : *solid.* AL :: AE : AI. Car, si cette proportion n'a pas lieu, supposons qu'on ait *sol.* AG : *sol.* AL :: AE : AO. Divisez AE en parties égales dont chacune soit plus petite que OI, il y aura au moins un point de division *m* entre O et I. Soit P le parallélepipede qui a pour base ABCD et pour hauteur A*m*; puisque les hauteurs AE, A*m* sont entre elles comme deux nombres entiers, on aura *sol.* AG:P :: AE:A*m*. Mais on a, par hypothèse, *sol.* AG:*sol.* AL :: AE:AO; de là résulte *sol.* AL:P :: AO:A*m*. Mais AO est plus grand que A*m*; donc il faudroit, pour que la proportion eût lieu, que le solide AL fût plus grand que P; or, au contraire il est plus petit : donc il est impossible que le quatrième terme de la proportion *sol.* AG:*sol.* AL :: AE:*x*, soit une ligne plus grande que AI. Par un raisonnement semblable on démontreroit que le quatrième terme ne peut être plus petit que AI; donc il est égal à AI. Donc les parallélepipedes rectangles de même base sont entre eux comme leurs hauteurs.

PROPOSITION XII.

THÉORÊME.

fig. 215. *Deux parallélepipedes rectangles* AG, AK, *qui ont même hauteur* AE, *sont entre eux comme leurs bases* ABCD, AMNO.

Ayant placé les deux solides l'un à côté de l'autre, comme la figure les représente, prolongez le plan ONKL jusqu'à ce qu'il rencontre le plan DCGH suivant PQ, vous aurez un troisième parallélepipede AQ, qu'on pourra comparer à chacun des parallélepipedes AG, AK. Les deux solides AG, AQ, ayant même base AEHD, sont entre eux comme leurs hauteurs AB, AO; pareillement les deux solides AQ, AK, ayant même base AOLE, sont entre eux comme leurs hauteurs AD, AM. Ainsi on aura les deux proportions

sol. AG : *sol.* AQ :: AB : AO,
sol. AQ : *sol.* AK :: AD : AM.

Multipliant ces deux proportions par ordre, et omettant, dans le résultat, le multiplicateur commun *sol.* AQ, on aura

sol. AG : *sol.* AK :: AB × AD : AO × AM.

Mais AB × AD représente la base ABCD, et AO × AM représente la base AMNO. Donc deux parallélepipedes rectangles de même hauteur sont entre eux comme leurs bases.

PROPOSITION XIII.

THÉORÊME.

Deux parallélepipedes rectangles quelconques sont entre eux comme les produits de leurs bases par leurs hauteurs, ou comme les produits de leurs trois dimensions. fig. 213.

Car, ayant placé les deux solides AG, AZ, de manière qu'ils aient un angle commun BAE, prolongez les plans nécessaires pour former le troisième parallélepipede AK de même hauteur avec le parallélepipede AG. On aura, par la proposition précédente,

sol. AG : *sol.* AK :: ABCD : AMNO.

Mais les deux parallélepipedes AK, AZ, qui ont même base AMNO, sont entre eux comme leurs hauteurs AE, AX ; ainsi on a

sol. AK : *sol.* AZ :: AE : AX.

Multipliant ces deux proportions par ordre, et omettant dans le résultat le multiplicateur commun *sol.* AK, on aura

$$sol.\,AG : sol.\,AZ :: ABCD \times AE : AMNO \times AX.$$

A la place des bases ABCD et AMNO on peut mettre AB × AD et AO × AM, ce qui donnera

$$sol.\,AG : sol.\,AZ :: AB \times AD \times AE : AO \times AM \times AX.$$

Donc deux parallélepipedes rectangles quelconques sont entre eux, etc.

Scholie. Il suit de là qu'on peut prendre pour mesure d'un parallélepipede rectangle le produit de sa base par sa hauteur, ou le produit de ses trois dimensions. C'est sur ce principe que nous évaluerons tous les autres solides.

Pour l'intelligence de cette mesure, il faut se rappeler qu'on entend par produit de deux ou de plusieurs lignes, le produit des nombres qui représentent ces lignes, et ces nombres dépendent de l'unité linéaire qu'on peut prendre à volonté. Cela posé, le produit des trois dimensions d'un parallélepipede est un nombre qui ne signifie rien en lui-même, et qui seroit différent si on avoit pris une autre unité linéaire. Mais si on multiplie de même les trois dimensions d'un autre parallélepipede, en les évaluant d'après la même unité linéaire, les deux produits seront entre eux comme les solides et donneront l'idée de leur grandeur relative.

La grandeur d'un solide, son volume ou son étendue, constituent ce qu'on appelle sa *solidité*, et le mot de *solidité* est employé particulièrement pour désigner la mesure d'un solide. Ainsi on dit que la solidité d'un parallélepipede rectangle est égale au produit de sa base par sa hauteur ou au produit de ses trois dimensions.

Les trois dimensions du cube étant égales entre elles, si le côté est 1, la solidité sera 1 × 1 × 1, ou 1; si le côté est 2, la solidité sera 2 × 2 × 2, ou 8; si le côté est 3, la solidité sera 3 × 3 × 3, ou 27, et ainsi de suite; ainsi les côtés des cubes étant comme les nombres 1, 2, 3, etc., les cubes eux-mêmes ou leurs solidités sont comme les nombres 1, 8, 27, etc. De là vient qu'on appelle en arithmétique *cube* d'un nombre le produit qui résulte de trois facteurs égaux à ce nombre.

Si on proposoit de faire un cube double d'un cube donné, il faudroit que le côté du cube cherché fût au côté du cube donné comme la racine cube de 2 est à l'unité. Or, on trouve facilement, par une construction géométrique, la racine quarrée de 2, mais on ne peut pas trouver de même sa racine cube, du moins par les simples opérations de la géométrie élémentaire, lesquelles consistent à n'employer que des lignes droites dont on connoît deux points, et des cercles dont les centres et les rayons sont déterminés.

A raison de cette difficulté le problême de la *duplication du cube* a été célèbre parmi les anciens géomètres, comme celui de la *trisection de l'angle* qui est à peu près du même ordre.

PROPOSITION XIV.

THÉORÈME.

La solidité d'un parallélepipede et en général la solidité d'un prisme quelconque est égale au produit de sa base par sa hauteur.

Car 1.° un parallélepipede quelconque est équivalent à un parallélepipede rectangle de même
* 9. hauteur et de base équivalente*. Or la solidité de
celui-ci est égale à sa base multipliée par sa hauteur; donc la solidité du premier est pareillement
égale au produit de sa base par sa hauteur.

2.° Tout prisme triangulaire est la moitié d'un
parallélepipede de même hauteur et de base dou-
* 6. ble*. Or la solidité de celui-ci est égale à sa base
multipliée par sa hauteur; donc celle du prisme
triangulaire est égale au produit de sa base, moitié de celle du parallélepipede, multipliée par sa
hauteur.

3.° Un prisme quelconque peut être partagé en autant de prismes triangulaires de même hauteur qu'on peut former de triangles dans le polygone qui lui sert de base. Mais la solidité de chaque prisme triangulaire est égale à sa base multipliée par sa hauteur; et, puisque la hauteur est la même pour tous, il s'ensuit que la somme de tous les prismes partiels sera égale à la somme de tous les triangles qui leur servent de bases, multipliée par la hauteur commune. Donc la solidité d'un prisme polygonal quelconque est égal au produit de sa base par sa hauteur.

Corollaire. Si on compare deux prismes qui ont même hauteur, les produits des bases par les hauteurs seront comme les bases. Donc *deux prismes de même hauteur sont entre eux comme leurs bases*; par une raison semblable *deux prismes de même base sont entre eux comme leurs hauteurs.*

PROPOSITION XV.

LEMME.

Si une pyramide SABCDE *est coupée par un plan* abd *parallèle à la base,* fig. 214.

1.° *Les côtés* SA, SB, SC, ... *et la hauteur* SO, *seront divisés proportionnellement en* a, b, c, ... *et* o;

2.° *La section* abcde *sera un polygone semblable à la base* ABCDE.

Car 1.° les plans ABD, *abd*, étant parallèles, leurs intersections AB, *ab*, par un troisième plan SAB, seront parallèles*; donc les triangles SAB, S*ab*, sont semblables, et on a la proportion SA:S*a* :: SB :S*b*; on auroit de même SB:S*b* :: SC:S*c*, et ainsi de suite. Donc tous les côtés SA, SB, SC, etc. sont coupés proportionnellement en *a*, *b*, *c*, etc. La hauteur SO est coupée dans la même proportion au point *o*; car BO et *bo* sont parallèles, et ainsi on a SO:S*o* :: SB:S*b*. 10. 5.

2.° Puisque *ab* est parallèle à AB, *bc* à BC, *cd* à CD, etc., l'angle *abc*=ABC, l'angle *bcd*=BCD, et ainsi de suite. De plus, à cause des triangles semblables SAB, S*ab*, on a AB:*ab* :: SB:S*b*; et à cause des triangles semblables SBC, S*bc*, on a SB:S*b* :: BC :*bc*; donc AB:*ab* :: BC:*bc*; on auroit de même BC

:bc :: CD:cd, et ainsi de suite. Donc les polygones $abcde$, ABCDE, ont les angles égaux et les côtés homologues proportionnels; donc ils sont semblables.

Corollaire. Soient SABCDE, SXYZ, deux pyramides dont le sommet est commun et dont les bases sont sur un même plan, de sorte qu'elles ont la même hauteur : si on les coupe par un même plan parallèle au plan des bases, soit $abcde$ la section faite dans une pyramide, xyz la section faite dans l'autre; je dis que *les sections* $abcde$, xyz, *seront entre elles comme les bases* ABCDE, XYZ.

Car les polygones ABCDE, $abcde$, étant semblables, leurs surfaces sont comme les quarrés des côtés homologues AB, ab : mais AB:ab :: SA:Sa; donc ABCDE:$abcde$ :: $\overline{SA}^2$:$\overline{Sa}^2$. Par la même raison XYZ:xyz :: $\overline{SX}^2$:$\overline{Sx}^2$. Mais, puisque $abcxyz$ n'est qu'un même plan, on a aussi SA . Sa :: SX:Sx; donc ABCDE : $abcde$ :: XYZ : xyz. Donc les sections $abcde$, xyz, sont entre elles comme les bases ABCDE, XYZ.

PROPOSITION XVI.

LEMME.

fig. 215. *Soit* SABC *une pyramide triangulaire dont* S *est le sommet et* ABC *la base; si on divise les côtés* SA, SB, SC, AB, AC, BC, *en deux parties égales aux points* D, E, F, G, H, I, *et que par ces points on tire les lignes* DE, EF, DF, EG, FH, EI, GH, *je dis qu'on pourra considérer la pyramide* SABC, *comme composée de deux prismes* AGHFDE, EGICFH, *équivalents entre eux, et de deux pyramides égales* SDEF, EGBI.

Par suite de la construction, ED est parallèle à BA et GE à AS; donc la figure ADEG est un parallélogramme. La figure ADFH en est un aussi par la même raison; donc les trois droites AD, GE, HF, sont égales et parallèles; donc le solide AGHFDE, est un prisme*. * 14. 5.

On prouvera semblablement que les deux figures EFCI, CIGH, sont des parallélogrammes, et qu'ainsi les trois droites EF, CI, GH, sont égales et parallèles; donc le solide EGICFH, est encore un prisme. Or je dis que ces deux prismes triangulaires sont équivalents entre eux.

En effet, si sur les arêtes GI, GE, GH, on forme le parallélepipede GX, le prisme triangulaire GEICFH, sera la moitié de ce parallélepipede*; * 6. d'un autre côté le prisme AGHFDE, est égal aussi à la moitié du parallélepipede GX*, puisqu'ils ont * 12. même hauteur, et que le triangle AGH, base du prisme, est moitié du parallélogramme GICH, base du parallélepipede. Donc les deux prismes EGICFH, AGHFDE, sont équivalents entre eux.

Ces deux prismes étant retranchés de la pyramide SABC, il ne reste plus que les deux pyramides SDEF, EGBI; or je dis que ces deux pyramides sont égales entre elles.

En effet, à cause des côtés égaux, savoir, BE =SE, BG=AG=DE, EG=AD=SD, le triangle BEG est égal au triangle ESD. Par une raison semblable le triangle BEI est égal au triangle SEF;

d'ailleurs, l'inclinaison mutuelle des deux plans BEG, BEI, est la même que celle des deux plans ESD, SEF, puisque BEG ne fait qu'un seul plan avec ESD, de même que BEI avec SEF. Donc si, pour opérer la superposition des deux pyramides SDEF, EGBI, on place le triangle EBG sur son égal SDE, il faudra que le plan BEI tombe sur le plan SEF; et, puisque les triangles EBI, SEF, sont égaux et semblablement placés, le point I tombera en F, et les deux pyramides SDEF, EGBI, coïncideront en une seule.

Donc la pyramide entière SABC, est composée de deux prismes triangulaires AGF, GIF, équivalents entre eux, et de deux pyramides égales SDEF, EGBI.

Corollaire I. Du sommet S soit abaissée SO perpendiculaire sur le plan ABC, et soit P le point où cette perpendiculaire rencontre le plan DEF parallèle à ABC; puisque SD$=\frac{1}{2}$SA, on aura SP$=$
15. $\frac{1}{2}$SO, et le triangle DEF$=\frac{1}{4}$ABC. Donc la solidité du prisme AGHFDE$=$ ^{1}ABC$\times$ ^{1}SO, et celle des deux prismes réunis AGHFDE, EGICFH, $=\frac{1}{4}$ABC $\times$SO. Ces deux prismes sont moindres que la pyramide SABC, puisqu'ils y sont contenus; donc *la solidité d'une pyramide triangulaire est plus grande que le quart du produit de sa base par sa hauteur.*

Corollaire II. Si on mène les droites DG, DH, on aura une nouvelle pyramide ADGH, qui sera égale à la pyramide SDEF: car on peut placer la base DEF sur son égale AGH, et alors les angles SDE, SDF, étant égaux aux angles DAG, DAH, il est
25. 5, sch. visible que DS tombera sur AD, et le sommet S

ur le sommet D. Or la pyramide ADGH est moinre que le prisme AGHDEF, puisqu'elle y est conenue ; donc chacune des pyramides SDEF, EGBI, st moindre que le prisme AGHDEF ; donc la pyamide SABC, qui est composée de deux pyramides t de deux prismes, est moindre que quatre de ces nêmes prismes. Or la solidité de l'un de ces prisnes $= \frac{1}{8}$ ABC × SO, et son quadruple $= \frac{1}{2}$ ABC × SO.)onc *la solidité de toute pyramide triangulaire est noindre que la moitié du produit de sa base par sa auteur.*

PROPOSITION XVII.

THÉORÈME.

La solidité d'une pyramide triangulaire est égale u tiers du produit de sa base par sa hauteur.

Soit SABC une pyramide triangulaire quelconue, ABC sa base, SO sa hauteur ; je dis que la soidité de le pyramide SABC sera égale au tiers du roduit de la surface ABC par la hauteur SO, de orte qu'on aura SABC $= \frac{1}{3}$ ABC × SO ou = SO × ABC. fig. 215.

Car, si on nie cette proposition, il faudra que la olidité SABC soit égale au produit de SO par une uantité plus grande ou plus petite que $\frac{1}{3}$ ABC.

Soit 1.° cette quantité plus grande, en sorte qu'on it SABC = SO × ($\frac{1}{3}$ ABC + M). Si on fait la même onstruction que dans la proposition précédente, a pyramide SABC sera partagée en deux prismes quivalents entre eux AGHFDE, EGICFH, et en leux pyramides égales SDEF, EGBI. Or la solidité du prisme AGHFDE est DFE × PO, et celle des deux prismes est par conséquent DFE × 2PO ou DFE × SO. Retranchant les deux prismes de la pyramide entière, le reste sera égal au double de la pyramide SDEF, de sorte qu'on aura

$$2\text{SDEF}=\text{SO}\times(\tfrac{1}{3}\text{ABC}+\text{M}-\text{DFE}).$$

Mais, parce que SA est double de SD, la surface
* 15. ABC est quadruple de DFE*, et ainsi $\frac{1}{3}$ABC—DFE $=\frac{4}{3}$DFE—DFE$=\frac{1}{3}$DFE ; donc

$$2\text{SDEF}=\text{SO}\times(\tfrac{1}{3}\text{DEF}+\text{M}).$$

Et ainsi en prenant les moitiés de part et d'autre

$$\text{SDEF}=\text{SP}\times(\tfrac{1}{3}\text{DEF}+\text{M}).$$

D'où l'on voit que, pour avoir la solidité de la pyramide SDEF, il faudra ajouter au tiers de sa base la même surface M qui avoit été ajoutée à la base de la grande pyramide, et multiplier le tout par la hauteur SP de la petite pyramide.

Si l'on divise SD en deux également au point K, et que par le point K on fasse passer le plan KLM parallèle à DEF, lequel rencontre en Q la perpendiculaire SP, la même démonstration prouve que la solidité de la pyramide SKLM sera égale à SQ × ($\frac{1}{3}$KLM + M).

Continuant ainsi à former une suite de pyramides dont les côtés décroissent en raison double, et les bases en raison quadruple, on parviendra bientôt à une pyramide $Sabc$, dont la base abc sera plus petite que 6M : soit Sp la hauteur de cette dernière pyramide, et sa solidité, déduite de celles des pyramides précédentes, sera encore $Sp\times(\frac{1}{3}abc$ $+\text{M})$; donc, à cause de $\text{M}>\frac{1}{6}abc$, et par conséquent $\frac{1}{3}abc+\text{M}>\frac{1}{2}abc$, il s'ensuivroit que la solidité de la pyramide $Sabc$ seroit $> Sp \times \frac{1}{2} abc$. Résultat absurde, puisqu'on a prouvé dans le corollaire II de la proposition précédente, que la solidité d'une pyramide triangulaire est toujours moindre que la moitié du produit de sa base par sa hauteur ; donc 1.° il est impossible que la solidité de la pyramide SABC soit plus grande que $SO \times \frac{1}{3} ABC$.

Soit 2.° $SABC = SO \times (\frac{1}{3} ABC - M)$, on prouvera, comme dans le premier cas, que la solidité de la pyramide SDEF, dont les dimensions sont deux fois moindres, est égale à $SP \times (\frac{1}{3} DEF - M)$; et, en continuant la suite des pyramides dont les côtés décroissent en raison double, jusqu'à un terme quelconque $Sabc$, on aura de même la solidité de la dernière pyramide $Sabc = Sp \times (\frac{1}{3} abc - M)$. Mais les bases ABC, DEF, LKM... abc, formant une suite décroissante dont chaque terme est le quart du précédent, on parviendra bientôt à un terme abc, égal à 12M, ou qui sera compris entre 12M et 3M, de sorte qu'alors $\frac{1}{3} abc - M$ sera ou égal à $\frac{1}{4} abc$, ou compris entre $\frac{1}{4} abc$ et zéro, et la solidité de la pyramide $Sabc$ sera ou $= Sp \times \frac{1}{4} abc$ ou $< Sp \times \frac{1}{4} abc$. Résultat encore absurde, puisque, suivant le corollaire I de la proposition précédente, la solidité d'une pyramide triangulaire est toujours plus grande que le quart du produit de sa base par sa hauteur. Donc 2.° la solidité de la pyramide SABC ne peut être plus petite que $SO \times \frac{1}{3} ABC$.

Donc enfin la solidité de la pyramide $SABC = SO \times \frac{1}{3} ABC$ ou $= \frac{1}{3} ABC \times SO$, conformément à l'énoncé du théorème.

Corollaire I. Toute pyramide triangulaire est le tiers du prisme triangulaire de même base et de même hauteur; car ABC×SO est la solidité du prisme dont ABC est la base et SO la hauteur.

Corollaire II. Deux pyramides triangulaires de même hauteur sont entre elles comme leurs bases, et deux pyramides triangulaires de même base sont entre elles comme leurs hauteurs.

PROPOSITION XVIII.

THÉORÊME.

fig. 214. *Toute pyramide* SABCDE *a pour mesure le tiers du produit de sa base* ABCDE *par sa hauteur* AO.

Car, en faisant passer les plans SEB, SEC, par les diagonales EB, EC, on divisera la pyramide polygonale SABCDE en plusieurs pyramides triangulaires qui auront toutes la même hauteur SO. Mais par le théorême précédent chacune de ces pyramides se mesure en multipliant chacune des bases ABE, BCE, CDE, par le tiers de la hauteur SO; donc la somme des pyramides triangulaires, ou la pyramide polygonale SABCDE, aura pour mesure la somme des triangles ABE, BCE, CDE, ou le polygone ABCDE, multiplié par $\frac{1}{3}$SO. Donc toute pyramide a pour mesure le tiers du produit de sa base par sa hauteur.

Corollaire I. Toute pyramide est le tiers du prisme de même base et de même hauteur.

Corollaire II. Deux pyramides de même hauteur sont entre elles comme leurs bases, et deux pyramides de même base sont entre elles comme leurs hauteurs.

Scholie. On peut évaluer la solidité de tout corps polyedre en le décomposant en pyramides, et cette décomposition peut se faire de plusieurs manières. Une des plus simples est de faire partir les plans de division d'un même angle solide; alors on aura autant de pyramides partielles qu'il y a de faces dans le polyedre, excepté celles qui forment l'angle solide d'où partent les plans de division.

PROPOSITION XIX.

THÉORÊME.

Si une pyramide est coupée par un plan parallèle à sa base, le tronc qui reste en ôtant la petite pyramide est égal à la somme de trois pyramides qui auroient pour hauteur commune la hauteur du tronc, et dont les bases seroient la base inférieure du tronc, sa base supérieure, et une moyenne proportionnelle entre ces deux bases. fig. 217.

Soit SABCDE une pyramide coupée par le plan *abd* parallèle à la base; soit TFGH une pyramide triangulaire dont la base et la hauteur soient égales ou équivalentes à celles de la pyramide SABCDE. On peut supposer les deux bases situées sur un même plan; et alors le plan *abd*, prolongé, déterminera dans la pyramide triangulaire une section *fgh*, située à la même hauteur au dessus du plan commun des bases. D'où il résulte que la section *fgh* est à la section *abd* comme la base FGH est à la base ABD*; et, puisque les bases sont équiva- * 15.

lentes, les sections le seront aussi. Les pyramides S*abcde*, T*fgh*, sont donc équivalentes, puisqu'elles ont même hauteur et des bases équivalentes. Les pyramides entières SABCDE, TFGH, sont équivalentes par la même raison; donc les troncs ABD*dab*, FGH*hfg*, sont équivalents, et par conséquent il suffira de démontrer la proposition énoncée, pour le seul cas du tronc de pyramide triangulaire.

fig. 218. Soit FGH*hfg* un tronc de pyramide triangulaire à bases parallèles : par les trois points F, *g*, H, conduisez le plan F*g*H, qui retranchera du tronc la pyramide triangulaire *g*FGH. Cette pyramide a pour base la base inférieure FGH du tronc; elle a aussi pour hauteur la hauteur du tronc, puisque le sommet *g* est dans le plan de la base supérieure *fgh*.

Après avoir retranché cette pyramide, il restera la pyramide quadrangulaire *gfh*HF, dont le sommet est *g* et la base *fh*HF. Par les trois points *f*, *g*, H, conduisez le plan *fg*H, qui partagera la pyramide quadrangulaire en deux triangulaires *g*F*f*H, *gfh*H. Cette dernière a pour base la base supérieure *gfh* du tronc, et pour hauteur la hauteur du tronc, puisque son sommet H appartient à la base inférieure. Ainsi nous avons déja deux des trois pyramides qui doivent composer le tronc.

Il reste à considérer la troisième *g*F*f*H : or, si on mène *g*K parallèle à *f*F, et qu'on imagine une nouvelle pyramide *f*FHK, dont le sommet est K et la base F*f*H, ces deux pyramides auront même base F*f*H; elles auront aussi même hauteur, puisque les sommets *g* et K sont situés sur une ligne *g*K parallèle à F*f*, et par conséquent parallèle au

plan de la base; donc ces pyramides sont équivalentes : mais la pyramide *f*FKH peut être considérée comme ayant son sommet en *f*, et ainsi elle aura même hauteur que le tronc. Quant à sa base FKH, je dis qu'elle est moyenne proportionnelle entre les bases FGH, *fgh*. En effet, les triangles FHK, *fgh*, ont un angle égal F=*f*, et un côté égal FK=*fg*; on a donc * FHK : *fgh* :: FH : *fh*. On a aussi * 24. 3.
FHG : FHK :: FG : FK ou *fg*. Mais les triangles semblables FGH, *fgh*, donnent FG : *fg* :: FH : *fh*; donc FGH : FHK :: FHK : *fgh*; et ainsi la base FHK est moyenne proportionnelle entre les deux bases FGH, *fgh*. Donc un tronc de pyramide triangulaire, à bases parallèles, équivaut à trois pyramides qui ont pour hauteur commune la hauteur du tronc, et dont les bases sont la base inférieure du tronc, sa base supérieure, et une moyenne proportionnelle entre ces deux bases.

PROPOSITION XX.

THÉORÈME.

Si on coupe un prisme triangulaire dont ABC *est* fig. 216.
la base, par un plan DEF *incliné à cette base, le solide* ABCDEF *qui résulte de cette section, sera égal à la somme de trois pyramides dont les sommets sont* D, E, F, *et la base commune* ABC.

Par les trois points F, A, C, faites passer le plan FAC, qui retranchera du prisme tronqué ABCDEF, la pyramide triangulaire FABC. Cette pyramide a pour base ABC et pour sommet le point F.

Après avoir retranché cette pyramide, il restera

la pyramide quadrangulaire FACDE, dont F est le sommet et ACDE la base. Par les trois points F, E, C, menez encore un plan FEC, qui divisera la pyramide quadrangulaire en deux pyramides triangulaires FACE, FCDE.

La pyramide FAEC, qui a pour base le triangle AEC et pour sommet le point F, est équivalente à une pyramide EABC, qui auroit pour base AEC et pour sommet le point B. Car ces deux pyramides ont même base; elles ont aussi même hauteur, puisque la ligne BF, étant parallèle à chacune des lignes AE, CD, est parallèle à leur plan ACE; donc la pyramide FAEC est équivalente à la pyramide EABC, laquelle peut être considérée comme ayant pour base ABC et pour sommet le point E.

La troisième pyramide FCDE, peut être changée d'abord en AFCD; car ces deux pyramides ont la même base FCD, elles ont aussi la même hauteur, puisque AE est parallèle au plan FCD; donc la pyramide FCDE est équivalente à AFCD. Ensuite la pyramide AFCD peut être changée en ABCD; car ces deux pyramides ont la base commune ACD; elles ont aussi la même hauteur, puisque leurs sommets F et B sont situés sur une parallèle au plan de la base. Donc la pyramide FCDE, équivalente à AFCD, est aussi équivalente à ABCD: or celle-ci peut être regardée comme ayant pour base ABC et pour sommet le point D.

Donc enfin le prisme tronqué ABCDEF est égal à la somme de trois pyramides qui ont pour base commune ABC, et dont les sommets sont respectivement les points D, E, F.

Corollaire. Si les arêtes AE, BF, CD, sont perpendiculaires au plan de la base, elles seront en même temps les hauteurs des trois pyramides qui composent le prisme tronqué, de sorte que la solidité du prisme tronqué sera exprimée par $\frac{1}{3}$ABC $\times$AE+$\frac{1}{3}$ABC$\times$BF+$\frac{1}{3}$ABC$\times$CD, quantité qui se réduit à $\frac{1}{3}$ABC$\times$(AE+BF+CD).

PROPOSITION XXI.

THÉORÊME.

Deux pyramides triangulaires semblables ont les faces homologues semblables et les angles solides homologues égaux. fig. 203.

Suivant la définition, les deux pyramides triangulaires SABC, TDEF, sont semblables, si les deux triangles SAB, ABC, sont semblables aux deux TDE, DEF, et semblablement placés, c'est-à-dire, si l'on a l'angle ABS=DET, BAS=EDT, ABC=DEF, BAC=EDF, et si en outre l'inclinaison des plans SAB, ABC, est égale à celle des plans TDE, DEF. Cela posé, je dis que ces pyramides ont toutes les faces semblables chacune à chacune, et les angles solides homologues égaux.

Prenez BG=ED, BH=EF, BI=ET, et joignez GH, GI, IH. La pyramide TDEF est égale à la pyramide IGBH; car, ayant pris les côtés GB, BH, égaux aux côtés DE, EF, et l'angle GBH étant par hypothèse égal à l'angle DEF, le triangle GBH est égal à DEF. Donc, pour opérer la superposition des deux pyramides, on peut d'abord placer la base DEF sur son égale GBH; ensuite, puisque le plan

DTE est incliné sur DEF autant que le plan SAB sur ABC, il est clair que le plan DET tombera indéfiniment sur le plan BAS. Mais, par hypothèse, l'angle DET=GBI; donc ET tombera sur son égale BI; et, puisque les quatre points D, E, F, T, coïn-
* 1. cident avec les quatre G, B, H, I, il s'ensuit * que la pyramide TDEF coïncide avec la pyramide IGBH.

Or, à cause des triangles égaux DEF, GBH, on a l'angle BGH=EDF=BAC; donc GH est parallèle à AC. Par une raison semblable GI est parallèle à
* 13. 5. AS; donc le plan IGH est parallèle à SAC *. De là il suit que le triangle IGH, ou son égal TDF, est semblable à SAC, et que le triangle IBH, ou son égal TEF, est semblable à SBC; donc les deux pyramides triangulaires semblables SABC, TDEF, ont les quatre faces semblables chacune à chacune. De plus elles ont les angles solides homologues égaux.

Car on a déja placé l'angle solide E sur son homologue B, et on pourroit faire de même pour deux autres angles solides homologues : mais on voit immédiatement que deux angles solides homologues sont égaux, par exemple, les angles T et S, parce qu'ils sont formés par trois angles plans égaux chacun à chacun, et semblablement placés.

Donc deux pyramides triangulaires semblables ont les faces homologues semblables et les angles solides homologues égaux.

Corollaire I. Les triangles semblables dans les deux pyramides fournissent les proportions AB : DE :: BC : EF :: AC : DF :: AS : DT :: SB : TE :: SC : TF; donc, *dans les pyramides triangulaires semblables, les côtés homologues sont proportionnels.*

II. Et, puisque les angles solides homologues sont égaux, il s'ensuit que *l'inclinaison de deux faces quelconques d'une pyramide est égale à l'inclinaison des deux faces homologues de la pyramide semblable.*

III. Si on coupe la pyramide triangulaire SABC par un plan GIH parallèle à l'une des faces SAC, la pyramide partielle BGIH sera semblable à la pyramide entière BASC. Car les triangles BGI, BGH, sont semblables aux triangles BAS, BAC, chacun à chacun, et semblablement placés; l'inclinaison de leurs plans est la même de part et d'autre; donc les deux pyramides sont semblables.

IV. En général, *si on coupe une pyramide quelconque* SABCDE *par un plan* $a\,b\,c\,d\,e$ *parallèle à la base, la pyramide partielle* $S\,a\,b\,c\,d\,e$, *sera semblable à la pyramide entière* SABCDE. Car les bases ABCDE, $a\,b\,c\,d\,e$, sont semblables, et en joignant AC, ac, on vient de prouver que la pyramide triangulaire SABC est semblable à la pyramide $S\,a\,b\,c$; donc le point S est déterminé par rapport à la base ABC comme le point S l'est par rapport à la base abc*; donc les deux pyramides SABCDE, $S\,a\,b\,c\,d\,e$, sont semblables. fig. 214. *déf. 18.

Scholie. Au lieu des cinq données requises par la définition pour que deux pyramides triangulaires soient semblables, on pourroit en substituer cinq autres, suivant différentes combinaisons, et il en résulteroit autant de théorèmes parmi lesquels on peut distinguer celui-ci : *Deux pyramides triangulaires sont semblables lorsqu'elles ont les côtés homologues proportionnels.*

fig. 203. Car, si on a les proportions AB:DE :: BC:EF :: AC:DF :: AS:DT :: SB:TE :: SC:TF, ce qui renferme cinq conditions, les triangles ABS, ABC, seront semblables aux triangles DET, DEF, et semblablement placés. On aura aussi le triangle SBC semblable à TEF ; donc les trois angles plans qui forment l'angle solide B seront égaux aux angles plans qui forment l'angle solide E, chacun à chacun ; d'où il suit que l'inclinaison des plans SAB, ABC, est égale à celle de leurs homologues TDE, DEF, et qu'ainsi les deux pyramides sont semblables.

PROPOSITION XXII.

THÉORÊME.

fig. 219. *Deux polyedres semblables ont les faces homologues semblables, et les angles solides homologues égaux.*

Soit ABCDE la base d'un polyedre ; soient M et N deux angles solides, hors du plan de cette base, déterminés par les pyramides triangulaires MABC, NABC, dont la base commune est ABC ; soient, dans l'autre polyedre, *abcde* la base homologue ou semblable à ABCDE, *m* et *n* les angles solides homologues à M et N, déterminés par les pyramides *mabc*, *nabc*, semblables aux pyramides MABC, NABC ; je dis d'abord que les distances MN, *mn*, sont proportionnelles aux côtés homologues AB, *ab*.

En effet, les pyramides MABC, *mabc*, étant semblables, l'inclinaison des plans MAC, BAC, est égale à celle des plans *mac*, *bac*; pareillement les pyramides NABC, *nabc*, étant semblables, l'inclinaison des plans NAC, BAC, est égale à celle des plans *nac*, *bac*. Donc, si on retranche les premières inclinaisons des dernières, il restera l'inclinaison des plans NAC, MAC, égale à celle des plans *nac*, *mac*. Mais, à cause de la similitude des mêmes pyramides, le triangle MAC est semblable à *mac*, et le triangle NAC est semblable à *nac*. Donc les deux pyramides triangulaires MNAC, *mnac*, ont deux faces semblables chacune à chacune, semblablement placées et également inclinées entre elles. Donc ces pyramides sont semblables; donc leurs côtés homologues sont proportionnels, et on a MN:*mn*::AM:*am*. D'ailleurs AM:*am*::AB:*ab*; donc MN:*mn*::AB:*ab*.

Soient P et *p* de nouveaux angles homologues des polyedres, et on aura semblablement PN:*pn*::AB:*ab*, PM:*pm*::AB:*ab*. Donc MN:*mn*::PN:*pn*::PM:*pm*. Donc *le triangle* PNM *qui joint trois angles solides quelconques d'un polyedre, est semblable au triangle* pnm *qui joint les trois angles homologues de l'autre polyedre.*

Soient encore Q et *q* des angles solides homologues, et le triangle PQN sera semblable à *pqn*. Je dis de plus que l'inclinaison des plans PQN, PMN, est égale à celle des plans *pqn*, *pmn*.

Car, si on joint QM et *qm*, on aura toujours le triangle QNM semblable à *qnm*, et par conséquent l'angle QNM égal à *qnm*. Concevez en N un angle solide formé par les trois angles plans QNM, QNP,

PNM, et en n un angle solide formé par les trois angles plans qnm, qnp, pnm : puisque ces angles plans sont égaux chacun à chacun, il s'ensuit que les angles solides sont égaux. Donc l'inclinaison des deux plans PNQ, PNM, est égale à celle de leurs homologues pnq, pnm. Donc, si les deux triangles PNQ, PNM, étoient dans un même plan, auquel cas on auroit l'angle $\text{QNM}=\text{QNP}+\text{PNM}$, on auroit aussi l'angle $qnm=qnp+pnm$, et les deux triangles qnp, pnm, seroient aussi dans un même plan.

Tout ce qui vient d'être démontré a lieu, quels que soient les angles M, N, P, Q, comparés à leurs homologues m, n, p, q.

Supposons maintenant que la surface de l'un des polyedres soit partagée en triangles ABC, ACD, MNP, NPQ, etc., on voit que la surface de l'autre polyedre contiendra un pareil nombre de triangles abc, acd, mnp, npq, etc. semblables et semblablement placés. Et si plusieurs triangles, comme MPN, NPQ, etc. appartiennent à une même face et sont dans un même plan, leurs homologues mpn, npq, etc., seront pareillement dans un même plan. Donc toute face polygone dans un polyedre répondra à une face polygone semblable dans l'autre polyedre. Donc les deux polyedres seront compris sous un même nombre de plans semblables et semblablement placés. Je dis de plus que les angles solides homologues seront égaux.

Car, si l'angle solide N, par exemple, est formé par les angles plans QNP, PNM, MNR, QNR, l'angle solide homologue n sera formé par les angles plans *qnp*, *pnm*, *mnr*, *qnr*. Or ces angles plans sont égaux chacun à chacun, et l'inclinaison de deux plans adjacents est égale à celle de leurs homologues. Donc les deux angles solides sont égaux, comme pouvant être superposés.

Donc enfin deux polyedres semblables ont les faces homologues semblables et les angles solides homologues égaux.

Corollaire. Il suit de la démonstration précédente que si, avec quatre angles solides d'un polyedre, on forme une pyramide triangulaire, et qu'on en forme une seconde avec les quatre angles homologues d'un polyedre semblable, ces deux pyramides seront semblables; car elles auront les côtés homologues proportionnels.

On voit en même temps que deux diagonales homologues, par exemple, AN, *an*, sont entre elles comme deux côtés homologues AB, *ab*.

PROPOSITION XXIII.

THÉORÊME.

Deux polyedres semblables peuvent se partager en un même nombre de pyramides triangulaires semblables chacune à chacune, et semblablement placées.

Car on a déja vu que les surfaces des deux polyedres peuvent se partager en un même nombre de triangles semblables chacun à chacun, et semblablement placés. Considérez tous les triangles d'un polyedre, excepté ceux qui forment l'angle solide A, comme les bases d'autant de pyramides triangulaires dont le sommet est en A, ces pyramides prises ensemble composeront le polyedre. Partagez de même l'autre polyedre en pyramides qui aient leur sommet commun dans l'angle *a* homologue à A. Il est clair que la pyramide qui joint quatre angles solides d'un polyedre sera semblable à la pyramide qui joint les quatre angles homologues de l'autre polyedre. Donc deux polyedres semblables, etc.

PROPOSITION XXIV.

THÉORÊME.

fig. 214. *Deux pyramides semblables sont entre elles comme les cubes des côtés homologues.*

Car deux pyramides étant semblables, la plus petite pourra être placée dans la plus grande, de manière qu'elles aient l'angle solide S commun. Alors les bases ABCDE, *abcde*, seront parallèles;
* 22. car, puisque les faces homologues sont semblables*, l'angle S*ab* est égal à SAB, ainsi que S*bc* à SBC;
* 15. 5. donc le plan *abc* est parallèle au plan ABC*. Cela posé, soit SO la perpendiculaire abaissée du sommet S sur le plan ABC, et soit *o* le point où cette perpendiculaire rencontre le plan *abc*; on aura,
* 15. suivant ce qui a été déja démontré*, SO:S*o* :: SA:S*a* :: AB:*ab*, et par conséquent

$$\frac{1}{3}SO : \frac{1}{3}So :: AB : ab.$$

Mais les bases ABCDE, *abcde*, étant des figures semblables, on a

$$ABCDE : abcde :: \overline{AB}^2 : \overline{ab}^2.$$

Multipliant ces deux proportions terme à terme, il en résultera la proportion

$$ABCDE \times \tfrac{1}{3}SO : abcde \times \tfrac{1}{3}So :: \overline{AB}^3 : \overline{ab}^3;$$

or $ABCDE \times \frac{1}{3}SO$ est la solidité de la pyramide SABCDE*, et $abcde \times \frac{1}{3}So$ est celle de la pyramide *Sabcde*; donc deux pyramides semblables sont entre elles comme les cubes de leurs côtés homologues. * 18.

PROPOSITION XXV.

THÉORÊME.

Deux polyedres semblables sont entre eux comme les cubes des côtés homologues.

Car deux polyedres semblables peuvent être partagés en un même nombre de pyramides triangulaires semblables chacune à chacune. Or les deux pyramides semblables APNM, *apnm*, sont entre elles comme les cubes des côtés homologues AM, *am*, ou comme les cubes des côtés homologues AB, *ab*. Le même rapport aura lieu entre deux autres pyramides homologues quelconques; donc la somme de toutes les pyramides qui composent un polyedre, ou le polyedre lui-même, est à l'autre polyedre comme le cube d'un côté quelconque du premier est au cube du côté homologue du second. fig. 219.

Scholie général.

Nous pouvons présenter en termes algébriques, c'est-à-dire, de la manière la plus succincte, la

récapitulation des principales propositions de c
livre concernant les solidités des polyedres.

Soit B la base d'un prisme, H sa hauteur; la so lidité du prisme sera $B \times H$ ou BH.

Soit B la base d'une pyramide, H sa hauteur; l solidité de la pyramide sera $B \times \frac{1}{3}H$, ou $H \times \frac{1}{3}B$, o $\frac{1}{3}BH$.

Soit H la hauteur d'un tronc de pyramide à bas parallèles, soient A et B ses bases; $\sqrt{AB}$ sera l moyenne proportionnelle entre elles, et la solidit du tronc sera $\frac{1}{3}H \times (A+B+\sqrt{AB})$.

Soit B la base d'un tronc de prisme triangulair H, H', H'' les hauteurs de ses trois angles supé rieurs, la solidité du prisme tronqué sera $\frac{1}{3}B \times (H+H'+H'')$.

Soient enfin P et p les solidités de deux polye dres semblables, A et a deux côtés homologues d ces polyedres, on aura $P:p :: A^3:a^3$.

LIVRE VII.

LA SPHÈRE.

DÉFINITIONS.

I. La *sphère* est un solide terminé par une surface courbe dont tous les points sont également distants d'un point intérieur qu'on appelle *centre*.

On peut imaginer que la sphère est produite par la révolution du demi-cercle DAE autour du diamètre DE. Car la surface décrite dans ce mouvement par la courbe DAE aura tous ses points à égales distances du centre C. fig. 220.

II. Le *rayon de la sphère* est une ligne droite menée du centre à un point de la surface; le *diamètre* ou *axe* est une ligne passant par le centre et terminée de part et d'autre à la surface.

Tous les rayons de la sphère sont égaux; tous les diamètres sont égaux et doubles du rayon.

III. Il sera démontré* que toute section de la sphère, faite par un plan, est un cercle : cela posé, on appelle *grand cercle* la section qui passe par le centre, *petit cercle* celle qui n'y passe pas. *pr. 1.

IV. Un *plan* est *tangent* à la sphère lorsqu'il n'a qu'un point commun avec sa surface.

V. Le *pole d'un cercle* de la sphère est un point de la surface également éloigné de tous les points *pr. 6. de la circonférence de ce cercle. On fera voir* que tout cercle grand ou petit a toujours deux poles.

VI. *Triangle sphérique* est une partie de la surface de la sphère comprise par trois arcs de grands cercles.

Ces arcs, qui s'appellent les *côtés* du triangle, sont toujours supposés plus petits que la demi-circonférence. Les angles que leurs plans font entre eux sont les angles du triangle.

VII. Un triangle sphérique prend le nom de *rectangle*, *isoscèle*, *équilatéral*, dans les mêmes cas qu'un triangle rectiligne.

VIII. *Polygone sphérique* est une partie de la surface de la sphère terminée par plusieurs arcs de grands cercles.

IX. *Fuseau* est la partie de la surface de la sphère comprise entre deux demi-grands cercles qui ont un diamètre commun.

X. J'appellerai *coin* ou *onglet sphérique* la partie du solide de la sphère comprise entre les mêmes demi-grands cercles, et à laquelle le fuseau sert de base.

XI. *Pyramide sphérique* est la partie du solide de la sphère comprise entre les plans d'un angle solide dont le sommet est au centre. La *base* de la pyramide est le polygone sphérique intercepté par les mêmes plans.

XII. On appelle *zone* la partie de la surface de la sphère comprise entre deux plans parallèles qui en sont les *bases*. L'un de ces plans peut être tangent à la sphère, alors la zone n'a qu'une base.

XIII. *Segment sphérique* est la portion du solide

de la sphère comprise entre deux plans parallèles qui en sont les bases.

L'un de ces plans peut être tangent à la sphère, et alors le segment sphérique n'a qu'une base.

XIV. L'*axe* ou *hauteur* d'une zone et d'un segment est la distance des deux plans parallèles qui sont les bases de la zone ou du segment.

XV. Tandis que le demi-cercle DAE tournant autour du diamètre DE décrit la sphère, tout secteur circulaire, comme DCF ou FCH, décrit un solide qu'on appelle *secteur sphérique*. fig. 220.

PROPOSITION I.

THÉORÊME.

Si la sphère est coupée par un plan quelconque, la section sera un cercle. fig. 221.

Soit AMB la section faite par un plan dans la sphere dont le centre est C. Du point C menez la perpendiculaire CO sur le plan AMB, et différentes lignes CM, CM, à différents points de la courbe AMB qui termine la section.

Les obliques CM, CM, CB, sont égales, puisqu'elles sont des rayons de la sphère, elles sont donc également éloignées de la perpendiculaire CO*; donc toutes les lignes OM, OM, OB, sont égales; donc la section AMB est un cercle dont le point O est le centre. *5. 5.

Corollaire I. Si la section passe par le centre de la sphère, son rayon sera le rayon de la sphère; donc tous les grands cercles sont égaux entre eux.

II. Deux grands cercles se coupent toujours en

deux parties égales; car leur intersection commune, passant par le centre, est un diamètre.

III. Tout grand cercle divise la sphère et sa surface en deux parties égales; car si, après avoir séparé les deux hémisphères, on les applique sur la base commune en tournant leur convexité du même côté, les deux surfaces coïncideront l'une avec l'autre, sans quoi il y auroit des points plus près du centre les uns que les autres.

fig 221. IV. Le centre d'un petit cercle et celui de la sphère sont sur une même droite perpendiculaire au plan du petit cercle.

V. Les petits cercles sont d'autant plus petits qu'ils sont plus éloignés du centre de la sphère; car plus la distance CO est grande, plus est petite la corde AB diamètre du petit cercle AMB.

VI. Par deux points donnés sur la surface d'une sphère, on peut faire passer un arc de grand cercle; car les deux points donnés et le centre de la sphère sont trois points qui déterminent la position d'un plan. Si cependant les deux points donnés étoient aux extrémités d'un diamètre, alors ces deux points et le centre seroient en ligne droite, et il y auroit une infinité de grands cercles qui pourroient passer par les deux points donnés.

PROPOSITION II.

THÉORÊME.

fig. 222. *Dans tout triangle sphérique* ABC, *un côté quelconque est plus petit que la somme des deux autres.*

Soit O le centre de la phère, et soient menés les

rayons OA, OB, OC. Si on imagine les plans AOB, AOC, COB, ces plans formeront au point O un angle solide ; et les angles AOB, AOC, COB, auront pour mesure les côtés AB, AC, BC, du triangle sphérique ABC. Or, chacun des trois angles plans qui composent l'angle solide est moindre que la somme des deux autres*; donc un côté quelconque du triangle ABC est moindre que la somme des deux autres. *21. 5.

PROPOSITION III.

THÉORÊME.

Le plus court chemin d'un point à un autre sur la surface de la sphère, est l'arc de grand cercle qui joint les deux points donnés. fig 223.

Soit ANB l'arc de grand cercle qui joint les points A et B, et soit, s'il est possible, M un point de la ligne la plus courte entre A et B. Par le point M menez les arcs de grands cercles MA, MB, et prenez BN=MB.

Suivant le théorème précédent, ANB est plus court que AMB; retranchant de part et d'autre BN=BM, il restera AN < AM. Or la distance de B en M, soit qu'elle se confonde avec l'arc BM, ou qu'elle soit toute autre ligne, est égale à la distance de B en N; car, en faisant tourner le plan du grand cercle BM autour du diamètre qui passe par B, on peut amener le point M sur le point N, et alors la ligne la plus courte de M en B, quelle qu'elle soit, se confondra avec celle de N en B; donc les deux chemins de A en B, l'un en passant par M, l'autre en passant par N, ont une partie égale de M en B et de N en B. Le premier chemin est, par hypothèse, le plus court; donc la distance de A en M est plus courte que la distance de A en N, ce qui seroit absurde, puisque l'arc AM est plus grand que AN. Donc aucun point de la ligne la plus courte entre A et B ne peut être hors de l'arc ANB; donc cet arc est lui-même la ligne la plus courte entre ses extrémités.

PROPOSITION IV.

THÉORÊME.

fig. 224. *La somme des trois côtés d'un triangle sphérique est moindre que la circonférence d'un grand cercle.*

Soit ABC un triangle sphérique quelconque; prolongez les côtés AB, AC, jusqu'à ce qu'ils se rencontrent de nouveau en D. Les arcs ABD, ACD, seront des demi-circonférences, puisque deux grands cercles se coupent toujours en deux parties égales; mais dans le triangle BCD on a le
* 2. côté $BC < BD + CD$*; ajoutant de part et d'autre $AB + AC$, on aura $AB + AC + BC < ABD + ACD$, c'est-à-dire, plus petit qu'une circonférence.

PROPOSITION V.

THÉORÊME.

fig. 225. *La somme des côtés de tout polygone sphérique est moindre que la circonférence d'un grand cercle.*

Soit, par exemple, le pentagone ABCDE : prolongez les côtés AB, DC, jusqu'à leur rencontre en F; puisque BC est plus petit que $BF + CF$, le contour du pentagone ABCDE est plus petit que celui du quadrilatère AEDF. Prolongez de nouveau les côtés AE, FD, jusqu'à leur rencontre en G, on aura ED < EG + GD; donc le contour du quadrilatère AEDF est plus petit que celui du triangle AFG; celui-ci est plus petit que la circonférence d'un grand cercle; donc *a fortiori* le contour du polygone ABCDE est moindre que cette même circonférence.

Scholie. Cette proposition est au fond la même que la XXII.e du livre V. Car, si O est le centre de la sphère, on peut imaginer au point O un angle solide formé par les angles plans AOB, BOC, COD, etc., et la somme de ces angles doit être plus petite que quatre angles droits, ce qui ne diffère pas de la proposition présente. La démonstration que nous venons de donner est différente de celle du livre V : l'une et l'autre supposent que le polygone ABCDE est *convexe*, ou qu'aucun côté prolongé ne coupe la figure.

PROPOSITION VI.

THÉORÈME.

Si on mène le diamètre DE *perpendiculaire au plan du grand cercle* AMB, *les extrémités* D *et* E *de ce diamètre seront les poles du cercle* AMB, *et de tous les petits cercles comme* FNG *qui lui sont parallèles.* fig. 220.

Car DC, étant perpendiculaire au plan AMB, est perpendiculaire à toutes les droites CA, CM, CB, etc. menées par son pied dans ce plan; donc tous les arcs DA, DM, DB, etc. sont des quarts de circonférence : il en est de même des arcs EA, EM, EB, etc. Donc les points D et E sont chacun également éloignés de tous les points de la circonférence AMB; donc ils sont les poles de cette circonférence.

En second lieu, le rayon DC, perpendiculaire au plan AMB, est perpendiculaire à son parallèle FNG; donc il passe par le centre O du cercle FNG*; donc, si on tire les obliques DF, DN, DG, ces obli-
* 1. ques s'écarteront également de la perpendiculaire DO et seront égales. Mais les cordes étant égales, les arcs sont égaux; donc tous les arcs DF, DN, DG, etc. sont égaux entre eux; donc le point D est le pole du petit cercle FNG, et par la même raison le point E est l'autre pole.

Corollaire I. Tout arc DM mené d'un point de l'arc de grand cercle AMB à son pole est un quart de circonférence, ou, pour abréger, un *quadrans*, et ce *quadrans* fait en même temps un angle droit avec l'arc AM. Car la ligne DC étant perpendiculaire au plan AMC, tout plan DMC qui passe par la ligne DC est perpendiculaire au plan AMC*; donc l'angle AMD est un angle droit.

*18. 5. II. Pour trouver le pole d'un arc donné AM, menez l'arc indéfini MD perpendiculaire à AM, prenez MD égal à un *quadrans*, et le point D sera un des poles de l'arc AM; ou bien menez aux deux points A et M les arcs AD et MD perpendiculaires à AM, le point de concours D de ces deux arcs sera le pole demandé.

III. Réciproquement, si la distance du point D à chacun des points A et M est égale à un *quadrans*, je dis que le point D sera le pole de l'arc AM, et qu'en même temps les angles DAM, AMD, seront droits.

Car, soit C le centre de la sphère, et soient menés les rayons CA, CD, CM : puisque les angles ACD, MCD, sont droits, la ligne CD est perpendiculaire aux deux droites CA, CM; donc elle est perpendiculaire à leur plan; donc le point D est le pole de l'arc AM; et par suite les angles DAM, AMD, sont droits.

Scholie. Les propriétés des pôles permettent de tracer sur la surface de la sphère des arcs de cercle avec la même facilité que sur une surface plane. On voit, par exemple, qu'en faisant tourner l'arc DF ou toute autre ligne de même intervalle autour du point D, l'extrémité F décrira le petit cercle FNG; et, si on fait tourner le *quadrans* DFA autour du point D, l'extrémité A décrira l'arc de grand cercle AM.

S'il faut prolonger l'arc AM, ou si on ne donne que les points A et M par lesquels cet arc doit passer, on déterminera d'abord le pole D par l'intersection de deux arcs décrits des points A et M comme centres avec un intervalle égal au *quadrans*. Le pole D étant trouvé, on décrira du point D comme centre et avec le même intervalle l'arc AM et son prolongement.

Enfin, s'il faut du point donné P abaisser une perpendiculaire sur l'arc donné AM, on prolongera cet arc en S jusqu'à ce que l'intervalle PS soit égal à un *quadrans*; ensuite du pole S et du même intervalle on décrira l'arc PM qui sera la perpendiculaire demandée.

PROPOSITION VII.

THÉORÊME.

fig. 226. *Tout plan perpendiculaire à l'extrémité d'un rayon est tangent à la sphère.*

Soit FAG un plan perpendiculaire à l'extrémité du rayon OA; si on prend un point quelconque M sur ce plan, et qu'on joigne OM et AM, l'angle OAM sera droit et ainsi la distance OM sera plus grande que OA. Le point M est donc hors de la sphère; et, comme il en est de même de tout autre point du plan FAG, il s'ensuit que ce plan n'a que le seul point A commun avec la surface de la sphère; donc il est tangent à cette surface.

Scholie. On peut prouver de même que deux sphères n'ont qu'un point commun, et sont par conséquent *tangentes* l'une à l'autre, lorsque la distance de leurs centres est égale à la somme ou à la différence de leurs rayons. Alors les centres et le point de contact sont en ligne droite.

PROPOSITION VIII.

THÉORÊME.

fig. 226. *L'angle* BAC *que font entre eux deux arcs de grands cercles* AB, AC, *est égal à l'angle* FAG, *formé par les tangentes de ces arcs au point* A : *il a aussi pour mesure l'arc* DE, *décrit du point* A *comme pole entre les côtés* AB, AC, *prolongés, s'il est nécessaire.*

Car la tangente AF, menée dans le plan de l'arc

AB, est perpendiculaire au rayon AO ; la tangente AG, menée dans le plan de l'arc AC, est perpendiculaire au même rayon AO. Donc l'angle FAG est égal à l'angle des plans OAB, OAC*, qui est celui des arcs AB, AC, et qui se désigne par BAC. * 17. 5.

Pareillement, si l'arc AD est égal à un *quadrans*, ainsi que AE, les lignes OD, OE, seront perpendiculaires à AO, et ainsi l'angle DOE sera égal à l'angle des plans AOD, AOE. Donc l'arc DE est la mesure de l'angle de ces plans, ou la mesure de l'angle BAC.

Corollaire. Les angles des triangles sphériques peuvent se comparer entre eux par les arcs de grands cercles décrits de leurs sommets comme poles et compris entre leurs côtés. Ainsi il est facile de faire un angle égal à un angle donné.

Scholie. L'angle BAC est égal à l'angle BHC formé par les mêmes côtés prolongés : l'un ou l'autre est toujours l'angle formé par les deux plans BAO, CAO.

Remarquez aussi que dans la rencontre de deux arcs AD, BC, les deux angles adjacents ABC, CBD, pris ensemble valent toujours deux angles droits.

PROPOSITION IX.

THÉORÊME.

Etant donné le triangle ABC, *si on décrit le triangle* DEF *de manière que les angles du premier soient les poles des côtés du second, réciproquement les angles du second seront les poles des côtés du premier.* fig. 227.

Des points A, B, C, comme poles, soient décrits

les arcs EF, DF, DE, qui par leur concours forment le triangle DEF; je dis que les angles D, E, F, seront les poles des arcs BC, AC, AB, respectivement.

Car, le point A étant le pole de l'arc EF, la distance AE est un *quadrans* ; le point C étant le pole de l'arc DE, la distance CE est pareillement un *quadrans* ; donc le point E est éloigné d'un *quadrans* de chacun des points A et C; donc il est le pole de l'arc AC. On démontrera de même que D est le pole de l'arc BC, et F celui de l'arc AB.

Corollaire. Donc le triangle ABC peut être décrit par le moyen de DEF, comme DEF par le moyen de ABC.

PROPOSITION X.

THÉORÊME.

Les mêmes choses étant posées que dans le théorême précédent, chaque angle de l'un des triangles ABC, DEF, *aura pour mesure la demi-circonférence moins le côté opposé dans l'autre triangle.*

Soient prolongés, s'il est nécessaire, les côtés AB, AC, jusqu'à la rencontre de EF en G et H; puisque le point A est le pole de l'arc GH, l'angle A aura pour mesure l'arc GH. Mais l'arc EH est un *quadrans* ainsi que GF, puisque E est le pole de AH, et F le pole de AG ; donc EH+GF vaut une demi-circonférence. Or EH+GF est la même chose que EF+GH. Donc l'arc GH qui mesure l'angle A est égal à une demi-circonférence moins le côté EF; de même l'angle B aura pour mesure $\frac{1}{2}$ *circ.*—DF, et l'angle C, $\frac{1}{2}$ *circ.*—DC.

Cette propriété doit être réciproque entre les deux triangles, puisqu'ils se décrivent de la même manière l'un par le moyen de l'autre. Ainsi on trouvera que les angles D, E, F, du triangle DEF, ont pour mesure respectivement $\frac{1}{2}$*circ.*—BC, $\frac{1}{2}$*circ.*—AC, $\frac{1}{2}$*circ.*—AB. En effet, l'angle D, par exemple, a pour mesure l'arc MI; or MI+BC=MC+BI=$\frac{1}{2}$*circ.* Donc l'arc MI, mesure de l'angle D, = $\frac{1}{2}$*circ.*—BC, et ainsi des autres.

Scholie. Il faut remarquer qu'outre le triangle DEF on en pourroit former trois autres dont les angles seroient pareillement les poles des côtés du triangle ABC, car l'intersection de trois arcs donnés de position produit quatre triangles. Mais la proposition actuelle n'a lieu que pour le triangle central, qui est distingué des trois autres en ce que les deux angles A et D sont situés d'un même côté de BC, les deux B et E d'un même côté de AE, et les deux C et F d'un même côté de AB. fig. 228.

On donne différents noms aux deux triangles ABC, DEF : le plus convenable paroît être celui de *triangles polaires*.

PROPOSITION XI.

LEMME.

Etant donné le triangle ABC, *si du pole* A *et de l'intervalle* AC *on décrit l'arc de petit cercle* DEC, *si du pole* B *et de l'intervalle* BC *on décrit pareillement l'arc* DFC, *et que du point* D, *où les arcs* DEC, DFC, *se couperont, on mène les arcs de grand cercle* AD, DB, *je dis que le triangle* ADB fig. 229.

ainsi formé aura ses parties égales à celles du triangle ACB.

Car par construction le côté AD=AC, DB=BC, AB est commun; donc ces deux triangles ont les côtés égaux chacun à chacun. Je dis maintenant que les angles opposés aux côtés égaux sont égaux.

En effet, si le centre de la sphère est supposé en O, on peut concevoir un angle solide formé au point O par les trois angles plans AOB, AOC, BOC; on peut concevoir de même un second angle solide formé par les trois angles plans AOB, AOD, BOD. Et, puisque les côtés du triangle ABC sont égaux à ceux du triangle ADB, il s'ensuit que les angles plans qui forment un de ces angles solides sont égaux aux angles plans qui forment l'autre angle solide, chacun à chacun. Mais dans ce cas il a été
* 23. 5. démontré* que les plans dans lesquels sont les angles égaux sont également inclinés entre eux; donc les angles du triangle sphérique DAB sont égaux à ceux du triangle CAB, savoir, DAB=BAC, DBA=ABC, et ADB=ACB. Donc les côtés et les angles du triangle ADB sont égaux aux côtés et aux angles du triangle ACB.

Scholie. L'égalité de ces triangles n'est cependant pas une égalité absolue ou de superposition, car il seroit impossible de les appliquer l'un sur l'autre exactement, à moins qu'ils ne fussent isoscèles. L'égalité dont il s'agit est ce que nous avons déja appelé une égalité par *symmétrie*, et par cette raison nous appellerons les triangles ACB, ADB, *triangles symmétriques*.

PROPOSITION XII.

THÉORÊME.

Deux triangles situés sur la même sphère, ou sur des sphères égales, sont égaux dans toutes leurs parties, lorsqu'ils ont un angle égal compris entre côtés égaux chacun à chacun.

Soit le côté AB=EF, le côté AC=EG, et l'angle BAC=FEG; le triangle EFG pourra être placé sur le triangle ABC ou sur son symmétrique ABD, de la même manière qu'on superpose deux triangles rectilignes qui ont un angle égal compris entre côtés égaux. Donc toutes les parties du triangle EFG seront égales à celles du triangle ABC, c'est-à-dire, qu'outre les trois parties qui sont supposées égales, on aura le côté BC=FG, l'angle ABC=EFG, et l'angle ACB=EGF. fig. 230.

PROPOSITION XIII.

THÉORÊME.

Deux triangles situés sur la même sphère, ou sur des sphères égales, sont égaux dans toutes leurs parties, lorsqu'ils ont un côté égal adjacent à deux angles égaux chacun à chacun.

Car l'un de ces triangles peut être placé sur l'autre ou sur son symmétrique, comme on l'a expliqué dans le cas pareil des triangles rectilignes. *Voyez prop. VII, liv. I.*

PROPOSITION XIV.

THÉORÊME.

Si deux triangles situés sur la même sphère, ou sur des sphères égales, sont équilatéraux entre eux, ils seront aussi équiangles, et les angles égaux seront opposés aux côtés égaux.

fig. 229. Cela est manifeste par la proposition XI, où l'on a vu qu'avec trois côtés donnés AB, AC, BC, on ne peut faire que deux triangles ACB, ABD, différents quant à la position des parties, mais égaux quant à la grandeur de ces mêmes parties. Donc deux triangles équilatéraux entre eux sont ou absolument égaux, ou au moins égaux par symmétrie; dans l'un et l'autre cas ils sont équiangles, et les angles égaux sont opposés aux côtés égaux.

PROPOSITION XV.

THÉORÊME.

fig 231. *Dans tout triangle sphérique isoscèle les angles opposés aux côtés égaux sont égaux; et réciproquement, si deux angles d'un triangle sphérique sont égaux, le triangle sera isoscèle.*

1.° Soit le côté AB=AC; je dis qu'on aura l'angle C=B; car, si du sommet A au point D, milieu de la base, on mène l'arc AD, les deux triangles ABD, ADC, auront les trois côtés égaux chacun à chacun; savoir, AD commun, BD=DC, et AB=AC; donc, par le théorème précédent, ces triangles auront les angles égaux, et on aura B=C.

2.° Soit l'angle B=C; je dis qu'on aura AC=AB : car, si le côté AB n'est pas égal à AC, soit AB le plus grand des deux, prenez BO=AC et joignez OC. Les deux côtés BO, BC, sont égaux aux deux AC, BC; l'angle compris par les premiers OBC est égal à l'angle compris par les seconds ACB. Donc, par la prop. XII, les deux triangles BOC, ACB, ont les autres parties égales, et par conséquent l'angle OCB=ABC : mais l'angle ABC par hypothèse =ACB; donc on auroit OCB=ACB, ce qui est impossible. Donc on ne peut supposer AB différent de AC; donc les côtés AB, AC, opposés aux angles égaux B et C, sont égaux.

Scholie. La même démonstration prouve que l'angle BAD=DAC, et que l'angle BDA=ADC. Donc ces deux derniers sont droits : donc *l'arc mené du sommet d'un triangle isoscèle au milieu de sa base est perpendiculaire à cette base et divise l'angle du sommet en deux parties égales.*

PROPOSITION XVI.

THÉORÈME.

Dans un triangle sphérique ABC, *si l'angle* A *est plus grand que l'angle* B, *le côté* BC *opposé à l'angle* A *sera plus grand que le côté* AC *opposé à l'angle* B; *réciproquement si le côté* BC *est plus grand que* AC, *l'angle* A *sera plus grand que l'angle* B. fig. 232.

1.° Soit l'angle A > B, faites l'angle BAD=B, vous aurez AD=DB*. Mais AD+DC est plus grand que AC; à la place de AD mettant DB, on aura DB+DC ou BC > AC. * 15.

2.° Si on suppose BC > AC, je dis que l'angle BAC sera plus grand que ABC. Car, si BAC étoit égal à ABC, on auroit BC=AC; et si on avoit BAC < ABC, il s'ensuivroit par ce qui vient d'être démontré BC < AC; ce qui est contre la supposition. Donc BAC est plus grand que ABC.

PROPOSITION XVII.

THÉORÊME.

fig. 235. *Si les deux côtés* AB, AC, *du triangle sphérique* ABC *sont égaux aux deux côtés* DE, DF, *du triangle* DEF *tracé sur une sphère égale, si en même temps l'angle* A *est plus grand que l'angle* D, *je dis que le troisième côté* BC *du premier triangle sera plus grand que le troisième* EF *du second.*

La démonstration est absolument semblable à celle de la prop. x, liv. I.

PROPOSITION XVIII.

THÉORÊME.

Si deux triangles tracés sur la même sphère ou sur des sphères égales sont équiangles entre eux, ils seront aussi équilatéraux.

Soient A et B les deux triangles donnés, P et Q leurs triangles polaires. Puisque les angles sont égaux dans les triangles A et B, les côtés seront
* 10. égaux dans les polaires P et Q*. Mais de ce que les triangles P et Q sont équilatéraux entre eux, il
* 14. s'ensuit qu'ils sont aussi équiangles*. Enfin, de ce que les angles sont égaux dans les triangles P et Q,

il s'ensuit* que les côtés sont égaux dans leurs polaires A et B. Donc les triangles équiangles A et B sont en même temps équilatéraux entre eux. * 10.

On peut encore démontrer la même proposition sans le secours des triangles polaires.

Soient ABC, DEF, deux triangles équiangles entre eux, de sorte qu'on ait A=D, B=E, C=F; je dis qu'on aura le côté AB=DE, AC=DF, BC=EF. fig. 234.

Sur le prolongement des côtés AB, AC, prenez AG=DE, et AH=DF; joignez GH et prolongez les arcs BC, GH, jusqu'à ce qu'ils se rencontrent en I et K.

Les deux côtés AG, AH, sont par construction égaux aux deux DE, DF, l'angle compris GAH=BAC=EDF; donc* les triangles AGH, DEF, sont égaux dans toutes leurs parties, et on a l'angle AGH=DEF=ABC, et l'angle AHG=DFE=ACB. * 12.

Dans les triangles IBG, KBG, le côté BG est commun, l'angle IGB=GBK; et puisque IGB+BGK est égal à deux droits, ainsi que GBK+IBG, il s'ensuit que BGK=IBG. Donc les triangles IBG, GBK, sont égaux*, et on a IG=BK, et IB=GK. * 13.

Pareillement, de ce que l'angle AHG=ACB, on conclura que les triangles ICH, HCK, ont un côté égal adjacent à deux angles égaux. Donc ils sont égaux; donc IH=CK, et HK=IC.

Maintenant, si des égales BK, IG, on retranche les égales CK, IH, les restes BC, GH, seront égaux. D'ailleurs l'angle BCA=AHG, et l'angle ABC=AGH. Donc les triangles ABC, AHG, ont un côté égal adjacent à deux angles égaux; donc ils sont égaux. Mais le triangle DEF est égal dans toutes ses parties au triangle AHG; donc il est égal aussi au triangle ABC, et on aura AB=DE, AC=DF, BC=EF. Donc, si deux triangles sphériques sont équiangles entre eux, les côtés opposés aux angles égaux seront égaux.

Scholie. Cette proposition n'a pas lieu dans les triangles rectilignes, où de l'égalité des angles on ne peut conclure que la proportionnalité des côtés. Mais il est aisé de rendre compte de la différence qui se trouve à cet égard entre les triangles rectilignes et les triangles sphériques. Dans la proposition présente, ainsi que dans les prop. XII, XIII, XIV et XVIII, où il s'agit de la comparaison des triangles, il est dit expressément que ces triangles sont tracés sur la même sphère ou sur des sphères égales. Or les arcs semblables sont proportionnels aux rayons; donc, sur des sphères égales, deux triangles ne peuvent être semblables sans être égaux. Il n'est donc pas surprenant que l'égalité des angles entraîne l'égalité des côtés.

Il en seroit autrement si les triangles étoient tracés sur des sphères inégales; alors les angles étant égaux, les triangles seroient semblables, et les côtés homologues seroient entre eux comme les rayons des sphères.

PROPOSITION XIX.

THÉORÊME.

La somme des angles de tout triangle sphérique est moindre que six et plus grande que deux angles droits.

Car 1.° chaque angle d'un triangle sphérique est moindre que deux angles droits, (*voyez le scholie ci-après*); donc la somme des trois angles est moindre que six angles droits.

2.° La mesure de chaque angle d'un triangle sphérique est égale à la demi-circonférence moins
le côté correspondant du triangle polaire*. Donc * 10.
la somme des trois angles a pour mesure trois demi-circonférences moins la somme des côtés du triangle polaire. Or cette dernière somme est plus
petite qu'une circonférence*; donc, en la retran- * 4.
chant de trois demi-circonférences, il restera plus d'une demi-circonférence qui est la mesure de deux angles droits. Donc 2.° la somme des trois angles d'un triangle sphérique est plus grande que deux angles droits.

Corollaire I. La somme des angles d'un triangle sphérique n'est pas constante comme celle des triangles rectilignes; elle varie depuis deux angles droits jusqu'à six, sans pouvoir être égale à l'une ni à l'autre limite. Ainsi deux angles donnés ne font pas connoître le troisième.

Corollaire II. Un triangle sphérique peut avoir deux ou trois angles droits, deux ou trois angles obtus.

Si le triangle ABC est *bi-rectangle*, c'est-à-dire, fig. 235.
s'il a deux angles droits B et C, le sommet A sera
le pole de la base BC*; et les côtés AB, AC, seront * 6.
des *quadrans*.

Si en outre l'angle A est droit, le triangle ABC sera *tri-rectangle*, ses angles seront tous droits et ses côtés des *quadrans*. Le triangle tri-rectangle est contenu huit fois dans la surface de la sphère; c'est ce que l'on voit par la fig. 236, en supposant l'arc MN égal à un *quadrans*.

Scholie. Nous avons supposé dans tout ce qui précède, et conformément à la définit. VI, que les triangles sphériques ont leurs côtés toujours plus petits que la demi-circonférence, alors il s'ensuit que les angles sont toujours plus petits que deux
fig. 224. angles droits. Car, si le côté AB est moindre que la demi-circonférence, ainsi que AC, ces arcs doivent être prolongés tous deux pour se rencontrer en D. Or, les deux angles ABC, CBD, pris ensemble, valent deux angles droits; donc l'angle ABC tout seul est moindre que deux angles droits.

Nous observerons cependant qu'il existe des triangles sphériques dont certains côtés sont plus grands que la demi-circonférence, et certains angles plus grands que deux angles droits. Car, si on prolonge le côté AC en une circonférence entière ACE, ce qui reste, en retranchant de la demi-sphère le triangle ABC, est un nouveau triangle, qu'on peut désigner aussi par ABC, et dont les côtés sont AB, BC, AEC. On voit donc que le côté AEC est plus grand que la demi-circonférence AED; mais en même temps l'angle opposé en B surpasse deux angles droits de l'excès CBD.

Au reste, si on a exclu de la définition les triangles dont les côtés et les angles sont si grands, c'est que leur résolution ou la détermination de leurs parties se réduit toujours à celle des triangles renfermés dans la définition. En effet, on voit aisément que si on connoît les angles et les côtés du triangle ABC, on connoîtra immédiatement les angles et les côtés du triangle qui est le reste de la demi-sphère.

PROPOSITION XX.

THÉORÊME.

Le fuseau AMBNA *est à la surface de la sphère, comme l'angle* MAN *de ce fuseau est à quatre angles droits, ou comme l'arc* MN *qui mesure cet angle est à la circonférence.* fig. 236.

Supposons d'abord que l'arc MN soit à la circonférence MNPQ dans un rapport rationnel, par exemple, comme 5 est à 48. On divisera la circonférence MNPQ en 48 parties égales, dont MN contiendra 5; joignant ensuite le pole A et les points de division par autant de quarts de circonférence, on aura 48 triangles dans la demi-sphère AMNPQ, lesquels seront tous égaux entre eux, puisqu'ils auront toutes leurs parties égales. La sphère entière contiendra donc 96 de ces triangles partiels, et le fuseau AMBNA en contiendra 10: donc le fuseau est à la sphère comme 10 est à 96, ou comme 5 est à 48, c'est-à-dire, comme l'arc MN est à la circonférence.

Si l'arc MN n'est pas commensurable avec la circonférence, on prouvera par le même raisonnement dont on a déja vu beaucoup d'exemples, que le fuseau est toujours à la sphère, comme l'arc MN est à la circonférence.

Corollaire I. Deux fuseaux sont entre eux comme leurs angles respectifs.

Corollaire II. On a déja vu que la surface entière de la sphère est égale à huit triangles tri-rectan-
* 19. gles *. Donc, si l'aire d'un de ces triangles est prise pour l'unité, la surface de la sphère sera représentée par 8. Cela posé, la surface du fuseau dont l'angle est A sera exprimée par 2A, (si toutefois l'angle A est évalué en prenant l'angle droit pour unité); car on a 2A:8::A:4. Il y a donc ici deux unités différentes; l'une pour les angles, c'est l'angle droit; l'autre pour les surfaces, c'est le triangle sphérique tri-rectangle, ou celui dont tous les angles sont droits, et les côtés des quarts de circonférence.

Scholie. L'onglet sphérique compris par les plans AMB, ANB, est au solide entier de la sphère comme l'angle A est à quatre angles droits. Car les fuseaux étant égaux, les onglets sphériques seront pareillement égaux. Donc deux onglets sphériques sont entre eux comme les angles formés par les plans qui les comprennent.

PROPOSITION XXI.

THÉORÊME.

Deux triangles sphériques symmétriques sont égaux en surface.

fig. 237. Soient ABC, DEF deux triangles symmétriques, c'est-à-dire, deux triangles qui ont les côtés égaux, savoir, AB=DE, AC=DF, BC=EF, et qui cependant ne pourroient être superposés; je dis que la surface ABC est égale à la surface DEF.

Soit P le pole du petit cercle qui passeroit par les

trois points A, B, C (1); de ce point soient menés les arcs égaux* PA, PB, PC; au point F faites l'angle DFQ=ACP, l'arc FQ=CP, et joignez DQ, EQ. *6.

Les côtés DF, FQ, sont égaux aux côtés AC, CP, l'angle DFQ=ACP; donc les deux triangles DFQ, ACP, sont égaux dans toutes leurs parties*, donc le côté DQ=AP, et l'angle DQF=APC. *12.

Dans les triangles proposés DFE, ABC, les angles DFE, ACB, opposés aux côtés égaux DE, AB, sont égaux*; si on en retranche les angles DFQ, ACP, égaux par construction, il restera l'angle QFE égal à PCB. D'ailleurs les côtés QF, FE, sont égaux aux côtés PC, CB; donc les deux triangles FQE, CPB, sont égaux dans toutes leurs parties. Donc le côté QE=CB, et l'angle FQE=CPB. *11.

Si on observe maintenant que les triangles DFQ, ACP, qui ont les côtés égaux chacun à chacun, sont en même temps isoscèles, on verra qu'ils peuvent s'appliquer l'un sur l'autre; car, ayant placé PA sur son égal QF, le côté PC tombera sur son égal QD, et ainsi les deux triangles seront confondus en un seul. Donc ils sont égaux, donc la surface DQF=APC. Par une raison semblable la surface FQE=CPB, et la surface DQE=APB; donc on a DQF+FQE—DQE=APC+CPB—APB, ou DFE=ABC. Donc les deux triangles symmétriques ABC, DEF, sont égaux en surface.

---

(1) Le cercle qui passe par les trois points A, B, C, ou qui est circonscrit au triangle ABC, ne peut être qu'un petit cercle de la sphère. Car, si c'étoit un grand cercle, les trois côtés AB, BC, AC, seroient situés dans un même plan, et le triangle ABC se réduiroit à un de ses côtés.

Scholie. Les poles P et Q pourroient être situés au dedans des triangles ABC, DEF; alors il faudroit ajouter les trois triangles DQF, FQE, DQE, pour en composer le triangle DEF, et pareillement il faudroit ajouter les trois triangles APC, CPB, APB, pour en composer le triangle ABC; d'ailleurs la démonstration et la conclusion seroient toujours les mêmes.

PROPOSITION XXII.

THÉORÊME.

fig. 238. *Si deux grands cercles* AOB, COD, *se coupent comme on voudra dans l'hémisphère* AOCBD, *la somme des triangles opposés* AOC, BOD, *sera égale au fuseau dont l'angle est* BOD.

Car, en prolongeant les arcs OB, OD, dans l'autre hémisphère jusqu'à leur rencontre en N, OBN sera une demi-circonférence ainsi que AOB; retranchant de part et d'autre OB, on aura BN=AO. Par une raison semblable on a DN=CO, et BD=AC. Donc les deux triangles AOC, BDN, ont les trois côtés égaux; d'ailleurs leur position est telle qu'ils sont symétriques l'un de l'autre. Donc ils
21. sont égaux en surface, et la somme des triangles AOC, BOD, est équivalente au fuseau OBNDO dont l'angle est BOD.

Scholie. Il est clair aussi que les deux pyramides sphériques qui ont pour bases les triangles AOC, BOD, prises ensemble, équivalent à l'onglet sphérique dont l'angle est BOD.

PROPOSITION XXIII.

THÉORÊME.

La surface d'un triangle sphérique quelconque a pour mesure l'excès de la somme de ses trois angles sur deux angles droits.

Soit ABC le triangle proposé; prolongez ses côtés jusqu'à ce qu'ils rencontrent le grand cercle DEFG mené comme on voudra hors du triangle. En vertu du théorème précédent les deux triangles ADE, AGH, pris ensemble, équivalent au fuseau dont l'angle est A, et qui a pour mesure 2A. *Ainsi on aura ADE+AGH=2A; par une raison semblable BGF+BID=2B, CIH+CFE=2C. Mais la somme de ces six triangles excède la demi-sphère de deux fois le triangle ABC, d'ailleurs la demi-sphère est représentée par 4; donc le double du triangle ABC est égal à 2A+2B+2C—4, et par conséquent ABC =A+B+C—2. Donc un triangle sphérique a pour mesure la somme de ses angles moins deux angles droits. fig. 239. * 20.

Corollaire I. Autant il y aura d'angles droits dans cette mesure, autant le triangle proposé contiendra de triangles tri-rectangles ou de huitièmes de sphère qui sont l'unité de surface*. Par exemple, si les angles sont tous égaux à $\frac{4}{3}$ d'un angle droit, alors les trois angles vaudront 4 angles droits, et le triangle proposé sera représenté par 4—2 ou 2; donc il sera égal à deux triangles tri-rectangles ou au quart de la surface de la sphère. * 20.

Corollaire II. Le triangle sphérique ABC est équivalent au fuseau dont l'angle est $\frac{A+B+C}{2}-1$; de même la pyramide sphérique, dont la base est ABC, équivaut à l'onglet sphérique dont l'angle est $\frac{A+B+C}{2}-1$.

Scholie. En même temps qu'on compare le triangle sphérique ABC au triangle tri-rectangle, la pyramide sphérique qui a pour base ABC se compare et suit la même proportion avec la pyramide tri-rectangle. L'angle solide au sommet de la pyramide se compare de même avec l'angle solide au sommet de la pyramide tri-rectangle. En effet, la comparaison s'établit par la coïncidence des parties. Or, si les bases des pyramides coïncident, il est évident que les pyramides elles-mêmes coïncideront, ainsi que les angles à leur sommet. De là résultent plusieurs conséquences.

1.° Deux pyramides triangulaires sphériques sont entre elles comme leurs bases; et, puisqu'une pyramide polygonale peut se partager en plusieurs pyramides triangulaires, il s'ensuit que deux pyramides sphériques quelconques sont entre elles comme les polygones qui leur servent de bases.

2.° Les angles solides au sommet des mêmes pyramides sont également dans la proportion des bases. Donc, pour comparer deux angles solides quelconques, il faut placer leurs sommets au centre de deux sphères égales, et ces angles solides seront entre eux comme les polygones sphériques interceptés entre leurs plans ou faces.

L'angle au sommet de la pyramide tri-rectangle

est formé par trois plans perpendiculaires entre eux. Cet angle, qu'on peut appeler *angle solide droit*, est très-propre à servir d'unité de mesure aux autres angles solides. Cela posé, le même nombre qui donne l'aire du polygone sphérique, donnera la mesure de l'angle solide correspondant. Par exemple, si l'aire du polygone sphérique est $\frac{3}{4}$, c'est-à-dire, s'il est les $\frac{3}{4}$ du triangle tri-rectangle, l'angle solide correspondant sera aussi $\frac{3}{4}$ de l'angle solide droit.

PROPOSITION XXIV.

THÉORÊME.

La surface d'un polygone sphérique a pour mesure la somme de ses angles, moins autant de fois deux angles droits que le polygone a de côtés moins deux. fig. 240.

De l'angle A soient menées à tous les autres angles les diagonales AC, AD; le polygone ABCDE sera partagé en autant de triangles moins deux qu'il a de côtés. Mais la surface de chaque triangle a pour mesure la somme de ses angles moins deux angles droits, et il est clair que la somme de tous les angles des triangles est égale à la somme des angles du polygone. Donc la surface du polygone est égale à la somme de ses angles moins autant de fois deux angles droits qu'il a de côtés moins deux.

Scholie. Soit s la somme des angles d'un polygone sphérique, n le nombre de ses côtés; l'angle droit étant supposé l'unité, la surface du polygone aura pour mesure $s-2(n-2)$ ou $s-2n+4$.

PROPOSITION XXV.

THÉORÊME.

Soit S *le nombre des angles solides d'un polyedre*, H *le nombre de ses faces*, A *le nombre de ses arêtes; je dis qu'on aura toujours* $S+H=A+2$.

Prenez au dedans du polyedre un point d'où vous menerez des lignes droites à tous les angles; imaginez ensuite que du même point comme centre on décrive une surface sphérique qui soit rencontrée par toutes ces lignes en autant de points; joignez ces points par des arcs de grands cercles de manière à former sur la surface de la sphère des polygones correspondants et en même nombre avec les faces
fig. 240. du polyedre. Soit ABCDE un de ces polygones, et soit n le nombre de ses côtés; sa surface sera $s-2n+4$, s étant la somme des angles A, B, C, D, E. Si on évalue semblablement la surface de chacun des autres polygones sphériques et qu'on les ajoute toutes ensemble, on en conclura que leur somme ou la surface de la sphère, représentée par 8, est égale à la somme de tous les angles des polygones, moins deux fois le nombre de leurs côtés, plus 4 pris autant de fois qu'il y a de faces. Or, comme tous les angles qui s'ajustent autour d'un même point A valent quatre angles droits, la somme de tous les angles des polygones est égale à 4 pris autant de fois qu'il y a d'angles solides, elle est donc égale à $4S$. Ensuite le double du nombre des côtés AB, BC, CD, etc. est égal au quadruple du nombre des arêtes ou $=4A$, puisque la même arête sert de côté à deux faces. Donc on aura $8=4S-4A+4H$; et en prenant le quart de chaque membre, $2=S-A+H$, ou, ce qui revient au même, $S+H=A+2$.

Corollaire. Il suit de là que *la somme des angles plans qui forment les angles solides d'un polyedre, est égale à autant de fois quatre angles droits qu'il y a d'unités dans* $S-2$, S *étant le nombre des angles solides du polyedre.*

Car, si on considère une face dont le nombre de côtés

soit n, la somme des angles de cette face sera égale à autant de fois deux angles droits qu'il y a d'unités dans $n-2$. Mais la somme de tous les n, ou le nombre des côtés de toutes les faces, est 2 A, et 2 pris autant de fois qu'il y a de faces $=2$ H. Donc la somme de tous les angles des faces est égale à deux angles droits pris autant de fois qu'il y a d'unités dans $2A-2H$, or on a $2A-2H=2S-4=2(S-2)$. Donc la somme dont il s'agit est égale à quatre angles droits pris autant de fois qu'il y a d'unités dans $S-2$.

PROPOSITION XXVI.

THÉORÈME.

De tous les triangles sphériques formés avec deux côtés donnés et un troisième à volonté, le plus grand est celui qu'on peut inscrire dans une demi-circonférence dont la corde du troisième côté sera le diamètre. fig. 241.

Soit ABC le triangle le plus grand de tous ceux qu'on peut former avec les deux côtés donnés AB, AC, et un troisième à volonté ; au dessous de BC faites le triangle BDC égal à BAC, en sorte qu'on ait BD$=$AC, et DC$=$AB ; tirez la diagonale AD, je dis que AD est égal à BC.

Car le triangle ABD a les deux côtés AB, BD, égaux aux deux AB, AC, du triangle ABC : si donc le troisième côté AD n'est pas égal à BC, le triangle ABC sera plus grand par hypothèse que ABD (1) ; par la même raison ABC, ou BCD, sera plus grand que ACD : donc ABD$+$ADC seroit plus petit que ABC$+$BCD. Mais il est clair au contraire que les deux sommes sont égales, puisque l'une et l'autre forment le quadrilatère ABDC ; donc la diagonale AD est égale à BC, et en même temps le triangle BAD est égal au triangle BAC.

Il suit de là que l'angle BAD est égal à ABC, et qu'ainsi le triangle BAO est isoscèle ; on a donc BO$=$AO ; on a de même AO$=$CO. Donc, si du point O comme pole et de l'intervalle BO on décrit une circonférence, cette circon-

---

(1) Voyez à ce sujet la note X.

férence passera par les trois points B, A, C; donc le triangle *maximum* BAC est celui qu'on peut inscrire dans une demi-circonférence dont la corde du troisième côté BC est le diamètre.

Scholie I. Le triangle sphérique BAC devient un *maximum* en même temps que le triangle rectiligne BAC formé par les cordes de ses côtés, savoir, lorsque l'angle compris par les cordes AB, AC, est un angle droit. Car alors ce triangle peut être inscrit dans une demi-circonférence dont le troisième côté BC est le diamètre.

Dans le triangle rectiligne BAC l'angle droit A est égal à la somme des deux autres B et C; dans le triangle sphérique BAC, l'angle BAC est aussi égal à la somme des deux autres. Car l'angle BAC=BAO+CAO; or BAO=ABO et CAO=ACO. Donc *l'angle* A *du triangle sphérique* BAC *est égal à la somme des deux autres* B *et* C. De là il suit que l'angle A est obtus, car la somme des trois angles du triangle BAC est double de l'angle A, et d'un autre côté cette même somme est plus grande que
* 19. deux angles droits.* Donc l'angle A est plus grand qu'un angle droit.

Si l'on prolonge les côtés AB, AC, jusqu'à leur rencontre en E, le triangle BCE sera égal au quart de la surface de la sphère. Car l'angle E=A=ABC+ACB; donc les trois angles du triangle BCE équivalent aux quatre ABC, CBE, ACB, BCE, dont la somme est 4 angles droits. Donc la
* 23. surface du triangle ACE*=4—2=2 qui est le quart de la surface de la sphère.

Scholie II. Il n'y auroit pas lieu à *maximum* si la somme des deux côtés donnés AB, AC, étoit égale ou plus grande qu'une demi-circonférence; car puisque le triangle ABC doit être inscrit dans un demi-cercle de la sphère, il faut que la somme des deux côtés AB, AC, soit plus petite que la demi-circonférence d'un cercle de la sphère, et par conséquent plus petite que la demi-circonférence d'un grand cercle.

La raison pourquoi il n'y a pas de *maximum*, lorsque la somme des deux côtés donnés est plus grande que la demi-circonférence, c'est qu'alors le triangle augmente de plus en plus à mesure que l'angle compris par les côtés donnés est plus grand. Enfin, lorsque cet angle sera égal à deux droits, les trois côtés seront dans un même plan et formeront une circonférence entière; le triangle sphérique deviendra donc égal à la demi-sphère, mais il cessera alors d'être triangle.

PROPOSITION XXVII.

THÉORÊME.

De tous les triangles sphériques formés avec un côté donné et un périmètre donné, le plus grand est celui dans lequel les deux côtés non déterminés sont égaux.

Soit AB le côté donné commun aux deux triangles ACB, ADB, et soit AC+CB=AD+DB; je dis que le triangle isoscèle ACB, dans lequel AC=CB, est plus grand que le non-isoscèle ADB. fig. 242.

Car ces triangles ayant la partie commune AOB, il suffit de faire voir que le triangle BOD est plus petit que AOC. L'angle CBA, égal à CAB, est plus grand que OAB; ainsi le côté AO est plus grand que OB*; prenez OI=OB, faites OK=OD, et joignez KI; le triangle OKI sera égal à DOB*. Si on nie maintenant que le triangle DOB ou son égal KOI soit plus petit que OAC, il faudra qu'il soit égal ou plus grand; dans l'un ou l'autre cas, puisque le point I est entre les points A et O, il faudra que le point K soit sur OC prolongé, sans quoi le triangle OKI seroit contenu dans le triangle CAO, et par conséquent plus petit. Cela posé, le plus court chemin de C en A étant CA, on a CK+KI+IA>CA. Mais CK=OD—CO, AI=AO—OB, KI=BD; donc OD—CO+AO—OB+BD>CA, et en réduisant AD—CB+BD>CA, ou AD+BD>AC+CB. Or cette inégalité est contraire à l'hypothèse AD+BD=AC+CB; donc le point K ne peut tomber sur le prolongement de OC; donc il tombe entre O et C, et par conséquent le triangle KOI, ou son égal ODB, est plus petit que ACO; donc le triangle isoscèle ACB est plus grand que le non-isoscèle ADB de même base et de même périmètre.

* 16.

* 12.

Scholie. Ces deux dernières propositions sont analogues aux propositions I et III de l'appendice au livre IV ; ainsi on peut en tirer, par rapport aux polygones sphériques, les conséquences qui ont lieu pour les polygones rectilignes. Voici les principales.

1.° *De tous les polygones sphériques isopérimètres et d'un même nombre de côtés, le plus grand a ses côtés égaux.*

2.° *De tous les polygones sphériques formés avec des côtés donnés et un dernier à volonté, le plus grand est celui qu'on peut inscrire dans un demi-cercle dont la corde du côté non déterminé sera le diamètre.* Il faut, pour la possibilité de la solution, que la somme des côtés donnés soit moindre qu'une demi-circonférence de grand cercle.

3.° *Le plus grand des polygones sphériques formés avec des côtés donnés, est celui qu'on peut inscrire dans un cercle de la sphère.*

4.° *Le plus grand des polygones sphériques qui ont le même périmètre et le même nombre de côtés, est le polygone régulier.*

Toutes les propositions de *maximum* concernant les polygones sphériques s'appliquent aux angles solides dont ces poligones sont la mesure.

APPENDICE AUX LIVRES VI ET VII.

LES POLYEDRES RÉGULIERS.

PROPOSITION I.

THÉORÊME.

Il ne peut y avoir que cinq polyedres réguliers.

Car on a défini *polyedres réguliers* ceux dont toutes les faces sont des polygones réguliers égaux et dont tous les angles solides sont égaux entre eux. Ces conditions ne peuvent avoir lieu que dans un petit nombre de cas.

1.° Si les faces sont des triangles équilatéraux, on peut former chaque angle solide du polyedre avec trois angles de ces triangles, ou avec quatre, ou avec cinq. De là naissent trois corps réguliers qui sont le tétraedre, l'octaedre et l'icosaedre. On n'en peut pas former un plus grand nombre avec des triangles équilatéraux, car six angles de ces triangles valent quatre angles droits, et ne peuvent former d'angle solide. * * 21. 5.

2.° Si les faces sont des quarrés, on peut assembler leurs angles trois à trois; et de là résulte l'hexaedre ou cube.

Quatre angles de quarrés valent quatre angles droits, et ne peuvent former d'angle solide.

3.° Enfin, si les faces sont des pentagones réguliers, on pourra encore assembler leurs angles trois à trois, et il en résultera le dodécaedre régulier.

On ne peut aller plus loin; car trois angles d'hexagones réguliers valent quatre angles droits, et trois d'heptagones encore plus.

Donc il ne peut y avoir que cinq polyedres réguliers, trois formés avec des triangles équilatéraux, un avec des quarrés, et un avec des pentagones.

Scholie. On va prouver dans la proposition suivante que ces cinq polyedres existent réellement, et qu'on peut en déterminer toutes les dimensions lorsqu'on connoît une de leurs faces.

PROPOSITION II.

PROBLÊME.

Etant donnée l'une des faces d'un polyedre régulier, ou seulement son côté, construire le polyedre.

Ce problême en présente cinq qui vont être résolus successivement.

Construction du tétraedre.

fig 243. Soit ABC le triangle équilatéral qui doit être une des faces du tétraedre; au point O, centre de ce triangle, élevez OS perpendiculaire au plan ABC; terminez cette perpendiculaire au point S, de sorte que AS=AB; joignez SB, SC, et la pyramide SABC sera le tétraedre requis.

Car, à cause des distances égales OA, OB, OC, les obliques SA, SB, SC, s'écartent également de la perpendiculaire SO et sont égales. L'une d'elles SA=AB; donc les quatre faces de la pyramide SABC sont des triangles égaux au triangle donné ABC. D'ailleurs les angles solides de cette pyramide sont égaux entre eux, puisqu'ils sont formés chacun avec trois angles plans égaux. Donc cette pyramide est un tétraedre régulier.

Construction de l'hexaedre.

fig. 244. Soit ABCD un quarré donné: sur la base ABCD construisez un prisme droit dont la hauteur AE soit égale au côté AB. Il est clair que les faces de ce prisme seront des quarrés égaux, et que ses angles solides sont égaux entre eux comme étant formés avec trois angles droits; donc ce prisme est un hexaedre régulier ou cube.

Construction de l'octaedre.

fig. 245. Soit AMB un triangle équilatéral donné: sur le côté AB décrivez le quarré ABCD; au point O, centre de ce quarré, élevez sur son plan la perpendiculaire TS, terminée de part et d'autre en T et S, de manière que OT=OS=AO; joignez ensuite SA, SB, TA, etc.; vous aurez un solide SABCDT, composé de deux pyramides quadrangulaires SABCD, TABCD, adossées par leur base commune ABCD: ce solide sera l'octaedre régulier demandé.

En effet le triangle AOS est rectangle en O, ainsi que le triangle AOD; les côtés AO, OS, OD, sont égaux; donc ces triangles sont égaux, et on a AS=AD. On démontrera de même que tous les autres triangles rectangles AOT, BOS, COT, etc. sont égaux au triangle AOD; donc tous les côtés AB, AS, AD, etc. sont égaux entre eux, et par conséquent le solide SABCDT est compris sous huit triangles égaux au triangle équilatéral donné ABM. Je dis de plus que les angles solides du polyedre sont égaux entre eux; par exemple l'angle S est égal à l'angle B.

Car il est visible que le triangle SAC est égal au triangle DAC, et qu'ainsi l'angle ASC est droit; donc la figure SATC et un quarré égal au quarré ABCD. Mais si on compare la pyramide BASCT à la pyramide SABCD, la base ASCT de la première peut se placer sur la base ABCD de la seconde; alors le point O étant un centre commun, la hauteur OB de la première coincidera avec la hauteur OS de la seconde, et les deux pyramides se confondront en une seule; donc l'angle solide S est égal à l'angle solide B; donc le solide SABCDT est un octaedre régulier.

Scholie. Si trois droites égales AC, BD, ST, sont perpendiculaires entre elles et se coupent dans leur milieu, les extrémités de ces droites seront les angles d'un octaedre régulier.

Construction du dodécaedre.

Soit ABCDE un pentagone régulier donné; soient ABP, CBP deux angles plans égaux à l'angle ABC: avec ces angles plans formez l'angle solide B, et déterminez par la proposition XXIV, livre V, l'inclinaison mutuelle de deux de ces plans, inclinaison que j'appelle K. Formez semblablement aux points C, D, E, A, des angles solides égaux à l'angle solide B et situés de la même manière: le plan CBP sera le même avec le plan BCG, puisqu'ils sont fig. 246.

inclinés l'un et l'autre de la même quantité K sur le plan ABCD. On peut donc dans le plan PBCG décrire le pentagone BCGFP égal au pentagone ABCDE. Si on fait de même dans chacun des autres plans CDI, DEL, etc., on aura une surface convexe PFGA, etc. composée de six pentagones réguliers égaux et inclinés chacun sur son adjacent de la même quantité K. Soit *pfgh*, etc. une seconde surface égale à PFGH, etc., je dis que ces deux surfaces peuvent être réunies de manière à ne former qu'une seule surface convexe continue. En effet l'angle *opf*, par exemple, peut se joindre aux deux angles OPB, BPF, pour faire un angle solide P égal à l'angle B; et dans cette jonction il ne sera rien changé à l'inclinaison des plans BPF, BPO, puisque cette inclinaison est telle qu'il le faut pour la formation de l'angle solide. Mais en même temps que l'angle solide P se forme, le côté *pf* s'appliquera sur son égal PF, et au point F se trouveront réunis trois angles plans PFG, *pfe*, *efg*, qui formeront un angle solide égal à chacun des angles déja formés; cette jonction se fera sans rien changer ni à l'état de l'angle P ni à celui de la surface *efgh*, etc.; car les plans PFG, *efp*, déja réunis en P, ont entre eux l'inclinaison convenable K, ainsi que les plans *efg*, *efp*. Continuant ainsi de proche en proche, on voit que les deux surfaces s'ajusteront mutuellement l'une avec l'autre pour ne former qu'une seule surface continue et rentrante sur elle-même. Cette surface sera celle d'un dodécaedre régulier, puisqu'elle est composée de douze pentagones réguliers égaux, et que tous ses angles solides sont égaux entre eux.

Construction de l'icosaedre.

fig. 247. Soit ABC une de ses faces; il faut d'abord former un angle solide avec cinq plans égaux au plan ABC et également inclinés chacun sur son adjacent. Pour cela sur le côté B'C' égal à BC, faites le pentagone régulier B'C'H'I'D'; au centre de ce pentagone élevez sur son plan une perpendiculaire, que vous terminerez en A' de manière que B'A' = B'C'; joignez A'C', A'H', A'I', A'D', et l'angle solide A' formé par les cinq plans B'A'C', C'A'H', etc. sera l'angle solide requis. Car les obliques

A'B', A'C', etc. sont égales, l'une d'elles A'B' est égale au côté B'C'; donc tous les triangles B'A'C'C, 'A'H', etc. sont égaux entre eux et au triangle donné ABC.

Il est visible d'ailleurs que les plans B'A'C', C'A'H', etc. sont également inclinés chacun sur son adjacent; car les angles solides B', C', etc. sont égaux entre eux, puisqu'ils sont formés chacun avec deux angles de triangles équilatéraux et un de pentagone régulier. Appelons K l'inclinaison des deux plans où sont les angles égaux, inclinaison qu'on peut déterminer par la proposition XXIV, livre V; l'angle K sera en même temps l'inclinaison de chacun des plans qui composent l'angle solide A' sur son adjacent.

Cela posé, si on fait aux points A, B, C, des angles solides égaux chacun à l'angle A', on aura une surface convexe DEFG, etc. composée de dix triangles équilatéraux, dont chacun sera incliné sur son adjacent de la quantité K, et les angles D, E, F, etc. de son contour réuniront alternativement trois et deux angles de triangles équilatéraux. Imaginez une seconde surface égale à la surface DEFG, etc.; ces deux surfaces pourront s'adapter mutuellement, en joignant chaque angle triple de l'une à un angle double de l'autre; et, comme les plans de ces angles ont déja entre eux l'inclinaison K nécessaire pour former un angle solide quintuple égal à l'angle A, il ne sera rien changé dans cette jonction à l'état de chaque surface en particulier, et les deux ensemble formeront une seule surface continue composée de vingt triangles équilatéraux. Cette surface sera celle de l'icosaedre régulier, puisque d'ailleurs tous les angles solides sont égaux entre eux.

PROPOSITION III.

PROBLÊME.

Trouver l'inclinaison de deux faces adjacentes d'un polyedre régulier.

Cette inclinaison se déduit immédiatement de la construction qui vient d'être donnée des cinq polyedres réguliers; à quoi il faut ajouter la proposition XXIV, livre V, par laquelle, étant donnés les trois angles plans qui forment un angle solide, on détermine l'angle que deux de ces plans font entre eux.

fig. 243. *Dans le tétraedre.* Chaque angle solide est formé de trois angles de triangles équilatéraux : il faut donc chercher par le problême cité l'angle que deux de ces plans font entre eux, cet angle sera l'inclinaison de deux faces adjacentes du tétraedre.

fig. 244. *Dans l'hexaedre.* L'angle de deux faces adjacentes est un angle droit.

fig. 245. *Dans l'octaedre.* Formez un angle solide avec deux angles de triangles équilatéraux et un angle droit, l'inclinaison des deux plans où sont les angles des triangles sera celle de deux faces adjacentes de l'octaedre.

fig. 146. *Dans le dodécaedre.* Chaque angle solide est formé avec trois angles de pentagones réguliers ; ainsi l'inclinaison des plans de deux de ces angles sera celle de deux faces adjacentes du dodécaedre.

fig. 247. *Dans l'icosaedre.* Formez un angle solide avec deux angles de triangles équilatéraux et un angle de pentagone régulier, l'inclinaison des deux plans où sont les angles de triangles sera celle de deux faces adjacentes de l'icosaedre.

PROPOSITION IV.

PROBLÊME.

fig. 248. *Etant donné le côté d'un polyedre régulier, trouver le rayon de la sphère inscrite et celui de la sphère circonscrite au polyedre.*

Il faut d'abord démontrer que tout polyedre régulier peut être inscrit et circonscrit à une sphère.

Soit AB le côté commun à deux faces adjacentes, soient C et E les centres de ces deux faces, et CD, ED, les perpendiculaires abaissées de ces centres sur le côté commun AB, lesquelles tomberont au point D, milieu de ce côté. Les deux perpendiculaires CD, DE, font entre elles un angle connu qui est égal à l'inclinaison de deux faces adjacentes déterminée par le problême précédent. Or, si dans le plan CDE, perpendiculaire à AB, on mène sur CD et ED les perpendiculaires indéfinies CO et EO, qui se rencontrent en O, je dis que le point O sera le centre de la sphère inscrite et celui de la sphère circonscrite, le rayon de la première étant OC, et celui de la seconde OA.

En effet, puisque les apothêmes CD, DE, sont égales, et l'hypoténuse DO commune, le triangle rectangle CDO est égal au triangle rectangle ODE, et la perpendiculaire OC est égale à la perpendiculaire OE. Mais AB étant perpendiculaire au plan CDE, le plan ABC est perpendiculaire
à CDE*, ou CDE à ABC : d'ailleurs CO, dans le plan *17. 5.
CDE, est perpendiculaire à CD, intersection commune
des plans CDE, ABC; donc CO* est perpendiculaire au *18. 5.
plan ABC. Par la même raison EO est perpendiculaire au plan ABE; donc les deux perpendiculaires CO, EO, menées aux plans de deux faces adjacentes par les centres de ces faces, se rencontrent en un même point O et sont égales. Supposons maintenant que ABC et ABE représentent deux autres faces adjacentes quelconques, l'apothême CD restera toujours de la même grandeur, ainsi que l'angle CDO, moitié de CDE; donc le triangle rectangle CDO et son côté CO seront les mêmes pour toutes les faces du polyedre. Donc, si du point O comme centre et du rayon OC on décrit une sphère, cette sphère touchera toutes les faces du polyedre dans leurs centres (car les plans ABC, ABE, seront perpendiculaires à l'extrémité d'un rayon), et la sphère sera inscrite dans le polyedre, ou le polyedre circonscrit à la sphère.

Joignez OA, OB; à cause de CA = CB, les deux obliques OA, OB, s'écartant également de la perpendiculaire, seront égales; il en sera de même de deux autres lignes quelconques menées du centre O aux extrémités d'un même côté; donc toutes ces lignes sont égales entre elles. Donc si du point O comme centre et du rayon OA on décrit une surface sphérique, cette surface passera par les sommets de tous les angles solides du polyedre, et la sphère sera circonscrite au polyedre ou le polyedre inscrit dans la sphère.

Cela posé, la solution du problême proposé n'a plus aucune difficulté, et peut s'effectuer ainsi :

fig. 249. Etant donné le côté d'une face du polyedre, décrivez cette face, et soit CD son apothême. Cherchez par le problême précédent l'inclinaison de deux faces adjacentes du polyedre, et faites l'angle CDE égal à cette inclinaison. Prenez DE égale à CD, menez CO et EO perpendiculaires à CD et ED; ces deux perpendiculaires se rencontreront en un point O, et CO sera le rayon de la sphère inscrite dans le polyedre.

Sur le prolongement de DC prenez CA égale au rayon du cercle circonscrit à une face du polyedre, et OA sera le rayon de la sphère circonscrite à ce même polyedre.

Car les triangles rectangles CDO, CAO, de la figure 249 sont égaux aux triangles de même nom dans la figure 248. Ainsi, tandis que CD et CA sont les rayons des cercles inscrit et circonscrit à une face du polyedre, OD et OA sont les rayons des sphères inscrite et circonscrite au même polyedre.

Scholie. On peut tirer des propositions précédentes plusieurs conséquences.

1.° Tout polyedre régulier peut être partagé en autant de pyramides régulières que le polyedre a de faces : le sommet commun de ces pyramides sera le centre du polyedre qui est en même temps celui des sphères inscrite et circonscrite.

2.° La solidité d'un polyedre régulier est égale à sa surface multipliée par le tiers du rayon de la sphère inscrite.

3.° Deux polyedres réguliers de même nom sont deux solides semblables, et leurs dimensions homologues sont proportionnelles; donc les rayons des sphères inscrites ou circonscrites sont entre eux comme les côtés de ces polyedres.

4.° Si on inscrit un polyedre régulier dans une sphère, les plans menés du centre le long des différents côtés partageront la surface de la sphère en autant de polygones égaux et semblables que le polyedre a de faces.

LIVRE VIII.

LES TROIS CORPS RONDS.

DÉFINITIONS.

I. On appelle *cylindre* le solide produit par la révolution d'un rectangle ABCD, qu'on imagine tourner autour du côté immobile AB. fig. 250.

Dans ce mouvement les côtés AD, BC, restant toujours perpendiculaires à AB, décrivent des plans circulaires égaux DHP, CGQ, qu'on appelle *les bases du cylindre*, et le côté CD en décrit *la surface convexe*.

La ligne immobile AB s'appelle *l'axe du cylindre*.

Toute section KLM, faite dans le cylindre perpendiculairement à l'axe, est un cercle égal à chacune des bases. Car, pendant que le rectangle ABCD tourne autour de AB, la ligne IK perpendiculaire à AB, décrit un plan circulaire égal à la base, et ce plan n'est autre chose que la section faite perpendiculairement à l'axe au point I.

Toute section PQGH, faite suivant l'axe, est un rectangle double du rectangle générateur ABCD.

II. On appelle *cône* le solide produit par la révolution du triangle rectangle SAB, qu'on imagine tourner autour du côté immobile SA. fig. 251.

Dans ce mouvement le côté AB décrit un plan circulaire BDCE, qu'on appelle *la base du cône*, et l'hypoténuse SB en décrit la *surface convexe*.

Le point S s'appelle *le sommet du cône*, SA *l'axe* ou *la hauteur*, et SB *le côté* ou *l'apothéme*.

Toute section HKFI, faite perpendiculairement à l'axe, est un cercle; toute section SDE, faite suivant l'axe, est un triangle isoscèle double du triangle générateur SAB.

III. Si du cône SCDB on retranche, par une section parallèle à la base, le cône SFKH, le solide restant CBHF s'appelle *cône tronqué* ou *tronc de cône*. On peut supposer qu'il est décrit par la révolution du trapèze ABHG, dont les angles A et G sont droits, autour du côté AG. *La ligne immobile* AG s'appelle *l'axe* ou *la hauteur* du tronc, les cercles BDC, HKF, en sont *les bases*, et BH en est *le côté*.

IV. Deux cylindres ou deux cônes sont *semblables* lorsque leurs axes sont entre eux comme les diamètres de leurs bases.

fig. 252. V. Si, dans le cercle ACD qui sert de base à un cylindre, on inscrit un polygone ABCDE, et que sur la base ABCDE on élève un prisme droit égal en hauteur au cylindre, le prisme est dit *inscrit dans le cylindre*, ou le cylindre *circonscrit au prisme*.

Il est clair que les arêtes AF, BG, CH, etc. du prisme, étant perpendiculaires au plan de la base, sont comprises dans la surface convexe du cylindre. Donc le prisme et le cylindre se touchent suivant ces arêtes.

fig. 253. VI. Pareillement, si ABCD est un polygone circonscrit à la base d'un cylindre, et que sur la base ABCD on construise un prisme droit égal en hauteur au cylindre, le prisme est dit *circonscrit au cylindre,* ou le cylindre *inscrit dans le prisme.*

Soient M, N, etc. les points de contact des côtés AB, BC, etc., et soient élevées par les points M, N, etc. les perpendiculaires MX, NY, etc. au plan de la base; il est clair que ces perpendiculaires seront à la fois dans la surface du cylindre et dans celle du prisme circonscrit; donc elles seront leurs lignes de contact.

N. B. Le cylindre, le cône et la sphère sont les *trois corps ronds* dont on s'occupe dans les éléments.

Lemmes préliminaires sur les surfaces.

I.

Une surface plane OABCD *est plus petite que toute autre surface* PABCD, *terminée au même contour* ABCD. fig. 254.

Cette proposition est assez évidente pour être rangée au nombre des axiomes, car on pourroit supposer que le plan est parmi les surfaces ce que la ligne droite est parmi les lignes : la ligne droite est la plus courte entre deux points donnés, de même le plan est la surface la plus petite entre toutes celles qui ont un même contour. Cependant, comme il convient de réduire les axiomes au plus petit nombre possible, voici un raisonnement qui ne laissera aucun doute sur cette proposition.

Une surface étant une étendue en longueur et largeur, on ne peut concevoir qu'une surface soit plus grande qu'une autre, à moins que les dimensions de la première n'excèdent dans quelques sens celles de la seconde; et s'il arrive que les dimensions d'une surface soient en tous sens plus petites que les dimensions d'une autre surface, il est évident que la première surface sera la plus petite des deux. Or, dans quelque sens qu'on fasse passer le plan BPD, qui coupera la surface plane suivant BD, et l'autre surface suivant BPD, la ligne droite BD sera toujours plus petite que BPD. Donc la surface plane OABCD est plus petite que la surface environnante PABCD.

II.

fig. 255. *Toute surface* convexe OABCD *est moindre qu'une autre surface quelconque qui envelopperoit la première en s'appuyant sur le même contour* ABCD.

Nous répéterons ici que nous entendons par *surface convexe* une surface qui ne peut être rencontrée par une ligne droite en plus de deux points. Et cependant il est possible qu'une ligne droite s'applique exactement dans un certain sens, sur une surface convexe; on en voit des exemples dans les surfaces du cône et du cylindre. Nous observerons aussi que la dénomination de *surface convexe* n'est pas bornée aux seules surfaces courbes; elle comprend les surfaces *polyédrales* ou composées de plusieurs plans, et aussi les surfaces en partie courbes, en partie polyédrales.

Cela posé, si la surface OABCD n'est pas plus petite que toutes celles qui l'enveloppent, soit parmi celles-ci PABCD la surface la plus petite qui sera au plus égale à OABCD. Par un point quelconque O, faites passer un plan qui touche la surface OABCD sans la couper : ce plan rencontrera la surface PABCD, et la partie qu'il en retranchera est plus grande que le plan lui-même terminé à la même surface. Donc, en conservant le reste de la surface PABCD, on pourroit substituer le plan à la partie retranchée, et on auroit une nouvelle surface qui envelopperoit toujours la surface OABCD, et qui seroit plus petite que PABCD.

Mais celle-ci est la plus petite de toutes par hypothèse ; donc cette hypothèse ne sauroit subsister. Donc la surface convexe OABCD est plus petite que toute autre surface qui envelopperoit OABCD et qui seroit terminée au même contour ABCD.

Scholie. Par un raisonnement entièrement semblable on prouvera,

1.° Que, si une surface convexe terminée par deux contours ABC, DEF, est enveloppée par une autre surface quelconque terminée aux mêmes contours, la surface enveloppée sera la plus petite des deux. fig. 256.

2.° Que, si une surface convexe AB est enveloppée de toutes parts par une autre surface MN, soit qu'elles aient des points, des lignes ou des plans communs, soit qu'elles n'aient aucun point de commun, la surface enveloppée sera toujours plus petite que la surface enveloppante. fig. 257.

Car parmi celles-ci il ne peut y en avoir aucune qui soit un *minimum*, puisque dans toutes les hypothèses on pourroit toujours mener le plan CD tangent à la surface convexe, lequel plan seroit plus petit que la surface CMD; et ainsi la surface CND seroit plus petite que MN, ce qui est contraire à l'hypothèse que MN est un *minimum*. Donc il n'y a point de *minimum* hors de la surface convexe; donc cette surface elle-même est un *minimum* par rapport à toutes celles qui l'enveloppent.

PROPOSITION I.

THÉORÊME.

fig 258. *La solidité d'un cylindre est égale au produit de sa base par sa hauteur.*

Soit CA le rayon de la base du cylindre donné, H sa hauteur; représentons par *surf.* CA la surface du cercle dont le rayon est CA; je dis que la solidité du cylindre sera *surf.* CA × H. Car, si *surf.* CA × H n'est pas la mesure du cylindre donné, ce produit sera la mesure d'un cylindre plus grand ou plus petit. Et d'abord supposons qu'il soit la mesure d'un cylindre plus petit, par exemple, du cylindre dont CD est le rayon de la base et H la hauteur.

Circonscrivez au cercle dont le rayon est CD, un polygone régulier GHIP, dont les côtés ne ren-
10. 4. contrent pas la circonférence dont CA est le rayon; imaginez ensuite un prisme droit qui ait pour base le polygone GHIP, et pour hauteur H, lequel prisme sera circonscrit au cylindre dont CD est le rayon
14. 6. de la base. Cela posé, la solidité du prisme est égale à sa base GHIP multipliée par la hauteur H : la base

GHIP est plus petite que le cercle dont CA est le rayon; donc la solidité du prisme est plus petite que *surf.* CA×H. Mais *surf.* CA×H est par hypothèse la solidité du cylindre inscrit dans le prisme; donc le prisme seroit plus petit que le cylindre contenu dans le prisme, ce qui est absurde. Donc il est impossible que *surf.* CA×H soit la mesure du cylindre dont CD est le rayon de la base et H la hauteur, ou, en termes plus généraux, *le produit de la base d'un cylindre par sa hauteur ne peut mesurer un cylindre plus petit.*

Je dis en second lieu que ce même produit ne peut mesurer un cylindre plus grand. Car, pour ne pas multiplier les figures, soit CD le rayon de la base du cylindre donné, et soit, s'il est possible, *surf.* CD×H la mesure d'un cylindre plus grand, par exemple, du cylindre dont CA est le rayon de la base et qui a toujours H pour hauteur.

Si on fait la même construction que dans le premier cas, le prisme circonscrit au cylindre donné aura pour mesure GHIP×H : l'aire GHIP est plus grande que *surf.* CD; donc la solidité du prisme dont il s'agit est plus grande que *surf.* CD×H : le prisme seroit donc plus grand que le cylindre de même hauteur qui a pour base *surf.* CA. Or, au contraire, le prisme est plus petit que le cylindre, puisqu'il y est contenu. Donc *il est impossible que la base d'un cylindre multipliée par sa hauteur soit la mesure d'un cylindre plus grand.*

Donc enfin la solidité d'un cylindre est égale au produit de sa base par sa hauteur.

Corollaire I. Les cylindres de même hauteur sont

entre eux comme leurs bases, et les cylindres de même base sont entre eux comme leurs hauteurs.

Corollaire II. Les cylindres semblables sont comme les cubes des hauteurs, ou comme les cubes des diamètres des bases. Car les bases sont comme les quarrés de leurs diamètres; et, puisque les cylindres sont semblables, les diamètres des bases sont
déf. 4. comme les hauteurs : donc les bases sont comme les quarrés des hauteurs; donc les bases multipliées par les hauteurs, ou les cylindres eux-mêmes, sont comme les cubes des hauteurs.

Scholie. Soit R le rayon de la base d'un cylindre,
* 12. 4. H sa hauteur, la surface de la base sera πR^2*, et la solidité du cylindre sera $\pi R^2 \times H$, ou $\pi R^2 H$.

PROPOSITION II.

LEMME.

fig. 252. *La surface convexe d'un prisme droit est égale au périmètre de sa base multiplié par sa hauteur.*

Car cette surface est égale à la somme des rectangles AFGB, BGHC, CHID, etc. dont elle est composée : or les hauteurs AF, BG, CH, etc. de ces rectangles sont égales à la hauteur du prisme; leurs bases AB, BC, CD, etc. prises ensemble, font le périmètre de la base du prisme. Donc la somme de ces rectangles ou la surface convexe du prisme est égale au périmètre de sa base multiplié par sa hauteur.

Corollaire. Si deux prismes droits ont la même hauteur, les surfaces convexes de ces prismes seront entre elles comme les périmètres de leurs bases.

PROPOSITION III.

LEMME.

La surface convexe du cylindre est plus grande que la surface convexe de tout prisme inscrit, et plus petite que la surface convexe de tout prisme circonscrit.

Cette proposition pourroit paroître assez évidente par elle-même; cependant nous la démontrerons à peu près de la même manière que les lemmes préliminaires.

1.° Si la surface convexe du cylindre n'est pas plus grande que celle de tout prisme inscrit, il faudra que parmi les prismes inscrits il y en ait un dont la surface soit la plus grande de toutes. Soit ABCDE la base de ce prisme, et AF la hauteur commune au prisme et au cylindre; la surface qu'on suppose un *maximum* sera égale à AF multipliée par le contour ABCDE. Mais si on prend à volonté le point M sur l'arc AME, il est clair qu'on a AM +ME > AE, et qu'ainsi le contour ABCDEM est plus grand que le contour ABCDE. Donc le prisme inscrit qui auroit pour base ABCDEM, a une plus grande surface que celui qui a pour base ABCDE: donc la surface de celui-ci ne peut être la plus grande de toutes, contre l'hypothèse. Donc 1.° la surface convexe du cylindre est plus grande que celle de tout prisme inscrit. fig. 252.

2.° Cette même surface est plus petite que celle de tout prisme circonscrit. Car, si cela n'étoit pas, parmi les prismes circonscrits il y en auroit un fig. 253.

dont la surface seroit la plus petite de toutes. Soit ABCD la base de ce prisme, et soit toujours AF la hauteur commune au prisme et au cylindre; la surface qu'on suppose un *minimum* sera égale à AF multipliée par le contour ABCD. Mais, en menant à volonté dans l'angle A la tangente KL, il est clair que KL < AL+AK, et qu'ainsi le contour BCDKL est plus petit que ABCD. Donc, à hauteur égale, la surface du prisme qui auroit pour base BCDKL seroit plus petite que celle du prisme dont la base est ABCD; donc cette dernière n'est pas la plus petite de toutes. Donc 2.° la surface convexe du cylindre est plus petite que celle de tout prisme circonscrit.

PROPOSITION IV.

THÉORÊME.

fig. 258. *La surface convexe d'un cylindre est égale à la circonférence de sa base multipliée par sa hauteur.*

Soit CA le rayon de la base du cylindre donné, H sa hauteur, si on représente par *circ.* CA la circonférence qui a pour rayon CA, je dis que *circ.* CA × H sera la surface convexe de ce cylindre. Car, si on nie cette proposition, il faudra que *circ.* CA × H soit la surface d'un cylindre plus grand ou plus petit; et d'abord supposons qu'elle soit la surface d'un cylindre plus petit, par exemple, du cylindre dont CD est le rayon de la base et H la hauteur.

Circonscrivez au cercle dont le rayon est CD un polygone régulier GHIP, dont les côtés ne rencon-

trent pas la circonférence dont CA est le rayon ; imaginez ensuite un prisme droit qui ait pour hauteur H, et pour base le polygone GHIP. La surface convexe de ce prisme sera égal au contour du polygone GHIP multiplié par la hauteur H* : ce con- * 2.
tour est plus petit que la circonférence dont le rayon est CA ; donc la surface convexe du prisme est plus petite que *circ.* CA × H. Mais *circ.* CA × H est par hypothèse la surface convexe du cylindre dont CD est le rayon de la base, lequel cylindre est inscrit dans le prisme ; donc la surface convexe du prisme seroit plus petite que celle du cylindre inscrit. Or, au contraire, elle doit être plus grande ; donc l'hypothèse d'où l'on est parti est absurde. Donc 1.° *la circonférence de la base d'un cylindre multipliée par sa hauteur, ne peut mesurer la surface convexe d'un cylindre plus petit.*

Je dis en second lieu que ce même produit ne peut mesurer la surface d'un cylindre plus grand. Car, pour ne pas changer de figure, soit CD le rayon de la base du cylindre donné, et soit, s'il est possible, *circ.* CD × H la surface convexe d'un cylindre qui, avec la même hauteur, auroit une base plus grande, par exemple, le cercle dont le rayon est CA. On fera la même construction que dans la première hypothèse, et la surface convexe du prisme sera toujours égale au contour du polygone GHIP multiplié par la hauteur H. Mais ce contour est plus grand que *circ.* CD ; donc la surface du prisme seroit plus grande que *circ.* CD × H, qui, par hypothèse, est la surface du cylindre de même hauteur dont CA est le rayon de la base.

Donc la surface du prisme seroit plus grande que celle de ce cylindre. Mais, quand même le prisme seroit inscrit dans le cylindre, sa surface seroit plus petite que celle du cylindre; à plus forte raison est-elle plus petite lorsque le prisme n'atteint pas jusqu'au cylindre. Donc la seconde hypothèse est aussi absurde que la première. Donc 2.° *la circonférence de la base d'un cylindre multipliée par sa hauteur, ne peut mesurer la surface d'un cylindre plus grand.*

Donc enfin la surface convexe d'un cylindre est égale à la circonférence de sa base multipliée par sa hauteur.

PROPOSITION V.

THÉORÊME.

fig. 259. *La solidité d'un cône est égale au produit de sa base par le tiers de sa hauteur.*

Soit SO la hauteur du cône donné, AO le rayon de la base, si on désigne par *surf.* AO la surface de la base, je dis que la solidité de ce cône sera égale à *surf.* AO $\times \frac{1}{3}$SO.

En effet, supposons 1.° que *surf.* AO $\times \frac{1}{3}$SO soit la solidité d'un cône plus grand, par exemple, du cône dont SO est toujours la hauteur, mais dont OB, plus grand que AO, est le rayon de la base.

Au cercle dont le rayon est AO circonscrivez un polygone régulier MNPT qui ne rencontre pas la
* 10. 4. circonférence dont le rayon est OB*; imaginez ensuite une pyramide qui ait pour base le polygone et pour le sommet le point S. La solidité de cette

pyramide* est égale à l'aire du polygone MNPT multipliée par le tiers de la hauteur SO. Mais le polygone est plus grand que le cercle inscrit représenté par *surf.* AO ; donc la pyramide est plus grande que *surf.* AO$\times\frac{1}{3}$SO, qui, par hypothèse, est la mesure du cône dont S est le sommet et OB le rayon de la base. Or, au contraire, la pyramide est plus petite que le cône, puisqu'elle y est contenue. Donc 1.° il est impossible que la base d'un cône multipliée par le tiers de sa hauteur, soit la mesure d'un cône plus grand. *19. 6.

Je dis 2.° que ce même produit ne peut être la mesure d'un cône plus petit. Car, pour ne pas changer de figure, soit OB le rayon de la base du cône donné, et soit, s'il est possible, *surf.* OB$\times$ $\frac{1}{3}$SO la solidité du cône qui a pour hauteur SO et pour base *surf.* AO. On fera la même construction que ci-dessus, et la pyramide SMNP, etc. aura pour mesure le polygone MNP, etc. multiplié par $\frac{1}{3}$SO. Mais le polygone est plus petit que *surf.* OB; donc la pyramide a une mesure plus petite que *surf.* OB$\times\frac{1}{3}$SO, et par conséquent plus petite que le cône dont AO est le rayon de la base et SO la hauteur. Or, au contraire, la pyramide est plus grande que le cône, puisque le cône y est contenu. Donc 2.° il est impossible que la base d'un cône multipliée par le tiers de sa hauteur, soit la mesure d'un cône plus petit.

Donc enfin la solidité d'un cône est égale au produit de sa base par le tiers de sa hauteur.

Corollaire. Un cône est le tiers d'un cylindre de même base et de même hauteur; d'où il suit,

1.° Que les cônes d'égales hauteurs sont entre eux comme leurs bases;

2.° Que les cônes de bases égales sont entre eux comme leurs hauteurs;

3.° Que les cônes semblables sont comme les cubes des diamètres de leurs bases, ou comme les cubes de leurs hauteurs.

Scholie. Soit R le rayon de la base d'un cône, H sa hauteur; la solidité du cône sera $\pi R^2 \times \frac{1}{3}H$ ou $\frac{1}{3}\pi R^2 H$.

PROPOSITION VI.

THÉORÊME.

fig. 260. *Le cône tronqué* ADEB, *dont* OA *et* PD *sont les rayons des bases et* PO *la hauteur, a pour mesure* $\frac{1}{3}\pi . OP . (\overline{AO}^2 + \overline{DP}^2 + AO \times DP)$.

Soit TFGH une pyramide triangulaire de même hauteur que le cône SAB, et dont la base FGH soit équivalente à la base du cône. On peut supposer que ces deux bases sont placées sur un même plan; alors les sommets S et T seront à égales distances du plan, et le plan EPD prolongé fera dans la pyramide la section IKL. Or, je dis que cette section IKL est équivalente à la base DE. Car les bases AB, DE, sont entre elles comme les quarrés
* 11. 4. des rayons AO, DP*, ou comme les quarrés des hauteurs SO, SP; les triangles FGH, IKL, sont en-
* 15. 6. tre eux comme les quarrés de ces mêmes hauteurs*; donc les cercles AB, DE, sont entre eux comme les triangles FGH, IKL. Mais, par hypothèse, le triangle

FGH est équivalent au cercle AB; donc le triangle IKL est équivalent au cercle DE.

Maintenant la base AB multipliée par $\frac{1}{3}$SO est la solidité du cône SAB, et la base FGH multipliée par $\frac{1}{3}$SO est celle de la pyramide TFGH; donc, à cause des bases équivalentes, la solidité de la pyramide est égale à celle du cône. Par une raison semblable la pyramide TIKL est équivalente au cône SDE; donc le tronc de cône ADEB est équivalent au tronc de pyramide FGHIKL. Mais la base FGH, équivalente au cercle dont le rayon est AO, a pour mesure $\pi\times\overline{AO}^2$; de même la base IKL$=\pi\times\overline{DP}^2$, et la moyenne proportionnelle entre $\pi\times\overline{AO}^2$ et $\pi\times\overline{DP}^2$ est $\pi\times AO\times DP$. Donc la solidité du tronc de pyramide ou celle du tronc de cône, a pour mesure $\frac{1}{3}OP\times(\pi\times\overline{AO}^2+\pi\times\overline{DP}^2+\pi\times AO\times DP)$*, qui est la même chose que $\frac{1}{3}\pi\times OP\times(\overline{AO}^2+\overline{DP}^2+AO\times DP)$. * 20. 6.

PROPOSITION VII.

THÉORÈME.

La surface convexe d'un cône est égale à la circonférence de sa base multipliée par la moitié de son côté. fig. 259.

Soit AO le rayon de la base du cône donné, S son sommet, et SA son côté; je dis que sa surface sera *circ.* AO$\times\frac{1}{2}$SA. Car soit s'il est possible, *circ.* AO$\times$ $\frac{1}{2}$SA, la surface d'un cône qui auroit pour sommet le point S et pour base le cercle décrit du rayon OB plus grand que AO.

Circonscrivez au petit cercle un polygone régulier qui n'atteigne pas le grand, et imaginez la pyramide régulière SMNPQ, etc., qui auroit pour base le polygone, et pour sommet le point S. Le triangle SMN, l'un de ceux qui composent la surface convexe de la pyramide, a pour mesure sa base MN multipliée par la moitié de la hauteur SA, qui est en même temps le côté du cône donné; cette hauteur étant égale dans tous les autres triangles SNP, SPQ, etc., il s'ensuit que la surface convexe de la pyramide est égale au contour MNPQR, etc. multiplié par $\frac{1}{2}$ SA. Mais le contour MNPQR, etc., est plus grand que *circ.* AO; donc la surface convexe de la pyramide est plus grande que *circ.* AO $\times \frac{1}{2}$ SA, et par conséquent plus grande que la surface convexe du cône qui avec le même sommet S auroit pour base le cercle décrit du rayon OB. Or au contraire la surface convexe du cône est plus grande que celle de la pyramide; car si on adosse base à base la pyramide à une pyramide égale, le cône à un cône égal, la surface des deux cônes enveloppera de toutes parts la surface des deux pyramides; donc la première surface sera plus grande que la seconde; donc la surface du cône est plus grande que celle de la pyramide qui y est comprise. Le contraire étoit une suite de notre hypothèse; donc cette hypothèse ne peut avoir lieu: donc 1.° la circonférence de la base d'un cône multipliée par la moitié de son côté ne peut mesurer la surface d'un cône plus grand.

Je dis 2.° que le même produit ne peut mesurer

la surface d'un cône plus petit. Car soit BO le rayon de la base du côté donné, et soit, s'il est possible, *circ.* BO $\times \frac{1}{2}$SB la surface du cône dont S est le sommet, et AO, plus petit que OB, le rayon de la base.

Ayant fait la même construction que ci-dessus, la surface de la pyramide SMNP, etc. sera toujours égales au contour MNP, etc. multiplié par $\frac{1}{2}$SA. Or le contour MNP, etc. est moindre que *circ.* BO, SA est moindre que SB ; donc par cette double raison la surface convexe de la pyramide est moindre que *circ.* BO $\times \frac{1}{2}$ SB, qui, par hypothèse, est la surface du cône dont AO est le rayon de la base ; donc la surface de la pyramide seroit plus petite que celle du cône inscrit. Or, au contraire, elle est plus grande ; car en adossant base à base la pyramide à une pyramide égale, le cône à un cône égal, la surface des deux pyramides enveloppera celle des deux cônes, et par conséquent sera la plus grande. Donc 2.° il est impossible que la circonférence de la base d'un cône donné multipliée par la moitié de son côté, mesure la surface d'un cône plus petit.

Donc enfin la surface convexe d'un cône est égale à la circonférence de sa base multipliée par la moitié de son côté.

Scholie. Soit L le côté d'un cône, R le rayon de sa base, la circonférence de cette base sera $2\pi R$, et la surface du cône aura pour mesure $2\pi R \times \frac{1}{2}L$, ou πRL.

PROPOSITION VIII.

THÉORÊME.

fig. 261. *La surface convexe du tronc de cône* ADEB *est égale à son côté* AD *multiplié par la demi-somme des circonférences de ses deux bases* AB, DE.

Dans le plan SAB qui passe par l'axe SO, menez perpendiculairement à SA la ligne AF, égale à la circonférence qui a pour rayon AO; joignez SF, et menez DH parallèle à AF.

A cause des triangles semblables SAO, SDC, on aura AO:DC::SA:SD; et à cause des triangles semblables SAF, SDH, on aura AF:DH::SA:SD;
* 11. 4. donc AF:DH::AO:DC, ou :: *circ.* AO : *circ.* DC*. Mais par construction AF=*circ.* AO; donc DH=*circ.* DC. Cela posé, le triangle SAF, qui a pour mesure $AF \times \frac{1}{2} SA$, est égal à la surface du cône SAB qui a pour mesure *circ.* $AO \times \frac{1}{2} SA$. Par une raison semblable le triangle SDH est égal à la surface du cône SDE. Donc la surface du tronc ADEB est égale à celle du trapèze ADHF. Celle-ci a pour
* 7. 5. mesure* $AD \times \left(\frac{AF + DH}{2}\right)$; donc la surface du tronc de cône ADEB est égale à son côté AD multiplié par la demi-somme des circonférences de ses deux bases.

Corollaire. Par le point I, milieu de AD, menez IKL parallèle à AB, et IM parallèle à AF; on démontrera comme ci-dessus que IM=*circ.* IK. Mais le trapèze ADHF=AD × IM=AD × *circ.* IK. Donc *la surface d'un tronc de cône est égale à son côté mul-*

tiplié par la circonférence d'une section faite à égale distance des deux bases.

Scholie. Si une ligne AD, située toute entière d'un même côté de la ligne OC et dans le même plan, fait une révolution autour de OC, la surface décrite par AD aura pour mesure AD $\times \left(\frac{circ.\,AO + circ.\,DC}{2}\right)$, ou AD $\times$ *circ.* IK, les lignes AO, DC, IK, étant des perpendiculaires abaissées des extrémités et du milieu de la ligne AD sur l'axe OC.

Car si on prolonge AD et OC jusqu'à leur rencontre mutuelle en S, il est clair que la surface décrite par AD est celle d'un cône tronqué dont AO et DC sont les rayons des bases, le cône entier ayant pour sommet le point S. Donc cette surface aura la mesure mentionnée.

Cette mesure auroit toujours lieu, quand même le point D tomberoit en S, ce qui donneroit un cône entier, et aussi quand la ligne AD seroit parallèle à l'axe, ce qui donneroit un cylindre. Dans le premier cas DC seroit nulle, dans le second DC seroit égale à AO et à IK.

PROPOSITION IX.

LEMME.

Soient AB, BC, CD, *plusieurs côtés successifs d'un polygone régulier*, O *son centre, et* OI *le rayon du cercle inscrit; si on suppose que la portion de polygone* ABCD, *située toute entière d'un même côté du diamètre* FG, *fasse une révolution autour de ce dia-* fig. 263.

mètre, la surface décrite par ABCD *aura pour m sure* MQ×*circ.* OI, MQ *étant la hauteur de ce surface ou la partie de l'axe comprise entre les pc pendiculaires extrêmes* AM, DQ.

Le point I étant milieu de AB, et IK étant u perpendiculaire à l'axe abaissée du point I, la su face décrite par AB aura pour mesure AB×*ci* IK. Menez AX parallèle à l'axe, les triangles AB OIK, auront les côtés perpendiculaires chacun chacun, savoir OI à AB, IK à AX, et OK à BX donc ces triangles sont semblables et donnent proportion AB:AX ou MN :: OI:IK ou :: *circ.* O *circ.* IK; donc AB×*circ.* IK=MN×*circ.* OI. D'c l'on voit que la surface décrite par AB est égale sa hauteur MN multipliée par la circonférence c cercle inscrit. De même la surface décrite p BC, =NP×*circ.* OI, la surface décrite par CD, = PQ×*circ.* OI. Donc la surface décrite par la portic de polygone ABCD a pour mesure (MN+NP+PC ×*circ.* OI, ou MQ×*circ.* OI; donc elle est égale sa hauteur multipliée par la circonférence du cerc inscrit.

Corollaire. Si le polygone entier est d'un nomb de côtés pair, et que l'axe FG passe par deux an gles opposés F et G, la surface entière décrite pa la révolution du demi-polygone FACG sera éga à son axe FG multiplié par la circonférence d cercle inscrit. Cet axe FG sera en même temps l diamètre du cercle circonscrit.

PROPOSITION X.

THÉORÊME.

La surface de la sphère est égale à son diamètre multiplié par la circonférence d'un grand cercle. fig. 264.

Je dis 1.° que le diamètre d'une sphère, multiplié par la circonférence de son grand cercle, ne peut mesurer la surface d'une sphère plus grande. Car soit, s'il est possible, AB × *circ.* AC la surface de la sphère qui a pour rayon CD.

Au cercle dont le rayon est CA, circonscrivez un polygone régulier d'un nombre pair de côtés qui n'atteigne pas la circonférence dont CD est le rayon; soient M et S deux angles opposés de ce polygone; et autour du diamètre MS faites tourner le demi-polygone MPS. La surface décrite par ce polygone aura pour mesure MS × *circ.* AC : mais MS est plus grand que AB; donc la surface décrite par le polygone est plus grande que AB × *circ.* AC, et par conséquent plus grande que la surface de la sphère dont le rayon est CD. Or, au contraire, la surface de la sphère est plus grande que la surface décrite par le polygone, puisque la première enveloppe la seconde de toutes parts. Donc 1.° le diamètre d'une sphère multiplié par la circonférence de son grand cercle ne peut mesurer la surface d'une sphère plus grande.

Je dis 2.° que ce même produit ne peut mesurer la surface d'une sphère plus petite. Car soit, s'il est possible, DE × *circ.* CD la surface de la sphère qui a pour rayon CA. On fera la même construction que dans le premier cas, et la surface du solide engendré par le polygone sera toujours égale à MS×*circ.* AC. Mais MS est plus petit que DE et *circ.* AC plus petite que *circ.* CD ; donc, par ces deux raisons, la surface du solide provenant du polygone est plus petite que DE×*circ.* CD, et par conséquent plus petite que la surface de la sphère dont le rayon est AC. Or, au contraire, la surface décrite par le polygone est plus grande que la surface de la sphère décrite du rayon AC, puisque la première surface enveloppe la seconde ; donc 2.° le diamètre d'une sphère multiplié par la circonférence de son grand cercle ne peut être la mesure de la surface d'une sphère plus petite.

Donc la surface de la sphère est égale à son diamètre multiplié par la circonférence de son grand cercle.

Corollaire. La surface du grand cercle se mesure en multipliant sa circonférence par la moitié du rayon ou le quart de diamètre ; donc *la surface de la sphère est quadruple de celle d'un grand cercle.*

Scholie. La surface de la sphère étant ainsi mesurée et comparée à des surfaces planes, il sera facile d'avoir la valeur absolue des fuseaux et triangles sphériques dont on a déterminé ci-dessus le rapport avec la surface entière de la sphère.

D'abord le fuseau dont l'angle est A est à la surface de la sphère comme l'angle A est à quatre
* 20. 7. angles droits*, ou comme l'arc de grand cercle qui mesure l'angle A est à la circonférence de ce même grand cercle. Mais la surface de la sphère est égale à cette circonférence multipliée par le

diamètre ; donc la surface du fuseau est égale à l'arc qui mesure l'angle de ce fuseau multiplié par le diamètre.

En second lieu tout triangle sphérique est équivalent à un fuseau dont l'angle est égal à la moitié de l'excès de la somme de ses trois angles sur deux angles droits*. Soient donc P, Q, R, les arcs de grand cercle qui mesurent les trois angles du triangle; soit C la circonférence d'un grand cercle, et D son diamètre ; le triangle sphérique sera équivalent au fuseau dont l'angle a pour mesure $\frac{P+Q+R-\frac{1}{2}C}{2}$, et par conséquent sa surface sera $D\times\left(\frac{P+Q+R-\frac{1}{2}C}{2}\right)$. * 23. 7.

Ainsi, dans le cas du triangle tri-rectangle, chacun des arcs P, Q, R, est égal à $\frac{1}{4}$C, leur somme est $\frac{3}{4}$C, l'excès de cette somme sur $\frac{1}{2}$C est $\frac{1}{4}$C, et la moitié de cet excès $=\frac{1}{8}$C; donc la surface du triangle tri-rectangle $=\frac{1}{8}C\times D$, ce qui est la huitième partie de la surface totale de la sphère.

La mesure des polygones sphériques suit immédiatement de celle des triangles, et d'ailleurs elle est entièrement déterminée par la prop. 24, liv. VII, puisque l'unité de mesure, qui est le triangle tri-rectangle, vient d'être évaluée en surface plane.

PROPOSITION XI.

THÉORÊME.

fig. 271. *La surface d'une zone sphérique quelconque est égale à la hauteur de cette zone multipliée par la circonférence d'un grand cercle.*

Soit d'abord AB un arc moindre ou non plus grand que le quart de circonférence, soit abaissée la perpendiculaire BD de l'extrémité de cet arc sur le rayon AC qui passe par l'autre extrémité; je dis que si l'arc AB fait une révolution autour de AC, la zone décrite aura pour mesure AD × *circ.* AC.

Car, 1.° soit, s'il est possible AD × *circ.* AC la mesure de la surface décrite par l'arc EF semblable à AB et plus grand que AB. Inscrivez dans l'arc EF une portion de polygone régulier EMNOPF dont les côtés ne rencontrent pas l'arc AB, soit CI le rayon du cercle inscrit dans le polygone et FG une perpendiculaire abaissée de F sur CE. La surface décrite par le polygone EMNF tournant autour de
* 9. EG aura pour mesure EG × *circ.* IC*. Or, si on joint EF et AB, les triangles semblables EFG, ABD donneront la proportion EG : AD :: EF : AB :: CE : AC; donc on a EG > AD, d'ailleurs on a aussi par construction IC > AC; donc par ces deux raisons EG × *circ.* IC est plus grande que AD × *circ.* AC. Cette dernière expression est par hypothèse la mesure de la zone décrite par l'arc EF. Donc la surface décrite par le polygone EMNOPF seroit plus grande que la surface décrite par l'arc circonscrit ENF. Or, au contraire, la seconde surface est plus grande que la

première, puisqu'elle l'enveloppe de toutes parts; donc 1.° la hauteur d'une zone multipliée par la circonférence d'un grand cercle de la sphère, ne peut être la mesure d'une zone plus grande.

Je dis 2.° que ce même produit ne peut être la mesure d'une zone plus petite. Car soit, s'il est possible, EG × *circ.* EC, la surface de la zone décrite par l'arc AB semblable à EF et moindre que EF.

Ayant fait la même construction que dans le premier cas, on aura également EG × *circ.* IC pour la surface décrite par le polygone EMNF; or IC est plus petit que EC, donc la surface décrite par le polygone EMNF seroit plus petite que la zone décrite par l'arc AB. Or, au contraire, la première surface est plus grande que la seconde; car, si on oppose base à base la surface polygonale à une surface égale, la zone à une zone égale; si ensuite on fait mouvoir la double zone suivant CA, de manière que le point D tombe en G et le point A en *a*, alors la double surface polygonale enveloppera de toutes parts la double zone, et sera la plus grande des deux, puisque l'arc AB n'excédant pas un quart de circonférence, la double zone ne peut faire en *b* qu'un angle moindre que deux droits, et ne cesse par conséquent pas d'être une surface convexe. Donc 2.° la hauteur d'une zone multipliée par la circonférence du grand cercle ne peut être la mesure d'une zone plus petite.

Il suit de là que la zone décrite par l'arc DF a pour mesure OD × *circ.* DC, au moins tant que l'arc DF n'excède pas le quart de la circonférence. fig. 220.

Mais la sphère entière composée des deux zones décrites par les arcs DF, FE, a pour mesure DE× *circ.* DC, ou OD× *circ.* DC+OE× *circ.* DC; donc puisque OD× *circ.* DC est la zone décrite par l'arc DF, il faudra que OE× *circ.* DC soit la zone décrite par l'arc FE plus grand que le quart de circonférence; donc *toute zone à une base a pour mesure sa hauteur multipliée par la circonférence d'un grand cercle.*

Considérons enfin une zone quelconque décrite par la révolution de l'arc FH autour de l'axe DE, et soient abaissées sur l'axe les deux perpendiculaires FO, HQ. La zone décrite par l'arc DF a pour mesure DO× *circ.* DC: la zone décrite par l'arc DH a pour mesure DQ× *circ.* DC: donc la différence de ces deux zones ou la zone décrite par l'arc FH a pour mesure (DQ—DO)× *circ.* DC ou OQ× *circ.* DC. Donc toute zone sphérique, à une ou à deux bases, a pour mesure la hauteur de cette zone multipliée par la circonférence d'un grand cercle.

Corollaire. Deux zones sont entre elles comme leurs hauteurs, et une zone quelconque est à la surface de la sphère comme la hauteur de la zone est au diamètre.

PROPOSITION XII.

THÉORÊME.

Si le triangle BAC *et le rectangle* BCEF *de même base et de même hauteur, tournent simultanément autour de la base commune* BC, *le solide décrit par la révolution du triangle sera le tiers du cylindre décrit par la révolution du rectangle.*

Abaissez sur l'axe la perpendiculaire AD; le cône décrit par le triangle ABD est le tiers du cylindre décrit par le rectangle AFBD*; de même le cône décrit par le triangle ADC est le tiers du cylindre décrit par le rectangle ADCE; donc la somme des deux cônes ou le solide décrit par ABC est le tiers de la somme des deux cylindres ou du cylindre décrit par le rectangle BCEF. fig. 266. * 5.

Si la perpendiculaire AD tomboit au dehors du triangle, alors le solide décrit par ABC seroit la différence des cônes décrits par ABD et ACD; mais en même temps le cylindre décrit par BCEF seroit la différence des cylindres décrits par AFBD, AECD. Donc le solide décrit par la révolution du triangle sera toujours le tiers du cylindre décrit par la révolution du rectangle de même base et de même hauteur. fig 267.

Scholie. Le cercle dont AD est le rayon a pour surface $\pi \times \overline{AD}^2$; donc $\pi \times \overline{AD}^2 \times BC$ est la mesure du cylindre décrit par BCEF, et $\frac{1}{3}\pi \times \overline{AD}^2 \times BC$ est celle du solide décrit par le triangle ABC.

PROPOSITION XIII.

PROBLÈME.

fig. 268. *Le triangle* CAB *étant supposé faire une révolution autour de la ligne* CD, *menée comme on voudra hors du triangle par un de ses angles* C, *trouver la mesure du solide ainsi engendré.*

Prolongez le côté AB jusqu'à ce qu'il rencontre l'axe CD en D, des points A et B abaissez sur l'axe les perpendiculaires AM, BN.

Le solide décrit par le triangle ADC a pour mesure, suivant la proposition précédente, $\frac{1}{3}\pi \times \overline{AM}^2 \times CD$; le solide décrit par le triangle CBD a pour mesure $\frac{1}{3}\pi \times \overline{BN}^2 \times CD$; donc la différence de ces solides ou le solide décrit par ABC aura pour mesure $\frac{1}{3}\pi . (\overline{AM}^2 - \overline{BN}^2) \times CD$.

On peut donner à cette expression une autre forme. Du point I, milieu de AB, menez IK perpendiculaire à CD, et par le point B menez BO
*7. 3. parallèle à CD, on aura $AM+BN=2IK$ * et $AM-BN=AO$; donc $(AM+BN)\times(AM-BN)$, ou $\overline{AM}^2-$
*10. 3. $\overline{BN}^2=2IK \times AO$ *. La mesure du solide dont il s'agit est donc exprimée aussi par $\frac{2}{3}\pi\, IK \times AO \times CD$. Mais si on abaisse CP perpendiculaire sur AB, les triangles ABO, DCP, seront semblables, et donneront la proportion $AO : CP :: AB : CD$; d'où résulte $AO \times CD = CP \times AB$; d'ailleurs $CP \times AB$ est le double de l'aire du triangle ABC; ainsi on a $AO \times CD = 2\ ABC$; donc le solide décrit par le triangle ABC a

aussi pour mesure $\frac{4}{3}\pi \times ABC \times KI$, ou, ce qui est la même chose, $ABC \times \frac{2}{3} circ. KI$; (car $circ. IK = 2\pi . IK$). *Donc le solide décrit par la révolution du triangle ABC, a pour mesure l'aire de ce triangle multipliée par les deux tiers de la circonférence que décrit en tournant le point I milieu de sa base.*

Corollaire. Si le côté AC=CB, la ligne CI sera perpendiculaire à AB, l'aire ABC sera égale à $AB \times \frac{1}{2} CI$, et la solidité $\frac{4}{3}\pi \times ABC \times IK$ deviendra $\frac{2}{3}\pi \times AB \times IK \times CI$. Mais les triangles ABO, CIK, sont semblables et donnent la proportion AB : BO ou MN :: CI : IK; donc $AB \times IK = MN \times CI$; donc le solide décrit par le triangle isoscèle ABC aura pour mesure $\frac{2}{3}\pi \times MN \times \overline{CI}^2$. fig. 269.

Scholie. La démonstration précédente paroît supposer que la ligne AB prolongée rencontre l'axe; mais les résultats n'en seroient pas moins vrais, quand la ligne AB seroit parallèle à l'axe.

En effet le cylindre décrit par AMBN a pour mesure $\pi . \overline{AM}^2 . MN$, le cône décrit par $ACM = \frac{1}{3}\pi . \overline{AM}^2 . CM$, et le cône décrit par $BCN = \frac{1}{3} . \overline{AM}^2 . CN$. Ajoutant les deux premiers solides et retranchant le troisième, on aura pour le solide décrit par ABC, $\pi . \overline{AM}^2 (MN + \frac{1}{3} CM - \frac{1}{3} CN)$: et puisque $CN - CM = MN$, cette expression se réduit à $\pi . \overline{AM}^2 . \frac{2}{3} MN$, ou $\frac{2}{3}\pi . \overline{CP}^2 . MN$, ce qui s'accorde avec les résultats déja trouvés. fig. 270.

PROPOSITION XIV.

THÉORÈME.

fig. 265. *Soient* AB, BC, CD, *plusieurs côtés successifs d'un polygone régulier,* O *son centre, et* OI *le rayon du cercle inscrit; si on imagine que le secteur polygonal* AOD, *situé d'un même côté du diamètre* FG, *fasse une révolution autour de ce diamètre, le solide décrit aura pour mesure* $\frac{2}{3}\pi.\overline{OI}^2$ MQ, MQ *étant la portion de l'axe terminée par les perpendiculaires extrêmes* AM, DQ.

En effet puisque le polygone est régulier, tous les triangles AOB, BOC, etc. sont égaux et isoscèles. Or le solide produit par le triangle isoscèle AOB a pour mesure, suivant le corollaire de la prop. précédente, $\frac{2}{3}\pi.\overline{OI}^2$ MN, le solide décrit par le triangle BOC a pour mesure $\frac{2}{3}\pi.\overline{OI}^2$ NP, et le solide décrit par le triangle COD, a pour mesure $\frac{2}{3}\pi\overline{OI}^2$.PQ. Donc la somme de ces solides, ou le solide entier décrit par le secteur polygonal AOD, aura pour mesure $\frac{2}{3}\pi.\overline{OI}^2$ (MN+NP+PQ) ou $\frac{2}{3}\pi.\overline{OI}^2$ MQ.

PROPOSITION XV.

THÉORÈME.

Tout secteur sphérique a pour mesure la zone qui lui sert de base multipliée par le tiers du rayon, et la sphère entière a pour mesure sa surface multipliée par le tiers du rayon.

Soit ABC le secteur circulaire qui, par sa révolution autour de AC, décrit le secteur sphérique, la zone décrite par AB étant AD × *circ.* AC ou $2\pi.$ AC. AD, je dis que le secteur sphérique aura pour mesure cette zone multipliée par $\frac{1}{3}$ AC, ou $\frac{2}{3}\pi.\overline{AC}^2.$ AD. fig. 271.

En effet, 1.° supposons, s'il est possible, que cette quantité $\frac{2}{3}\pi.\overline{AC}^2.$ AD soit la mesure d'un secteur sphérique plus grand, par exemple, du secteur sphérique décrit par le secteur circulaire ECF.

Inscrivez dans l'arc EF la portion de polygone régulier EMNPOF dont les côtés ne rencontrent pas l'arc AB, imaginez ensuite que le secteur polygonal ENFC tourne autour de EC en même temps que le secteur circulaire ECF. Soit CI le rayon du cercle inscrit dans le polygone, et soit abaissée FG perpendiculaire sur EC. Le solide décrit par le secteur polygonal aura pour mesure $\frac{2}{3}\pi \times \overline{CI}^2 \times$ EG*: * 14.
or CI est plus grand que AC par construction, et EG est plus grand que AD : car, joignant AB, EF, les triangles EFG, ABD, seront semblables et donneront la proportion EG : AD :: EF : AB :: CF : CB ; donc EG > AD.

Par cette double raison $\frac{2}{3}\pi \times \overline{CI}^2 \times$ EG est plus grand que $\frac{2}{3}\pi \times \overline{CA}^2 \times$ AD : la première expression est la mesure du solide décrit par le secteur polygonal, la seconde est par hypothèse celle du secteur sphérique décrit par le secteur circulaire ECF ; donc le solide décrit par le secteur polygonal seroit plus grand que le secteur sphérique décrit par le secteur circulaire ECF. Or il est évident au contraire que le solide dont il s'agit est moindre que le secteur sphérique, puisqu'il y est contenu. Donc l'hypothèse d'où on est parti ne sauroit subsister. Donc 1.° la zone ou base d'un secteur sphérique multipliée par le tiers du rayon, ne peut mesurer un secteur sphérique plus grand.

Je dis 2.° que le même produit ne peut mesurer un secteur sphérique plus petit. Car, soit CEF le secteur circulaire qui par sa révolution produit le secteur sphérique donné, et supposons, s'il est possible, que $\frac{2}{3}\pi.\overline{CE}^2\times EG$ soit la mesure d'un secteur sphérique plus petit, par exemple, de celui qui provient du secteur circulaire ACB.

La construction précédente restant la même, le solide décrit par le secteur polygonal aura toujours pour mesure $\frac{2}{3}\pi.\overline{CI}^2.EG$. Mais CI est moindre que CE; donc le solide est moindre que $\frac{2}{3}\pi.\overline{CE}^2.EG$, qui, par hypothèse, est la mesure du secteur sphérique décrit par le secteur circulaire ACB. Donc le solide décrit par le secteur polygonal seroit moindre que le secteur sphérique décrit par ACB; or, au contraire, il est évident que le solide est plus grand que le secteur sphérique, puisque celui-ci est contenu dans l'autre. Donc 2.° il est impossible que la zone d'un secteur sphérique multipliée par le tiers du rayon, soit la mesure d'un secteur sphérique plus petit.

Donc tout secteur sphérique a pour mesure la zone qui lui sert de base multipliée par le tiers du rayon.

Un secteur circulaire ACB peut augmenter jusqu'à devenir égal au demi-cercle; alors le secteur sphérique décrit par sa révolution est la sphère entière. Donc *la solidité de la sphère est égale à sa surface multipliée par le tiers de son rayon.*

Corollaire. Les surfaces des sphères étant comme les quarrés de leurs rayons, ces surfaces multipliées par les rayons, seront comme les cubes des rayons. Donc *les solidités de deux sphères sont comme les cubes de leurs rayons*, ou *comme les cubes de leurs diamètres.*

Scholie. Soit R le rayon d'une sphère, sa surface sera $4\pi R^2$, et sa solidité $4\pi R^2 \times \frac{1}{3}R$, ou $\frac{4}{3}\pi R^3$. Si on appelle D le diamètre, à cause de $R = \frac{1}{2}D$, on a $R^3 = \frac{1}{8}D^3$, et la solidité s'exprime aussi par $\frac{4}{3}\pi \times \frac{1}{8}D^3$, ou $\frac{1}{6}\pi D^3$.

PROPOSITION XVI.

THÉORÊME.

La surface de la sphère est à la surface totale du cylindre circonscrit (en y comprenant ses bases) comme 2 est à 3. Les solidités de ces deux corps sont entre elles dans le même rapport. fig. 272.

Soit MPNQ le grand cercle de la sphère, ABCD le quarré circonscrit; si on fait tourner à la fois le demi-cercle PMQ et le demi-quarré PADQ autour du diamètre PQ, le demi-cercle décrira la sphère, et le demi-quarré décrira le cylindre circonscrit à la sphère.

La hauteur AD de ce cylindre est égale au diamètre PQ, la base du cylindre est égale au grand

cercle puisqu'elle a pour diamètre AB égale à MN;
* 4. donc la surface convexe du cylindre * est égale à la circonférence du grand cercle multipliée par son diamètre. Cette mesure est la même que celle de
* 10. la surface de la sphère* : d'où il suit que *la surface de la sphère est égale à la surface convexe du cylindre circonscrit.*

Mais la surface de la sphère est égale à quatre grands cercles; donc la surface convexe du cylindre circonscrit est égale aussi à quatre grands cercles : si on y joint les deux bases qui valent deux grands cercles, la surface totale du cylindre circonscrit sera égale à six grands cercles; donc la surface de la sphère est à la surface totale du cylindre circonscrit, comme 4 est à 6, ou comme 2 est à 3. C'est le premier point qu'il s'agissoit de démontrer.

En second lieu, puisque la base du cylindre circonscrit est égale à un grand cercle et sa hauteur au diamètre, la solidité du cylindre sera égale au
* 1. grand cercle multiplié par le diamètre*. Mais la solidité de la sphère est égale à quatre grands cer-
* 15. cles multipliés par le tiers du rayon*, ce qui revient à un grand cercle multiplié par $\frac{4}{3}$ du rayon, ou $\frac{2}{3}$ du diamètre : donc la sphère est au cylindre circonscrit, comme 2 est à 3, et par conséquent les solidités de ces deux corps sont entre elles comme leurs surfaces.

Scholie. Si on imagine un polyedre dont toutes les faces touchent la sphère, ce polyedre pourra être considéré comme composé de pyramides qui ont toutes pour sommet le centre de la sphère et dont les bases sont les différentes faces du polyedre. Or, il est clair que toutes ces pyramides auront pour hauteur commune le rayon de la sphère, de sorte que chaque pyramide sera égale à la face du polyedre qui lui sert de base, multipliée par le tiers du rayon : donc le polyedre entier sera égal à sa surface multipliée par le tiers du rayon de la sphère inscrite.

On voit par là que les solidités des polyedres circonscrits à la sphère sont entre elles comme les surfaces de ces mêmes polyedres. Ainsi la propriété que nous avons démontrée pour le cylindre circonscrit est commune à une infinité d'autres corps.

On auroit pu remarquer également que les surfaces des polygones circonscrits au cercle, sont entre elles comme leurs contours.

PROPOSITION XVII.

PROBLÊME.

Le segment circulaire BMD *étant supposé faire une révolution autour du diamètre* AG *extérieur à ce segment, trouver la valeur du solide engendré.* fig. 273.

Abaissez sur l'axe les perpendiculaires BE, DF; menez CI perpendiculaire sur la corde BD; et tirez les rayons CB, CD.

Le solide décrit par le secteur BCA$=\frac{2}{3}\pi.\overline{CB}^2.$ AE *; le solide décrit par le secteur DCA$=\frac{2}{3}\pi.\overline{CB}^2.$ * 15.
AF; donc la différence de ces deux solides, ou le solide décrit par le secteur DCB$=\frac{2}{3}\pi.\overline{CB}^2.$ (AF—

AE) $=\frac{2}{3}\pi.\overline{CB}^2.EF$. Mais le solide décrit par le trian-
13. gle isoscèle DCB a pour mesure $\frac{2}{3}\pi.\overline{CI}^2.EF$; donc le solide décrit par le segment BMD $=\frac{2}{3}\pi.EF.(\overline{CB}^2-\overline{CI}^2)$. Or, dans le triangle rectangle CBI, on a $\overline{CB}^2-\overline{CI}^2=\overline{BI}^2=\frac{1}{4}\overline{BD}^2$; donc le solide décrit par le segment BMD aura pour mesure $\frac{2}{3}\pi.EF.\frac{1}{4}\overline{BD}^2$, ou $\frac{1}{6}\pi.\overline{BD}^2.EF$.

PROPOSITION XVIII.

THÉORÈME.

fig. 275. *Tout segment de sphère compris entre deux plans parallèles, a pour mesure la demi-somme de ses bases multipliée par sa hauteur, plus la solidité de la sphère dont cette même hauteur est le diamètre.*

Soient BE, DF, les rayons des bases du segment, EF sa hauteur; de sorte que le segment soit produit par la révolution de l'espace circulaire BMDFE autour de l'axe FE. Le solide décrit par le seg-
17. ment BMD $=\frac{1}{6}\pi.\overline{BD}^2.EF$, le tronc de cône décrit
6. par le trapeze BDFE $=\frac{1}{3}\pi.EF.(\overline{BE}^2+\overline{DF}^2+BE.DF)$; donc le segment de sphère qui est la somme de ces deux solides $=\frac{1}{6}\pi.EF.(2\overline{BE}^2+2\overline{DF}^2+2BE.DF+\overline{BD}^2)$. Mais, en menant BO parallèle à EF, on aura
9. 3. $DO=DF-BE$, $\overline{DO}^2=\overline{DF}^2-2DF.BE+\overline{BE}^2$, et par conséquent $\overline{BD}^2=\overline{BO}^2+\overline{DO}^2=\overline{EF}^2+\overline{DF}^2-2DF\times BE+\overline{BE}^2$. Mettant cette valeur à la place de $\overline{BD}^2$ dans

l'expression du segment, et effaçant ce qui se détruit, on aura pour la solidité du segment

$$\tfrac{1}{6}\pi.\,EF.\left(3\overline{BE}^2+3\overline{DF}^2+\overline{EF}^2\right),$$

expression qui se décompose en deux parties : l'une $\tfrac{1}{6}\pi.EF.\left(3\overline{BE}^2+3\overline{DF}^2\right)$ ou $EF.\left(\frac{\pi.\,\overline{BE}^2+\pi.\,\overline{DF}^2}{2}\right)$ est la demi-somme des bases multipliée par la hauteur, l'autre $\tfrac{1}{6}\pi.\,\overline{EF}^3$ représente la sphère dont EF est le diamètre*. Donc tout segment de sphère, etc. * 15.

Corollaire. Si l'une des bases est nulle, le segment dont il s'agit devient un segment sphérique à une seule base; donc *tout segment sphérique à une base, a pour valeur la moitié du cylindre de même base et de même hauteur, plus la sphère dont cette hauteur est le diamètre.*

Scholie général.

Soit R le rayon de la base d'un cylindre, H sa hauteur; la solidité du cylindre sera $\pi R^2 \times H$, ou $\pi R^2 H$.

Soit R le rayon de la base d'un cône, H sa hauteur; la solidité du cône sera $\pi R^2 \times \tfrac{1}{3}H$, ou $\tfrac{1}{3}\pi R^2 H$.

Soient A et B les rayons des bases d'un cône tronqué, H sa hauteur; la solidité du tronc de cône sera $\tfrac{1}{3}\pi H\,(A^2+B^2+AB)$.

Soit R le rayon d'une sphère; sa solidité sera $\tfrac{4}{3}\pi R^3$.

Soit R le rayon d'un secteur sphérique, H la hauteur de la zone qui lui sert de base; la solidité du secteur sera $\tfrac{2}{3}\pi R^2 H$.

Soient P et Q les deux bases d'un segment sphérique, H sa hauteur; la solidité de ce segment sera $\left(\frac{P+Q}{2}\right).\ H+\frac{1}{6}\pi H^3$.

Si le segment sphérique n'a qu'une base P, l'autre étant nulle, sa solidité sera $\frac{1}{2}PH+\frac{1}{6}\pi H^3$.

Fin des Eléments de Géométrie.

NOTES
SUR LES ÉLÉMENTS DE GÉOMÉTRIE.

NOTE I.

Sur quelques noms et définitions.

On a introduit dans cet ouvrage quelques expressions et définitions nouvelles qui tendent à donner au langage géométrique plus d'exactitude et de précision. Nous allons rendre compte de ces changements, et en proposer quelques autres qui pourroient remplir plus complètement les mêmes vues.

Dans la définition ordinaire du *parallélogramme rectangle* et du *quarré* on dit que les angles de ces figures sont droits; il seroit plus exact de dire que leurs angles sont égaux. Car, supposer que les quatre angles d'un quadrilatère peuvent être droits, et même que les angles droits sont égaux entre eux, c'est supposer des propositions qui ont besoin d'être démontrées. On éviteroit cet inconvénient et plusieurs autres du même genre, si, au lieu de placer les définitions, suivant l'usage, à la tête d'un livre, on les distribuoit dans le courant du livre, chacune à la place où ce qu'elle suppose est déja démontré.

Le mot *parallélogramme*, suivant son étymologie, signifie *lignes parallèles;* il ne convient pas plus à la figure de quatre côtés qu'à celles de six, de huit, etc., dont les opposés seroient parallèles. Le mot *parallélepipede* signifie de même *plans parallèles;* il ne désigne pas plus le solide à six faces que ceux qui en auroient huit, dix, etc., dont les opposées seroient parallèles. Il paroit donc que les dénominations de parallélogramme et de parallélepipede, qui d'ailleurs ont l'inconvénient d'être fort longues, devroient être bannies de la géométrie. On pourroit leur substituer celles de *rhombe* et *rhomboïde*, qui sont beaucoup plus commodes, et conserver le nom de *lozange* au quadrilatère dont les côtés sont égaux.

Le mot *inclinaison* doit être entendu dans le même sens que celui d'angle; l'un et l'autre indiquent la manière d'être de deux lignes ou de deux plans qui se rencontrent, ou qui, prolongés, se rencontreroient. Quand deux lignes font un petit angle entre elles, elles ont l'un à l'autre une petite inclinaison, elles sont peu inclinées entre elles; si elles font un grand angle, elles ont une grande inclinaison. L'inclinaison est la plus grande lorsque l'angle est le plus grand, ou lorsque les deux lignes font entre elles un angle très-obtus. La qualité de *pencher* est prise dans un sens différent; une ligne *penche* d'autant plus sur une autre qu'elle s'écarte plus de la perpendiculaire à celle-ci.

Euclide et d'autres auteurs appellent assez souvent *triangles égaux* des triangles qui ne sont égaux qu'en surface, et *solides égaux* des solides qui ne sont égaux qu'en solidité. Il nous a paru plus convenable d'appeler ces triangles ou ces solides *triangles* ou *solides équivalents*, et de réserver la dénomination de *triangles égaux*, *solides égaux*, à ceux qui peuvent coïncider par la superposition.

Il est de plus nécessaire de distinguer dans les solides et les surfaces courbes deux sortes d'égalité qui sont différentes. En effet, deux solides, deux angles solides, deux triangles ou polygones sphériques, peuvent être égaux dans toutes leurs parties constituantes, sans néanmoins coïncider par la superposition. Il ne paroît pas que cette observation ait été faite dans les autres ouvrages d'éléments; et cependant, faute d'y avoir égard, certaines démonstrations fondées sur la coïncidence des figures ne sont pas exactes. Telles sont les démonstrations par lesquelles plusieurs auteurs prétendent prouver l'égalité des triangles sphériques dans les mêmes cas et de la même manière que celle des triangles rectilignes: et, pour citer un exemple plus frappant, Robert Simson (1), qui attaque la démonstration de la prop. 28, liv. XI, d'Euclide, tombe lui-même dans l'inconvénient de fonder sa démonstration sur une coïncidence qui n'existe pas. Nous avons donc cru devoir donner un nom particulier à cette égalité qui n'entraîne pas la coïncidence; nous l'avons appelée *égalité par symmétrie;* et les figures qui sont dans ce cas nous les appelons figures *symmétriques.*

Ainsi les dénominations de figures *égales*, figures *symmétriques*, figures *équivalentes*, se rapportent à des choses différentes, et ne doivent pas être confondues en une seule dénomination.

Dans les propositions qui concernent les polygones, les angles solides et les polyedres, nous avons exclus formellement ceux qui auroient des angles rentrants. Car, outre qu'il convient de se borner dans les éléments aux figures les plus simples, si cette exclusion n'avoit pas lieu, certaines propositions ou ne seroient pas vraies, ou auroient besoin de modification. Nous nous sommes donc réduits à la considération des lignes et des surfaces que nous appelons *convexes*, et qui sont telles qu'une ligne droite ne peut les couper en plus de deux points.

---

(1) Voyez l'ouvrage de cet auteur, intitulé : *Euclidis Elementorum Libri sex, etc. Glasguæ*, 1756.

Nous avons employé assez fréquemment l'expression *produit de deux ou d'un plus grand nombre de lignes ;* par où nous entendons le produit des nombres auxquels ces lignes sont égales, en les évaluant d'après une unité linéaire prise à volonté. Le sens de ce mot étant ainsi fixé, il n'y a aucune difficulté à en faire usage. On entendroit de même ce que signifie le produit d'une surface par une ligne, d'une surface par un solide, etc. : il suffit d'avoir établi une fois pour toutes que ces produits sont des produits de nombres, chacun de l'espèce qui lui convient. Ainsi le produit d'une surface par un solide n'est autre chose que le produit d'un nombre d'unités superficielles par un nombre d'unités solides.

Souvent, dans le discours, on se sert du mot *angle* pour désigner le point situé à son sommet : cette manière de parler est vicieuse. Il seroit plus clair et plus exact de désigner par un nom particulier les points situés aux sommets des angles d'un polygone et d'un polyedre.

Nous avons suivi la définition ordinaire des *figures semblables ;* mais nous observerons qu'elle contient trois conditions superflues. Car, pour construire un polygone dont le nombre des côtés est n, il faut d'abord connoître un côté, et ensuite avoir la position des angles situés hors de ce côté. Or, le nombre de ces angles est $n-2$, et la position de chacun (ou plutôt celle du point situé à son sommet) exige deux données ; d'où il suit que le nombre total des données nécessaires pour construire un polygone de n côtés est $1+2n-4$, ou $2n-3$. Mais dans le polygone semblable il y a un côté à volonté ; ainsi le nombre de conditions pour qu'un polygone soit semblable à un polygone donné, est $2n-4$. Or la définition ordinaire exige 1.° que les angles soient égaux chacun à chacun, ce qui fait n conditions ; 2.° que les côtés homologues soient proportionnels, ce qui fait $n-1$ conditions. Il y a donc en tout $2n-1$ conditions, ce qui fait trois de trop. Pour obvier à cet inconvénient, on pourroit décomposer la définimition en deux autres, savoir :

1.° *Deux triangles sont semblables, lorsqu'ils ont deux angles égaux chacun à chacun ;*

2.° *Deux polygones sont semblables, lorsqu'on peut former dans l'un et dans l'autre un même nombre de triangles semblables chacun à chacun et semblablement disposés.*

Mais, pour que cette dernière définition ne contienne pas elle-même des conditions superflues, il faut que le nombre des triangles soit égal au nombre des côtés du polygone moins deux ; ce qui peut avoir lieu de deux manières. On peut mener de deux angles homologues des diagonales aux angles opposés ; alors tous les triangles formés dans chaque polygone auront un sommet commun, et leur somme sera égale au polygone ; ou bien on peut supposer que tous les triangles formés dans un polygone, ont pour base commune un côté du polygone, et pour sommets ceux des différents angles opposés à cette base. Dans l'un ou l'autre cas le nombre des triangles formés de part et d'autre étant $n-2$, les conditions de leur similitude seront au nombre de $2n-4$, et la définition ne contiendra rien de superflu. Cette nouvelle définition étant posée, l'ancienne deviendra un théorême qu'on pourra démontrer immédiatement.

Si la définition des figures rectilignes semblables est imparfaite dans les livres d'éléments, celle des *solides polyedres semblables* l'est encore bien davantage. Dans Euclide cette définition dépend d'un théorême non démontré ; dans d'autres auteurs elle a l'inconvénient d'être fort rédondante. Nous avons donc rejeté ces définitions des solides semblables, et nous leur en avons substitué une fondée sur les principes que nous venons d'exposer. Mais, comme il y a beaucoup d'autres observations à faire à ce sujet, nous y reviendrons dans une note particulière.

La définition de la *perpendiculaire à un plan* peut être regardée comme un théorême; celle de *l'inclinaison de deux plans* a besoin aussi d'être justifiée par un raisonnement; plusieurs autres sont dans le même cas. C'est pourquoi, en conservant ces définitions suivant l'ancien usage, nous avons eu soin de renvoyer aux propositions où elles sont démontrées; quelquefois nous nous sommes contentés d'ajouter un éclaircissement succinct qui nous a paru suffisant.

L'angle formé par la rencontre *de deux plans*, et *l'angle solide* formé par la rencontre de plusieurs plans en un même point, sont des grandeurs, chacune de son espèce, auxquelles il conviendroit de donner des noms particuliers. Sans cela il est difficile d'éviter l'obscurité et les circonlocutions lorsqu'on parle de l'arrangement des plans qui composent la surface d'un polyedre. Or, la théorie de ces solides ayant été peu cultivée jusqu'à présent, il y a moins d'inconvénient à y introduire des expressions nouvelles, si elles sont réclamées par la nature des choses.

Je proposerois d'appeler *coin* l'angle formé par deux plans; *l'arête* ou *faîte* du coin seroit l'intersection commune des deux plans. Le coin se désigneroit par quatre lettres dont les deux moyennes répondroient à l'arête. Alors un *coin droit* seroit l'angle formé par deux plans perpendiculaires entre eux. Quatre coins droits rempliroient tout l'espace angulaire solide autour d'une ligne donnée. Cette nouvelle dénomination n'empêcheroit pas que le coin n'eût toujours pour mesure l'angle formé par les deux perpendiculaires menées dans chacun des plans à un même point de l'arête ou intersection commune.

Enfin, on pourroit appeler *angloïde* l'espace angulaire formé par plusieurs plans qui concourent en un même point. L'angloïde se désigneroit par la lettre du sommet suivie d'autant de lettres qu'il y a d'arêtes réunies au sommet; *l'angloïde droit* seroit formé par trois plans perpendiculaires entre eux; huit angloïdes droits rempliroient tout l'espace angulaire sphérique autour d'un point; et deux angloïdes droits adossés par une face commune, feroient un coin droit.

Une seule donnée est nécessaire pour déterminer le coin; plusieurs le sont pour déterminer l'angloïde. En général tout angloïde intercepte, sur la surface de la sphère décrite de son sommet comme centre, un polygone sphérique; et si on appelle n le nombre des côtés de ce polygone, le nombre de données nécessaires pour déterminer le polygone et l'angloïde, sera $2n-3$. Quant à l'espace angulaire qui est la grandeur effective de chaque angloïde, il est proportionnel à l'aire du polygone sphérique intercepté.

NOTE II.

Sur la proposition XIX, livre I.

Jusqu'à présent les auteurs élémentaires n'ont pas réussi à démontrer d'une manière absolument rigoureuse la théorie des parallèles, de laquelle on a coutume de déduire, comme conséquence immédiate, le théorême concernant la somme des trois angles du triangle. Bertrand, de Genève, est le seul qui, dans ses *Développements de la partie élémentaire des mathématiques*, ait donné sur ce point une démonstration qu'on peut regarder comme exacte, mais qui a l'inconvénient d'être fondée sur la considération de l'infini, et qui, par cette raison, ne paroît pas propre à entrer dans des éléments traités à la manière d'Euclide.

Dans la première édition de cet ouvrage je croyois avoir résolu la difficulté (1); mais Simon l'Huillier, célèbre professeur de Genève, m'a fait apercevoir, le premier, que l'exemple des lignes qui ont une asymptote perpendiculaire à l'axe, pouvoit être objecté contre le lemme sur lequel j'avois établi ma démonstration. Convaincu de la force de cette objection, j'ai pensé qu'il falloit suivre une autre route pour arriver au même but. En conséquence je me suis attaché dans cette seconde édition à démontrer, directement et sans le secours des parallèles, le théorême concernant la somme des trois angles du triangle. La démonstration qu'on trouvera dans le texte a, si je ne me trompe, l'avantage de rendre la proposition très-sensible, sans être trop compliquée pour des éléments. Cependant il conviendra que le professeur, en expliquant cette proposition, donne à ses élèves l'idée préliminaire de convexité et de concavité, particulièrement celle d'une convexité ou d'une concavité uniforme, telle que l'offre une portion de polygone régulier. Il faudra aussi qu'il fasse observer que la chaîne de triangles dont on parle, peut être continuée assez loin pour que sa largeur devienne très-petite

---

(1) Cette difficulté vient peut-être de ce que l'idée de l'infini se mêle nécessairement à celle des parallèles, et aussi de ce que les moyens qu'on a à sa disposition pour la résoudre, savoir, les propositions sur l'égalité des triangles, s'appliquent également aux triangles sphériques dans lesquels la somme des trois angles n'est pas constante.

par rapport à sa longueur, et qu'alors cette chaîne ne formera qu'une sorte de ruban fort long dont un bord extérieur ne peut être concave sans que l'autre le soit pareillement. Si, malgré ces explications, on ne trouvoit pas la démonstration du texte encore assez rigoureuse, j'en joins ici une qui est un peu plus compliquée, mais qui semble ne laisser rien à desirer.

LEMME.

Dans tout triangle ABC *la somme des trois angles ne peut être plus grande que deux angles droits.* fig. 35.

Ayant prolongé le côté AC vers P, faites le triangle DCE égal à ABC, en sorte qu'on ait CE=AC, CD=AB, DE=BC, et joignez BD.

Puisque la ligne ACE est droite, la somme des angles ACB, BCD, DCE, est égale à deux angles droits; donc, si l'on suppose que la somme des angles du triangle ABC est plus grande que deux angles droits, on aura $BAC+ABC+ACB>ACB+BCD+DCE$. Retranchant de part et d'autre ACB commun et BAC=DCE par suite de la construction, il restera l'angle $ABC>BCD$; et, parce que les côtés AB, BC, de l'angle ABC sont égaux aux côtés CD, CB, de l'angle BCD, il s'ensuit qu'on aura $AC>BD$.

Supposons maintenant qu'on prolonge indéfiniment la ligne AC, ainsi que la suite des triangles égaux et semblablement placés ABC, CDE, EFG, etc. (1); si l'on joint les sommets deux à deux par les lignes BD, DF, FH, etc., on formera en même temps une suite de triangles intermédiaires BCD, DEF, FGH, etc. qui

(1) On remarquera que la construction de cette figure n'est pas la même que celle que l'on a supposée dans le texte.

seront tous égaux entre eux, puisqu'ils auront un angle égal compris entre côtés égaux, chacun à chacun.

Cela posé, puisqu'on a $AC>BD$, soit la différence $AC-BD=D$, il est clair que $2D$ sera la différence entre la ligne droite $ACE=2AC$ et la ligne brisée $BDF=2BD$, de sorte qu'on aura $AE-BF=2D$; on aura de même $AG-BH=3D$, $AI-BK=4D$, et ainsi de suite. Or, quelque petite que soit la différence D, il est évident que cette différence répétée un nombre de fois suffisant, deviendra plus grande qu'une longueur donnée; on pourra donc supposer la suite des triangles prolongée assez loin pour qu'on ait $AP-BQ>2AB$, et ainsi on auroit la distance $AP>BQ+2AB$. Mais, au contraire, la ligne droite AP est plus courte que la ligne anguleuse ABQP qui joint les mêmes extrémités A et P, de sorte qu'on aura toujours $AP<AB+BQ+QP$, ou $AP<BQ+2AB$. Donc l'hypothèse d'où on est parti est absurde; donc la somme des trois angles du triangle ABC ne peut être plus grande que deux angles droits.

THÉORÊME.

Dans tout triangle la somme des trois angles est égale à deux angles droits.

Ayant déja prouvé que la somme des trois angles ne sauroit être plus grande que deux angles droits, il reste à démontrer que cette même somme ne peut être plus petite que deux angles droits.

fig. 1. Soit ABC le triangle proposé, prolongez son plus grand côté AC d'une quantité $CE=AC$; faites le triangle CDE égal à ABC; prolongez AB, ED jusqu'à leur rencontre en F, et joignez BD.

Ayant pris l'angle droit pour unité, soit, s'il est possible, la somme des trois angles du triangle ABC, égale à $2-d$, d étant le *déficit* de ce triangle ou la quantité, quelle qu'elle soit, dont on suppose que la somme de ses trois angles est moindre que deux angles droits (1). Le triangle CDE égal à ABC, aura aussi la somme de ses angles égale à $2-d$; quant aux deux triangles BCD, DFB, on sait, par la proposition précédente, que la somme de leurs angles ne sauroit être plus grande que quatre angles droits, et qu'ainsi cette somme peut être représentée par $4-m$. Cela posé, la somme des angles des quatre triangles ABC, CDE, BCD, BDF, aura pour valeur $2-d+2-d+4-m$, ou $8-2d-m$; or il est aisé de voir que ces mêmes angles composent les angles du triangle AEF, plus tous les angles formés en B, C, D; ceux-ci, pris ensemble, font 6 angles droits, puisqu'il y a 2 angles droits dans chacun des points B, C, D; donc, en retranchant 6 de la somme trouvée, il restera $2-2d-m$ pour la somme des angles du triangle AEF. Soit d' le *déficit* de ce triangle, on aura par conséquent $d'=2d+m$, c'est-à-dire, $d'>2d$, ou $d'=2d$, si on avoit $m=o$.

Par le moyen du triangle AEF dont le *déficit* est d', on construira semblablement un troisième triangle dont le *déficit* d'' sera $>2d'$, ou $=2d'$, de sorte qu'on aura $d''>4d$, ou $=4d$.

Et par le moyen de ce troisième triangle on en construira de même un quatrième, dans lequel le *déficit* d''' sera $>2d''$, ou $=2d''$, de sorte qu'on aura $d'''>8d$, ou $=8d$. Ainsi de suite.

Mais, quelque petit qu'on suppose d, une suite d,

---

(1) On pourroit prouver que dans tout triangle le *déficit*, s'il existe, est proportionnel à l'aire du triangle, propriété analogue à celle des triangles sphériques où l'excès de la somme des trois angles sur deux angles droits, est proportionnel à l'aire du triangle.

$2d$, $4d$, $8d$, etc. dont les termes croissent en raison double, conduira bientôt à un terme égal ou plus grand que 2; on parviendra donc alors à un triangle dont le *déficit* sera égal à 2 ou plus grand que 2. Or, il seroit absurde de supposer que la somme des angles d'un triangle est 2 moins une quantité égale à 2, ou même plus grande que 2. Donc il est impossible que la somme des angles du triangle ABC soit moindre que deux angles droits; elle ne peut être plus grande en vertu de la proposition précédente; donc elle est égale à deux angles droits.

La seule objection qu'on puisse faire à cette démonstration, c'est qu'elle suppose possible la rencontre des lignes AB, ED, ainsi que celle des lignes analogues qui servent à former les triangles employés dans la démonstration. Mais il faut observer qu'ayant pris AC pour le plus grand côté du triangle ABC, les deux angles A et E n'auront jamais une somme plus grande que $\frac{4}{3}$ d'angle droit, et peuvent en avoir une beaucoup moindre; or, on ne peut élever de difficulté sur le concours de deux lignes AB, ED, que lorsque les angles intérieurs A, E, font une somme peu différente de deux angles droits.

Quoi qu'il en soit, il existe une autre route pour parvenir directement au théorême concernant la somme des trois angles d'un triangle et aux autres théorêmes principaux de la géométrie. C'est ce qu'on développera dans la note suivante.

NOTE III.

Sur une manière de démontrer analytiquement les théorémes fondamentaux de la géométrie.

On démontre immédiatement par la superposition, et sans aucune proposition préliminaire, que *deux triangles sont égaux, lorsqu'ils ont un côté égal adjacent à deux angles égaux chacun à chacun.* Appelons p le côté dont il s'agit, A et B les deux angles adjacents, C le troisième angle. Il faut donc que l'angle C soit entièrement déterminé, lorsqu'on connoît les angles A et B avec le côté p; car, si plusieurs angles C pouvoient correspondre aux trois données A, B, p, il y auroit autant de triangles différents qui auroient un côté égal adjacent à deux angles égaux, ce qui est impossible: donc l'angle C doit être une fonction déterminée des trois quantités A, B, p; ce que j'exprime ainsi, $C = \varphi : (A, B, p)$.

Soit l'angle droit égal à l'unité; alors les angles A, B, C, seront des nombres compris entre o et 2 : et puisque $C = \varphi : (A, B, p)$, je dis que la ligne p ne doit point entrer dans la fonction φ; car on vient de voir que C doit être entièrement déterminé par les seules données A, B, p, sans autre angle ni ligne quelconque. Mais la ligne p est hétérogène avec les nombres A, B, C; et si on avoit une équation quelconque entre A, B, C, p, on en pourroit tirer la valeur de p en A, B, C; d'où il résulteroit que p est égale à un nombre, ce qui est absurde : donc p ne peut entrer dans la fonction φ (1), et on a simplement $C = \varphi : (A, B)$.

---

(1) On a objecté contre cette démonstration que, si elle étoit appliquée, mot pour mot, aux triangles sphériques, il en résul-

Cette formule prouve déja que, si deux angles d'un triangle sont égaux à deux angles d'un autre triangle, le troisième doit être égal au troisième; et, cela posé, il est facile de parvenir au théorême que nous avons en vue.

fig. 2. Soit d'abord ABC un triangle rectangle en A; du point A abaissez AD perpendiculaire sur l'hypoténuse. Les angles B et D du triangle ABD sont égaux aux angles B et A du triangle BAC; donc, suivant ce qu'on vient de démontrer, le troisième BAD est égal au troisième C. Par la même raison l'angle DAC=B; donc BAD+DAC, ou BAC, =B+C: or l'angle BAC est droit; donc *les deux angles aigus d'un triangle rectantangle, pris ensemble, valent un angle droit.*

fig. 3. Soit ensuite BAC un triangle quelconque et BC un côté qui ne soit pas moindre que chacun des deux autres: si de l'angle opposé A on abaisse la perpendiculaire AD sur BC, cette perpendiculaire tombera au dedans du triangle ABC, et le partagera en deux triangles rectangles BAD, DAC: or, dans le triangle rectangle BAD, les deux angles BAD, ABD, valent ensemble un angle droit; dans le triangle rectangle DAC,

---

teroit que deux angles connus suffisent pour déterminer le troisième, ce qui n'a pas lieu dans ces sortes de triangles. La réponse est que, dans les triangles sphériques, il y a un élément de plus que dans les triangles plans, et cet élément est le rayon de la sphère dont on ne doit pas alors faire abstraction. Soit donc r le rayon, alors, au lieu d'avoir $C=\varphi(A, B, p)$, on aura $C=\varphi(A, B, p, r)$, ou seulement $C=\varphi\left(A, B, \frac{p}{r}\right)$, en vertu de la loi des homogènes. Or, puisque le rapport $\frac{p}{r}$ est un nombre, ainsi que A, B, C, rien n'empêche que $\frac{p}{r}$ ne se trouve dans la fonction φ, et alors on n'en peut plus conclure $C=\varphi(A, B)$.

les deux angles DAC, ACD, valent aussi un angle droit. Donc les quatre réunis, ou seulement les trois BAC, ABC, ACB, valent ensemble deux angles droits; donc *dans tout triangle la somme des trois angles est égale à deux angles droits.*

On voit par là que ce théorême, considéré *a priori*, ne dépend point d'un enchaînement de propositions, et qu'il se déduit immédiatement du principe de l'homogénéité, principe qui doit avoir lieu dans toute relation entre des quantités quelconques. Mais poursuivons, et faisons voir qu'on peut tirer de la même source les autres théorêmes fondamentaux de la géométrie.

Conservons les mêmes dénominations que ci-dessus, et appelons de plus m le côté opposé à l'angle A, et n le côté opposé à l'angle B. La quantité m doit être entièrement déterminée par les seules quantités A, B, p; donc m est une fonction de A, B, p, et $\frac{m}{p}$ en est une aussi, de sorte qu'on peut faire $\frac{m}{p}=\psi:(A, B, p)$. Mais $\frac{m}{p}$ est un nombre, ainsi que A et B; donc la fonction ψ ne doit point contenir la ligne p, et on a simplement $\frac{m}{p}=\psi:(A, B)$, ou $m=p\psi:(A:B)$. On a donc semblablement $n=p\psi:(B, A)$.

Soit maintenant un autre triangle formé avec les mêmes angles A, B, C, auxquels soient opposés les côtés m', n', p', respectivement. Puisque A et B ne changent pas, on aura dans ce nouveau triangle $m'=p'\psi:(A, B)$, et $n'=p'\psi:(B, A)$. Donc $m:m'::n:n'::p:p'$. Donc, *dans les triangles équiangles, les côtés opposés aux angle égaux sont proportionnels.*

La proposition du quarré de l'hypoténuse est, comme on sait, une suite de celle des triangles équiangles.

Voilà donc trois propositions fondamentales de la géométrie, celle des trois angles d'un triangle, celle des triangles équiangles, et celle du quarré de l'hypoténuse, qui se déduisent très-simplement et très-immédiatement de la considération des fonctions. On peut par la même voie démontrer très-succinctement les propositions concernant les figures semblables et les solides semblables.

fig. 14. Soit ABCDE un polygone quelconque, ayant choisi un côté AB, comme base, formez autant de triangles ABC, ABD, etc. sur cette base, qu'il y a d'angles C, D, E, etc. au dehors. Soit la base $AB=p$, soient A et B les deux angles du triangle ABC adjacents au côté AB, soient A' et B' les deux angles du triangle ABD adjacents au même côté AB, et ainsi de suite. La figure ABCDE sera entièrement déterminée, si on connoît le côté p avec les angles A, B, A', B', A'', B'', etc., et le nombre des données sera en tout $2n-3$, n étant le nombre des côtés du polygone. Cela posé, un côté ou une ligne quelconque x, menée comme on voudra dans le polygone, sera une fonction de ces données; et comme $\frac{x}{p}$ doit être un nombre, on pourra supposer $\frac{x}{p}=\psi.$ (A, B, A', B', etc.), ou $x=p\psi$: (A, B, A', B', etc.), et la fonction ψ ne contiendra point p. Si, avec les mêmes angles A, B, A', B', etc. et un autre côté p', on forme un second polygone, on aura pour la ligne x', correspondante ou homologue à x, la valeur $x'=p\psi$: (A, B, A', B', etc.); donc $x:x'::p:p'$. On peut définir les figures ainsi construites, *figures semblables;* donc *dans les figures semblables les lignes homologues sont proportionnelles.* Ainsi, non-seulement les côtés homologues, les diagonales homologues, mais les lignes terminées de la même manière dans les deux figures, sont entre elles comme deux autres lignes homologues quelconques.

Appelons S la surface du premier polygone, cette surface est homogène au quarré p^2; il faut donc que $\frac{S}{p^2}$ soit un nombre qui ne contienne que les angles A, B, A′, B′, etc., de sorte qu'on aura $S = p^2 \varphi:(A, B, A', B', \text{etc.})$. Par la même raison, si S′ est la surface du second polygone, on aura $S' = p'^2 \varphi:(A, B, A', B', \text{etc.})$. Donc $S:S'::p^2:p'^2$; donc *les surfaces des figures semblables sont entre elles comme les quarrés des côtés homologues.*

Venons maintenant aux polyedres. On peut supposer qu'une face est déterminée au moyen d'un côté connu p et de plusieurs angles A, B, C, etc. Ensuite les angles solides, hors de cette base, seront déterminés chacun par le moyen de trois données, qu'on peut regarder comme autant d'angles, de sorte que la détermination entière du polyedre dépend d'un côté p, et de plusieurs angles A, B, C, etc., dont le nombre varie suivant la nature du polyedre. Cela posé, une ligne qui joint deux angles, ou, plus généralement, toute ligne x menée d'une manière déterminée dans le polyedre sera une fonction des données p, A, B, C, etc.; et comme $\frac{x}{p}$ doit être un nombre, la fonction égale à $\frac{x}{p}$ ne contiendra que les angles A, B, C, etc., et on pourra supposer $x = p\varphi:(A, B, C, \text{etc.})$. La surface du solide est homogène à p^2, ainsi cette surface peut se représenter par $p^2\psi:(A, B, C, \text{etc.})$; sa solidité est homogène à p^3, et peut se représenter par $p^3\Pi:(A, B, C, \text{etc.})$, les fonctions désignées par ψ et Π étant indépendantes de p.

Construisez un second solide avec les mêmes angles A, B, C, etc., et un côté p' différent de p: nous appellerons les solides ainsi construits *solides semblables ;* et, cela posé, la ligne qui étoit $p\varphi:(A, B, C, \text{etc.})$, ou simplement $p\varphi$ dans un solide sera $p'\varphi$ dans l'autre ; la surface qui étoit $p^2\psi$ dans l'un sera $p'^2\psi$ dans l'autre, et enfin la solidité qui étoit $p^3\Pi$ dans l'un sera $p'^3\Pi$ dans l'autre. Donc 1.° *les solides semblables ont les côtés ou lignes homologues proportionnelles ;* 2.° *leurs surfaces sont comme les quarrés des côtés homologues ;* 3.° *leurs solidités sont comme les cubes de ces mêmes côtés.*

Les mêmes principes s'appliquent aisément au cercle. Soit c la circonférence et s la surface du cercle dont le rayon est r ; puisqu'il ne peut y avoir deux cercles différents décrits du même rayon, les quantités $\frac{c}{r}$ et $\frac{s}{r^2}$ doivent être des fonctions déterminées de r : mais, comme ces quantités sont des nombres, ils ne doivent point contenir dans leur expression la ligne r ; et ainsi on aura $\frac{c}{r}=\alpha$, et $\frac{s}{r^2}=\beta$, α et β étant des nombres constants. Soit c' la circonférence et s' la surface d'un autre cercle dont le rayon est r' ; on aura donc aussi $\frac{c'}{r'}=\alpha$, et $\frac{s'}{r'^2}=\beta$. Donc $c:c'::r:r'$, et $s:s'::r^2:r'^2$; donc *les circonférences des cercles sont comme les rayons, et leurs surfaces comme les quarrés des rayons.*

Considérons un secteur dont r soit le rayon et A l'angle au centre ; soit x l'arc qui termine le secteur, et y la surface de ce même secteur. Puisque le secteur est entièrement déterminé lorsqu'on connoît r et A, il faut que x et y soient des fonctions déterminées de r et de A ; donc $\frac{x}{r}$ et $\frac{y}{r^2}$ sont aussi de pareilles fonctions. Mais $\frac{x}{r}$ est un nombre, ainsi que $\frac{y}{r^2}$; donc ces quantités ne doivent point contenir r, et elles sont simplement fonctions de A, de sorte qu'on aura $\frac{x}{r}=\varphi : A$, et $\frac{y}{r^2}=\psi : A$. Soient x' et y' l'arc et la surface d'un autre secteur dont l'angle est A et le rayon r'; nous appellerons ces deux secteurs *secteurs semblables;* et puisque l'angle A est égal de part et d'autre, on aura $\frac{x'}{r'}=\varphi : A$, et $\frac{y'}{r'^2}=\psi : A$; donc $x:x'::r:r'$, et $y:y'::r^2:r'^2$; donc *les arcs semblables* ou *les arcs des secteurs semblables sont proportionnels aux rayons, et les secteurs eux-mêmes sont proportionnels aux quarrés des rayons.*

Il est clair qu'on trouveroit, de la même manière, que les sphères sont comme les cubes de leurs rayons.

On suppose, dans tout ce qui précède, que les surfaces se mesurent par le produit de deux lignes et les solidités par le produit de trois; c'est ce qu'il est facile de démontrer aussi par voie d'analyse. Considérons un rectangle dont les dimensions sont p et q, et sa surface qui est une fonction de p et q, représentons-la par $\varphi:(p, q)$. Si on considère un autre rectangle dont les dimensions sont $p+p'$ et q, il est clair que ce rectangle est composé de deux autres, l'un qui à pour dimensions p et q, l'autre qui a pour dimensions p' et q; de sorte qu'on aura

$$\varphi:(p+p', q)=\varphi:(p, q)+\varphi:(p', q).$$

Soit $p'=p$, on aura $\varphi(2p, q)=2\varphi(p, q)$. Soit $p'=2p$, on aura $\varphi(3p, q)=\varphi(p, q)+\varphi(2p, q)=3\varphi(p, q)$. Soit $p'=3p$, on aura $\varphi(4p, q)=\varphi(p, q)+\varphi(3p, q)=4\varphi(p, q)$. Donc en général, si k est un nombre entier quelconque, on aura $\varphi(kp, q)=k.\varphi(p, q)$, ou $\frac{\varphi(p, q)}{p}=\frac{\varphi(kp, q)}{kp}$. Il résulte de là que $\frac{\varphi(p, q)}{p}$ est une telle fonction de p, qu'elle ne change pas en mettant à la place de p un multiple quelconque kp. Donc cette fonction est indépendante de p, et ne doit renfermer que q. Mais, par une raison semblable, $\frac{\varphi(p,q)}{q}$ doit être indépendante de q; donc $\frac{\varphi(p,q)}{pq}$ ne renferme ni p ni q, et ainsi cette quantité doit se réduire à une constante α. Donc on aura $\varphi(p,q) = \alpha pq$; et comme rien n'empêche de prendre $\alpha = 1$, on aura $\varphi(p,q) = pq$; ainsi la surface d'un rectangle est égale au produit de ses deux dimensions.

On démontreroit, d'une manière absolument semblable, que la solidité d'un parallélepipede rectangle dont les dimensions sont p, q, r, est égale au produit pqr de ses trois dimensions.

Nous observerons, en finissant, que la considération des fonctions, qui fournit ainsi une démonstration très-simple des propositions fondamentales de la Géométrie, a déja été employée avec succès pour la démonstration des principes fondamentaux de la Mécanique. Voyez les Mémoires de Turin, tome II.

NOTE IV.

Sur l'approximation de la proposition XVI, liv. IV.

Dès qu'on a trouvé un rayon excédent et un déficient qui s'accordent dans les premiers chiffres, on peut achever le calcul d'une manière très-prompte par le moyen d'une formule algébrique.

Soit a le rayon déficient et b l'excédent, dont la différence est petite; soient a' et b' les rayons suivants qui s'en déduisent par les formules $b' = \sqrt{ab}$, $a' = \sqrt{a\left(\frac{a+b}{2}\right)}$. Ce que l'on cherche c'est le dernier terme de la suite a, a', a'', etc., qui est en même temps celui de la suite b, b', b'', etc. Appelons ce dernier terme x, et soit $b = a(1 + \omega)$; on pourra supposer $x = a(1 + P\omega + Q\omega^2 + \text{etc.})$, P et Q étant des coefficients indéterminés. Or les valeurs de b' et a' donnent

$$b' = a(1 + \tfrac{1}{2}\omega - \tfrac{3}{8}\omega^2 + \text{etc.});$$
$$a' = a(1 + \tfrac{1}{4}\omega - \tfrac{3}{32}\omega^2 + \text{etc.}).$$

Et si on fait pareillement $b' = a'(1 + \omega')$, on aura

$$\omega' = \tfrac{1}{4}\omega - \tfrac{5}{32}\omega^2 \text{ etc.}$$

Mais la valeur de x doit être la même, soit que la suite a, a', a'', etc. commence par a ou par a'; donc on aura

$$a(1 + P\omega + Q\omega^2 + \text{etc.}) = a'(1 + P\omega' + Q\omega'^2 + \text{etc}).$$

Substituant dans cette équation les valeurs de a' et de ω' en a et ω, et comparant les termes semblables, on en déduira $P = \frac{1}{3}$, et $Q = -\frac{1}{15}$; donc

$$x = a(1 + \tfrac{1}{3}\omega - \tfrac{1}{15}\omega^2).$$

Si les rayons a et b s'accordent dans la première moitié de leurs chiffres, on pourra rejeter le terme ω^2, et la valeur précédente se réduira à $x = a(1 + \frac{1}{3}\omega) = a + \frac{b-a}{3}$. Ainsi en faisant $a = 1,1282657$, et $b = 1,1286063$, on en déduira immédiatement $x = 1,1283792$.

Si les rayons a et b ne s'accordent que dans le premier tiers de leurs chiffres, il faudra prendre les trois termes de la formule précédente; ainsi en faisant $a = 1,1265639$ et $b = 1,1320149$, on trouvera $x = 1,1283791$.

On pourroit supposer que a et b sont encore moins près l'un de l'autre; mais alors il faudroit calculer la valeur de x avec un plus grand nombre de termes.

L'approximation de la prop. XIV, qui est de Jacques Gregory, est susceptible de semblables abrégés. Nous renvoyons à l'ouvrage de cet auteur, intitulé *Vera circuli et hyperbolæ quadratura*, ouvrage d'un grand mérite pour le temps où il a paru.

NOTE V.

Où l'on démontre que le rapport de la circonférence au diamètre et son quarré sont des nombres irrationnels.

On connoît déja une démonstration de cette proposition qui a été donnée par Lambert dans les Mémoires de Berlin, année 1761; mais, comme cette démonstration est longue et difficile à suivre, nous avons tâché de l'abréger et de la simplifier. Voici le résultat de nos recherches.

Considérons la suite infinie

$$1+\frac{a}{z}+\frac{1}{2}.\frac{a^2}{z.\overline{z+1}}+\frac{1}{2.3}.\frac{a^3}{z.\overline{z+1}.\overline{z+2}}+\text{etc.}$$

et supposons que $\varphi:z$ en représente la somme. Si on met $z+1$ à la place de z, $\varphi:(z+1)$ sera pareillement la somme de la suite

$$1+\frac{a}{z+1}+\frac{1}{2}.\frac{a^2}{\overline{z+1}.\overline{z+2}}+\frac{1}{2.3}.\frac{a^3}{\overline{z+1}.\overline{z+2}.\overline{z+3}}+\text{etc.}$$

Retranchons ces deux suites terme à terme l'une de l'autre, et nous aurons $\varphi:z-\varphi:(z+1)$ pour la somme du reste, qui sera

$$\frac{a}{z.\overline{z+1}}+\frac{a^2}{z.\overline{z+1}.\overline{z+2}}+\frac{1}{2}.\frac{a^3}{z.\overline{z+1}.\overline{z+2}.\overline{z+3}}+\text{etc.}$$

Mais ce reste peut être mis sous la forme

$$\frac{a}{z.\overline{z+1}}.\left(1+\frac{a}{z+2}+\frac{1}{2}.\frac{a^2}{\overline{z+2}.\overline{z+3}}+\text{etc.}\right);$$

et alors il se réduit à $\frac{a}{z.\overline{z+1}}\varphi:(z+2)$. Donc on aura généralement

$$\varphi:z-\varphi:(z+1)=\frac{a}{z.\overline{z+1}}\varphi:(z+2).$$

Divisons cette équation par $\varphi:(z+1)$; et, pour simplifier le résultat, soit ψ une nouvelle fonction de z telle que $\psi:z=\frac{a}{z}.\frac{\varphi:(z+1)}{\varphi:(z)}$; alors au lieu de $\frac{\varphi:z}{\varphi:(z+1)}$, on pourra mettre $\frac{a}{z\psi:z}$, et $\frac{(z+1)\,\psi:(z+1)}{a}$ au lieu de $\frac{\varphi:(z+2)}{\varphi:(z+1)}$. La substitution faite, on aura $\psi:z=\frac{a}{z+\psi:(z+1)}$. Mais en mettant successivement dans cette équation $z+1$, $z+2$, etc., à la place de z, il en résultera $\psi:(z+1)=\frac{a}{z+1+\psi:(z+2)}$, $\psi:(z+2)=\frac{a}{z+2+\psi:(z+3)}$, etc. Donc la valeur de ψz peut s'exprimer ainsi en fraction continue:

$$\psi:z=\cfrac{a}{z+\cfrac{a}{z+1+\cfrac{a}{z+2+\text{etc.}}}}$$

Réciproquement cette fraction continue, prolongée à l'infini, a pour somme $\psi:z$, ou son égale $\frac{a}{z}.\frac{\varphi:(z+1)}{\varphi:z}$, et cette somme, développée en suites ordinaires, est

$$\frac{a}{z}.\frac{1+\frac{a}{z+1}+\frac{1}{2}.\frac{a^2}{z+1.z+2}+\text{etc.}}{1+\frac{a}{z}+\frac{1}{2}.\frac{a^2}{z.z+1}+\text{etc.}}$$

Soit maintenant $z=\frac{1}{2}$, la fraction continue deviendra

$$\cfrac{2a}{1+\cfrac{4a}{3+\cfrac{4a}{5+\text{etc.}}}};$$

de sorte que les numérateurs, excepté le premier, étant tous égaux à $4a$, les dénominateurs formeront la suite des nombres impairs 1, 3, 5, 7, etc. La valeur de cette fraction continue peut donc aussi s'exprimer par

$$2a.\frac{1+\frac{4a}{2.3}+\frac{16a^2}{2.3.4.5}+\frac{64a^3}{2.3..7}+\text{etc.}}{1+\frac{4a}{2}+\frac{16a^2}{2.3.4}+\frac{64a^3}{2.3...6}+\text{etc.}}.$$

Mais ces suites se rapportent à des suites connues, et on sait qu'en représentant par e le nombre dont le logarithme hyperbolique est 1, l'expression précédente se réduit à $\frac{e^{2\sqrt{a}}-e^{-2\sqrt{a}}}{e^{2\sqrt{a}}+e^{-2\sqrt{a}}}.\sqrt{a}$; de sorte qu'on aura en général

$$\frac{e^{2\sqrt{a}}-e^{-2\sqrt{a}}}{e^{2\sqrt{a}}+e^{-2\sqrt{a}}}.2\sqrt{a}=\cfrac{4a}{1+\cfrac{4a}{3+\cfrac{4a}{5+\text{etc.}}}}$$

De là résultent deux formules principales selon que a est positif ou négatif. Soit d'abord $4a=x^2$, on aura

$$\frac{e^x-e^{-x}}{e^x+e^{-x}}=\cfrac{x}{1+\cfrac{x^2}{3+\cfrac{x^2}{5+\text{etc.}}}}$$

Soit ensuite $4a=-x^2$, et à cause de

$$\frac{e^{x\sqrt{-1}}-e^{-x\sqrt{-1}}}{e^{x\sqrt{-1}}+e^{-x\sqrt{-1}}}=\sqrt{-1}.\text{tang}.x,$$ on aura

$$\text{tang}.x=\cfrac{x}{1-\cfrac{x^2}{3-\cfrac{x^2}{5-\cfrac{x^2}{7-\text{etc.}}}}}$$

Celle-ci est la formule qui va servir de base à notre démonstration. Mais il faut, avant tout, démontrer les deux lemmes suivants.

LEMME I.

Soit une fraction continue prolongée à l'infini,

$$\cfrac{m}{n+\cfrac{m'}{n'+\cfrac{m''}{n''+\text{etc.}}}},$$

dans laquelle tous les nombres m, n, m', n', etc. sont des entiers positifs, ou négatifs; si on suppose que les fractions composantes $\frac{m}{n}$, $\frac{m'}{n'}$, $\frac{m''}{n''}$, etc. soient toutes plus petites que l'unité, je dis que la valeur totale de la fraction continue sera nécessairement un nombre irrationnel.

D'abord je dis que cette valeur sera plus petite que l'unité. En effet, sans diminuer la généralité de la fraction continue, on peut supposer tous les dénominateurs n, n', n'', etc. positifs : or, si on prend un seul terme de la suite proposée, on aura, par hypothèse, $\frac{m}{n}<1$. Si on prend les deux premiers, à cause de $\frac{m'}{n'}<1$, il est clair que $n+\frac{m'}{n'}$ est plus grand que $n-1$: mais m est plus petit que n; et, puisqu'ils sont l'un et l'autre des entiers, m sera aussi plus petit que $n+\frac{m'}{n'}$. Donc la valeur qui résulte des deux termes

$$\cfrac{m}{n+\cfrac{m'}{n'}}$$

est plus petite que l'unité. Calculons trois termes de la fraction continue proposée; et d'abord, suivant ce qu'on vient de voir, la valeur de la partie

$$\cfrac{m'}{n'+\cfrac{m''}{n''}}$$

sera plus petite que l'unité. Appelons cette valeur ω, et il est clair que $\frac{m}{n+\omega}$ sera encore plus petite que l'unité : donc ce qui résulte des trois termes

$$\cfrac{m}{n+\cfrac{m}{n'+\cfrac{m''}{n''}}}$$

est plus petit que l'unité. Continuant le même raisonnement, on verra que, quel que soit le nombre de termes qu'on calcule de la fraction continue proposée, la valeur qui en résulte est plus petite que l'unité ; donc la valeur totale de cette fraction prolongée à l'infini, est aussi plus petite que l'unité. Elle ne pourroit être égale à l'unité que dans le seul cas où la fraction proposée seroit de la forme

$$\cfrac{m}{m+1-\cfrac{m'}{m'+1-\cfrac{m''}{m''+1-\text{etc.}}}}$$

Dans tout autre cas elle sera plus petite.

Cela posé, si on nie que la valeur de la fraction continue proposée soit égale à un nombre irrationnel, supposons qu'elle est égale à un nombre rationnel, et soit ce nombre $\frac{B}{A}$, B et A étant des entiers quelconques ; on aura donc

$$\frac{B}{A}=\cfrac{m}{n+\cfrac{m'}{n'+\cfrac{m''}{n''+\text{etc.}}}}$$

Soient C, D, E, etc. des indéterminées, telles qu'on ait

$$\frac{C}{B}=\cfrac{m'}{n'\pm\cfrac{m''}{n''\pm\cfrac{m'''}{n'''\pm\text{etc.}}}}$$

$$\frac{D}{C}=\cfrac{m''}{n''+\cfrac{m'''}{n'''+\cfrac{m^{IV}}{n^{IV}+\text{etc.}}}}$$

et ainsi à l'infini. Ces différentes fractions continues ayant tous leurs termes plus petits que l'unité, leurs valeurs ou sommes $\frac{B}{A}$, $\frac{C}{B}$, $\frac{D}{C}$, $\frac{E}{D}$, etc. seront plus petites que l'unité, suivant ce qui vient d'être démontré, et ainsi on aura $B<A$, $C<B$, $D<C$, etc; de sorte que la suite A, B, C, D, E, etc. est décroissante à l'infini. Mais l'enchaînement des fractions continues dont s'agit, donne

$$\frac{B}{A}=\cfrac{m}{n+\frac{C}{B}};\quad \text{d'où résulte}\quad C=mA-nB,$$

$$\frac{C}{B}=\cfrac{m'}{n'+\frac{D}{C}};\quad \text{d'où résulte}\quad D=m'B-n'C,$$

$$\frac{D}{C}=\cfrac{m''}{n''+\frac{E}{D}};\quad \text{d'où résulte}\quad E=m''C-n''D,$$

etc.

Et, puisque les deux premiers nombres A et B sont entiers par hypothèse, il s'ensuit que tous les autres C, D, E, etc., qui jusqu'à ce moment étoient indéterminés, sont aussi des nombres entiers. Or, il implique contradiction qu'une suite infinie A, B, C, D, E, etc. soit à la fois décroissante et composée de nombres entiers; car d'ailleurs aucun des nombres A, B, C, D, E, etc. ne peut être zéro, puisque la fraction continue proposée s'étend à l'infini, et qu'ainsi les sommes représentées par $\frac{B}{A}$, $\frac{C}{B}$, $\frac{D}{C}$, etc. doivent toujours être quelque chose. Donc l'hypothèse, que la somme de la fraction continue proposée est égale à une quantité rationnelle

$\frac{B}{A}$, ne sauroit subsister; donc cette somme est nécessairement un nombre irrationnel.

LEMME II.

Les mêmes choses étant posées, si les fractions composantes $\frac{m}{n}$, $\frac{m'}{n'}$, $\frac{m''}{n''}$, *etc. sont d'une grandeur quelconque au commencement de la suite, mais, qu'après un certain intervalle, elles soient constamment plus petites que l'unité, je dis que la fraction continue proposée, en supposant toujours qu'elle s'étend à l'infini, aura une valeur irrationnelle.*

Car, si à compter de $\frac{m'''}{n'''}$, par exemple, toutes les fractions $\frac{m'''}{n'''}$, $\frac{m^{\text{IV}}}{n^{\text{IV}}}$, $\frac{m^{\text{V}}}{n^{\text{V}}}$, etc. à l'infini, sont plus petites que l'unité, alors, suivant le lemme I, la fraction continue

$$\cfrac{m'''}{n''' + \cfrac{m^{\text{IV}}}{n^{\text{IV}} + \cfrac{m^{\text{V}}}{n^{\text{V}} + \text{etc.}}}}$$

aura une valeur irrationnelle. Appelons cette valeur ω et la fraction continue proposée deviendra

$$\cfrac{m}{n + \cfrac{m'}{n' + \cfrac{m''}{n'' + \omega.}}}$$

Mais si on fait successivement

$$\frac{m''}{n''+\omega}=\omega', \quad \frac{m'}{n'+\omega'}=\omega'', \quad \frac{m}{n+\omega''}=\omega''',$$

il est clair que, ω étant irrationnelle, toutes les quantités ω', ω'', ω''', doivent l'être pareillement. Or, la dernière

x''' est égale à la fraction continue proposée; donc la valeur de celle-ci est irrationnelle.

Nous pouvons maintenant, pour revenir à notre sujet, démontrer cette proposition générale.

THÉORÈME.

Si un arc est incommensurable avec le rayon, sa tangente sera incommensurable avec le même rayon.

En effet, soit le rayon $=1$, et l'arc $x=\frac{m}{n}$, m et n étant des nombres entiers, la formule trouvée ci-dessus donnera, en faisant la substitution,

$$\text{tang.}\,\frac{m}{n}=\cfrac{m}{n-\cfrac{m^2}{3n-\cfrac{m^2}{5n-\cfrac{m^2}{7n-\text{etc.}}}}}$$

Or cette fraction continue est dans le cas du lemme II; car il est clair que les dénominateurs $3n$, $5n$, $7n$, etc. augmentant continuellement, tandis que le numérateur m^2 reste de la même grandeur, les fractions composantes seront ou deviendront bientôt plus petites que l'unité; donc la valeur de tang. $\frac{m}{n}$ est irrationnelle; donc, *si l'arc est commensurable avec le rayon, sa tangente sera incommensurable.*

De là résulte, comme conséquence très-immédiate, la proposition qui fait l'objet de cette note. Soit π la demi-circonférence dont le rayon est 1; si π étoit rationnel, l'arc $\frac{\pi}{4}$ le seroit aussi, et par conséquent sa tangente devroit être irrationnelle: mais on sait au contraire que la tangente de l'arc $\frac{\pi}{4}$ est égale au rayon 1; donc π ne peut être rationnel. Donc *le rapport de la circonférence au diamètre, est un nombre irrationnel.*

Il est probable que le nombre π n'est pas même compris dans les irrationnelles algébriques, c'est-à-dire, qu'il ne peut être la racine d'une équation algébrique d'un nombre fini de termes dont les coefficiens sont rationnels : mais il paroît très-difficile de démontrer rigoureusement cette proposition ; nous pouvons seulement faire voir que le quarré de π est encore un nombre irrationnel.

En effet, si dans la fraction continue qui exprime tang. x, on fait $x=\pi$, à cause de tang. $\pi=0$, on doit avoir

$$0=3-\cfrac{\pi^2}{5-\cfrac{\pi^2}{7-\cfrac{\pi^2}{9-\text{etc.}}}}$$

Mais si π^2 étoit rationnel, et qu'on eût $\pi^2=\frac{m}{n}$, m et n étant des entiers, il en résulteroit

$$3=\cfrac{m}{5n-\cfrac{m}{7-\cfrac{m}{9n-\cfrac{m}{11-\text{etc.}}}}}$$

Or, il est visible que cette fraction continue est encore dans le cas du lemme II ; sa valeur est donc irrationnelle et ne sauroit être égale au nombre 3. Donc *le quarré du rapport de la circonférence au diamètre, est un nombre irrationnel.*

NOTE VI.

Où l'on donne la solution analytique de divers problémes concernant le triangle, le quadrilatère inscrit, le parallélepipede et la pyramide triangulaire.

PROBLÊME I.

Etant donnés les trois côtés d'un triangle, trouver sa surface, le rayon du cercle inscrit et le rayon du cercle circonscrit.

Soient les côtés $BC=a$, $AC=b$, $AB=c$; si du sommet fig. 2.
A on abaisse la perpendiculaire AD sur le côté opposé BC, on aura * $\overline{AC}^2=\overline{AB}^2+\overline{BC}^2-2BC\times BD$; donc $BD=$ *12. 3.
$\frac{a^2+c^2-b^2}{2a}$. Cette valeur donne $\overline{AB}^2-\overline{BD}^2$ ou $\overline{AD}^2=c^2-\left[\frac{a^2+c^2-b^2}{2a}\right]^2=\frac{4a^2c^2-(a^2+c^2-b^2)^2}{4a^2}$; donc $AD=\frac{\sqrt{[4a^2c^2-(a^2+c^2-b^2)^2]}}{2a}$. Soit S l'aire du triangle, on aura $S=\frac{1}{2}BC\times AD$; donc

$$S=\tfrac{1}{4}\sqrt{[4a^2c^2-(a^2+c^2-b^2)^2]}=\tfrac{1}{4}\sqrt{(2a^2b^2+2a^2c^2+2b^2c^2-a^4-b^4-c^4)}$$

Cette formule peut encore se réduire à une autre forme plus commode pour le calcul logarithmique; pour cela il faut observer que la quantité $4a^2c^2-(a^2+c^2-b^2)^2$ est le produit desdeux facteurs $2ac+(a^2+c^2-b^2)$ et $2ac-(a^2+c^2-b^2)$; le premier $=(a+c)^2-b^2=(a+c+b)(a+c-b)$; le second $=b^2-(a-c)^2=(b+a-c)(b-a+c)$; donc on aura

$$S=\tfrac{1}{4}\sqrt{[(a+b+c)(a+b-c)(a+c-b)(b+c-a)]}.$$

Enfin si on fait $\frac{a+b+c}{2}=p$, ce qui donne $a+b+c=2p$, $a+b-c=2p-2c$, $a+c-b=2p-2b$, $b+c-a=2p-2a$, on aura encore plus simplement

$$S=\sqrt{(p.p-a.p-b.p-c)}$$

D'où l'on voit que pour avoir la surface d'un triangle dont les trois côtés sont donnés il faut prendre la demi-somme des trois côtés, de cette demi-somme retrancher successivement chacun des côtés, ce qui donnera trois restes, multiplier ces trois restes entr'eux et par la demi-somme des côtés, et enfin extraire la racine quarrée du produit : cette racine sera l'aire du triangle.

Soient maintenant z le rayon du cercle circonscrit au triangle, et u le rayon du cercle inscrit dans ce même triangle, on aura suivant la prop. 32, liv. III.

$z=\frac{\frac{1}{4}abc}{S}$ et $u=\frac{2S}{a+b+c}=\frac{S}{p}$; donc en substituant la valeur trouvée de S, il viendra

$$z=\frac{\frac{1}{4}abc}{\sqrt{(p.p-a.p-b.p-c)}},\quad u=\sqrt{\left(\frac{p-a.p-b.p-c}{p}\right)}$$

PROBLÈME II.

Etant donnés les quatre côtés d'un quadrilatère inscrit, trouver le rayon du cercle, la surface du quadrilatère et ses angles.

fig. 4. Soient les côtés donnés $AB=a$, $BC=b$, $CD=c$, $DA=d$, et les diagonales inconnues $AC=x$, $BD=y$, on aura suivant le th. 32, l. III, $xy=ac+bd$ et $\frac{x}{y}=\frac{ad+bc}{ab+cd}$; d'où l'on tire

$$x=\sqrt{\left(\frac{(ac+bd)(ad+bc)}{ab+cd}\right)},\ y=\sqrt{\left(\frac{(ac+bd)(ab+cd)}{ad+bc}\right)}$$

Mais suivant le problême précédent, le rayon du cercle circonscrit au triangle ABC, dont les côtés sont a, b, x, peut s'exprimer par la formule $z=\frac{abx}{\sqrt{[4a^2b^2-(a^2+b^2-x^2)^2]}}$.

Substituant au lieu de x la valeur qu'on vient de trouver et décomposant le résultat en facteurs on aura

$$z=\sqrt{\left[\frac{(ac+bd)(ad+bc)(ab+cd)}{(a+b+c-d)(a+b+d-c)(a+c+d-b)(b+c+d-a)}\right]}$$

Cela posé l'aire du triangle $ABC = \frac{\frac{1}{4}abx}{z}$, celle du triangle $ADC = \frac{\frac{1}{4}cdx}{z}$; donc l'aire du quadrilatère $ABCD =$

$$= \frac{1}{4} \cdot \frac{(ab+cd)x}{z}$$

$$= \frac{1}{4}\sqrt{[(a+b+c-d)(a+b+d-c)(a+c+d-b)(b+c+d-a)]}.$$

Et si on fait, pour abréger, $p = \frac{1}{2}(a+b+c+d)$, on aura l'aire $ABCD = \sqrt{(p-a.p-b.p-c.p-d)}$ Enfin pour avoir l'un des angles, par exemple l'angle A, on observera que le triangle ABC donne $\cos A = \frac{a^2+b^2-x^2}{2ab}$; substituant la valeur de x et réduisant, on aura $\cos A = \frac{a^2+b^2-c^2-d^2}{2ab+2cd}$. De là on tire $\frac{1-\cos A}{1+\cos A}$, ou $\text{tang.}^2 \frac{1}{2} A$
$= \frac{(c+d)^2-(a-b)^2}{(a+b)^2-(c-d)^2} = \frac{(a+c+d-b)(b+c+d-a)}{(a+b+c-d)(a+b+d-c)}$. Donc $\text{tang.} \frac{1}{2} A = \sqrt{\left(\frac{p-a.p-b}{p-c.p-d}\right)}$.

PROBLÊME III.

Dans le quadrilatère ABDC *dont les angles opposés* B *et* C *sont droits, étant donnés les deux côtés* AB, AC *avec l'angle compris* BAC, *trouver les deux autres côtés et la diagonale* AD. fig. 5.

Soit $AC = b$, $AB = c$, et l'angle $BAC = A$; si l'on prolonge BD et AC jusqu'à leur rencontre en E, le triangle BAE rectangle en B, où l'on connoît l'angle BAE et le côté AB, donnera $AE = \frac{c}{\cos A}$; donc $CE = \frac{c}{\cos A} - b$. Ensuite le triangle DCE rectangle en C, où l'on connoît le côté CE et l'angle $CDE = A$, donnera $CD = CE \cot A = \frac{c - b\cos A}{\sin A}$. On aura donc semblablement $BD = \frac{b - c\cos A}{\sin A}$. Ce sont les valeurs des deux côtés cherchés du quadrilatère.

De là résulte la diagonale $AD = \sqrt{(AC^2 + DC^2)} = \sqrt{\left(b^2 + \left(\frac{c - b\cos A}{\sin A}\right)^2\right)} = \frac{\sqrt{(b^2 + c^2 - 2bc\cos A)}}{\sin A}$. Mais par le triangle BAC, on auroit $BC = \sqrt{(b^2 + c^2 - 2bc\cos A)}$. Donc la diagonale AD, qui joint les deux angles obliques, est à la diagonale BC qui joint les deux angles droits :: $1 : \sin A$.

Scholie. La diagonale AD est en même temps le diamètre du cercle dans lequel le quadrilatère ABDC seroit inscrit.

Dans ce cercle on auroit l'angle $ABC = ADC$, donc en abaissant CF perpendiculaire sur AB, les triangles BFC, ADC sont semblables et donnent $AD : BC :: AC : FC :: 1 : \sin A$, ce qui s'accorde avec le résultat précédent.

PROBLÈME IV.

Etant données les trois arêtes d'un parallélepipede avec les angles qu'elles font entre elles, trouver la solidité du parallélepipede.

fig. 6. Soient les arêtes $SA = f$, $SB = g$, $SC = h$, et les angles compris $ASB = \alpha$, $ASC = \beta$, $BSC = \gamma$. Si du point C on abaisse CO perpendiculaire sur le plan ASB, le triangle rectangle CSO donnera $CO = CS \sin CSO = h \sin CSO$. D'ailleurs la surface du parallélogramme $ASBP = fg \sin \alpha$. Donc si on appelle la S solidité du parallélepipede ST, on aura $S = fgh \sin \alpha \sin CSO$. Il reste à trouver sin CSO.

Pour cela du point S comme centre et d'un rayon $= 1$, décrivez une surface sphérique qui rencontre en D, E, F, G les droites SA, SB, SC, SO, vous aurez un triangle DEF dans lequel l'arc FG est perpendiculaire sur ED, puisque le plan CSO est perpendiculaire sur ASB. Or le triangle DEF, où l'on a les trois côtés $DE = \alpha$, $DF = \beta$, $EF = \gamma$, donne $\cos E = \frac{\cos \beta - \cos \alpha \cos \gamma}{\sin \alpha \sin \gamma}$ et $\sin E =$

$$\frac{\sqrt{(1-\cos^2\alpha-\cos^2\beta-\cos^2\gamma+2\cos\alpha\cos\beta\cos\gamma)}}{\sin\alpha\sin\gamma}.$$

Ensuite le triangle rectangle EFG donne sin GF ou sin CSO $=$ sin E sin EF $=\sin\gamma$ sin E. Donc $S=fgh\sin\alpha\sin\gamma\sin E$, ou

$$S=fgh\sqrt{(1-\cos^2\alpha-\cos^2\beta-\cos^2\gamma+2\cos\alpha\cos\beta\cos\gamma)}$$

Dans cette expression la quantité sous le radical est le produit des deux facteurs $\sin\alpha\sin\gamma+\cos\beta-\cos\alpha\cos\gamma$ et $\sin\alpha\sin\gamma-\cos\beta+\cos\alpha\cos\gamma$. Le premier $=\cos\beta-\cos(\alpha+\gamma)$ $=2\sin\frac{\alpha+\beta+\gamma}{2}\cdot\sin\frac{\alpha+\gamma-\beta}{2}$, le second $=\cos(\alpha-\gamma)-\cos\beta$ $=2\sin\frac{\alpha+\beta-\gamma}{2}\cdot\sin\frac{\beta+\gamma-\alpha}{2}$. Donc la solidité cherchée

$$S=2fgh\sqrt{\left[\sin\frac{\alpha+\beta+\gamma}{2}\cdot\sin\frac{\alpha+\beta-\gamma}{2}\cdot\sin\frac{\alpha+\gamma-\beta}{2}\cdot\sin\frac{\beta+\gamma-\alpha}{2}\right]}$$

PROBLÈME V.

Les mêmes choses étant données que dans le problème précédent, trouver l'expression de la diagonale qui joint deux angles opposés.

Soit la diagonale de la base $SP=z$ et la diagonale cherchée $ST=u$; le triangle ASP dans lequel cos SAP $=-\cos\alpha$ donnera $z^2=f^2+g^2+2fg\cos\alpha$; pareillement le triangle TSP dans lequel cos TPS $=-$cos CSP, donnera $u^2=z^2+h^2+2hz\cos$ CSP. Il ne s'agit plus que d'avoir le cosinus de l'angle CSP ou de l'arc FH : or dans le triangle sphérique EFH, on a cos FH $=$ cos EF cos EH $+$ sin EF sin EH cos E, substituant les valeurs $EF=\gamma$ et $\cos E=\frac{\cos\beta-\cos\alpha\cos\gamma}{\sin\alpha\sin\gamma}$, il viendra

$$\cos FH=\cos\gamma\cos EH+\frac{\sin EH}{\sin\alpha}(\cos\beta-\cos\alpha\cos\gamma)=$$

$$\frac{\sin EH\cos\beta}{\sin\alpha}+\frac{\sin(\alpha-EH)\cdot\cos\gamma}{\sin\alpha}=\frac{\sin EH\cos\beta+\sin DH\cos\gamma}{\sin\alpha}.$$

Donc $2hz\cos FH$, ou $2hz\cos CSP = 2h\cos\beta.\frac{z\sin EH}{\sin\alpha} + 2h\cos\gamma.\frac{z\sin DH}{\sin\alpha}$. Mais dans le triangle BSP on a $BP = \frac{SP\sin BSP}{\sin SBP}$ et $BS = \frac{SP\sin BPS}{\sin SBP}$, ce qui donne $\frac{z\sin EH}{\sin\alpha} = f$ et $\frac{z\sin DH}{\sin\alpha} = g$. Donc $2zh\cos CSP = 2fh\cos\beta + 2gh\cos\gamma$. Donc enfin le quarré de la diagonale cherchée

$$u^2 = f^2 + g^2 + h^2 + 2fg\cos\alpha + 2fh\cos\beta + 2gh\cos\gamma.$$

Corollaire. L'angle solide A est formé par les arêtes f, g, h faisant entre elles les angles $200^\circ - \alpha$, $200^\circ - \beta$, γ; ainsi il suffit de changer les signes de $\cos\alpha$ et $\cos\beta$ dans l'expression de $\overline{ST}^2$ pour avoir celle de $\overline{AM}^2$. Faisant de même pour les deux autres diagonales, on aura les valeurs de leurs quarrés comme il suit :

$$\overline{ST}^2 = f^2 + g^2 + h^2 + 2fg\cos\alpha + 2fh\cos\beta + 2gh\cos\gamma.$$
$$\overline{AM}^2 = f^2 + g^2 + h^2 - 2fg\cos\alpha - 2fh\cos\beta + 2gh\cos\gamma.$$
$$\overline{BN}^2 = f^2 + g^2 + h^2 - 2fg\cos\alpha + 2fh\cos\beta - 2gh\cos\gamma.$$
$$\overline{CP}^2 = f^2 + g^2 + h^2 + 2fg\cos\alpha - 2fh\cos\beta - 2gh\cos\gamma.$$

De là on tire $\overline{ST}^2 + \overline{AM}^2 + \overline{BN}^2 + \overline{CP}^2 = 4f^2 + 4g^2 + 4h^2$. Donc, *dans tout parallélepipede, la somme des quarrés des quatre diagonales est égale à la somme des quarrés des douze arêtes.* Théorême remarquable et analogue à celui qui a lieu dans le parallélogramme.

PROBLÊME VI.

Etant données les trois arêtes qui aboutissent à un même angle d'une pyramide triangulaire, et les trois angles que ces arêtes forment entre elles, trouver la solidité de la pyramide.

fig. 7. Soit SABC la pyramide triangulaire proposée dans

laquelle on connoît les arêtes SA$=f$, SB$=g$, SC$=h$, et les angles compris ASB$=\alpha$, ASC$=\beta$, BSC$=\gamma$. Si sur les arêtes SA, SB, SC, données de grandeur et de position, on décrit le parallélepipede ST, la pyramide qui est le tiers du prisme triangulaire BSANMC sera le sixième du parallélepipede ST. Donc en appelant P la solidité de la pyramide, on aura, d'après le probl. IV,

$$P=\tfrac{1}{6}fgh\sqrt{(1-\cos^2\alpha-\cos^2\beta-\cos^2\gamma+2\cos\alpha\cos\beta\cos\gamma)}$$

$$\text{ou}\, P=\tfrac{1}{3}fgh\sqrt{\left[\sin\frac{\alpha+\beta+\gamma}{2}\cdot\sin\frac{\alpha+\beta-\gamma}{2}\cdot\sin\frac{\alpha+\gamma-\beta}{2}\cdot\sin\frac{\gamma+\beta-\alpha}{2}\right]}$$

PROBLÊME VII.

Etant donnés les six côtés ou arêtes d'une pyramide triangulaire, trouver sa solidité.

Si l'on conserve les mêmes dénominations que dans le probl. précédent, et qu'on fasse de plus BC$=f'$, CA$=g'$, BA$=h'$, on aura $\cos\alpha=\frac{f^2+g^2-h'^2}{2fg}$, $\cos\beta=\frac{f^2+h^2-g'^2}{2fh}$, $\cos\gamma=\frac{g^2+h^2-f'^2}{2gh}$. Substituant ces valeurs dans la formule trouvée, et faisant pour abréger $g^2+h^2-f'^2=F$, $f^2+h^2-g'^2=G$, $f^2+g^2-h'^2=H$, on aura la solidité demandée fig. 7.

$$P=\tfrac{1}{12}\sqrt{(4f^2g^2h^2-f^2F^2-g^2G^2-h^2H^2+FGH)}$$

On peut aussi mettre cette quantité sous la forme

$$P=\tfrac{1}{12}\sqrt{[(F+2gh)(G+2fh)(H+2fg)-(fF+gG+hH+2fgh)^2]},$$

de sorte qu'en faisant

$$M=(g+h+f')(g+h-f')(f+h+g')(f+h-g')(f+g+h')(f+g-h'),$$

$$N=(f+g+h)(fh+fg+gh)-fgh-ff'^2-gg'^2-hh'^2,$$

on aura $P=\frac{1}{12}\sqrt{(M-N^2)}$. Dans l'application de ces formules on observera que f', g', h' désignent les côtés d'une même face ou base, et f, g, h, les trois autres arêtes, aboutissant au sommet; leur disposition étant telle que f est opposée à f', g à g' et h à h'

Scholie. Soit A la somme des quatre triangles qui composent la surface de la pyramide, soit r le rayon de la sphère inscrite; il est aisé de voir qu'on a $P = A \times \frac{1}{3} r$; car on peut concevoir la pyramide décomposée en quatre autres, qui auroient pour sommet commun le centre de la sphère, et pour bases, les différentes faces de la pyramide. On a donc le rayon de la sphère inscrite $r = \frac{3P}{A}$.

PROBLÊME VIII.

Les mêmes choses étant données que dans le problême VI, trouver le rayon de la sphère circonscrite à la pyramide.

fig. 8. Soit M le centre du cercle circonscrit au triangle SAB, MO la perpendiculaire menée par le point M sur le plan SAB; soit pareillement N le centre du cercle circonscrit au triangle SAC, NO la perpendiculaire élevée par le point N sur le plan SAC. Ces deux perpendiculaires situées dans un même plan MDN perpendiculaire à SA, se rencontreront en un point O qui sera le centre de la sphère circonscrite; car le point O, comme appartenant à la perpendiculaire MO, est à égale distance des trois points S, A, B; et ce même point, comme appartenant à la perpendiculaire NO, est à égale distance des trois points S, A, C; donc il est à égale distance des quatre points S, A, B, C.

On peut imaginer que le point M est déterminé dans le plan SAB, au moyen du quadrilatère SDMH, dont les deux angles D et H sont droits, et où l'on a $SD = \frac{1}{2} f$, $SH = \frac{1}{2} g$, et $ASB = \alpha$. Donc on aura, (d'après le probl. III) $DM = \frac{\frac{1}{2}g - \frac{1}{2}f\cos\alpha}{\sin\alpha}$; semblablement on aura $DN = \frac{\frac{1}{2}h - \frac{1}{2}f\cos6}{\sin6}$.

Appelons D l'angle MDN qui mesure l'inclinaison des deux plans SAB, SAC; dans le triangle sphérique dont α, 6, γ, sont les côtés, D sera l'angle opposé au côté γ, et ainsi on aura $\cos D = \frac{\cos\gamma - \cos\alpha\cos6}{\sin\alpha\sin6}$, de sorte que l'angle D peut être supposé connu.

Cela posé, dans le quadrilatère OMDN dont les deux angles M et N sont droits, et où l'on connoît les deux côtés MD, DN et l'angle compris MDN=D, on aura par le probl. III, le quarré de la diagonale $\overline{OD}^2 = \frac{\overline{DM}^2 + \overline{DN}^2 - 2DM \times DN\cos D}{\sin^2 D}$. Ensuite dans le triangle OSD rectangle en D, on aura $\overline{SO}^2 = \overline{OD}^2 + \overline{SD}^2$; c'est la valeur du quarré du rayon de la sphère circonscrite.

Si on fait la substitution des valeurs de MD, ND, et ensuite celle des valeurs de cos D et de sin D, afin d'avoir immédiatement l'expression du rayon SO, par le moyen des données du probl. VI, on trouvera pour résultat :

$$= \tfrac{1}{2}\sqrt{\left\{\frac{f^2\sin^2\gamma + g^2\sin^2 6 + h^2\sin^2\alpha - 2fg(\cos\alpha - \cos6\cos\gamma) - 2fh(\cos6 - \cos\alpha\cos\gamma) - 2gh(\cos\gamma - \cos\alpha\cos6)}{1 - \cos^2\alpha - \cos^2 6 - \cos^2\gamma + 2\cos\alpha\cos6\cos\gamma}\right\}}$$

NOTE VII.

Sur les polyedres symmétriques.

C'est pour plus de simplicité que nous avons supposé dans la déf. 16, liv. VI, que le plan auquel les polyedres symmétriques sont rapportés, est le plan d'une face : on pourroit supposer que ce plan est un plan quelconque, et alors la définition deviendroit plus générale, sans qu'il y eût rien à changer à la démonstration de la prop. II, par laquelle nous avons établi les relations mutuelles des deux polyedres. On peut aussi prendre une idée très-juste de la manière d'être de ces deux solides, en regardant l'un des deux comme l'image de l'autre formée dans un miroir plan, lequel tiendra lieu du plan dont nous venons de parler.

Quoique deux polyedres symmétriques ne puissent pas en général être superposés, on peut néanmoins prouver, à l'aide de quelques décompositions, que ces polyedres sont superposables par parties, et qu'ainsi leurs solidités sont égales. Voici la démonstration de cette Proposition, l'une des plus importantes de la théorie des solides.

LEMME I.

fig. 9. *Soit* AOS *un triangle isoscèle où l'on a* AO=OS, *si par le point* O *on mène la droite* BOD *perpendiculaire sur le plan* AOS, *et qu'on prenne de part et d'autre les distances égales* OD=OB, *je dis que les pyramides* DAOS, BAOS, *qui ont pour base commune* AOS, *et pour sommets les points* D *et* B, *sont non-seulement symmétriques l'une de l'autre, ainsi qu'il résulte de la construction, mais qu'elles peuvent être superposées à cause de la base isoscèle, et qu'elles sont parfaitement égales.*

En effet, il est aisé de voir que la pyramide AOSB, ou (pour la mieux distinguer) A′OS′B, peut être placée exactement sur la pyramide AOSD; et d'abord on peut placer le triangle isoscèle S′OA′ sur son égal AOS, de manière que le point S′ tombe en A et le point A′ en S. Dans cette situation la perpendiculaire OB couvrira exactement son égale OD, et ainsi le point B tombera en D; donc les deux pyramides seront confondues en une seule; donc elles sont égales.

LEMME II.

Soit maintenant ABC *un triangle quelconque*, O *le centre du cercle circonscrit à ce triangle, en sorte qu'on ait* OA=OB=OC; *si par le point* O *on élève au plan du triangle la perpendiculaire* TOS, *et qu'on prenne de part et d'autre du plan des distances égales* OS, OT; *je dis que les deux pyramides symmétriques* SABC, TABC, *auront des solidités égales.* fig. 10.

Car, suivant le lemme précédent, les pyramides AOBT, BOCT, AOCT, sont égales respectivement aux pyramides AOBS, BOCS, AOCS; donc la pyramide ABCT, qui est la somme des trois premières, est égale en solidité à la pyramide ABCS, qui est la somme des trois autres.

Scholie. Si le point O, centre du cercle circonscrit, étoit hors du triangle ABC, il est aisé de voir que la conclusion seroit toujours la même.

LEMME III.

Toute pyramide triangulaire peut être inscrite dans une sphère. fig. 11.

Soit ABC la base de la pyramide proposée, S son sommet, SP sa hauteur; soit O le centre du cercle circonscrit au triangle ABC, si par le point O on élève sur le plan ABC la perpendiculaire indéfinie OX, chaque point de OX sera à égale distance des points A, B, C; il ne s'agit donc que de trouver sur OX un point Z qui soit également distant de A et de S, et ce point Z étant à égale distance des quatre points A, B, C, S, sera le centre de la sphère circonscrite à la pyramide. Or, la solution de ce problême est facile à exécuter sur un plan.

fig. 12. Faites sous un angle droit les lignes SP, OP, égales aux lignes de même nom dans la figure solide, prolongez PO d'une quantité OD égale au rayon AO du cercle circonscrit, joignez DS, et sur le milieu de DS élevez la perpendiculaire indéfinie YZ, je dis que YZ rencontrera la perpendiculaire OX au point cherché Z, en sorte que ZD ou ZS sera le rayon de la sphère circonscrite, et ZO la distance de son centre au plan ABC.

fig. 11. En effet, on a par construction ZD=ZS; or, puisque OD=OA, on a ZD=ZA=ZB=ZC; donc les quatre distances ZA, ZB, ZC, ZS, sont égales; donc Z est le centre de la sphère circonscrite.

Corollaire I. La droite YZ perpendiculaire à DS et la droite OX perpendiculaire à DP, se rencontreront toujours, puisqu'elles font entre elles un angle égal à SDP, et elles ne peuvent se rencontrer qu'en un point; donc il est toujours possible de circonscrire une sphère à une pyramide triangulaire donnée, et on n'en peut circonscrire qu'une.

Corollaire II. La même construction plane par laquelle on détermine le rayon et le centre de la sphère
fig. 11. circonscrite à la pyramide SABC, servira à trouver le rayon et le centre de la sphère circonscrite à la pyramide TABC symmétrique de SABC, car les valeurs de SP, OP, DO, sont les mêmes de part et d'autre. Donc les sphères circonscrites aux deux pyramides sont égales, et leurs centres sont également distants des plans des faces égales.

THÉORÈME.

Deux pyramides triangulaires symmétriques sont égales en solidité. fig. 13.

Soient les pyramides données SABC, TABC; soit Z le centre de la sphère circonscrite à la pyramide SABC et Z′ le centre de la sphère circonscrite à la pyramide TABC; supposons d'abord que le point Z soit situé au dedans de la pyramide SABC, alors le point Z′ sera également situé au dedans de la pyramide TABC.

Cela posé, on peut regarder la pyramide SABC comme composée de quatre pyramides ZABC, ZABS, ZBCS, ZACS, dont le sommet commun est Z, et dont les bases sont les quatre faces de la pyramide; on peut regarder de même la pyramide TABC comme composée des quatre pyramides Z′ABC, Z′ABT, Z′BCT, Z′ACT. Or, en vertu du lemme II, les pyramides ZABC, Z′ABC, sont égales en solidité; les pyramides ZABS, Z′ABT, sont aussi dans le cas du même lemme; car on pourroit placer l'une sur l'autre les bases égales ABS, ABT, et alors les sommets Z, Z′, centres des sphères circonscrites, seroient les extrémités de deux perpendiculaires égales menées au plan de la base commune par le centre du cercle circonscrit à cette base. Donc la solidité ZABS=Z′ABT, et semblablement ZBCS=Z′BCT, ZACS=Z′ACT; donc la pyramide SABC, qui est la somme des quatre ZABC, ZABS, ZBCS, ZACS, est équivalente à la pyramide TABC, qui est la somme des quatre Z′ABC, Z′ABT, Z′BCT, Z′ACT.

Si les centres Z et Z′ étoient situés hors des pyramides, alors, au lieu d'ajouter les quatre pyramides ZABC, ZABS, ZBCS, ZACS, il faudroit en retrancher une ou deux de la somme des autres, afin d'avoir la pyramide SABC; mais comme la pyramide TABC se composeroit semblablement des pyramides Z′ABC, Z′ABT, Z′BCT, Z′ACT, on en concluroit toujours que les deux pyramides SABC, TABC, sont égales en solidité.

THÉORÊME.

fig. 205. *Deux polyedres symmétriques quelconques sont équivalents ou égaux en solidité.*

Car, en supposant la même construction que dans la prop. II, on peut concevoir l'un des polyedres comme composé d'autant de pyramides triangulaires AMPN, APNQ, etc. dont le sommet commun est A, qu'il y a de triangles MPN, PNQ, etc. dans les différentes faces du polyedre, excepté celles qui forment l'angle A. Le polyedre symmétrique contiendra un pareil nombre de pyramides triangulaires AM′P′N′, AP′N′Q′, etc., lesquelles sont symmétriques aux pyramides AMPN, APNQ, etc. chacune à chacune. Donc, puisque les pyramides triangulaires symmétriques sont équivalentes, il s'ensuit que les polyedres, composés d'un même nombre de pyramides égales, chacune à chacune, sont pareillement égaux en solidité.

NOTE VIII.

Sur la proposition XXV, liv. VII.

Ce théorême qu'Euler a démontré le premier dans les Mémoires de Pétersbourg, année 1758, offre plusieurs conséquences qui méritent d'être développées.

1.° Soit a le nombre des triangles, b le nombre des quadrilatères, c le nombre des pentagones, etc. qui composent la surface d'un polyedre; le nombre total des faces sera $a+b+c+d+$, etc., et le nombre total de leurs côtés sera $3a+4b+5c+6d+$, etc. Ce dernier nombre est double de celui des arêtes, puisque la même arête appartient à deux faces, ainsi on aura

$$H = a + b + c + d + \text{etc.}$$
$$2A = 3a + 4b + 5c + 6d + \text{etc.}$$

Et puisque, suivant le théorême dont il s'agit, $S+H = A+2$, on en tire

$$2S = 4 + a + 2b + 3c + 4d + \text{etc.}$$

Une première remarque que fournissent ces valeurs, c'est que le nombre des faces impaires $a + c + e + \text{etc.}$ est toujours pair.

On peut faire pour abréger $\omega = b + 2c + 3d + \text{etc.}$, et alors on aura

$$A = \tfrac{3}{2}H + \tfrac{1}{2}\omega,$$
$$S = 2 + \tfrac{1}{2}H + \tfrac{1}{2}\omega.$$

Ainsi dans tout polyedre on a toujours $A > \frac{3}{2}H$, et $S > 2 + \frac{1}{2}H$, où il faut observer que le signe $>$ n'exclut pas l'égalité, attendu qu'on pourroit avoir $\omega = 0$.

Le nombre de tous les angles plans du polyedre est $2A$, celui des angles solides est S, de sorte que le nombre moyen des angles plans qui forment chaque angle solide, est $\frac{2A}{S}$. Ce nombre ne peut être moindre que 3, puisqu'il faut au moins trois angles plans pour former un angle solide; ainsi on doit avoir $2A > 3S$, le signe $>$ n'excluant pas l'égalité. Si on met au lieu de A et S leurs valeurs en H et ω, on aura $3H + \omega > 6 + \frac{3}{2}H + \frac{3}{2}\omega$, ou $3H > 12 + \omega$. Remettant les valeurs de H et ω en a, b, c, etc., il résultera

$$3a + 2b + c > 12 + e + 2f + 3g + \text{etc.};$$

d'où l'on voit que a, b, c, ne peuvent pas être zéro à la fois, et qu'ainsi il n'existe aucun polyedre dont toutes les faces aient plus de cinq côtés.

Puisqu'on a $H > 4 + \frac{1}{3}\omega$, la substitution dans les valeurs de S et de A donnera $S > 4 + \frac{2}{3}\omega$ et $A > 6 + \omega$. Mais en même temps $\omega < 3H - 12$; et de là résulte $S < 2H - 4$, et $A < 3H - 6$; où l'on se souviendra que les signes $>$ et $<$ n'excluent pas l'égalité. Ces limites ont lieu généralement dans tous les polyedres.

2.° Supposons $2A > 4S$, ce qui convient à une infinité de polyedres, et nommément à ceux dont tous les angles solides sont formés de quatre plans ou plus, on aura dans ce cas $H > 8 + \omega$, ou, en faisant la substitution,

$$a > 8 + c + 2d + 3e + \text{etc.}$$

Donc il faut que le solide ait au moins huit faces triangulaires; la limite $H > 8 + \omega$ donne $S > 6 + \omega$, et $A > 12 + 2\omega$. Mais on a en même temps $\omega < H - 8$; et de là résulte $S < H - 2$, $A < 2H - 4$.

3.° Supposons $2A > 5S$, ce qui renferme entre autres polyedres ceux dont tous les angles solides sont au moins quintuples, il en résultera $H > 20 + 3\omega$, ou

$$a > 20 + 2b + 5c + 8d + \text{etc.}$$

Et on aura en même temps $S > 12 + 2\omega$, et $A > 30 + 5\omega$; enfin de ce que $\omega < \frac{1}{3}(H - 20)$, on tire les limites $S < \frac{2}{3}(H - 2)$, $A < \frac{5}{3}(H - 2)$.

On ne peut supposer $2A = 6S$; car on a en général $2A + 2\omega + 12 = 6S$; donc il n'y a aucun polyedre dont tous les angles solides soient formés de six angles plans ou plus; et en effet la moindre valeur qu'auroit chaque angle plan, l'un portant l'autre, seroit l'angle d'un triangle équilatéral, et six de ces angles feroient quatre angles droits, ce qui est trop grand pour un angle solide.

4.° Considérons un polyedre dont toutes les faces soient triangulaires, on aura $\omega = 0$, ce qui donnera $A = \frac{3}{2}H$, et $S = 2 + \frac{1}{2}H$. Supposons en outre que tous les angles solides du polyedre soient en partie quintuples, en partie sextuples; soit p le nombre des angles solides quintuples, q celui des sextuples, on aura $S=p+q$ et $2A=5p+6q$, ce qui donne $6S-2A=p$: mais on a d'ailleurs $A=\frac{3}{2}H$, et $S=2+\frac{1}{2}H$; donc $p=6S-2A=12$. Donc *si un polyedre a toutes ses faces triangulaires, et que ses angles solides soient en partie quintuples, en partie sextuples, les angles solides quintuples seront toujours au nombre de* 12. Les sextuples peuvent être en nombre quelconque : ainsi, laissant q indéterminé, on aura dans tous ces solides $S=12+q$, $H=20+2q$, $A=30+3q$.

Nous terminerons ces applications par la recherche du nombre de conditions ou données nécessaires pour déterminer un polyedre ; question intéressante et qu'il ne paroît pas qu'on ait encore résolue.

Supposons d'abord que le polyedre soit *d'une espèce déterminée*, c'est-à-dire, qu'on connoisse le nombre de ses faces, le nombre de leurs côtés individuellement, et leur disposition les unes à l'égard des autres. On connoît donc les nombres H, S, A, ainsi que a, b, c, d, etc. ; il ne s'agit plus que d'avoir le nombre de données effectives, lignes ou angles, par le moyen desquelles le polyedre peut être construit et déterminé.

Considérons une des faces du polyedre que nous prendrons pour sa base. Soit n le nombre de ses côtés, il faudra $2n-3$ données pour déterminer cette base. Les angles solides hors de la base sont au nombre de $S-n$; le sommet de chaque angle exige trois données pour sa détermination ; ainsi la position des $S-n$ angles, exigeroit $3S-3n$ données, auxquelles, ajoutant les $2n-3$ de la base, on auroit en tout $3S-n-3$. Mais ce nombre est en général trop grand, il doit être diminué du nombre de conditions nécessaires pour que les angles solides qui répondent à une même face soient dans un même plan. Nous avons appelé n le nombre des côtés de la base, appelons de même n', n'', etc.

les nombres de côtés des autres faces. Trois points déterminent un plan; ainsi ce qui se trouvera de plus que 3 dans chacun des nombres n', n'', etc. donnera autant de conditions pour que les angles solides soient situés dans les plans des faces, et le nombre total de ces conditions sera égal à la suite $(n'-3)+(n''-3)+(n'''-3)+$ etc. Mais le nombre des termes de cette suite est $H-1$, et d'ailleurs $n+n'+n''+$, etc. $=2A$: donc la somme de la suite sera $2A-n-3(H-1)$. Retranchant cette somme de $3S-n-3$, il restera $3S-2A+3H-6$, quantité qui, à cause de $S+H=A+2$, se réduit à A. Donc *le nombre de données nécessaires pour déterminer un polyedre, parmi tous ceux de la même espèce, est égal au nombre de ses arêtes.*

Remarquez cependant que les données dont il s'agit ne doivent pas être prises au hasard parmi les lignes et les angles qui constituent les éléments du polyedre; car, quoiqu'on eût autant d'équations que d'inconnues, il pourroit se faire que certaines relations entre les quantités connues rendissent le problême indéterminé. Ainsi il sembleroit, d'après le théorême qu'on vient de trouver, que la connoissance des arêtes seules suffit en général pour déterminer un polyedre; mais il y a des cas où cette connoissance n'est pas suffisante. Par exemple, étant donné un prisme non triangulaire quelconque, on pourra former une infinité d'autres prismes qui auront des arêtes égales et placées de la même manière. Car, dès que la base a plus de trois côtés, on peut, en conservant les côtés, changer les angles, et donner ainsi à cette base une infinité de formes différentes; on peut aussi changer la position de l'arête longitudinale du prisme par rapport au plan de la base, enfin on peut combiner ces deux changements l'un avec l'autre; et il en résultera toujours un prisme dont les arêtes ou côtés n'auront pas changé. D'où l'on voit que les arêtes seules ne suffisent pas dans ce cas pour déterminer le solide.

Les données qu'il convient de prendre pour déterminer un solide, sont celles qui ne laissent aucune indétermination, et qui ne donnent absolument qu'une solution. Et d'abord la base ABCDE sera déterminée entre autres manières, si on connoît le côté AB, avec les angles adjacents BAC, ABC, pour le point C, les angles BAD, ABD, pour le point D, et ainsi des autres. Soit ensuite M un point dont il faut déterminer la position hors du plan de la base; ce point sera déterminé, si, en imaginant la pyramide MABC, ou seulement le plan MAB, on connoît les angles MAB, ABM, et l'inclinaison du plan MAB sur la base ABC. Si on détermine, par le moyen de trois données pareilles la position de chacun des angles solides du polyedre hors du plan de la base, il est clair que le polyedre sera déterminé absolument et d'une manière unique, de sorte que deux polyedres construits avec les mêmes données seront nécessairement égaux; ils seroient cependant symmétriques l'un de l'autre, s'ils étoient construits de différents côtés du plan de la base. fig. 14.

Il n'est pas toujours nécessaire d'avoir trois données pour déterminer chaque angle solide d'un polyedre; car si le point M doit se trouver sur un plan déja déterminé dont l'intersection avec la base soit FG, il suffira, après avoir pris FG à volonté, de connoître les angles MGF, MFG; ainsi il faudra une donnée de moins. Si le point M doit se trouver sur deux plans déja déterminés, ou sur leur intersection commune MK qui rencontre le plan ABC en K, on connoîtra déja le côté AK, l'angle AKM, et l'inclinaison du plan AKM sur la base; il suffira donc d'avoir pour nouvelle donnée l'angle MAK. C'est ainsi que le nombre de données nécessaires pour déterminer un polyedre absolument et d'une manière unique, se réduira toujours au nombre de ses arêtes A.

Le côté AB et un nombre A — 1 d'angles donnés déterminent un polyedre; un autre côté à volonté et les mêmes angles détermineront un polyedre semblable. D'où il suit que *le nombre de conditions nécessaires pour que deux polyedres de la même espèce soient semblables, est égal au nombre des arêtes moins un.*

La question qu'on vient de résoudre seroit beaucoup plus simple si on ne connoissoit pas l'espèce du polyedre, mais seulement le nombre de ses angles solides S. Déterminez alors trois angles à volonté par le moyen d'un triangle où il y aura trois données; ce triangle sera regardé comme la base du solide, ensuite les angles hors de cette base seront au nombre de S—3; et la détermination de chacun, exigeant trois données, il est clair que le nombre total de données nécessaires pour déterminer le polyedre, sera 3+3 (S—3), ou 3S—6.

Il faudra donc 3S — 7 conditions pour que deux polyedres qui ont un égal nombre S d'angles solides soient semblables entre eux.

NOTE IX.

Sur les polyedres réguliers. (Voyez l'appendice au livre VII.)

Nous nous sommes attachés dans la proposition II de cet appendice à démontrer l'existence des cinq polyedres réguliers, c'est-à-dire, la possibilité d'arranger un certain nombre de plans égaux de manière qu'il en résulte un solide uniforme dans toute son étendue. Il nous a paru que dans d'autres ouvrages on suppose cet arrangement existant, sans trop en rendre raison; ou bien on ne le démontre, comme a fait Euclide, que par des figures compliquées et difficiles à entendre.

Le problême de déterminer l'inclinaison de deux faces adjacentes du polyedre et celui de déterminer les rayons des sphères inscrite et circonscrite, sont réduits dans les problêmes III et IV à des constructions fort simples; mais il ne sera pas inutile d'appliquer à ces mêmes problêmes le calcul trigonométrique qui fournira d'ailleurs de nouvelles propositions.

Soient a, b, c les trois angles plans qui composent fig. 222.
l'angle solide O, et soit proposé de trouver l'inclinaison des plans où sont les angles a et b, on décrira du centre O le triangle sphérique ABC, dans lequel on connoîtra les trois côtés $BC=a$, $AC=b$, $AB=c$, et il faudra trouver l'angle C compris entre les côtés a et b. Or, par les formules connues, on a $\cos C = \frac{\cos c - \cos a \cos b}{\sin a \sin b}$. Cette formule, appliquée aux cinq polyedres réguliers, va nous faire connoître l'inclinaison de deux faces adjacentes dans chacun de ces solides.

Dans le tétraedre, les trois angles plans qui compo- fig 243.
sent l'angle solide S, sont des angles de triangles équilatéraux; soit donc la demi-circonférence ou l'arc de $200° = \pi$, on aura $a=b=c=\frac{1}{3}\pi$; donc $\cos C = \frac{\cos a - \cos^2 a}{\sin^2 a} = \frac{\cos a\ 1-\cos a)}{1-\cos^2 a} = \frac{\cos a}{1+\cos a}$; mais on sait que $\cos \frac{1}{3}\pi = \frac{1}{2}$, donc $\cos C = \frac{1}{3}$.

Dans l'hexaedre ou cube, les trois angles plans qui fig. 244.
forment l'angle solide A, sont des angles droits, ainsi on a $a=b=c=\frac{1}{2}\pi$, et $\cos a = 0$; donc $\cos C = 0$. Donc l'angle de deux faces adjacentes est un angle droit.

Dans l'octaedre, si l'on fait $a = DAS = \frac{1}{3}\pi$, $b = DAT$ fig. 245.

$=\frac{1}{3}\pi$, $c=$TAS$=\frac{1}{2}\pi$, on aura $\cos C = \frac{\cos\frac{1}{2}\pi - \cos^2\frac{1}{3}\pi}{\sin^2\frac{1}{3}\pi}$. Or, $\cos\frac{1}{2}\pi = 0$, $\cos\frac{1}{3}\pi = \frac{1}{2}$, $\sin.\frac{1}{3}\pi = \frac{1}{2}\sqrt{3}$; donc $\cos C = -\frac{1}{3}$. D'où l'on voit que l'inclinaison des faces de l'octaedre et l'inclinaison des faces du tétraedre sont suppléments l'une de l'autre.

fig. 246. Dans le dodécaedre, un angle solide est formé de trois angles plans égaux, chacun, à l'angle d'un pentagone régulier; ainsi, en faisant $a=b=c=\frac{3}{5}\pi$, on aura $\cos C = \frac{\cos a}{1+\cos a}$; mais $\cos\frac{3}{5}\pi = -\sin\frac{1}{10}\pi = \frac{1-\sqrt{5}}{4}$; donc $\cos C = \frac{1-\sqrt{5}}{5-\sqrt{5}} = -\frac{1}{\sqrt{5}}$, $\sin. C = \frac{2}{\sqrt{5}}$, et $\text{tang. } C = -2$.

fig. 247. Dans l'icosaedre, il faut faire $c=$C′B′D′$=\frac{3}{5}\pi$, $a=b=$C′B′A′$=\frac{1}{3}\pi$, et on aura $\cos C = \frac{\cos\frac{3}{5}\pi - \cos^2\frac{1}{3}\pi}{\sin^2\frac{1}{3}\pi} = \frac{\frac{1}{4}(1-\sqrt{5})-\frac{1}{4}}{\frac{3}{4}} = \frac{-\sqrt{5}}{3}$; donc $\sin C = \frac{2}{3}$. Telles sont les expressions très-simples par lesquelles on détermine les sinus, cosinus et tangente de l'inclinaison de deux faces dans les cinq polyedres réguliers. Mais nous remarquerons qu'on auroit pu les comprendre dans une seule et même formule.

En effet, soit n le nombre de côtés de chaque face, m le nombre d'angles plans qui se réunissent dans chaque angle solide; si, du centre O et d'un rayon $=1$,
fig. 248. on décrit une surface sphérique qui rencontre en p, q, r, les lignes OA, OC, OD, on aura un triangle sphérique pqr, dans lequel on connoît l'angle droit r, l'angle $p=\frac{\pi}{m}$, et l'angle $q=\frac{\pi}{n}$; on aura donc, par les formules connues, $\cos qr = \frac{\cos p}{\sin q}$. Mais $\cos qr = \cos$ COD $=$ sin. CDO $= \sin\frac{1}{2}$C, C désignant l'angle CDE; donc

$\sin \frac{1}{2} C = \frac{\cos \frac{\pi}{m}}{\sin \frac{\pi}{n}}$. Formule générale qui, appliquée successivement aux cinq polyedres, donneroit les mêmes valeurs de cos C ou de $1 - 2 \sin^2 \frac{1}{2} C$ qu'on a trouvées par une autre voie ; pour cela, il faut substituer, pour chacun d'eux, les valeurs de m et n, savoir :

	Tétraedre,	Hexaedre,	Octaedre,	Dodécaedre,	Isocaedre.
$m =$	3,	3,	4,	3,	5.
$n =$	3,	4,	3,	5,	3.

Le même triangle sphérique pqr, d'où l'on vient de déduire l'inclinaison de deux faces adjacentes, donne $\cos pq = \cot p \cot q$, ou $\frac{\text{CO}}{\text{OA}} = \cot \frac{\pi}{m} \cot \frac{\pi}{n}$. Donc, si on appelle R le rayon de la sphère circonscrite au polyedre, et r le rayon de la sphère inscrite dans le même polyedre, on aura $\frac{R}{r} = \text{tang} \frac{\pi}{m} \text{tang} \frac{\pi}{n}$; d'ailleurs, en faisant le côté $AB = a$, on a $CA = \frac{\frac{1}{2} a}{\sin \frac{\pi}{n}}$, et par conséquent $R^2 = r^2 + \frac{\frac{1}{4} a^2}{\sin^2 \frac{\pi}{n}}$. Ces deux équations donneront pour chaque polyedre les valeurs des rayons R et r des sphères circonscrite et inscrite. On a aussi, en supposant C connu, $r = \frac{1}{2} a \cot \frac{\pi}{n} \text{tang} \frac{1}{2} C$ et $R = \frac{1}{2} a \text{tang} \frac{\pi}{m} \text{tang} \frac{1}{2} C$.

Dans le dodécaedre et l'icosaedre on voit que le rapport $\frac{R}{r}$ a la même valeur $\text{tang} \frac{\pi}{3} \text{tang} \frac{\pi}{5}$. Donc, si R est le même pour tous les deux, r sera aussi le même ; c'est-à-dire, que si ces deux solides sont inscrits dans une même sphère, ils seront aussi circonscrits à la même sphère, et *vice versâ*. La même propriété a lieu entre l'hexaedre et l'octaedre, puisque la valeur de $\frac{R}{r}$ est, pour l'un et pour l'autre, tang $\frac{\pi}{3}$ tang $\frac{\pi}{4}$.

Remarquons que les polyedres réguliers ne sont pas les seuls solides qui soient compris sous des polygones réguliers égaux; car, si on adosse par une face commune deux tétraedres réguliers égaux, il en résultera un solide compris sous six triangles égaux et équilatéraux. On pourroit encore former un autre solide avec dix triangles égaux et équilatéraux; mais les polyedres réguliers sont les seuls qui aient en même temps les angles solides égaux.

NOTE X.

Sur la proposition XXVI, liv. VII.

La démonstration que nous avons donnée dans le texte, suppose que le triangle *maximum* est unique, c'est-à-dire, qu'il ne peut y avoir deux triangles différents, dont la surface seroit un *maximum*, entre toutes celles des triangles qui ont deux côtés donnés. Voici une autre démonstration qui est exempte de cet inconvénient.

THÉORÊME.

fig. 15. *De tous les triangles sphériques formés avec deux côtés donnés* CB, CA, *le plus grand* ABC, *est celui dans lequel l'angle* C, *compris par les côtés donnés, est égal à la somme des deux autres angles* A *et* B.

Prolongez les deux côtés AC, AB, jusqu'à leur rencontre en D, vous aurez un triangle sphérique BCD, dans lequel l'angle DBC sera aussi égal à la somme des deux autres BCD, BDC. Car la somme BCD+BCA, est égale à la somme DBC+CBA; ajoutant de part et d'autre les angles égaux BDC, BAC, on aura BDC+BCD+BCA=BAC+DBC+CBA. Or, par hypothèse, BCA=BAC+CBA, donc DBC=BDC+BCD.

Menez BI qui fasse l'angle IBC=BCD, et par suite IBD=BDC, les deux triangles DIB, BIC, seront isoscèles, et on aura IC=IB=ID. Donc le point I, milieu de DC, est également distant des trois points B, C, D; de même le point O, milieu de AB, seroit également distant des trois points A, B, C.

Soit maintenant CA'=CA, et l'angle BCA'>BCA, si l'on joint A'B, et qu'on prolonge les arcs A'B, A'C, jusqu'à leur rencontre en D', l'arc D'CA' sera une demi-circonférence ainsi que DCA. Donc, puisqu'on a CA'=CA, on aura aussi CD'=CD. Mais, dans le triangle CID', on a CI+ID'>CD'; donc ID'>CD—CI ou ID'>DI.

Dans le triangle isoscèle CIB divisez l'angle du sommet I en deux également par l'arc EIF, qui sera perpendiculaire sur le milieu de BC. Si on prend un point L entre I et E, la distance BL, ou son égale LC, sera moindre que BI; mais, dans le triangle D'LC, on a D'L>D'C—CL, et, à plus forte raison, D'L>D'C—CI, ou D'L>DI, ou D'L>BI; donc D'L>BL. Donc, si on cherche un point également distant des trois points B, C, D', ce point ne sauroit se trouver que sur le prolongement de EI vers F. Soit I' le point cherché, en sorte qu'on ait CI'=BI'=D'I', les triangles I'CB, I'CD', I'BD', étant isoscèles, on aura les angles égaux I'BC=I'CB, I'BD'=I'D'B, I'CD'=I'D'C. Mais les angles D'BC+CBA', valent 2 angles droits, ainsi que D'CB+BCA'; donc on a

D'BI'+I'BC+CBA'=2

BCI'—I'CD'+BCA'=2.

Ajoutant les deux sommes et observant qu'on a I'BC=

BCI′ et D′BI′—I′CD′=BD′I′—I′D′C=CD′B=CA′B, on aura

$$2\,I'BC+CA'B+CBA'+BCA'=4.$$

Donc $CA'B+A'CB+CBA'-2$ (qui est la mesure de l'aire du triangle A′BC) $=2-2I'BC$, de sorte qu'on a *aire* $A'BC=2-2$ *angl.* I′BC. Semblablement, dans le triangle ABC, on auroit *aire* $ABC=2-2$ *angl.* IBC. Or on a démontré que l'angle I′BC est plus grand que IBC; donc l'aire A′BC est plus petite que l'aire ABC.

La même démonstration et la même conclusion auroient lieu si on faisoit l'angle $A'CB<ACB$. Donc ABC est le triangle le plus grand entre tous ceux qui ont deux côtés donnés et un troisième à volonté.

fig. 15. a.

NOTE XI.

Sur l'aire du triangle sphérique. (Voyez la proposition XXIII, liv. VII.)

Soit 1 le rayon de la sphère, π la demi-circonférence d'un grand cercle; soient a, b, c, les trois côtés d'un triangle sphérique; A, B, C, les arcs de grand cercle qui mesurent les angles opposés. Soit $A+B+C-\pi=S$; et, suivant ce qui a été démontré dans le texte, l'aire du triangle sphérique sera égale à l'arc S multiplié par le rayon, et ainsi sera représentée par S. Or, parmi les analogies connues sous le nom de *Néper*, on trouve celle-ci:

$$\text{tang.}\frac{A+B}{2}:\text{cot.}\frac{C}{2}::\text{cos.}\frac{a-b}{2}:\text{cos.}\frac{a+b}{2};$$

de là, tirant la valeur de tang. $\frac{1}{2}(A+B)$, on en déduira aisément celle de tang. $\left(\frac{A+B+C}{2}\right)$, ou celle de $-\text{cot.}\,\frac{1}{2}S$: on aura ainsi

$$\text{cot.}\,\tfrac{1}{2}S=\frac{\text{cot.}\,\frac{1}{2}a\;\text{cot.}\,\frac{1}{2}b+\text{cos. C}}{\text{sin. C}},$$

formule très-simple qui peut servir à calculer l'aire d'un triangle sphérique lorsqu'on connoît deux côtés a, b, et l'angle compris C. On peut aussi en déduire plusieurs conséquences remarquables.

1.° Si l'angle C est constant, ainsi que le produit $\cot.\frac{a}{2}\cot.\frac{b}{2}$, l'aire du triangle sphérique représentée par S, demeurera constante. Donc deux triangles CAB, CDE, qui ont un angle égal C, seront équivalents, si on a $\text{tang.}\frac{1}{2}CA : \text{tang.}\frac{1}{2}CD :: \text{tang.}\frac{1}{2}CE : \text{tang.}\frac{1}{2}CB$, c'est-à-dire, si les tangentes des moitiés des côtés qui comprennent l'angle égal, sont réciproquement proportionnelles. fig. 16.

2.° Pour faire sur le côté donné CD un triangle CDE équivalent au triangle donné CAB, il faut déterminer CE par la proportion

$$\text{tang.}\tfrac{1}{2}CD : \text{tang.}\tfrac{1}{2}CA :: \text{tang.}\tfrac{1}{2}CB : \text{tang.}\tfrac{1}{2}CE.$$

3.° Pour faire un triangle isoscèle DCE équivalent au triangle donné CAB, il faut prendre $\text{tang.}\frac{1}{2}CD$, ou $\text{tang.}\frac{1}{2}CE$, moyenne proportionnelle entre $\text{tang.}\frac{1}{2}CA$ et $\text{tang.}\frac{1}{2}CB$. fig. 16.

4.° Pour faire sur le côté donné CD avec l'angle donné CDK un triangle CDL équivalent au triangle donné CAB, faites d'abord le triangle CDE = CAB; il restera à faire le triangle CLK = DEK, et pour cela déterminez LK par la proportion fig. 17.

$$\text{tang.}\tfrac{1}{2}CK : \text{tang.}\tfrac{1}{2}EK :: \text{tang.}\tfrac{1}{2}DK : \text{tang.}\tfrac{1}{2}LK.$$

La même formule $\cot.\frac{1}{2}S = \dfrac{\cot.\frac{1}{2}a\cot.\frac{1}{2}b + \cos.C}{\sin.C}$ peut servir à démontrer d'une manière très-simple la proposition 26 du liv. VII, ou, en d'autres termes, que de tous les triangles sphériques formés avec deux côtés donnés a et b, le plus grand est celui dans lequel l'angle

C compris par les côtés donnés est égal à la somme des deux autres angles A et B.

fig. 18. Du rayon $OZ=1$ décrivez la demi-circonférence VMZ, faites l'arc $ZX=C$, et de l'autre côté du centre prenez $OP=\cot.\frac{1}{2}a\cot.\frac{1}{2}b$; enfin joignez PX et abaissez XY perpendiculaire sur PZ.

Dans le triangle rectangle PXY on a $\cot. P=\frac{PY}{XY}=\frac{\cot.\frac{1}{2}a\cot.\frac{1}{2}b+\cos. C}{\sin. C}$; donc $P=\frac{1}{2}S$; donc la surface S sera un *maximum*, si l'angle P en est un. Or, il est évident que le *maximum* des angles P est MPO, MP étant tangente à la circonférence, et alors on a $MPO=MOZ-\frac{1}{2}\pi$. Donc le triangle sphérique, formé avec deux côtés donnés, sera un *maximum* si on a $\frac{1}{2}S=C-\frac{1}{2}\pi$, ou $C=A+B$, ce qui s'accorde avec la proposition citée.

On voit en même temps, par cette construction, qu'il n'y auroit pas lieu à *maximum* si le point P étoit au dedans du cercle, c'est-à-dire, si l'on avoit $\cot.\frac{1}{2}a\cot.\frac{1}{2}b<1$. Condition d'où l'on tire successivement $\cot.\frac{1}{2}a<\tang.\frac{1}{2}b$, $\tang.(\frac{1}{2}\pi-\frac{1}{2}a)<\tang.\frac{1}{2}b$, $\frac{1}{2}\pi-\frac{1}{2}a<\frac{1}{2}b$, et enfin $\pi<a+b$, ce qui s'accorde encore avec le scholie de la même proposition.

Si on veut avoir la surface du triangle sphérique par le moyen de ses trois côtés, il faudra, dans la formule $\cot.\frac{1}{2}S=\frac{\cot.\frac{1}{2}a\cot.\frac{1}{2}b+\cos. C}{\sin. C}$, substituer les valeurs de sin. C et cos. C exprimées en a, b, c : or on a $\cos. C=\frac{\cos. c-\cos. a\cos. b}{\sin. a\sin. b}$ et $\cot.\frac{1}{2}a\cot.\frac{1}{2}b=\frac{1+\cos. a}{\sin. a}\cdot\frac{1+\cos. b}{\sin. b}$, de là résulte

$$\cos. C+\cot.\frac{1}{2}a\cot.\frac{1}{2}b=\frac{1+\cos. a+\cos. b+\cos. c}{\sin. a\sin. b}.$$

Ensuite la valeur de cos. C donne

$$1+\cos. C=\frac{\cos. c-\cos.(a+b)}{\sin. a\sin. b}=\frac{2\sin.\frac{a+b+c}{2}\sin.\frac{a+b-c}{2}}{\sin. a\sin. b}$$

$$1-\cos. C=\frac{\cos.(a-b)-\cos. c}{\sin. a\sin. b}=\frac{2\sin.\frac{a+c-b}{2}\sin.\frac{b+c-a}{2}}{\sin. a\sin. b}$$

Multipliant ces deux quantités et extrayant la racine du produit, on aura

$$\sin. C=\frac{2\sqrt{\left[\sin.\frac{a+b+c}{2}\sin.\frac{a+b-c}{2}\sin.\frac{a+c-b}{2}\sin.\frac{b+c-a}{2}\right]}}{\sin. a\sin. b}$$

Donc enfin

$$\cot.\tfrac{1}{2}S=\frac{1+\cos. a+\cos. b+\cos. c}{2\sqrt{\left[\sin.\frac{a+b+c}{2}\sin.\frac{a+b-c}{2}\sin.\frac{a+c-b}{2}\sin.\frac{b+c-a}{2}\right]}}$$

Cette formule résout le problême proposé, mais on peut parvenir à un résultat encore plus simple.

Pour cela reprenons la formule

$$\cot.\tfrac{1}{2}S=\frac{\cot.\frac{1}{2}a\cot.\frac{1}{2}b+\cos. C}{\sin. C},$$

nous en tirerons d'abord $1+\cot^2.\frac{1}{2}S$, ou

$$\frac{1}{\sin^2.\frac{1}{2}S}=\frac{\cot.^2\frac{1}{2}a\cot.^2\frac{1}{2}b+2\cot.\frac{1}{2}a\cot.\frac{1}{2}b\cos. C+1}{\sin.^2 C}.$$

Or, la valeur de cos. C donne $2\cot.\frac{1}{2}a\cot.\frac{1}{2}b\cos. C=\frac{\cos. c-\cos. a\cos. b}{2\sin.^2\frac{1}{2}a\sin.^2\frac{1}{2}b}$; mettant dans le numérateur, au lieu de $\cos. c$, $\cos. a$, $\cos. b$, leurs valeurs $1-2\sin.^2\frac{1}{2}c$, $1-2\sin.^2\frac{1}{2}a$, $1-2\sin.^2\frac{1}{2}b$, et réduisant, on aura

$$2\cot.\tfrac{1}{2}a\cot.\tfrac{1}{2}b\cos. C=\frac{\sin.^2\frac{1}{2}a+\sin.^2\frac{1}{2}b-\sin.^2\frac{1}{2}c}{\sin.^2\frac{1}{2}a\sin.^2\frac{1}{2}b}-2.$$

On a d'ailleurs $\cot.^2\frac{1}{2}a.\cot.^2\frac{1}{2}b=\frac{1-\sin.^2\frac{1}{2}a}{\sin.^2\frac{1}{2}a}.\frac{1-\sin.^2\frac{1}{2}b}{\sin.^2\frac{1}{2}b}=\frac{1-\sin.^2\frac{1}{2}a-\sin.^2\frac{1}{2}b}{\sin.^2\frac{1}{2}a\sin.^2\frac{1}{2}b}+1$. Donc, en substituant ces valeurs, on aura $\frac{1}{\sin^2.\frac{1}{2}S}=\frac{1-\sin^2.\frac{1}{2}c}{\sin^2.\frac{1}{2}a\sin^2.\frac{1}{2}b\sin^2.C}$, ce qui donne $\sin.\frac{1}{2}S=\frac{\sin.\frac{1}{2}a\sin.\frac{1}{2}b\sin.C}{\cos.\frac{1}{2}c}$, et, en remettant la valeur de sin C, on a

$$\sin.\frac{1}{2}S=\frac{\sqrt{\left[\sin.\frac{a+b+c}{2}\sin.\frac{a+b-c}{2}\sin.\frac{a+c-b}{2}\sin.\frac{b+}{}\right.}}{2\cos.\frac{1}{2}a\cos.\frac{1}{2}b\cos.\frac{1}{2}c}$$

Formule commode pour le calcul logarithmique.

Si on multiplie celle-ci par la valeur de cot. $\frac{1}{2}$ S, il en résultera

$$\cos.\frac{1}{2}S=\frac{1+\cos.a+\cos.b+\cos.c}{4\cos.\frac{1}{2}a\cos.\frac{1}{2}b\cos.\frac{1}{2}c}=\frac{\cos^2.\frac{1}{2}a+\cos^2.\frac{1}{2}b+\cos^2}{2\cos.\frac{1}{2}a\cos.\frac{1}{2}b\cos}$$

Nouvelle formule qui a l'avantage d'être composée de termes rationnels.

De là on tire encore $\frac{1-\cos.\frac{1}{2}S}{\sin.\frac{1}{2}S}$, ou

$$\text{tang}.\frac{1}{4}S=\frac{1-\cos^2.\frac{1}{2}a-\cos^2.\frac{1}{2}b-\cos^2.\frac{1}{2}c+2\cos.\frac{1}{2}a\cos.\frac{1}{2}b}{\sqrt{\left[\sin.\frac{a+b+c}{2}\sin.\frac{a+b-c}{2}\sin.\frac{a+c-b}{2}\sin.\frac{b+}{}\right.}}$$

Or le numérateur de cette expression peut être mis sous la forme

$(1-\cos^2.\frac{1}{2}a)(1-\cos^2.\frac{1}{2}b)-(\cos.\frac{1}{2}a\cos.\frac{1}{2}b-\cos.\frac{1}{2}c)^2$, laquelle se décompose en deux facteurs, savoir : $\sin.\frac{1}{2}a$ $\sin.\frac{1}{2}b+\cos.\frac{1}{2}a\cos.\frac{1}{2}b-\cos.\frac{1}{2}c$ et $\sin.\frac{1}{2}a\sin.\frac{1}{2}b-\cos.\frac{1}{2}a$ $\cos.\frac{1}{2}b+\cos.\frac{1}{2}c$; ceux-ci se réduisent ultérieurement, le premier à $\cos.(\frac{1}{2}a-\frac{1}{2}b)-\cos.\frac{1}{2}c=2\sin.\frac{a+c-b}{4}$ $\sin.\frac{b+c-a}{4}$, le second à $\cos.\frac{1}{2}c-\cos.(\frac{1}{2}a+\frac{1}{2}b)=$ $2\sin.\frac{a+b+c}{4}\sin.\frac{a+b-c}{4}$. Donc

$$\text{tang}.\frac{1}{4}S=\frac{4\sin.\frac{a+b+c}{4}\sin.\frac{a+b-c}{4}\sin.\frac{a+c-b}{4}\sin.\frac{b+}{}}{\sqrt{\left[\sin.\frac{a+b+c}{2}\sin.\frac{a+b-c}{2}\sin.\frac{a+c-b}{2}\sin.\frac{b+}{}\right.}}$$

Mais on a $\frac{\sin.\frac{1}{2}p}{\sqrt{\sin.p}}=\sqrt{\left(\frac{\sin.^2\frac{1}{2}p}{2\sin.\frac{1}{2}p\cos.\frac{1}{2}p}\right)}=\sqrt{(\frac{1}{2}\operatorname{tang}.\frac{1}{2}p)}$;
donc enfin

$$\operatorname{tang}.\tfrac{1}{4}S=\sqrt{\left[\operatorname{tang}\frac{a+b+c}{4}\operatorname{tang}\frac{a+b-c}{4}\operatorname{tang}\frac{a+c-b}{4}\operatorname{tang}\frac{b+c-a}{4}\right]}$$

Cette formule très-élégante est due à Simon Lhuillier.

Nous terminerons ces recherches par la solution du problême: *Etant donnés les trois côtés* BC=a, AC=b, AB=c, *déterminer la position du point* I, *pole du cercle circonscrit au triangle* ABC.

Soit l'angle ACI$=x$, et l'arc AI=CI=BI$=\varphi$; dans les triangles CAI, CBI, on aura par les formules connues

$$\cos.x=\frac{\cos.\varphi-\cos.b\cos.\varphi}{\sin.b\sin.\varphi}=\frac{1-\cos.b}{\sin.b}\cot.\varphi=\frac{\sin.b}{1+\cos.b}\cot.\varphi,$$

$\cos.(C-x)=\frac{1-\cos.a}{\sin.a}\cot.\varphi$. Donc $\frac{\cos.(C-x)}{\cos.x}$, ou

$\cos.C+\sin.C\operatorname{tang}.x=\frac{(1+\cos.b)(1-\cos.a)}{\sin.a\sin.b}$; substituant dans cette équation les valeurs de cos. C et sin. C exprimées en a, b, c, et faisant, pour abréger, $M=\sqrt{(1-\cos^2.a-\cos^2.b-\cos^2.c+2\cos.a\cos.b\cos.c)}$,

on en déduira $\operatorname{tang}.x=\frac{1+\cos.b-\cos.c-\cos.a}{M}$, formule qui détermine l'angle ACI. On peut observer qu'à cause des triangles isoscèles ACI, ABI, BCI, on a ACI$=\frac{1}{2}$(C+A−B); on auroit de même BCI$=\frac{1}{2}$(B+C−A), BAI$=\frac{1}{2}$(A+B−C). De là résultent ces formules remarquables

$$\operatorname{tang}.\tfrac{1}{2}(A+C-B)=\frac{1+\cos.b-\cos.a-\cos.c}{M}$$

$$\operatorname{tang}.\tfrac{1}{2}(B+C-A)=\frac{1+\cos.a-\cos.b-\cos.c}{M}$$

$$\operatorname{tang}.\tfrac{1}{2}(A+B-C)=\frac{1+\cos.c-\cos.a-\cos.b}{M}$$

auxquelles on peut joindre celle qui donne cot. $\frac{1}{2}$S, et qui peut se mettre sous la forme

$$\text{tang.}\,\tfrac{1}{2}(A+B+C)=\frac{-1-\cos.a-\cos.b-\cos.c}{M}.$$

La valeur de tang. x qu'on vient de trouver, donne $1+\text{tang.}^2 x$ ou $\frac{1}{\cos.^2 x}=\frac{2(1+\cos.b)(1-\cos.c)(1-\cos.a)}{M^2}$

$$=\frac{16\cos^2.\tfrac{1}{2}b\sin^2.\tfrac{1}{2}c\sin^2.\tfrac{1}{2}a}{M^2};$$

donc $\frac{1}{\cos.x}=\frac{4\cos.\frac{1}{2}b\sin.\frac{1}{2}c\sin.\frac{1}{2}a}{M}$. Mais de l'équation $\cos.x=\frac{1-\cos.b}{\sin.b}\cot.\varphi=\text{tang.}\,\frac{1}{2}b\cot.\varphi$, on tire $\text{tang.}\varphi=\frac{\text{tang.}\frac{1}{2}b}{\cos.x}$; donc $\text{tang.}\varphi=\frac{4\sin.\frac{1}{2}a\sin.\frac{1}{2}b\sin.\frac{1}{2}c}{M}$

$$=\frac{2\sin.\tfrac{1}{2}a\sin.\tfrac{1}{2}b\sin.\tfrac{1}{2}c}{\sqrt{\left(\sin.\frac{a+b+c}{2}\sin.\frac{a+b-c}{2}\sin.\frac{a+c-b}{2}\sin.\frac{b+c-a}{2}\right)}}$$

NOTE XII.

Sur l'égalité et la similitude des polyedres.

On trouve à la tête du XI.[e] livre d'Euclide, les définitions 9 et 10 ainsi conçues :

9. Deux solides sont semblables, lorsqu'ils sont compris sous un même nombre de plans semblables chacun à chacun.

10. Deux solides sont égaux et semblables, lorsqu'ils sont compris sous un même nombre de plans égaux et semblables chacun à chacu.

L'objet de ces définitions étant un des points les plus difficiles des éléments de géométrie, nous l'examinerons avec quelque détail, et nous discuterons en même temps les remarques faites à ce sujet par Robert Simson dans son édition des éléments, page 388 et suiv.

D'abord nous observerons avec Robert Simson que la définition 10 n'est pas proprement une définition, mais bien un théorème qu'il faudroit démontrer; car il n'est pas évident que deux solides soient égaux par cela seul qu'ils ont les faces égales; et, si cette proposition est vraie, il faut la démontrer soit par la superposition, soit de toute autre manière. On voit ensuite que le vice de la définition 10 est commun à la définition 9. Car, si la définition 10 n'est pas démontrée, on pourra croire qu'il existe deux solides inégaux et dissemblables dont les faces sont égales; mais alors, suivant la définition 9, un troisième solide qui auroit les faces semblables à celles des deux premiers, seroit semblable à chacun d'eux, et ainsi seroit semblable à deux corps de différente forme; conclusion qui implique contradiction, ou du moins qui ne s'accorde pas avec l'idée qu'on attache naturellement au mot *semblable*.

Plusieurs propositions des XI et XII.[e] livres d'Euclide sont fondées sur les définitions 9 et 10, entre autres la proposition 28, liv. XI, de laquelle dépend la mesure des prismes et des pyramides. Robert Simson en conclut que les éléments d'Euclide, qu'on avoit regardés jusqu'à présent comme si exacts, contiennent cependant un assez grand nombre de propositions qui ne sont pas rigoureusement démontrées. Mais il y a une circonstance qui sert à affoiblir cette inculpation et qu'il ne faut pas omettre.

Les figures dont Euclide démontre l'égalité ou la similitude en se fondant sur les définitions 9 et 10, sont telles que leurs angles solides n'assemblent pas plus de trois angles plans : or, si deux angles solides sont composés de trois angles plans égaux chacun à chacun, il est démontré assez clairement dans plusieurs endroits d'Euclide que ces angles solides sont égaux. D'un autre côté, si deux polyedres ont les faces égales ou semblables chacune à chacune, les angles solides homologues seront composés d'un même nombre d'angles plans égaux, chacun à chacun. Donc, tant que les angles plans ne sont pas en plus grand nombre que trois dans chaque angle solide, il est clair que les angles solides homologues sont égaux. Mais, si les faces homologues sont égales et les angles solides homologues égaux, il n'y a plus de doute que les solides ne soient égaux; car ils pourront être superposés, ou au moins ils seront symétriques l'un de l'autre. On voit donc que l'énoncé des définitions 9 et 10 est vrai et admissible, au moins dans le cas des angles solides triples, qui est le seul dont Euclide ait fait usage. Ainsi le reproche d'inexactitude qu'on pourroit faire à cet auteur, ou à ses commentateurs, cesse d'être aussi grave et ne tombe plus que sur des restrictions et des explications qu'il n'a pas données.

Il reste à examiner si l'énoncé de la définition 10 qui est vrai dans le cas des angles solides triples, est vrai en général. Robert Simson assure qu'il ne l'est pas et qu'on peut construire deux solides inégaux qui seront compris sous un même nombre de faces égales chacune à chacune. « Imaginez, dit cet auteur, qu'à « un polyedre quelconque on ajoute une pyramide, en « lui donnant pour base une des faces du polyedre; « imaginez aussi qu'au lieu d'ajouter la pyramide on « la retranche, en formant dans le polyedre une cavité « égale à la pyramide; vous aurez ainsi deux nouveaux « solides qui auront les faces égales chacune à chacune « et cependant ces deux solides seront inégaux. »

Tel est l'exemple allégué par Robert Simson pour prouver son assertion; mais nous observerons que l'un des solides dont il s'agit contient un angle solide rentrant: or, il est plus que probable qu'Euclide a entendu exclure les corps irréguliers qui ont des cavités ou des angles solides rentrants, et qu'il s'est borné aux polyedres convexes. En admettant cette restriction, sans laquelle d'ailleurs d'autres propositions ne seroient pas vraies, l'exemple de Robert Simson ne conclut point contre la définition ou le théorême d'Euclide; nous croyons au contraire, d'après un examen approfondi, que ce théorême est très-vrai; mais il ne paroît pas facile d'en donner la démonstration.

Quoi qu'il en soit, il résulte de ces observations que les définitions 9 et 10 d'Euclide ne peuvent être conservées telles qu'elles sont. Robert Simson supprime la définition des solides égaux, qui en effet ne doit trouver place que parmi les théorêmes; et il définit *solides semblables* ceux qui sont compris sous un même nombre de plans semblables, et qui ont les angles solides égaux chacun à chacun. Cette définition est vraie, mais elle a l'inconvénient de contenir bien des conditions superflues. Si on supprimoit la condition des angles solides égaux, on retomberoit dans l'énoncé d'Euclide, qui est défectueux en ce qu'il suppose la démonstration du théorême sur les polyedres égaux. Pour éviter tout embarras, nous avons cru à propos de diviser la définition des solides semblables en deux parties : d'abord nous avons défini les pyramides triangulaires semblables, ensuite nous avons défini *solides semblables* ceux qui ont des bases semblables et dont les angles solides homologues hors de ces bases sont déterminés par des pyramides triangulaires semblables chacune à chacune.

Cette définition exige pour les bases, en les supposant triangulaires, deux conditions, et pour chacun des points ou angles solides hors des bases, trois conditions; de sorte que si S est le nombre des angles solides de chacun des polyedres, la similitude de ces deux polyedres exigera $2+3(S-3)$ angles égaux de part et d'autre, ou $3S-7$ conditions; et aucune de ces conditions n'est superflue ou comprise dans les autres. Car nous considérons ici deux polyedres comme ayant simplement le même nombre d'angles solides; alors il faut rigoureusement, et sans en omettre une, les $3S-7$ conditions pour que les deux solides soient semblables; mais si on supposoit avant tout qu'ils sont *de la même espèce* l'un et l'autre, c'est-à-dire, qu'ils ont un égal nombre de faces, et que ces faces comparées chacune à chacune ont un égal nombre de côtés, cette supposition renfermeroit des conditions dans le cas où il y auroit des faces de plus de trois côtés, et ces conditions diminueroient d'autant le nombre $3S-7$ de sorte qu'au lieu de $3S-7$ conditions il n'en faudroit plus que $A-1$; sur quoi voyez la note VIII. On voit par là ce qui donne lieu à la difficulté de poser une bonne définition des solides semblables; c'est qu'on peut les considérer comme étant de la même espèce, ou seulement comme ayant un égal nombre d'angles solides. Dans ce dernier cas toute difficulté est écartée, et il faut que les $3S-7$ conditions renfermées dans la définition soient remplies toutes pour que les solides soient semblables, et on en conclura à plus forte raison qu'ils sont de la même espèce. Au reste, notre définition étant complète, nous en avons déduit comme théorême la définition de Robert Simson.

On voit donc qu'il est possible de se passer, dans les élémens, du théorême concernant l'égalité des polyedres; mais, comme ce théorême est intéressant par lui-même, il seroit à desirer qu'on en trouvât une démonstration complète.

FIN DES NOTES.

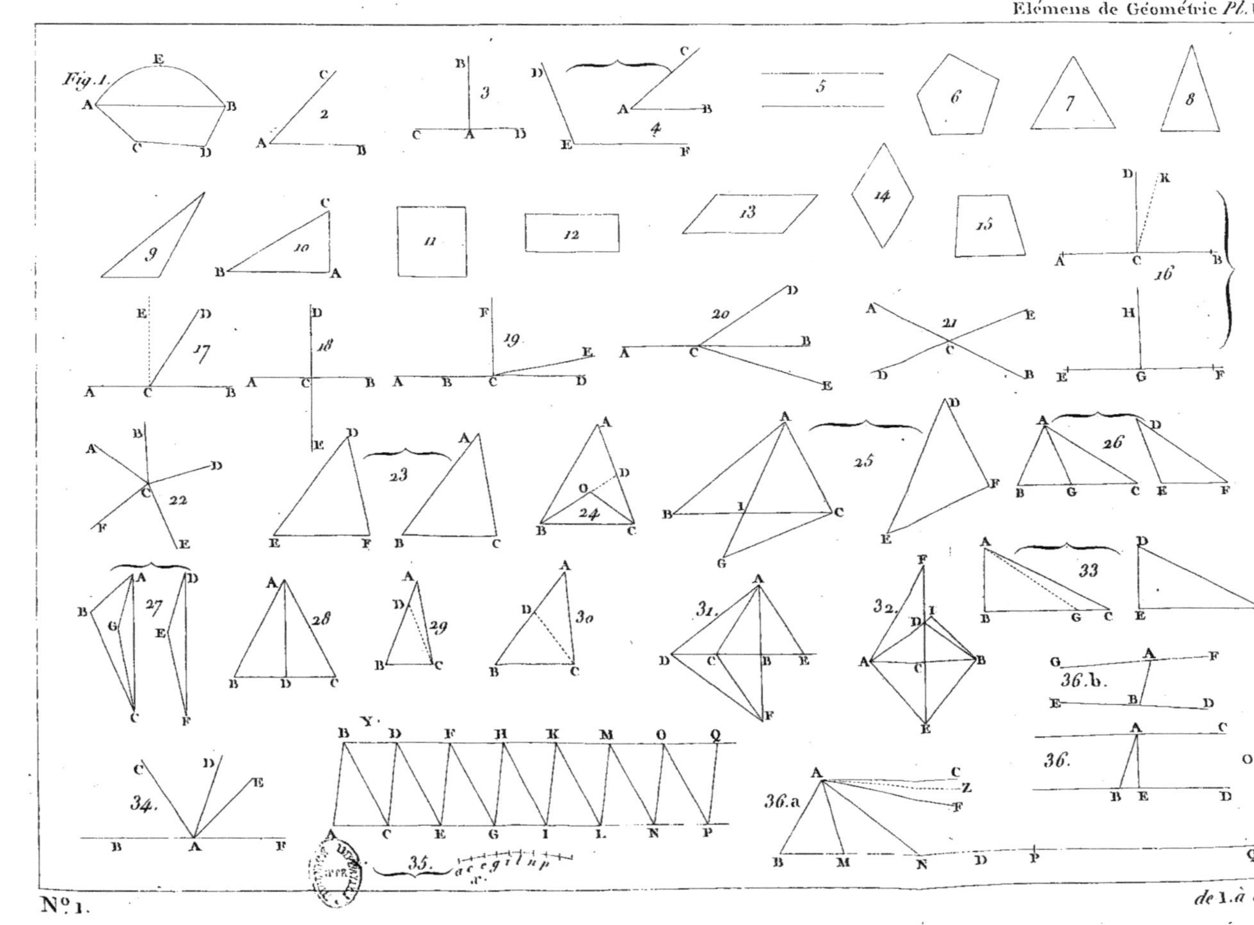

N° 1.

de 1. à 36.

Elémens de Géometrie Pl. 2.

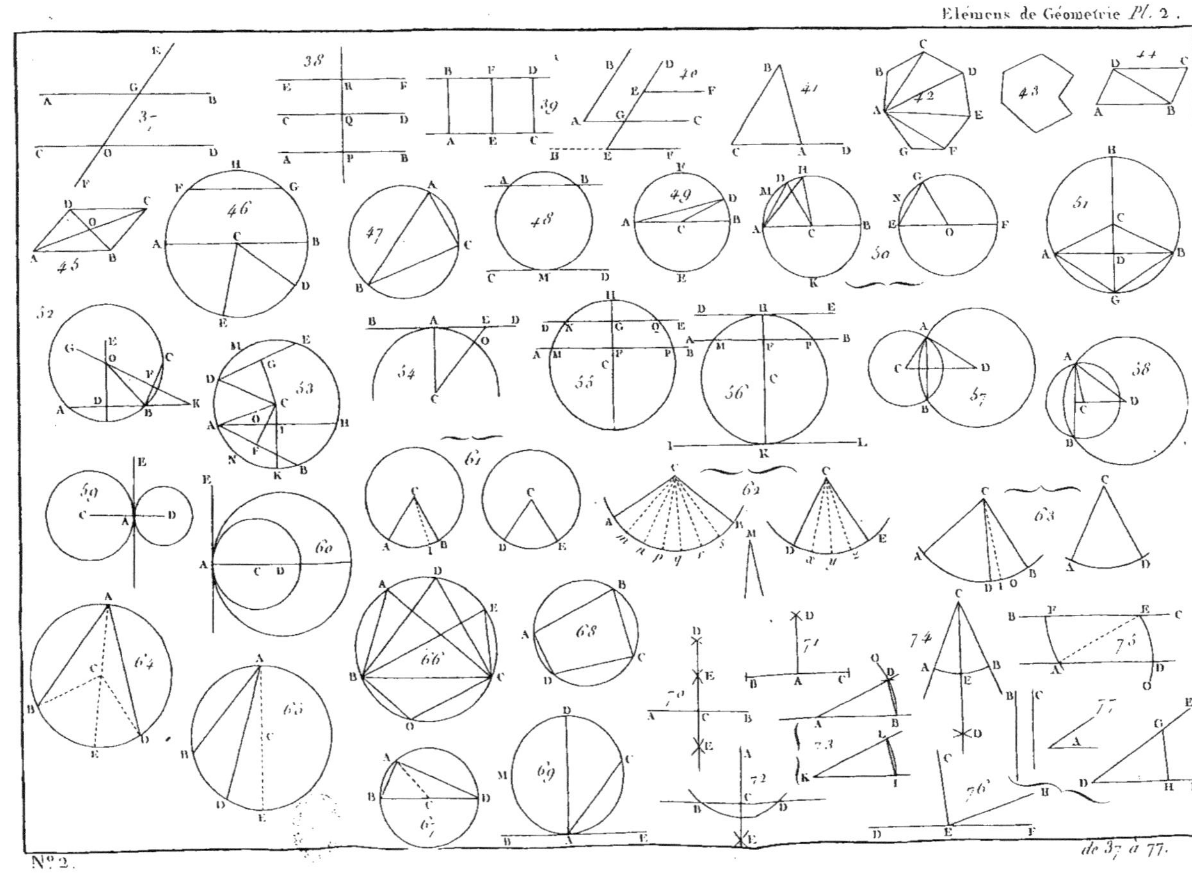

N° 2.

de 37 à 77.

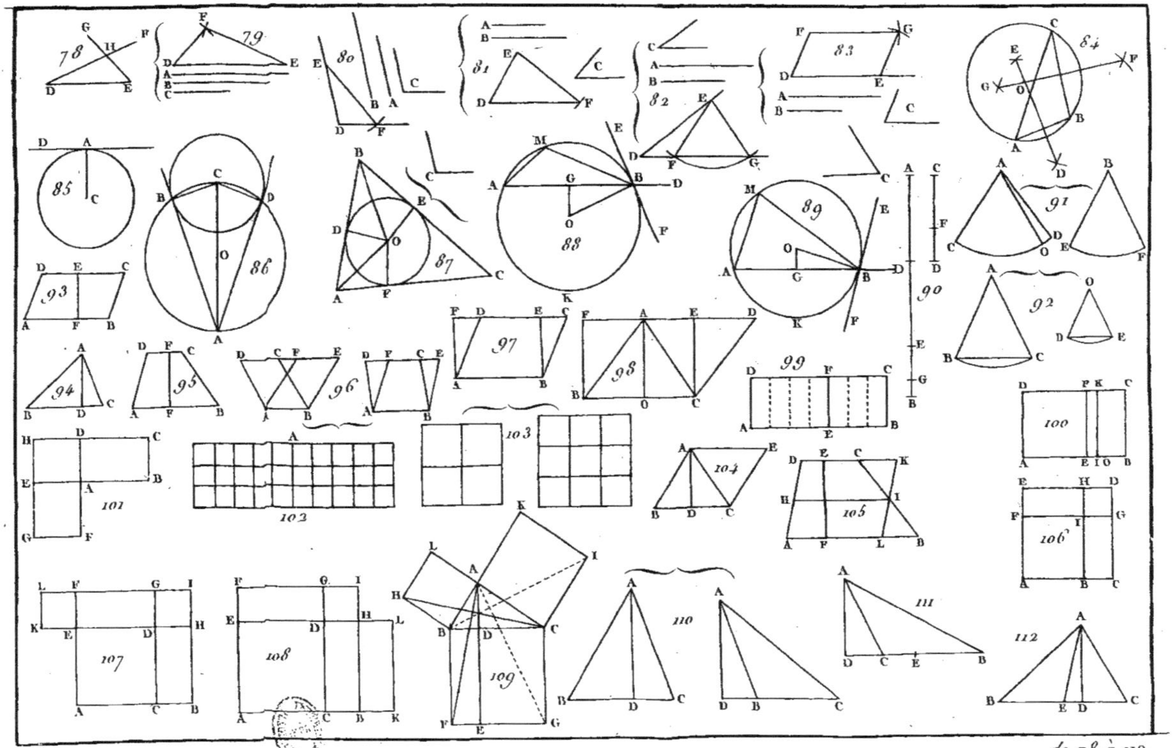

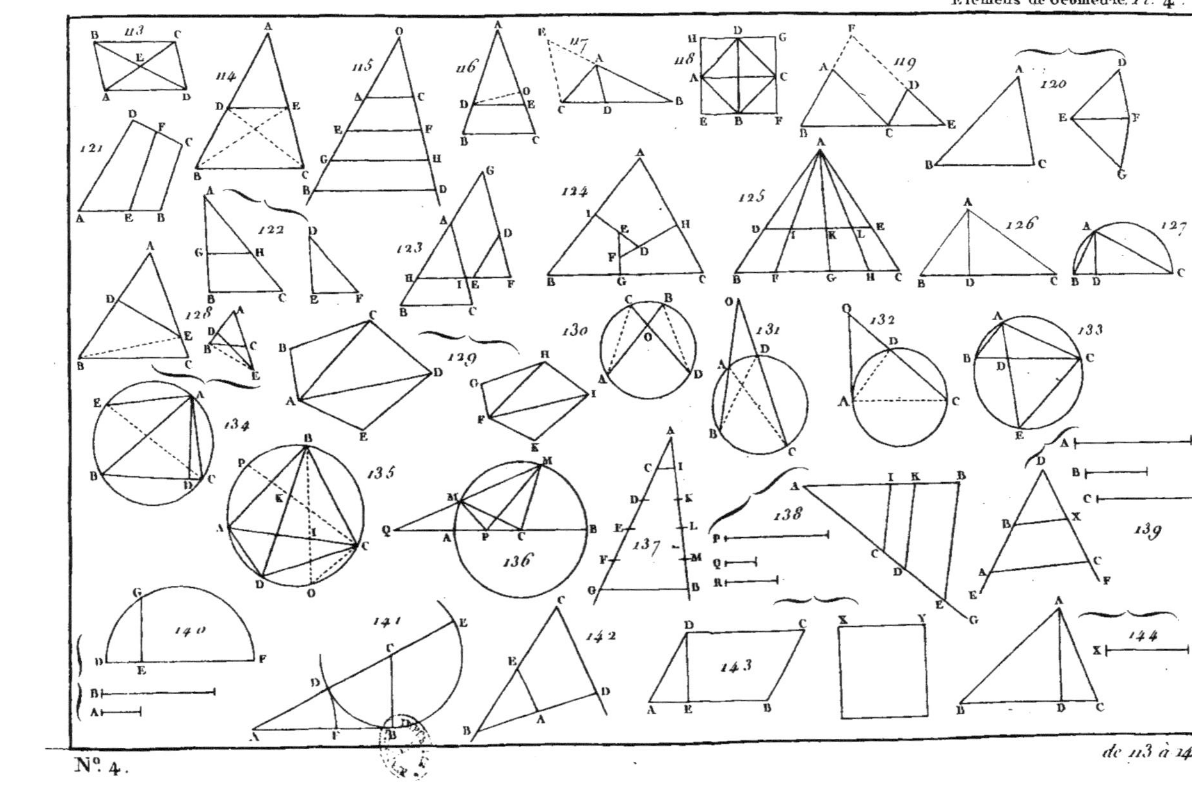

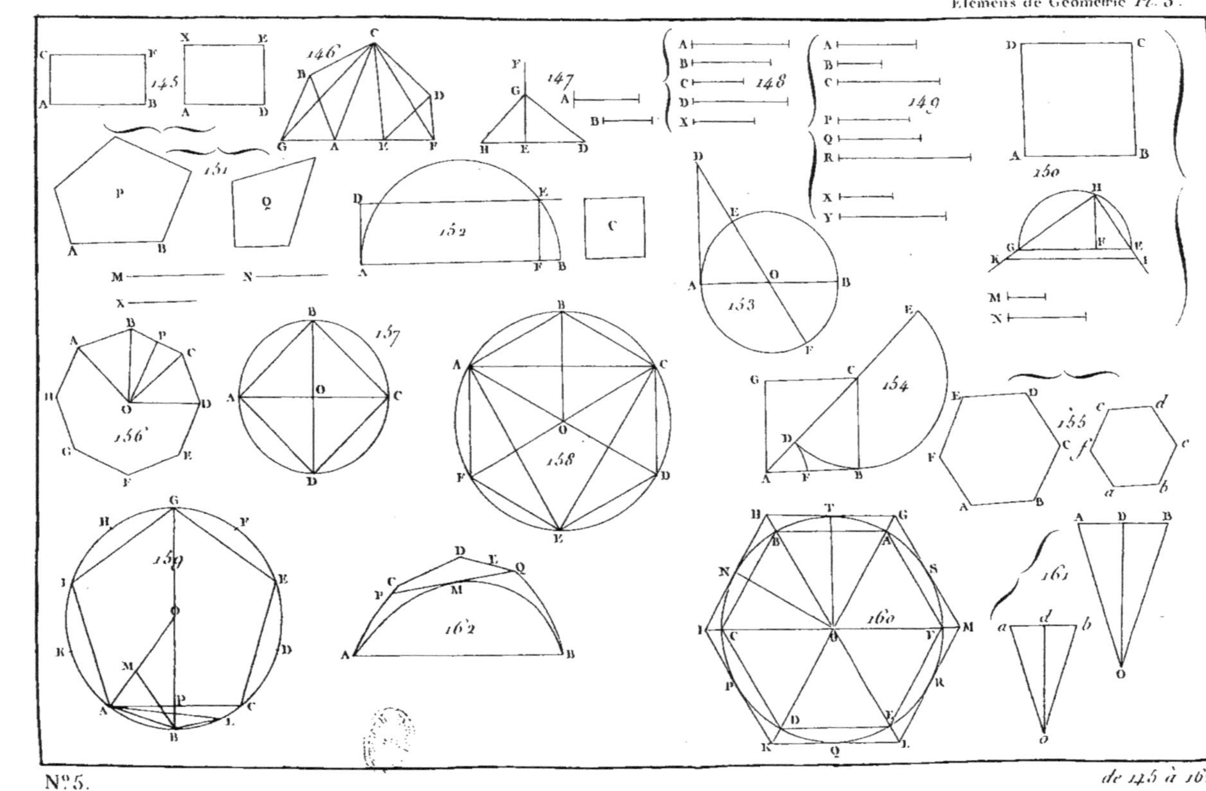
145
146
147
148
149
150
151
152
153
154
155
156
157
158
159
160
161
162

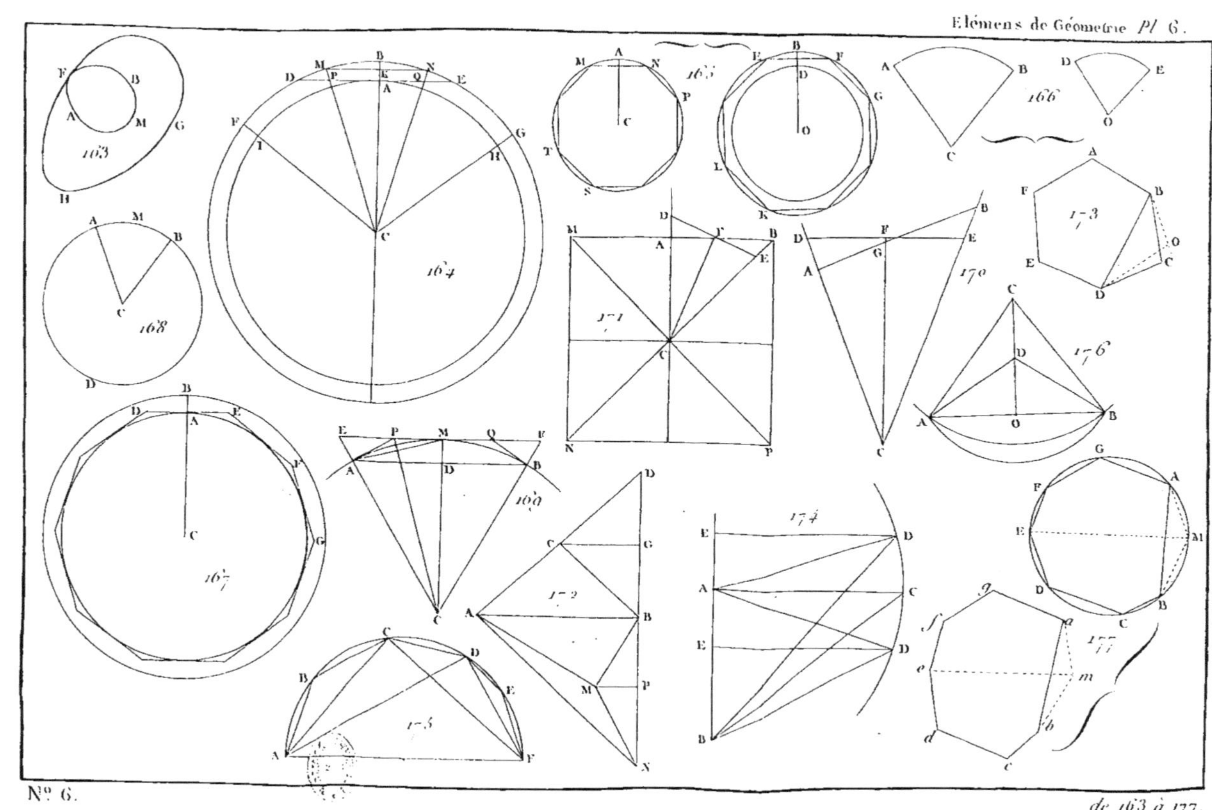

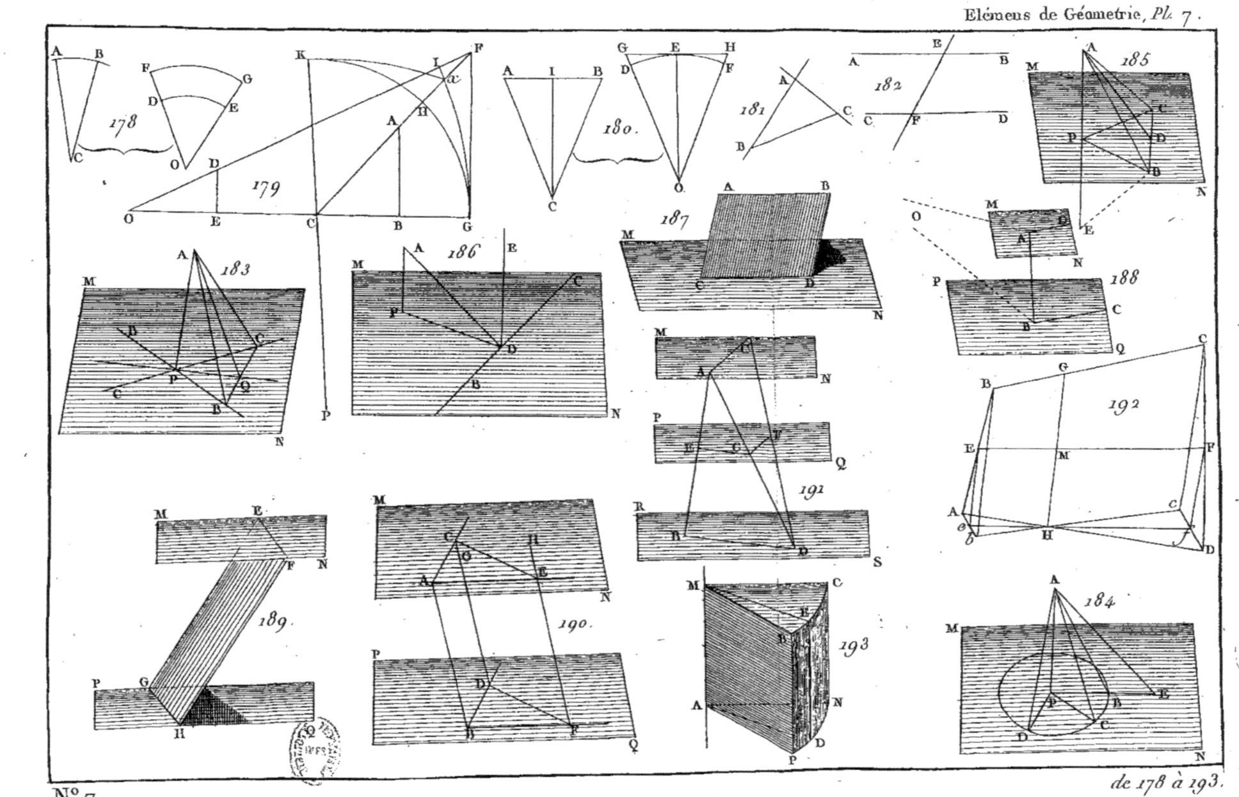

de 178 à 193.

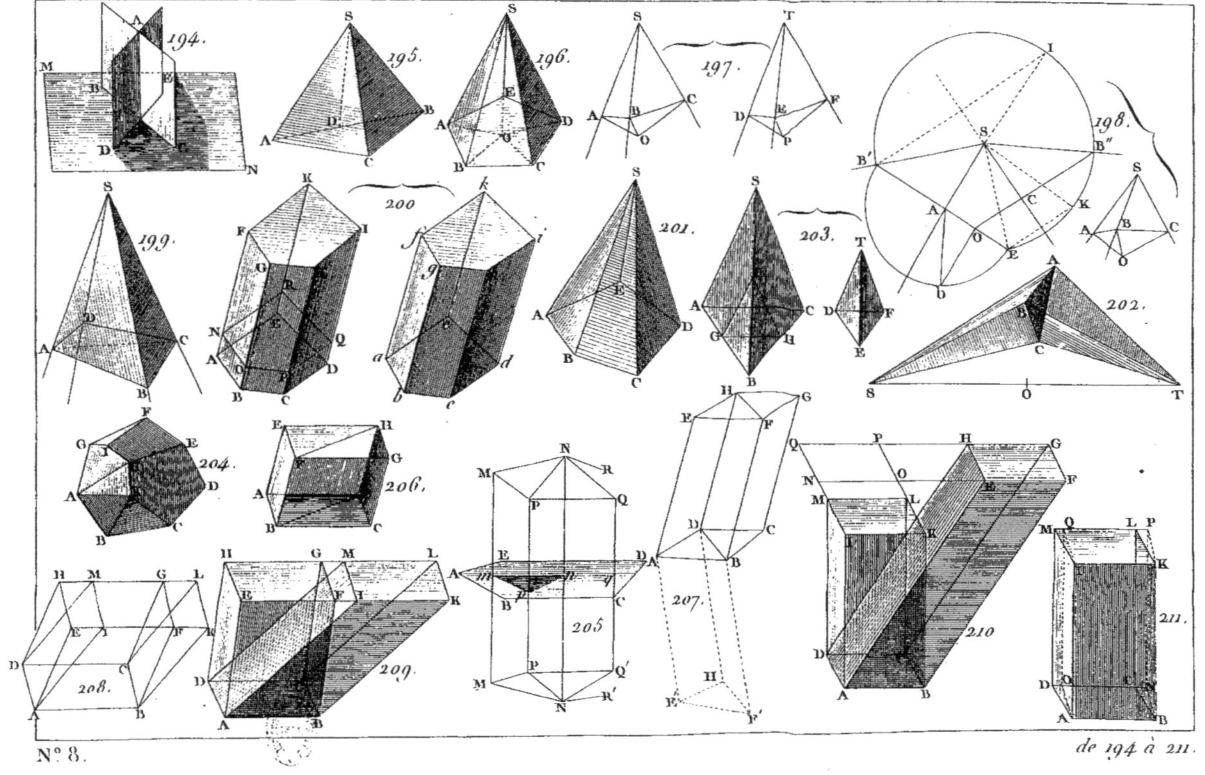

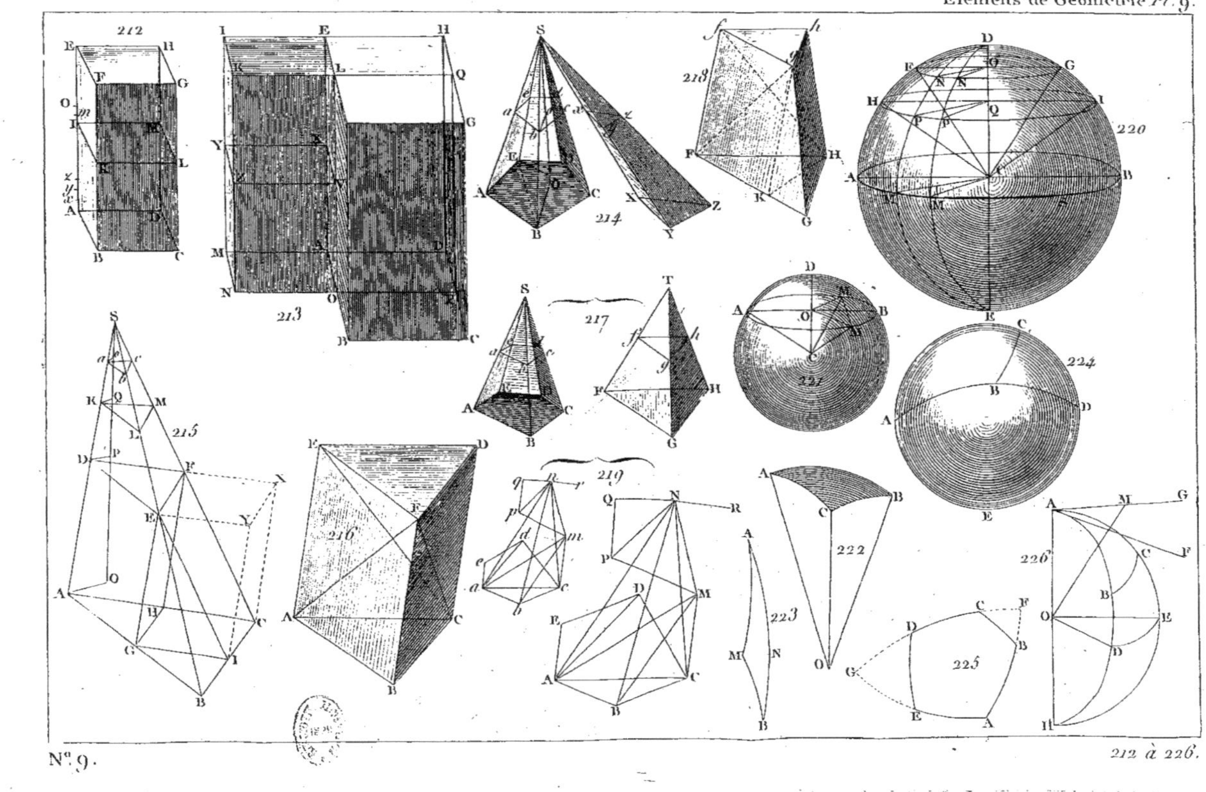

212 à 226.

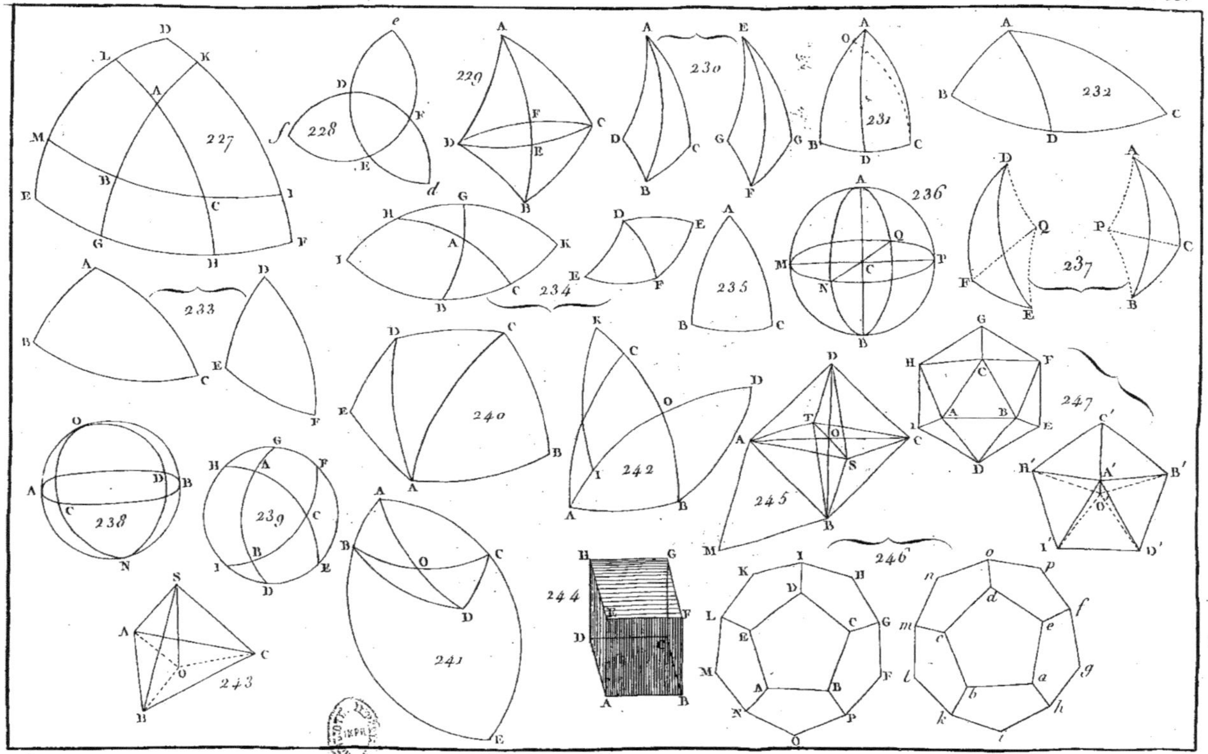

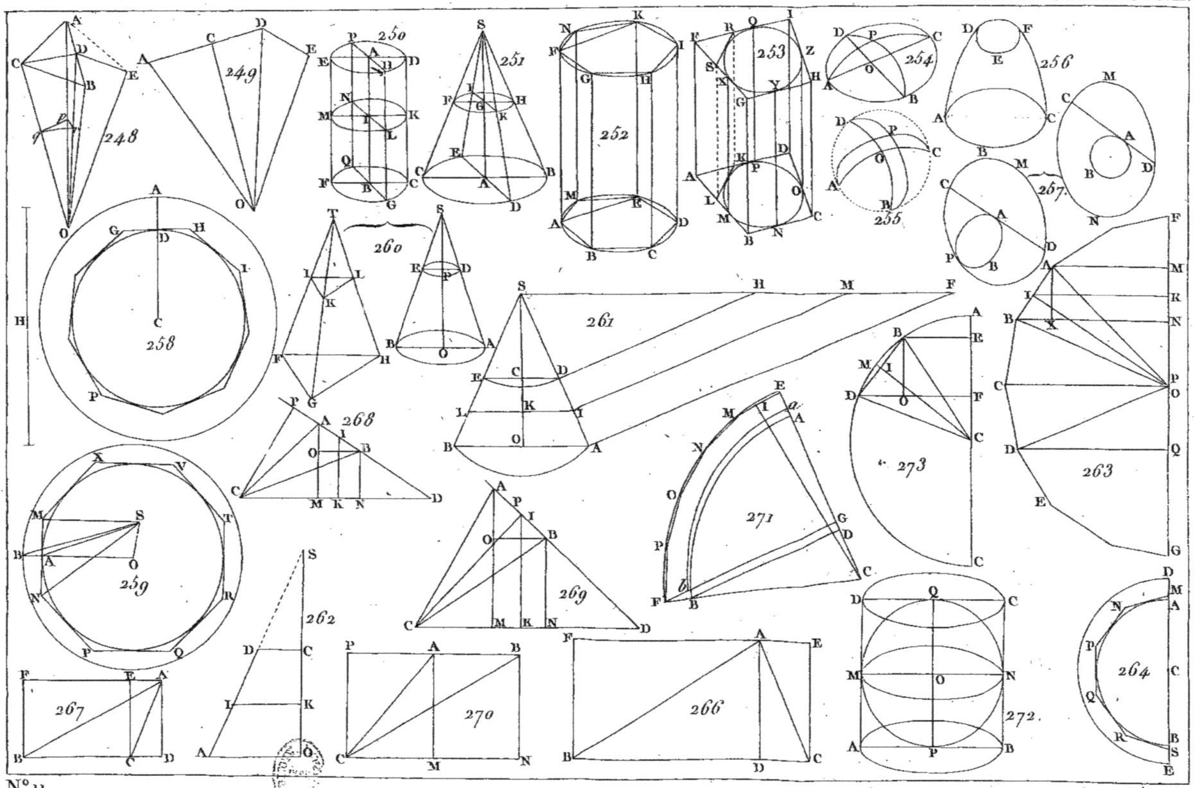

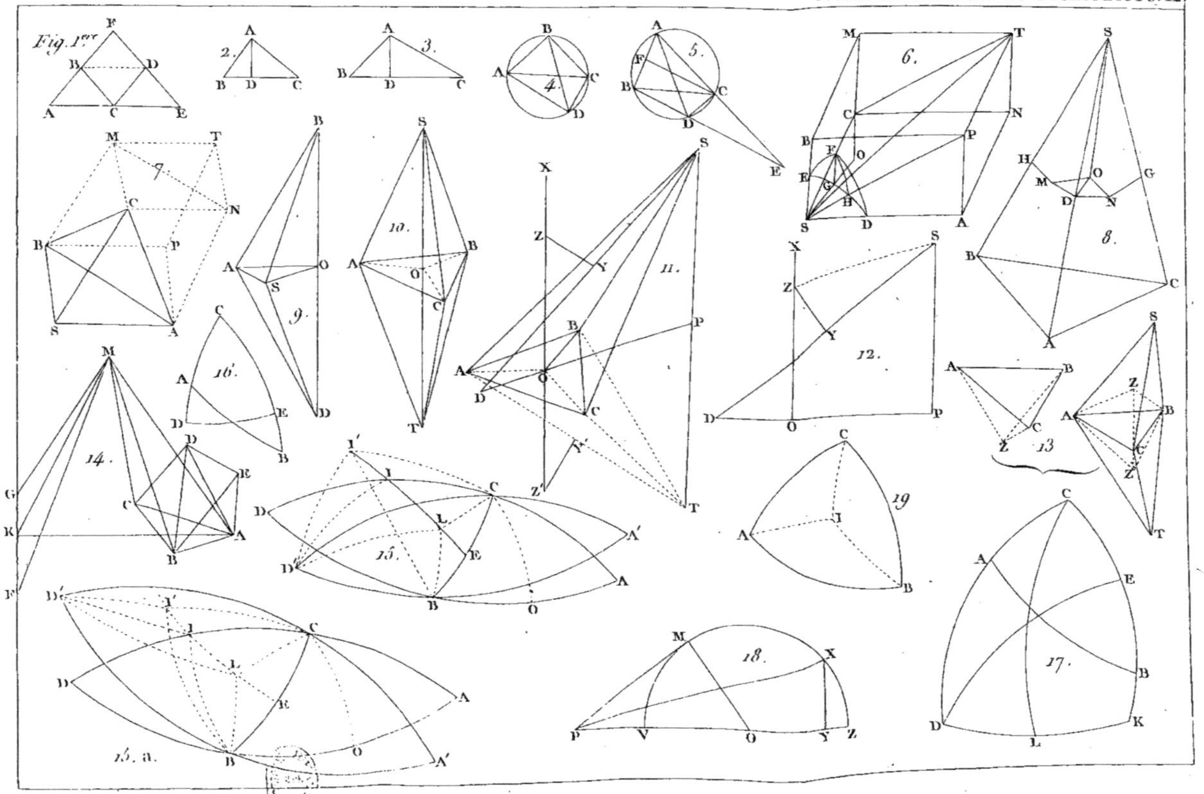
Fig. 1.ere
2.
3.
4.
5.
6.
7.
8.
9.
10.
11.
12.
13
14.
15.
15. a.
16.
17.
18.
19

TRAITÉ
DE
TRIGONOMÉTRIE.

Dans tout triangle, soit rectiligne, soit sphérique, il y a six parties à considérer, ses trois angles et ses trois côtés. Si, de ces six parties, trois sont connues, on peut en général déterminer les trois autres, excepté le seul cas où le triangle proposé étant rectiligne, on n'en connoîtroit que les trois angles (1); car alors ces données ne pourroient déterminer que les rapports des côtés. De là résulte un problême général qui, pour chaque genre de triangle, comprend autant de cas qu'il y a de manières de combiner six quantités trois à trois. La résolution de ce problême est l'objet de la *Trigonométrie*.

On pourroit résoudre les triangles, c'est-à-dire, en déterminer les parties inconnues, par la méthode des constructions graphiques, qui con-

(1) Dans les triangles sphériques, trois parties données suffisent toujours pour déterminer les trois autres, parce qu'on ne considère pas la longueur absolue des côtés, mais seulement leur rapport avec le quadrans ou le nombre de degrés qu'ils contiennent.

siste à décrire le plus exactement qu'il est possible, par le moyen des parties données, le triangle proposé ou ses projections, s'il est sphérique, et à comparer ensuite les angles et les côtés inconnus avec des angles ou des côtés pris pour unité, et divisés en parties égales. Mais, quelque soin qu'on apporte à ces constructions, elles participent toujours de l'erreur des instruments, et elles ne peuvent donner qu'une approximation bornée et souvent insuffisante. Les méthodes trigonométriques au contraire, indépendantes de toute opération mécanique, donnent les solutions avec tout le degré d'exactitude qu'on peut desirer : elles sont fondées sur les propriétés des lignes appelées *sinus*, *cosinus*, *tangentes*, etc., au moyen desquelles on est parvenu à exprimer d'une manière très-simple les rapports qui existent entre les côtés et les angles des triangles.

Nous allons d'abord exposer les propriétés de ces lignes et les principales formules qui en résultent; formules qui sont d'un grand usage dans toutes les parties des mathématiques, et qui fournissent même à l'analyse des moyens de perfectionnement. Nous les appliquerons ensuite successivement à la résolution des triangles rectilignes et à celle des triangles sphériques.

Division de la circonférence.

1. Jusqu'à ces derniers temps les géomètres s'étoient accordés à diviser la circonférence en 360 parties égales appelées *degrés*, le degré en 60 *mi-*

nutes, la minute en 60 *secondes*, etc. Ce mode présentoit quelques avantages dans la pratique, à cause du grand nombre de diviseurs de 60 et de 360 : mais il entraînoit avec lui l'inconvénient des nombres complexes, et il nuisoit souvent à la rapidité du calcul.

Les savants, à qui on doit l'invention du nouveau système des poids et mesures, ont pensé qu'il y auroit un grand avantage à introduire la division décimale dans la mesure des angles. En conséquence ils ont regardé, comme unité principale, le quart de circonférence ou le *quadrans*, mesure de l'angle droit, et ils ont divisé cette unité en 100 parties égales appelées *degrés*, le degré en 100 *minutes*, et la minute en 100 *secondes*.

Nous n'emploierons désormais que la nouvelle division ou la division décimale de la circonférence. C'est celle qui convient le mieux à la nature de notre arithmétique, et qui est la plus propre à abréger les calculs.

11. Les degrés, minutes et secondes se désignent respectivement par les caractères °, ′, ″ : ainsi l'expression 16° 6′ 75″, représente un arc ou un angle de 16 degrés 6 minutes 75 secondes. Si on rapportoit ce même arc au quadrans pris pour unité, il s'exprimeroit par 0, 160675. On voit en même temps que l'angle mesuré par cet arc, est à l'angle droit :: 160675 : 1000000, rapport qu'on ne déduiroit pas aussi facilement des expressions conformes à l'ancienne division de la circonférence.

Les arcs et les angles sont exprimés indistinctement dans le calcul par des nombres de degrés, minutes et secondes. Ainsi nous désignerons l'angle droit ou le quadrans par 100°, deux angles droits ou la demi-circonférence par 200°, quatre angles droits ou la circonférence entière par 400°, ainsi de suite.

III. Le *complément* d'un angle ou d'un arc est ce qui reste en retranchant cet angle ou cet arc de 100°. Ainsi un angle de 25° 40′ a pour complément, 74° 60′; un angle de 12° 4′ 62″ a pour complément, 87° 95′ 38″.

En général, A étant un angle ou un arc quelconque, 100°—A est le complément de cet angle ou de cet arc. D'où l'on voit que, si l'angle ou l'arc dont il s'agit est plus grand que 100°, son complément sera négatif. C'est ainsi que le complément de 160° 84′ 10″ est —60° 84′ 10″. Dans ce cas, le complément pris positivement seroit la quantité qu'il faudroit retrancher de l'angle ou de l'arc donné, pour que le reste fût égal à 100°.

Les deux angles d'un triangle rectangle valent ensemble un angle droit : ils sont donc compléments l'un de l'autre.

IV. Le *supplément* d'un angle ou d'un arc, est ce qui reste en ôtant cet angle ou cet arc de 200°, valeur de deux angles droits ou d'une demi-circonférence. Ainsi A étant un angle ou un arc quelconque, 200°—A est son supplément.

Dans tout triangle, un angle est le supplément de la somme des deux autres, puisque les trois ensemble font 200°.

Les angles des triangles, tant rectilignes que sphériques, et les côtés de ces derniers, ont toujours leurs suppléments positifs, car ils sont toujours moindres que 200°.

Notions générales sur les sinus, cosinus, tangentes, etc.

v. Le *sinus* de l'arc AM, ou de l'angle ACM, est la perpendiculaire MP abaissée d'une extrémité de l'arc sur le rayon CA qui passe par l'autre extrémité. fig. 1.

Si à l'extrémité du rayon CA on mène la perpendiculaire AT jusqu'à la rencontre de CM prolongé, la ligne AT, ainsi terminée, s'appelle la *tangente*, et CT la *sécante* de l'arc AM ou de l'angle ACM.

Ces trois lignes MP, AT, CT, dépendantes de l'arc AM, et toujours déterminées par l'arc AM et le rayon, se désignent ainsi : MP=sin AM, ou sin ACM, AT=tang AM, ou tang ACM, CT=séc AM, ou séc ACM.

vi. Ayant pris l'arc AD égal à un quadrans, si des points M et D on mène les lignes MQ, DS perpendiculaires au rayon CD, l'une terminée à ce rayon, l'autre terminée au rayon CM prolongé, les lignes MQ, DS et CS seront pareillement les sinus, tangente et sécante de l'arc MD, complément de AM. On les appelle, pour abréger, les *cosinus*, *cotangente* et *cosécante* de l'arc AM, et on les désigne ainsi: MQ=cos AM, ou cos ACM, DS=cot AM, ou cot ACM, CT = cosée AM, ou cosée ACM. En général, A étant un arc ou un angle quelconque, on a cos A= sin (100°—A), cot A = tang (100° — A), coséc A = séc (100° — A).

fig. 1. Le triangle MQC est, par construction, égal au triangle CPM, ainsi on a CP = MQ; donc dans le triangle rectangle CMP, dont l'hypoténuse est égale au rayon, les deux côtés MP, CP sont le sinus et le cosinus de l'arc AM. Quant aux triangles CAT, CDS, ils sont semblables aux triangles égaux CPM, CQM, et ainsi ils sont semblables entre eux. De là nous déduirons bientôt les différents rapports qui existent entre les lignes que nous venons de définir; mais auparavant il faut voir quelle est la marche progressive de ces mêmes lignes, lorsque l'arc auquel elles se rapportent augmente depuis zéro jusqu'à 200°.

VII. Supposons qu'une extrémité de l'arc demeure fixée en A, et que l'autre extrémité, marquée M, parcourt successivement toute l'étendue de la demi-circonférence depuis A jusqu'en B.

Lorsque le point M est réuni en A, ou lorsque l'arc AM est zéro, les trois points T, M, P se confondent avec le point A; d'où l'on voit que le sinus et la tangente d'un arc zéro sont zéro, et que le cosinus de ce même arc est égal au rayon, ainsi que sa sécante. Donc en désignant par R le rayon du cercle, on aura

sin o = o, tang o = o, cos o = R, séc o = R.

VIII. A mesure que le point M s'avance vers D, le sinus augmente, ainsi que la tangente et la sécante; mais le cosinus, la cotangente et la cosécante diminuent.

Lorsque le point M se trouve au milieu de AD, ou lorsque l'arc AM est de 50°, ainsi que son complément MD, le sinus MP est égal au cosinus MQ ou CP, et le triangle CMP, devenu isoscèle, donne la proportion MP:CM :: 1 : $\sqrt{2}$, ou sin 50° : R :: 1 : $\sqrt{2}$. Donc $\sin 50° = \cos 50° = \frac{R}{\sqrt{2}} = \frac{1}{2}R\sqrt{2}$. Dans ce même cas le triangle CAT devient isoscèle et égal au triangle CDS; d'où l'on voit que la tangente de 50° et sa cotangente sont égales au rayon, et qu'ainsi on a tang 50° = cot 50° = R.

IX. L'arc AM continuant d'augmenter, le sinus augmente jusqu'à ce que le point M soit parvenu en D: alors le sinus est égal au rayon, et le cosinus est zéro. On a donc sin 100° = R et cos 100° = 0; et l'on peut remarquer que ces valeurs sont une suite de celles que nous avons trouvées pour les sinus et cosinus de l'arc zéro; car le complément de 100° étant zéro, on a sin 100° = cos 0° = R et cos 100° = sin 0° = 0.

Quant à la tangente, elle augmente d'une manière très-rapide à mesure que le point M s'approche de D, et enfin lorsqu'il est parvenu en D, il n'existe plus proprement de tangente, parce que les lignes AT, CD, étant parallèles, ne peuvent se rencontrer. C'est ce qu'on exprime en disant que la tangente de 100° est infinie, et on écrit tang 100° = ∞.

Le complément de 100° étant zéro, on a tang 0 = cot 100° et cot 0 = tang 100°. Donc cot 0 = ∞ et cot 100° = 0.

X. Le point M continuant à avancer de D vers B, les sinus diminuent et les cosinus augmentent. Ainsi on voit que l'arc AM′ a pour sinus M′P′, et pour cosinus M′Q ou CP′. Mais l'arc M′B est supplément de AM′, puisque AM′+M′B est égal à une demi-circonférence ; d'ailleurs si l'on mène M′M parallèle à AB, il est clair que les arcs AM, BM′, compris entre parallèles, seront égaux ; ainsi que les perpendiculaires ou sinus MP, M′P′. Donc *le sinus d'un arc ou d'un angle est égal au sinus du supplément de cet arc ou de cet angle.*

L'arc ou l'angle A a pour supplément 200°—A : ainsi on a en général

$$\sin A = \sin(200° - A).$$

La même propriété s'exprimeroit aussi par l'équation $\sin(100° + B) = \sin(100° - B)$, B étant l'arc DM ou son égal DM′.

XI. Les mêmes arcs AM′, AM qui sont supplémens l'un de l'autre, et qui ont des sinus égaux, ont aussi des cosinus égaux CP′, CP ; mais il faut observer que ces cosinus sont dirigés dans des sens différents. Cette différence de situation s'exprime dans le calcul par l'opposition des signes ; de sorte que si on regarde comme positifs, ou affectés du signe +, les cosinus des arcs moindres que 100°, il faudra regarder comme négatifs ou affectés du signe —, les cosinus des arcs plus grands que 100°. On aura donc en général

$$\cos A = -\cos(200° - A)$$

ou $\cos(100° + B) = -\cos(100° - B)$; c'est-à-dire, que *le cosinus d'un arc ou d'un angle plus grand que* 100° *est négatif et égal au cosinus de son supplément.*

Le complément d'un arc plus grand que 100°
* 111 étant négatif* il n'est pas étonnant que le sinus de ce complément soit négatif ; mais pour rendre cette

vérité encore plus palpable, cherchons l'expression de la distance du point A, à la perpendiculaire MP. Si on fait l'arc AM$=x$, on aura CP$=\cos x$, et la distance cherchée AP$=$R$-\cos x$. La même formule doit exprimer la distance du point A à la droite MP, quelle que soit la grandeur de l'arc AM, dont l'origine est au point A. Supposons donc que le point M vienne en M', ensorte que x désigne l'arc AM', on aura encore en ce point AP'$=$R$-\cos x$; donc $\cos x=$R$-$AP'$=$AC$-$AP'$=-$CP'; ce qui fait voir que $\cos x$ est alors négatif; et parce que CP'$=$CP$=\cos(200°-x)$, on a $\cos x=-\cos(200°-x)$, comme on l'a déja trouvé.

On voit par là qu'un angle obtus a le même sinus et le même cosinus que l'angle aigu qui lui sert de supplément, avec cette seule différence que le cosinus de l'angle obtus doit être affecté du signe $-$. Ainsi on a $\sin 150° = \sin 50° = \frac{1}{2}R\sqrt{2}$, et $\cos 150° = -\cos 50° = -\frac{1}{2}R\sqrt{2}$.

Quant à l'arc ADB égal à la demi-circonférence, son sinus est zéro, et son cosinus est égal au rayon pris négativement; on a donc $\sin 200° = 0$ et $\cos 200° = -R$. C'est aussi ce que donnent les formules $\sin A = \sin(200° - A)$, et $\cos A = -\cos(200°-A)$, en faisant $A=200°$.

XII. Examinons maintenant ce que devient la tangente d'un arc AM' plus grand que 100°. Suivant la définition, elle doit être déterminée par le concours des lignes AT, CM'. Ces lignes ne se rencontrent point dans le sens AT, mais elles se rencontrent dans le sens opposé AV, d'où l'on voit que la tangente d'un arc plus grand que 200° est fig. 1. négative. D'ailleurs si on observe que AV est la tangente de l'arc AN supplément de AM′ (puisque NAM′ est une demi-circonférence), on en conclura que *la tangente d'un arc ou d'un angle plus grand que* 100° *est négative et égale à celle de son supplément*, de sorte qu'on a

$$\text{tang}\, A = -\text{tang}\,(200^\circ - A).$$

Il en est de même de la cotangente représentée par DS′, laquelle est égale, et en sens contraire, à DS cotangente de AM. On a donc aussi

$$\cot A = -\cot\,(200^\circ - A).$$

Les tangentes et les cotangentes sont donc négatives, ainsi que les cosinus depuis 100° jusqu'à 200°. Et, dans cette dernière limite, on a tang 200° = 0 et cot 200° = −cot 0 = −∞.

XIII. Dans la trigonométrie, il n'y a pas lieu de considérer les sinus, cosinus, etc. des arcs ou des angles plus grands que 200°; car c'est toujours entre 0 et 200° que se trouvent les angles des triangles tant rectilignes que sphériques, et les côtés de ces derniers. Mais dans d'autres applications de la géométrie, il n'est pas rare de considérer des arcs plus grands que la demi-circonférence et même des arcs comprenant plusieurs circonférences. Il est donc nécessaire de trouver l'expression des sinus et cosinus de ces arcs, quelle que soit leur grandeur.

Observons d'abord que deux arcs égaux et de signes contraires AM, AN, ont des sinus égaux et de signes contraires MP, PN, tandis que le cosinus CP est le même pour l'un et pour l'autre. On a donc en général

$$\sin(-x) = -\sin x$$
$$\cos(-x) = \cos x,$$

formules qui serviront à exprimer les sinus et cosinus des arcs négatifs.

Depuis 0° jusqu'à 2000° les sinus sont toujours positifs, parce qu'ils sont situés d'un même côté du diamètre AB;

depuis 200° jusqu'à 400° les sinus sont négatifs, parce qu'ils sont situés de l'autre côté de ce diamètre. Soit ABN' $= x$ un arc plus grand que 200°, son sinus P'N' est égal à PM sinus de l'arc AM $= x - 200°$. Donc on a en général

$$\sin x = -\sin(x - 200°).$$

Cette formule donneroit les sinus entre 200° et 400° au moyen des sinus entre 0° et 200°; on en tire $\sin 400° = -\sin 200° = 0$; il est évident en effet que si un arc est égal à la circonférence entière, les deux extrémités se confondent en un même point, et le sinus se réduit à zéro.

Il n'est pas moins évident que, si à un arc quelconque AM on ajoute une ou plusieurs circonférences, on retombera exactement sur le point M, et l'arc ainsi augmenté aura le même sinus que l'arc AM; donc si C désigne une circonférence entière ou 400°, on aura

$$\sin x = \sin(C + x) = \sin(2C + x) = \sin(3C + x) \text{ etc.}$$

La même chose auroit lieu pour les cosinus, tangente, etc.

Maintenant, quel que soit l'arc proposé x, il est facile de voir que son sinus pourra toujours s'exprimer, avec un signe convenable, par le sinus d'un arc moindre que 100°.

Car d'abord on peut retrancher de l'arc x autant de fois 400° qu'ils peuvent y être contenus; soit le reste y, on aura $\sin x = \sin y$. Ensuite si y est plus grand que 200° on fera $y = 200° + z$, et on aura $\sin y = -\sin z$. Tous les cas sont donc réduits à celui où l'arc proposé est moindre que 200°, et comme d'ailleurs on a $\sin(100° + x) = \sin(100° - x)$, il est clair qu'ils se réduisent ultérieurement au cas où l'arc proposé est entre zéro et 100°.

XIV. Les cosinus se réduisent toujours aux sinus en vertu de la formule $\cos A = \sin(100° - A)$; ainsi, sachant évaluer les sinus dans tous les cas possibles, on saura de même évaluer les cosinus. Au reste, on voit directement par la figure que les cosinus négatifs sont séparés des cosinus positifs par le diamètre DE, en sorte que tous les arcs dont l'extrémité tombe à gauche de DE ont un cosinus positif, tandis que ceux dont l'extrémité tombe à droite ont un cosinus négatif.

Ainsi de 0° à 100° les cosinus sont positifs, de 100° à 300° ils sont négatifs, de 300° à 400° ils redeviennent positifs;

et après une révolution entière, ils prennent les mêmes valeurs que dans la révolution précédente, car on a aussi $\cos(400^\circ + x) = \cos x$.

D'après ces explications, il est aisé de voir que les sinus et cosinus des arcs multiples du *quadrans*, ont les valeurs suivantes:

$\sin 0^\circ = 0$	$\sin 100^\circ = R$	$\cos 0^\circ = R$	$\cos 100^\circ = 0$
$\sin 200^\circ = 0$	$\sin 300^\circ = -R$	$\cos 200^\circ = -R$	$\cos 300^\circ = 0$
$\sin 400^\circ = 0$	$\sin 500^\circ = R$	$\cos 400^\circ = R$	$\cos 500^\circ = 0$
$\sin 600^\circ = 0$	$\sin 700^\circ = -R$	$\cos 600^\circ = -R$	$\cos 700^\circ = 0$
$\sin 800^\circ = 0$	$\sin 900^\circ = R$	$\cos 800^\circ = R$	$\cos 900^\circ = 0$
etc.	etc.	etc.	etc.

En général k désignant un nombre entier quelconque, on aura $\sin 2k \,.\, 100^\circ = 0$, $\sin(4k+1).\,100^\circ = R$, $\sin(4k-1).\,100^\circ = -R$, $\cos(2k+1).\,100^\circ = 0$, $\cos 4k \,.\, 100^\circ = R$, $\cos(4k+2).\,100^\circ = -R$.

Ce que nous venons de dire des sinus et cosinus nous dispense d'entrer dans aucun détail particulier sur les tangentes, cotangentes, etc. des arcs plus grands que 200°; car les valeurs de ces quantités sont toujours faciles à déduire de celles des sinus et cosinus des mêmes arcs, ainsi qu'on le verra par les formules que nous allons exposer.

Théorêmes et formules concernant les sinus, cosinus, tangentes, etc.

XV. *Le sinus d'un arc est la moitié de la corde qui sous-tend un arc double.*

fig. 1. Car le rayon CA, perpendiculaire à MN, divise en deux parties égales la corde MN et l'arc sous-tendu MAN; donc MP, sinus de l'arc MA, est la moitié de la corde MN qui sous-tend l'arc MAN, double de MA.

La corde qui sous-tend la sixième partie de la circonférence, est égale au rayon; donc $\sin \frac{400^\circ}{12}$

ou $\sin 33^\circ\frac{1}{3}=\frac{1}{2}R$, c'est-à-dire, que le sinus du tiers de l'angle droit, est égal à la moitié du rayon.

XVI. *Le quarré du sinus d'un arc plus le quarré de son cosinus est égal au quarré du rayon, de sorte qu'on a en général* $\sin^2 A+\cos^2 A=R^2$ (1).

Cette propriété résulte immédiatement du triangle rectangle CMP, où l'on a $\overline{MP}^2+\overline{CP}^2=\overline{CM}^2$.

Il s'ensuit qu'étant donné le sinus d'un arc on trouvera son cosinus, et *vice versâ*, au moyen des formules $\cos A=\pm\sqrt{(R^2-\sin^2 A)}$, $\sin A=\pm\sqrt{(R^2-\cos^2 A)}$. Le double signe de ces formules vient de ce que le même sinus MP répond à deux arcs AM, AM', dont les cosinus CP, CP' sont égaux et de signes contraires, et de ce que le même cosinus CP répond à deux arcs AM, AN dont les sinus MP, PN sont pareillement égaux et de signes contraires.

Ainsi, par exemple, ayant trouvé $\sin 33^\circ\frac{1}{3}=\frac{1}{2}R$, on en déduira $\cos 33^\circ\frac{1}{3}$ ou $\sin 66^\circ\frac{2}{3}=\sqrt{(R^2-\frac{1}{4}R^2)}=\sqrt{\frac{3}{4}R^2}=\frac{1}{2}R\sqrt{3}$.

XVII. *Etant donnés les sinus et cosinus de l'arc A, on peut trouver les tangente, sécante, cotangente et cosécante du même arc, au moyen des formules suivantes :*

$$\text{tang}\, A=\frac{R\sin A}{\cos A},\ \sec A=\frac{R^2}{\cos A},\ \cot A=\frac{R\cos A}{\sin A},$$

$$\text{coséc}\, A=\frac{R^2}{\sin A}.$$

---

(1) On désigne ici par $\sin^2 A$ le quarré de sin A, et semblablement par $\cos^2 A$ le quarré de cos A.

Fig. 2. En effet les triangles semblables CPM, CAT, CDS donnent les proportions

$$CP : PM :: CA : AT \text{ ou } \cos A : \sin A :: R : \text{tang } A = \frac{R \sin A}{\cos A}$$

$$CP : CM :: CA : CT \text{ ou } \cos A : R :: R : \text{séc } A = \frac{R^2}{\cos A}$$

$$PM : CP :: CD : DS \text{ ou } \sin A : \cos A :: R : \cot A = \frac{R \cos A}{\sin A}$$

$$PM : CM :: CD : CS \text{ ou } \sin A : R :: R : \text{cosèc } A = \frac{R^2}{\sin A}$$

d'où l'on déduit les quatre formules dont il s'agit. On peut observer au reste que les deux dernières formules ne sont qu'une conséquence des deux premières, et qu'elles s'en déduisent en mettant simplement 100°—A au lieu de A.

Ces formules donneront les valeurs et les signes propres des tangentes, sécantes, etc. pour tout arc dont on connoîtra le sinus et le cosinus; et comme la loi progressive des sinus et cosinus, selon les différents arcs auxquels ils se rapportent, a été suffisamment développée dans le chapitre précédent; il ne reste rien à desirer sur la loi que suivent semblablement les tangentes, sécantes, etc.

On peut confirmer aussi par leur moyen plusieurs résultats qui ont été déja obtenus relativement aux tangentes; par exemple, si l'on fait $A=100°$, on aura $\sin A = R$, et $\cos A = 0$, donc $\text{tang } 100° = \frac{R^2}{0}$, expression qui désigne une quantité infinie; car R^2 divisé par une quantité très-petite, donneroit un quotient très-grand; donc R^2 divisé par zéro donne un quotient plus grand que toute quantité finie. Et parce que zéro peut être pris avec le signe + ou avec le signe —, on aura la valeur ambigue $\text{tang } 100° = \mp \infty$.

Soit encore $A = 200° - B$, on aura $\sin A = \sin B$ et

$\cos A = -\cos B$; donc $\text{tang}\,(200^\circ - B) = \frac{R \sin B}{-\cos B} = -\frac{R \sin B}{\cos B} = -\text{tang}\,B$, ce qui s'accorde avec l'art. XII.

XVIII. Les formules de l'article précédent, combinées entre elles et avec l'équation $\sin^2 A + \cos^2 A = R^2$, en fournissent quelques autres qui méritent attention. On a d'abord $R^2 + \text{tang}^2 A = R^2 + \frac{R^2 \sin^2 A}{\cos^2 A} = \frac{R^2 (\sin^2 A + \cos^2 A)}{\cos^2 A} = \frac{R^4}{\cos^2 A}$, donc $R^2 + \text{tang}^2 A = \text{sec}^2 A$, formule qui se déduiroit immédiatement du triangle rectangle CAT; on auroit de même, par les formules ou par le triangle rectangle CDS, $R^2 + \cot^2 A = \text{coséc}^2 A$.

Enfin, si on multiplie entre elles les formules $\text{tang}\,A = \frac{R \sin A}{\cos A}$, $\cot A = \frac{R \cos A}{\sin A}$, on aura $\text{tang}\,A \times \cot A = R^2$, formule qui donne $\cot A = \frac{R^2}{\text{tang}\,A}$, et $\text{tang}\,A = \frac{R^2}{\cot A}$. On auroit de même $\cot B = \frac{R^2}{\text{tang}\,B}$. Donc, $\cot A : \cot B :: \text{tang}\,B : \text{tang}\,A$; c'est-à-dire, que *les cotangentes de deux arcs sont en raison inverse de leurs tangentes.*

Cette formule $\cot A \times \text{tang}\,A = R^2$ se déduiroit immédiatement de la comparaison des triangles semblables CAT, CDS, lesquels donnent AT : CA :: CD : DS, ou $\text{tang}\,A : R :: R : \cot A$.

XIX. *Etant donnés les sinus et cosinus de deux arcs* a *et* b, *on peut déterminer les sinus et cosinus de la somme ou de la différence de ces arcs, au moyen des formules suivantes :*

$$\sin(a+b) = \frac{\sin a \cos b + \sin b \cos a}{R}$$

$$\sin(a-b) = \frac{\sin a \cos b - \sin b \cos a}{R}$$

$$\cos(a+b) = \frac{\cos a \cos b - \sin a \sin b}{R}$$

$$\cos(a-b) = \frac{\cos a \cos b + \sin a \sin b}{R}.$$

fig. 2. Soit le rayon AC$=$R, l'arc AB$=a$, l'arc BD$=b$, et par conséquent ABD$=a+b$. Des points B et D abaissez BE, DF perpendiculaires sur AC ; du point B menez DI perpendiculaire sur BC, enfin par le point I menez IK perpendiculaire et IL parallèle à AC.

Les triangles semblables BCE, ICK donnent les proportions

CB:CI :: BE:IK ou $R:\cos b :: \sin a : IK = \frac{\sin a \cos b}{R}$

CB:CI :: CE:CK ou $R:\cos b :: \cos a : CK = \frac{\cos a \cos b}{R}$

Les triangles DIL, CBE, qui ont les côtés perpendiculaires chacun à chacun, sont semblables et donnent les proportions

CB:DI :: CE:DL ou $R:\sin b :: \cos a : DL = \frac{\cos a \sin b}{R}$

CB:DI :: BE:IL ou $R:\sin b :: \sin a : IL = \frac{\sin a \sin b}{R}$

mais on a

$IK+DL=DF=\sin(a+b)$, et $CK-IL=CF=\cos(a+b)$.

Donc

$$\sin(a+b) = \frac{\sin a \cos b + \sin b \cos a}{R}$$

$$\cos(a+b) = \frac{\cos a \cos b - \sin a \sin b}{R}$$

Il seroit facile de déduire de ces deux formules les valeurs de $\sin(a-b)$ et de $\cos(a-b)$; mais on peut les trouver directement par la même figure. En effet, si on prolonge le sinus DI jusqu'à ce qu'il rencontre la circonférence en M, on aura $BM = BD = b$, et $MI = ID = \sin b$. Par le point M menez MP perpendiculaire et MN parallèle à AC ; puisque $MI = DI$, on aura $MN = IL$, et $IN = DL$. Mais on a $IK - IN = MP = \sin(a-b)$, et $CK + MN = CP = \cos(a-b)$; donc

$$\sin(a-b) = \frac{\sin a \cos b - \sin b \cos a}{R}$$

$$\cos(a-b) = \frac{\cos a \cos b + \sin a \sin b}{R}.$$

Ce sont les formules qu'il s'agissoit de démontrer.

On pourroit craindre que la démonstration précédente ne fût pas assez générale, parce que la construction sur laquelle on l'a établie, suppose les arcs a et b, et même $a+b$ plus petits que 100°. Mais il est facile de s'assurer, sans faire de figures particulières pour les autres cas, que les quatre formules auxquelles on est parvenu, sont vraies pour toutes les grandeurs possibles des arcs a et b.

Supposons qu'on ait constaté l'exactitude des deux formules

$$R \sin(a+b) = \sin a \cos b + \sin b \cos a$$
$$R \cos(a+b) = \cos a \cos b - \sin a \sin b,$$

pour toutes les valeurs de a et b, moindres que A et B, je dis qu'elles auront également lieu lorsque b étant encore $< B$, on aura $a < 100^\circ + A$. En effet, on a par les propriétés démontrées

$$\sin(100^\circ + m + b) = \sin(100^\circ - m - b) = \cos(m+b)$$
$$\cos(100^\circ + m + b) = -\cos(100^\circ - m - b) = -\sin(m+b);$$

mais en supposant $m < A$ et $b < B$, on connoît les valeurs de $\sin(m+b)$ et de $\cos(m+b)$; par ces valeurs on aura donc

$$R\sin(100^\circ+m+b)=\cos m\cos b-\sin m\sin b$$
$$R\cos(100^\circ+m+b)=-\sin m\cos b-\sin b\cos m.$$

Soit $100^\circ+m=a$, ou $m=a-100^\circ$, on aura $\cos m=\sin(100^\circ-m)=\sin(200^\circ-a)=\sin a$, $\sin m=\cos(100^\circ-m)=\cos(200^\circ-a)=-\cos a$, donc

$$R\sin(a+b)=\sin a\cos b+\sin b\cos a$$
$$R\cos(a+b)=\cos a\cos b-\sin a\sin b.$$

D'où l'on voit que ces formules qui n'étoient démontrées que dans les limites $a < A$, $b < B$, le sont maintenant dans des limites plus étendues $a < 100^\circ+A$, $b < B$. Mais, par la même raison, la limite de b peut être reculée, et ensuite celle de a, ce qui peut se continuer indéfiniment; donc les formules dont il s'agit ont lieu, quelle que soit la grandeur des arcs a et b. On démontreroit la même chose des formules qui donnent $\sin(a-b)$ et $\cos(a-b)$; et d'ailleurs celles-ci se déduiront facilement des premières. Car si, quels que soient $a-b$ et b, on a

$$R\sin(a-b+b)=\sin(a-b)\cos b+\cos(a-b)\sin b$$
$$R\cos(a-b+b)=\cos(a-b)\cos b+\sin(a-b)\sin b$$

en mettant $R\sin a$ et $R\cos a$ au lieu des premiers membres, on tirera aisément de ces deux équations

$$R\sin(a-b)=\sin a\cos b-\sin b\cos a$$
$$R\cos(a-b)=\cos a\cos b+\sin b\sin a$$

formules qui auront lieu pour toutes valeurs de a et de b.

XX. Si dans les formules de l'article précédent on fait $b=a$, la première et la troisième donneront

$$\sin 2a=\frac{2\sin a\cos a}{R},\ \cos 2a=\frac{\cos^2 a-\sin^2 a}{R}.$$

Celles-ci serviront à trouver le sinus et le cosinus d'un arc double, lorsqu'on connoît le sinus et le cosinus de l'arc simple. C'est le problême de la duplication d'un arc.

Réciproquement pour diviser un arc donné a

en deux parties égales, mettons dans les mêmes formules $\frac{1}{2}a$ à la place de a, nous aurons

$$\sin a = \frac{2\sin\frac{1}{2}a\cos\frac{1}{2}a}{R}, \quad \cos a = \frac{\cos^2\frac{1}{2}a - \sin^2\frac{1}{2}a}{R}.$$

Or puisqu'on a tout à la fois $\cos^2\frac{1}{2}a + \sin^2\frac{1}{2}a = R^2$ et $\cos^2\frac{1}{2}a - \sin^2\frac{1}{2}a = R\cos a$, il en résulte $\cos^2\frac{1}{2}a = \frac{1}{2}R^2 + \frac{1}{2}R\cos a$ et $\sin^2\frac{1}{2}a = \frac{1}{2}R - \frac{1}{2}R^2\cos a$, donc

$$\sin\frac{1}{2}a = \sqrt{(\frac{1}{2}R^2 - \frac{1}{2}R\cos a)}, \quad \cos\frac{1}{2}a = \sqrt{(\frac{1}{2}R^2 + \frac{1}{2}R\cos a)}.$$

Ainsi en faisant $a = 100°$, ou $\cos a = 0$; on a $\sin 50° = \cos 50° = \sqrt{\frac{1}{2}R^2} = R\sqrt{\frac{1}{2}}$; ensuite si l'on fait $a = 50°$, ce qui donne $\cos a = R\sqrt{\frac{1}{2}}$, on aura $\sin 25° = R\sqrt{(\frac{1}{2} - \frac{1}{2}\sqrt{\frac{1}{2}})}$, et $\cos 25° = R\sqrt{(\frac{1}{2} + \frac{1}{2}\sqrt{\frac{1}{2}})}$.

XXI. On peut aussi avoir les valeurs de $\sin\frac{1}{2}a$ et $\cos\frac{1}{2}a$ exprimées par le moyen de $\sin a$, ce qui sera utile dans beaucoup d'occasions; ces valeurs sont :

$$\sin\frac{1}{2}a = \frac{1}{2}\sqrt{(R^2 + R\sin a)} - \frac{1}{2}\sqrt{(R^2 - R\sin a)}$$
$$\cos\frac{1}{2}a = \frac{1}{2}\sqrt{(R^2 + R\sin a)} + \frac{1}{2}\sqrt{(R^2 - R\sin a)}.$$

En effet, si on élève la première au quarré, on aura $\sin^2\frac{1}{2}a = \frac{1}{4}(R^2 + R\sin a) + \frac{1}{4}(R^2 - R\sin a) - \frac{1}{2}\sqrt{(R^4 - R^2\sin^2 a)} = \frac{1}{2}R^2 - \frac{1}{2}R\cos a$; on auroit de même $\cos^2\frac{1}{2}a = \frac{1}{2}R^2 + \frac{1}{2}R\cos a$, ce qui s'accorde avec les valeurs précédentes de $\sin\frac{1}{2}a$ et $\cos\frac{1}{2}a$. Il faut cependant observer que, si $\cos a$ étoit négatif, le radical $\sqrt{(R^2 - R\sin a)}$ devroit être pris avec un signe contraire dans les valeurs de $\sin\frac{1}{2}a$ et $\cos\frac{1}{2}a$, ce qui changeroit l'une dans l'autre.

XXII. Au moyen de ces formules, il est facile de déterminer les sinus et cosinus de tous les dixièmes du *quadrans*.

Et d'abord soit $\sin 20° = x$, $2x$ sera la corde de 40°, ou le côté du décagone régulier inscrit; or, ce côté est égal au plus grand segment du rayon divisé en moyenne et extrême raison*; donc, si on fait le rayon égal $= 1$, on aura $1 : 2x :: 2x : 1 - 2x$. De là on tire $4x^2 = 1 - 2x$, ou $x^2 + \frac{1}{2}x = \frac{1}{4}$;

* 5. 4.

donc $(x+\frac{1}{4})^2=\frac{1}{4}+\frac{1}{16}=\frac{5}{16}$; donc $x+\frac{1}{4}=\frac{1}{4}\sqrt{5}$, et enfin x ou $\sin 20^\circ=\frac{1}{4}(-1+\sqrt{5})$.

Cette valeur, élevée au quarré, donne $\sin^2 20^\circ=\frac{6-2\sqrt{5}}{16}$; donc $1-\sin^2 20^\circ$, ou $\cos^2 20^\circ=\frac{10+2\sqrt{5}}{16}$. Mais $\cos^2 a-\sin^2 a$ $=\cos 2a$, donc cos 40° ou $\sin 60^\circ=\frac{4+4\sqrt{5}}{16}=\frac{1+\sqrt{5}}{4}$.

Maintenant, si dans les formules du n.º XXI on fait $R=1$, $a=20^\circ$, et $\sin a=\frac{1}{4}(-1+\sqrt{5})$, on en déduira

$$\sin 10^\circ=\tfrac{1}{4}\sqrt{(3+\sqrt{5})}-\tfrac{1}{4}\sqrt{(5-\sqrt{5})}$$
$$\cos 10^\circ=\tfrac{1}{4}\sqrt{(3+\sqrt{5})}+\tfrac{1}{4}\sqrt{(5-\sqrt{5})}.$$

Si ensuite on fait dans les mêmes formules $a=60^\circ$, et $\sin a=\frac{1}{4}(1+\sqrt{5})$, on aura

$$\sin 30^\circ=\tfrac{1}{4}\sqrt{(5+\sqrt{5})}-\tfrac{1}{4}\sqrt{(3-\sqrt{5})}$$
$$\cos 30^\circ=\tfrac{1}{4}\sqrt{(5+\sqrt{5})}+\tfrac{1}{4}\sqrt{(3-\sqrt{5})}.$$

Avec ces valeurs et celles qu'on connoît déja de sin 50° et de sin 100°, on peut former le tableau suivant, où l'on suppose le rayon $=1$:

$$\begin{array}{lll}
\sin 0^\circ = & \cos 100^\circ & = 0 \\
\sin 10^\circ = & \cos 90^\circ & = \frac{1}{4}\sqrt{(3+\sqrt{5})}-\frac{1}{4}\sqrt{(5-\sqrt{5})} \\
\sin 20^\circ = & \cos 80^\circ & = \frac{1}{4}(-1+\sqrt{5}) \\
\sin 30^\circ = & \cos 70^\circ & = \frac{1}{4}\sqrt{(5+\sqrt{5})}-\frac{1}{4}\sqrt{(3-\sqrt{5})} \\
\sin 40^\circ = & \cos 60^\circ & = \frac{1}{4}\sqrt{(10-2\sqrt{5})} \\
\sin 50^\circ = & \cos 50^\circ & = \frac{1}{2}\sqrt{2} \\
\sin 60^\circ = & \cos 40^\circ & = \frac{1}{4}(1+\sqrt{5}) \\
\sin 70^\circ = & \cos 30^\circ & = \frac{1}{4}\sqrt{(5+\sqrt{5})}+\frac{1}{4}\sqrt{(3-\sqrt{5})} \\
\sin 80^\circ = & \cos 20^\circ & = \frac{1}{4}\sqrt{(10+2\sqrt{5})} \\
\sin 90^\circ = & \cos 10^\circ & = \frac{1}{4}\sqrt{(3+\sqrt{5})}+\frac{1}{4}\sqrt{(5-\sqrt{5})} \\
\sin 100^\circ = & \cos 0^\circ & = 1.
\end{array}$$

Ces valeurs peuvent se simplifier encore, puisqu'on a $\sqrt{(3+\sqrt{5})}=\frac{1}{2}\sqrt{10}+\frac{1}{2}\sqrt{2}$ et $\sqrt{(3-\sqrt{5})}=\frac{1}{2}\sqrt{10}-\frac{1}{2}\sqrt{2}$; d'où l'on voit qu'en regardant comme connues $\sqrt{2}$, $\sqrt{5}$ et $\sqrt{10}$, il ne reste que quatre extractions de racines quarrées à faire pour avoir les valeurs des sinus et cosinus de tous les arcs multiples de 10°.

XXIII. Nous tirerons de ces formules deux conséquences remarquables. 1.º Puisque 2 sin 40° est la corde de 80°, ou le côté du pentagone régulier inscrit, ce côté $=\frac{1}{2}\sqrt{(10-2\sqrt{5})}$, son quarré $=\frac{10-2\sqrt{5}}{4}$. Le côté du décagone régulier $=2\sin 20^\circ=\frac{1}{2}(-1+\sqrt{5})$, son quarré $=\frac{1}{4}(6-2\sqrt{5})$; or $\frac{1}{4}(10-2\sqrt{5})=1+\frac{1}{4}(6-2\sqrt{5})$. Donc *la somme faite du quarré du rayon et du quarré du côté du décagone, est égale au quarré du côté du pentagone régulier inscrit.*

2.° Entre les sinus des divisions décimales impaires du quadrans, on a cette relation

$$\sin 90^\circ+\sin 30^\circ+\sin 10^\circ=\sin 50^\circ+\sin 70^\circ,$$

et les divisions paires donnent semblablement $\sin 60^\circ=\sin 20^\circ+\frac{1}{2}$. Mais ces formules ne sont que des cas particuliers, et on peut démontrer que x étant un arc d'un nombre quelconque de degrés, on a

$$\sin(100^\circ-x)+\sin(20^\circ+x)+\sin(20^\circ-x)=\sin(60^\circ-x)+\sin(60^\circ+x).$$

En effet, la formule $\sin(a+b)+\sin(a-b)=2\sin a\cos b$, donne

$$\sin(20^\circ+x)+\sin(20^\circ-x)=2\sin 20^\circ\cos x$$
$$\sin(60^\circ+x)+\sin(60^\circ-x)=2\sin 60^\circ\cos x.$$

Donc, puisqu'on a $\sin 60^\circ-\sin 20^\circ=\frac{1}{2}$, et $\cos x=\sin(100^\circ-x)$, ces deux équations retranchées l'une de l'autre, donneront $\sin(60^\circ+x)+\sin(60^\circ-x)-\sin(20^\circ+x)-\sin(20^\circ-x)=\sin(100^\circ-x)$. Formule d'où l'on tire l'équation des divisions impaires en faisant $x=10^\circ$, et qui en général peut servir à la vérification des tables de sinus.

XXIV. Si dans les formules première et troisième de l'article XIX, on fait $b=2a$, on aura

$$\sin 3a=\frac{\sin 2a\cos a+\cos 2a\sin a}{R},\quad \cos 3a=\frac{\cos 2a\cos a-\sin 2a\sin a}{R}.$$

Substituant dans celles-ci, au lieu de $\sin 2a$ et $\cos 2a$, les valeurs trouvées dans l'article XX, et simplifiant les résultats au moyen de l'équation $\sin^2 a+\cos^2 a=R^2$, on aura

$$\sin 3a=3\sin a-\frac{4\sin^3 a}{R^2}$$

$$\cos 3a=\frac{4\cos^3 a}{R^2}-3\cos a.$$

Ces formules qui servent à la triplication des

arcs, peuvent servir aussi à opérer leur trisection ou division en trois parties égales. En effet, si on fait $\sin 3a = c$ et $\sin a = x$, on aura pour déterminer x l'équation $c\,R^2 = 3\,R^2 x - 4x^3$. D'où l'on voit que le probléme de la trisection de l'angle, considéré analytiquement, est du troisième degré.

Si dans les mêmes formules de l'article XIX, on fait successivement $b = 3a$, $b = 4a$, etc. on aura les sinus et cosinus des arcs $4a$, $5a$, etc.; c'est-à-dire, en général, les sinus et cosinus des multiples de a. Réciproquement les formules qui servent à la multiplication des arcs, donneront les équations à résoudre pour diviser un arc donné en parties égales; c'est-à-dire, pour déterminer $\sin a$ ou $\cos a$, lorsqu'on connoît $\sin na$ et $\cos na$.

XXV. Développons encore les valeurs de $\sin 5a$ et $\cos 5a$, et pour cela prenons les formules

$$\sin(3a + 2a) = \frac{\sin 3a \cos 2a + \cos 3a \sin 2a}{R}$$

$$\cos(3a + 2a) = \frac{\cos 3a \cos 2a - \sin 3a \sin 2a}{R}.$$

Si on y substitue les valeurs déja trouvées art. 20 et 24, on aura, après les réductions,

$$\sin 5a = 5 \sin a - \frac{20 \sin^3 a}{R^2} + \frac{16 \sin^5 a}{R^4}$$

$$\cos 5a = 5 \cos a - \frac{20 \cos^3 a}{R^2} + \frac{16 \cos^5 a}{R^4}.$$

D'où l'on voit que le problême de la quintisection de l'angle seroit du cinquième degré, et ainsi des autres divisions par les nombres premiers 7, 11, 13, etc.

XXVI. Soit proposé pour exemple de trouver la valeur de $\sin 1°$ approchée jusqu'à quinze décimales, ce qui peut être utile pour la construction des tables de sinus. L'expression de $\sin 10°$, trouvée n.° 22, étant réduite en décimales, donne $\sin 10° = 0.15643\ 44650\ 40231$; de là on tire, par la formule du n.° 21, $\sin 5° = 0.07845\ 90957\ 27845$.

Soit maintenant $\sin 1° = x$, il faudra, pour avoir x, résoudre l'équation

$$16x^5 - 20x^3 + 5x = 0.07845\ 90957\ 27845.$$

Si, pour abréger, on fait le second membre $= c$, on aura à peu près $5x - 20x^3 = c$, et $x = \frac{1}{5}c + 4(\frac{1}{5}c)^3$. Or $\frac{1}{5}c = 0.01569\ 18191$ et $4(\frac{1}{5}c)^3 = 0.00001\ 5456$; donc on a, pour première approximation, $x = 0.01570\ 7275$, valeur qui n'est en erreur que dans la huitième décimale. Pour en avoir une plus exacte, soit $x = 0.01570\ 7275 + y$, on aura, en substituant dans l'équation proposée, et négligeant le quarré et les autres puissances de y,

$$0.07845\ 90094\ 24927 + 4.9852017\,y = 0.07845\ 90957\ 27845;$$

d'où l'on tire

$y = 0.00000\ 00173\ 118207$, et x ou $\sin 1° = 0.01570\ 73173\ 118207$.

Du sinus de 1° ou 100', on déduiroit semblablement les sinus de 50', de 10', de 5', et enfin celui de 1'.

XXVII. Les formules de l'art. XIX fournissent un grand nombre de conséquences, entre lesquelles il suffira de rapporter celles qui sont de l'usage le plus fréquent. On en tire d'abord les quatre suivantes:

$$\sin a \cos b = \tfrac{1}{2}\mathrm{R} \sin(a+b) + \tfrac{1}{2}\mathrm{R} \sin(a-b)$$
$$\sin b \cos a = \tfrac{1}{2}\mathrm{R} \sin(a+b) - \tfrac{1}{2}\mathrm{R} \sin(a-b)$$
$$\cos a \cos b = \tfrac{1}{2}\mathrm{R} \cos(a-b) + \tfrac{1}{2}\mathrm{R} \cos(a+b)$$
$$\sin a \sin b = \tfrac{1}{2}\mathrm{R} \cos(a-b) - \tfrac{1}{2}\mathrm{R} \cos(a+b)$$

lesquelles servent à changer un produit de plusieurs sinus ou cosinus, en sinus et cosinus *linéaires* ou multipliés seulement par des constantes.

XXVIII. Si dans ces formules on fait $a+b=p$, $a-b=q$, ce qui donne $a=\frac{p+q}{2}$, $b=\frac{p-q}{2}$, on en déduira

$$\sin p + \sin q = \frac{2}{\mathrm{R}} \sin\frac{p+q}{2} \cos\frac{p-q}{2}$$

$$\sin p - \sin q = \frac{2}{\mathrm{R}} \sin\frac{p-q}{2} \cos\frac{p+q}{2}$$

$$\cos p+\cos q=\frac{2}{R}\cos\frac{p+q}{2}\cos\frac{p-q}{2}$$

$$\cos q-\cos p=\frac{2}{R}\sin\frac{p+q}{2}\sin\frac{p-q}{2}$$

Nouvelles formules qu'on emploie souvent dans les calculs trigonométriques pour réduire deux termes à un seul.

XXIX. Enfin, de ces dernières on tire encore par la division, et ayant égard à ce que $\frac{\sin a}{\cos a}=\frac{\operatorname{tang} a}{R}$, celles qui suivent

$$\frac{\sin p+\sin q}{\sin p-\sin q}=\frac{\sin\frac{p+q}{2}}{\cos\frac{p+q}{2}}\cdot\frac{\cos\frac{p-q}{2}}{\sin\frac{p-q}{2}}=\frac{\operatorname{tang}\frac{1}{2}(p+q)}{\operatorname{tang}\frac{1}{2}(p-q)}$$

$$\frac{\sin p+\sin q}{\cos p+\cos q}=\frac{\sin\frac{p+q}{2}}{\cos\frac{p+q}{2}}=\frac{\operatorname{tang}\frac{p+q}{2}}{R}$$

$$\frac{\sin p+\sin q}{\cos q-\cos p}=\frac{\cos\frac{p-q}{2}}{\sin\frac{p-q}{2}}=\frac{\cot\frac{p-q}{2}}{R}$$

$$\frac{\sin p-\sin q}{\cos p+\cos q}=\frac{\sin\frac{1}{2}(p-q)}{\cos\frac{1}{2}(p-q)}=\frac{\operatorname{tang}\frac{1}{2}(p-q)}{R}$$

$$\frac{\sin p-\sin q}{\cos q-\cos p}=\frac{\cos\frac{1}{2}(p+q)}{\sin\frac{1}{2}(p+q)}=\frac{\cot\frac{1}{2}(p+q)}{R}$$

$$\frac{\cos p+\cos q}{\cos q-\cos p}=\frac{\cos\frac{1}{2}(p+q)}{\sin\frac{1}{2}(p+q)}\cdot\frac{\cos\frac{1}{2}(p-q)}{\sin\frac{1}{2}(p-q)}=\frac{\cot\frac{1}{2}(p+q)}{\operatorname{tang}\frac{1}{2}(p-q)}$$

$$\frac{\sin(p+q)}{\sin p+\sin q}=\frac{2\sin\frac{1}{2}(p+q)\cos\frac{1}{2}(p+q)}{2\sin\frac{1}{2}(p+q)\cos\frac{1}{2}(p-q)}=\frac{\cos\frac{1}{2}(p+q)}{\cos\frac{1}{2}(p-q)}$$

$$\frac{\sin(p+q)}{\sin p-\sin q}=\frac{2\sin\frac{1}{2}(p+q)\cos\frac{1}{2}(p+q)}{2\sin\frac{1}{2}(p-q)\cos\frac{1}{2}(p+q)}=\frac{\sin\frac{1}{2}(p+q)}{\sin\frac{1}{2}(p-q)}$$

ɔrmules qui sont l'expression d'autant de théo-mes. De la première il résulte que *la somme* ɜs *sinus de deux arcs est à la différence de ces émes sinus, comme la tangente de la demi-somme* ɜs *arcs est à la tangente de leur demi-différence.*

XXX. Si on fait $b = a$ ou $q = o$ dans les formules ɜs trois articles précédens, on aura les résultats ɹi suivent

$$\cos^2 a = \tfrac{1}{2}R^2 + \tfrac{1}{2}R\cos a$$
$$\sin^2 a = \tfrac{1}{2}R^2 - \tfrac{1}{2}R\cos a$$

$$R + \cos p = \frac{2\cos^2 \frac{1}{2}p}{R}$$

$$R - \cos p = \frac{2\sin^2 \frac{1}{2}p}{R}$$

$$\sin p = \frac{2\sin\frac{1}{2}p\cos\frac{1}{2}p}{R}$$

$$\frac{\sin p}{R + \cos p} = \frac{\operatorname{tang}\frac{1}{2}p}{R}, \quad \frac{R + \cos p}{\sin p} = \frac{\cot\frac{1}{2}p}{R}$$

$$\frac{\sin p}{R - \cos p} = \frac{\cot\frac{1}{2}p}{R}, \quad \frac{R - \cos p}{\sin p} = \frac{\operatorname{tang}\frac{1}{2}p}{R}$$

$$\frac{R + \cos p}{R - \cos p} = \frac{\cot^2\frac{1}{2}p}{R^2} = \frac{R^2}{\operatorname{tang}^2\frac{1}{2}p}$$

XXXI. Pour développer aussi quelques formules elatives aux tangentes, considérons l'expression $\operatorname{ang}(a+b) = \frac{R\sin(a+b)}{\cos(a+b)}$, dans laquelle la substi-ution des valeurs de $\sin(a+b)$ et $\cos(a+b)$, don-ıera

$$\operatorname{tang}(a+b) = \frac{R(\sin a\cos b + \sin b\cos a)}{\cos a\cos b - \sin b\sin a}.$$

Ɔr on a $\sin a = \frac{\cos a \operatorname{tang} a}{R}$ et $\sin b = \frac{\cos b \operatorname{tang} b}{R}$.

substituant ces valeurs et divisant ensuite tous les termes par cos a cos b, on aura

$$\text{tang}(a+b)=\frac{R^2(\text{tang}\,a+\text{tang}\,b)}{R^2-\text{tang}\,a\,\text{tang}\,b}$$

C'est la valeur de la tangente de la somme de deux arcs, exprimée par les tangentes de chacun de ces arcs : on trouveroit de même pour la tangente de leur différence

$$\text{tang}\,(a-b)=\frac{R^2(\text{tang}\,a-\text{tang}\,b)}{R^2+\text{tang}\,a\,\text{tang}\,b}.$$

Soit $b=a$, on aura pour la duplication des arcs la formule

$$\text{tang}\,2a=\frac{2R^2\,\text{tang}\,a}{R^2-\text{tang}^2 a},$$

d'où résulteroit

$$\cot 2a=\frac{R^2}{2\,\text{tang}\,a}-\tfrac{1}{2}\text{tang}\,a=\tfrac{1}{2}\cot a-\tfrac{1}{2}\text{tang}\,a.$$

Soit $b=2a$, on auroit pour leur triplication la formule

$$\text{tang}\,3a=\frac{R^2(\text{tang}\,a+\text{tang}\,2a)}{R^2-\text{tang}\,a\,\text{tang}\,2a}$$

Dans laquelle si on substitue la valeur de tang $2a$, on aura

$$\text{tang}\,3a=\frac{3R^2\,\text{tang}\,a-\text{tang}\,3a}{R^2-3\,\text{tang}^2 a}.$$

XXXII. Le développement des formules trigonométriques, considéré dans toute sa généralité, forme une branche importante de l'analyse, sur laquelle on peut consulter l'excellent ouvrage d'Euler, intitulé : *Introduction à l'analyse des infinis*, traduit et enrichi de notes par Jean Labey. Nous croyons cependant devoir démontrer encore les formules qui servent à exprimer le sinus et le cosinus en fonction de l'arc, formules dont la connoissance est supposée dans la note V, et qui d'ailleurs sont nécessaires pour la construction des tables.

Et d'abord supposant le rayon $=1$, ce qui n'altère pas la néralité des résultats, on a la formule $\cos^2 A + \sin^2 A = 1$, nt le premier membre peut être regardé comme le produit s deux facteurs imaginaires $\cos A + \sqrt{-1} \sin A$ et $\cos A - \sqrt{-1} \sin A$. Si on multiplie ensemble deux facteurs semblaes $\cos A + \sqrt{-1} \sin A$, $\cos B + \sqrt{-1} \sin B$, le produit sera s $A \cos B - \sin A \sin B + (\sin A \cos B + \sin B \cos A)\sqrt{-1}$, il se réduit par conséquent à la forme $\cos(A+B) + \sqrt{-1}$ 1 $(A+B)$, laquelle est semblable à chacun des facteurs; de rte qu'on a en général

$$(\cos A + \sqrt{-1}\sin A)(\cos B + \sqrt{-1}\sin B) = \cos(A+B) + \sqrt{-1}\sin(A+B).$$

il est remarquable que la multiplication de ces sortes de antités s'exécute en ajoûtant seulement les arcs, ce qui est ne propriété analogue à celle des logarithmes. On en conuera successivement

$$(\cos A + \sqrt{-1}\sin A)(\cos A + \sqrt{-1}\sin A) = \cos 2A + \sqrt{-1}\sin 2A$$

$$(\cos A + \sqrt{-1}\sin A)(\cos 2A + \sqrt{-1}\sin 2A) = \cos 3A + \sqrt{-1}\sin 3A$$

$$(\cos A + \sqrt{-1}\sin A)(\cos 3A + \sqrt{-1}\sin 3A) = \cos 4A + \sqrt{-1}\sin 4A$$

etc.

e premier produit est égal à $(\cos A + \sqrt{-1}\sin A)^2$, le seond est égal à $(\cos A + \sqrt{-1}\sin A)^3$, et ainsi de suite. Donc 1 général, n étant un nombre entier quelconque, on aura

$$(\cos A + \sqrt{-1}\sin A)^n = \cos nA + \sqrt{-1}\sin nA.$$

e là résulte, en changeant le signe de $\sqrt{-1}$,

$$(\cos A - \sqrt{-1}\sin A)^n = \cos nA - \sqrt{-1}\sin nA,$$

: de ces deux équations, qui sont une suite l'une de l'autre, 1 déduira les valeurs séparées de $\sin nA$ et $\cos nA$, savoir:

$$\cos nA = \tfrac{1}{2}(\cos A + \sqrt{-1}\sin A)^n + \tfrac{1}{2}(\cos A - \sqrt{-1}\sin A)^n$$

$$\sin nA = \frac{1}{2\sqrt{-1}}(\cos A + \sqrt{-1}\sin A)^n - \frac{1}{2\sqrt{-1}}(\cos A - \sqrt{-1}\sin A)^n$$

XXXIII. Si on veut exprimer les mêmes quantites en éries, il faudra développer par la formule du binome $(\cos A + \sqrt{-1}\sin A)^n$, ce qui donnera

$$\cos^n A + \frac{n}{1}\cos^{n-1} A \sin A\sqrt{-1} - \frac{n.n-1}{1.2}\cos^{n-2} A \sin^2 A$$

$$-\frac{n.n-1.n-2}{1.2.3}\cos^{n-3} A \sin^3 A\sqrt{-1} + \frac{n.n-1.n-2.n-3}{1.2.3.4}\cos^{n-4} A \sin^4 A + \text{etc.}$$

Et cette quantité étant la valeur de $\cos n A + \sqrt{-1} \sin n A$, on égalera séparément la partie réelle à $\cos n A$, et la partie imaginaire à $\sqrt{-1} \sin n A$. On aura donc

$$\cos n A = \cos^n A - \frac{n.n-1}{1.2} \cos^{n-2} A \sin^2 A + \frac{n.n-1.n-2.n-3}{1.2.3.4} \cos^{n-4} A \sin^4 A - \text{etc.}$$

$$\sin n A = n \cos^{n-1} A \sin A - \frac{n.n-1.n-2}{1.2.3} \cos^{n-3} A \sin^3 A + \text{etc.}$$

séries dont la loi est facile à saisir, et au moyen desquelles on trouve le sinus et le cosinus d'un arc multiple de A, d'une manière beaucoup plus prompte que par les opérations indiquées art. 24.

XXXIV. Puisqu'on a $\sin A = \cos A \tan A$, ces séries peuvent se mettre sous la forme

$$\cos n A = \cos^n A \left(1 - \frac{n.n-1}{1.2} \text{tang}^2 A + \frac{n.n-1.n-2.n-3}{1.2.3.4} \text{tang}^4 A\right.$$

$$\sin n A = \cos^n A \left(\frac{n}{1} \text{tang} A - \frac{n.n-1.n-2}{1.2.3} \text{tang}^3 A + \text{etc.}\right)$$

Soit $n = \frac{x}{A}$, on aura, en substituant cette valeur et conservant cependant le facteur $\cos^n A$,

$$\cos x = \cos^n A \left(1 - \frac{x.x-A}{1.2} \cdot \frac{\text{tang}^2 A}{A^2} + \frac{x.x-A.x-2A.x-3A}{1.2.3.4} \cdot \frac{\text{tang}^4}{A^4}\right.$$

$$\sin x = \cos^n A \left(\frac{x}{1} \cdot \frac{\text{tang} A}{A} - \frac{x.x-A.x-2A}{1.2.3} \cdot \frac{\text{tang}^3 A}{A^3} + \text{etc.}\right)$$

Dans ces formules on peut prendre A à volonté; supposons A très-petit, alors $\frac{\text{tang} A}{A}$ sera très-peu différent de l'unité, parce que la tangente d'un arc très-petit est presqu'égale à l'arc. Cependant, tant que l'arc n'est pas nul, on a $\text{tang} A > A$ ou $\frac{\text{tang} A}{A} > 1$; on a en même temps $A > \sin A$; donc $\frac{\text{tang} A}{A} < \frac{\text{tang} A}{\sin A}$ ou $\frac{\text{tang} A}{A} < \frac{1}{\cos A}$. De là on voit que le rapport $\frac{\text{tang} A}{A}$ est toujours compris entre les limites 1 et $\frac{1}{\cos A}$. Soit $A = 0$, on aura $\cos A = 1$, donc puisque $\frac{\text{tang} A}{A}$ est compris entre t $\frac{1}{\cos A}$, il faudra qu'on ait exactement $\frac{\text{tang}\,A}{A} = 1$. Donc faisant $A = 0$, on aura

$$s\,x = \cos^n A \left(1 - \frac{x^2}{1.2} + \frac{x^4}{1.2.3.4} - \frac{x^6}{1.2.3.4.5.6} + \text{etc.}\right)$$

$$1\,x = \cos^n A \left(x - \frac{x^3}{1.2.3} + \frac{x^5}{1.2.3.4.5} - \text{etc.}\right)$$

reste à voir ce que devient $\cos^n A$, lorsque A diminue plus en plus, et devient enfin zéro. Or on a $\frac{1}{\cos^2 A} =$

$c^2 A = 1 + \text{tang}^2 A$; donc $\cos A = (1 + \text{tang}^2 A)^{-\frac{1}{2}}$, donc

$$\text{os}^n A = (1 + \text{tang}^2 A)^{-\frac{n}{2}} = 1 - \frac{n}{2}\text{tang}^2 A + \frac{n.n-2}{2.4}\text{tang}^4 A - \text{etc.}$$

ıbstituant au lieu de n sa valeur $\frac{x}{A}$, on aura

$$\text{os}^n A = 1 - \frac{x}{2} A. \frac{\text{tang}^2 A}{A^2} + \frac{x.x-2A}{2.4} A^2. \frac{\text{tang}^4 A}{A^4} - \text{etc.}$$

l'on imagine maintenant que A diminue de plus en plus, restant la même, la valeur de $\cos^n A$ approchera de plus plus de l'unité; enfin, si l'on fait $A = 0$ et $\frac{\text{tang}\,A}{A} = 1$, n aura exactement $\cos^n A = 1$. Donc on a les formules

$$\cos x = 1 - \frac{x^2}{1.2} + \frac{x^4}{1.2.3.4} - \frac{x^6}{1.2.3.4.5.6} + \text{etc.}$$

$$\sin x = x - \frac{x^3}{1.2.3} + \frac{x^5}{1.2.3.4.5} - \text{etc.}$$

ar lesquelles on pourra calculer le sinus et le cosinus d'un rc dont la longueur est donnée en parties du rayon pris our unité.

XXXV. Ces mêmes valeurs peuvent être exprimées d'une nanière succincte, par le moyen des exponentielles. Pour ela il faut se rappeller que e étant le nombre dont le logarithme hyperbolique est 1, on a

$$e^z = 1 + \frac{z}{1} + \frac{z^2}{1.2} + \frac{z^3}{1.2.3} + \frac{z^4}{1.2.3.4} + \text{etc.}$$

Si, dans cette formule, on fait $z = x\sqrt{-1}$, il en résultera

$$e^{x\sqrt{-1}} = 1 + \frac{x\sqrt{-1}}{1} - \frac{x^2}{1.2} - \frac{x^3\sqrt{-1}}{1.2.3} + \frac{x^4}{1.2.3.4} + \frac{x^5\sqrt{-1}}{1.2.3.4.5} - \text{etc.}$$

On auroit semblablement en changeant le signe de $\sqrt{-1}$,

$$e^{-x\sqrt{-1}} = 1 - \frac{x\sqrt{-1}}{1} - \frac{x^2}{1.2} + \frac{x^3\sqrt{-1}}{1.2.3} + \frac{x^4}{1.2.3.4} - \frac{x^5\sqrt{-1}}{1.2.3.4.5}.$$

De là on tire

$$\frac{e^{x\sqrt{-1}} + e^{-x\sqrt{-1}}}{2} = 1 - \frac{x^2}{1.2} + \frac{x^4}{1.2.3.4} - \text{etc.}$$

$$\frac{e^{x\sqrt{-1}} - e^{-x\sqrt{-1}}}{2\sqrt{-1}} = x - \frac{x^3}{1.2.3} + \frac{x^5}{1.2.3.4.5} - \text{etc.}$$

séries dont les seconds membres sont les valeurs trouvées pour $\cos x$ et $\sin x$.

Donc on a

$$\cos x = \frac{e^{x\sqrt{-1}} + e^{-x\sqrt{-1}}}{2}, \quad \sin x = \frac{e^{x\sqrt{-1}} - e^{-x\sqrt{-1}}}{2\sqrt{-1}}$$

et de là on tire $\dfrac{e^{x\sqrt{-1}} + e^{-x\sqrt{-1}}}{e^{x\sqrt{-1}} - e^{-x\sqrt{-1}}} = \sqrt{-1}.\dfrac{\sin x}{\cos x} = \sqrt{-1}\, t$

formule dont on a fait usage, Not. v, pag. 326.

Les mêmes formules donnent $e^{x\sqrt{-1}} = \cos x + \sqrt{-1}\sin x$, $e^{-x\sqrt{-1}} = \cos x - \sqrt{-1}\sin x$; donc, en divisant l'une par l'autre, on aura $e^{2x\sqrt{-1}} = \dfrac{\cos x + \sqrt{-1}\sin x}{\cos x - \sqrt{-1}\sin x} = \dfrac{1 + \sqrt{-1}\,\text{tang}\, x}{1 - \sqrt{-1}\,\text{tang}\, x}$, ou $2x\sqrt{-1} = \log.\left(\dfrac{1 + \sqrt{-1}\,\text{tang}\, x}{1 - \sqrt{-1}\,\text{tang}\, x}\right)$

Mais on sait que $\log\left(\dfrac{1+z}{1-z}\right) = 2z + \dfrac{2}{3}z^3 + \dfrac{2}{5}z^5 + \text{etc.}$; mettant donc $\sqrt{-1}$ tang x au lieu de z, et divisant de part et d'autre par $2\sqrt{-1}$, on aura

$$x = \text{tang}\, x - \tfrac{1}{3}\,\text{tang}^3 x + \tfrac{1}{5}\,\text{tang}^5 x - \tfrac{1}{7}\,\text{tang}^7 x + \text{etc.}$$

Formule très-simple qui sert à calculer l'arc par sa tangente, lorsque celle-ci est plus petite que l'unité.

XXXVI. Pour appliquer les formules précédentes à la détermination du sinus et du cosinus d'un arc donné en degrés et parties de degré, il faut avoir la longueur de cet arc exprimée en parties du rayon, ou, ce qui revient au même, faut avoir le rapport de cet arc au rayon. Or, le rayon ant 1, la demi-circonférence ou l'arc de 200° a été trouvé 14159 26535 897932. Soit ce nombre $=\pi$, la longueur de irc $\frac{m}{n}.100°$ sera $\frac{m}{n}.\frac{\pi}{2}$; donc si on fait dans les formules précédentes $x=\frac{m}{n}.\frac{\pi}{2}$, qu'ensuite on remette la valeur de π, et l'on calcule les coefficiens jusqu'à seize décimales, on aura

$\sin \frac{m}{n}.100° =$	$\cos \frac{m}{n}.100° =$
$1.57079\ 63267\ 948966\ \frac{m}{n}$	$1.00000\ 00000\ 000000$
$-\ 0.64596\ 40975\ 062463\ \frac{m^3}{n^3}$	$-\ 1.23370\ 05501\ 361698\ \frac{m^2}{n^2}$
$-\ 0.07969\ 26262\ 461670\ \frac{m^5}{n^5}$	$+\ 0.25366\ 95079\ 010480\ \frac{m^4}{n^4}$
$-\ 0.00468\ 17541\ 353187\ \frac{m^7}{n^7}$	$-\ 0.02086\ 34807\ 633530\ \frac{m^6}{n^6}$
$-\ 0.00016\ 04411\ 847874\ \frac{m^9}{n^9}$	$+\ 0.00091\ 92602\ 748394\ \frac{m^8}{n^8}$
$-\ 0.00000\ 35988\ 432352\ \frac{m^{11}}{n^{11}}$	$-\ 0.00002\ 52020\ 423731\ \frac{m^{10}}{n^{10}}$
$-\ 0.00000\ 00569\ 217292\ \frac{m^{13}}{n^{13}}$	$+\ 0.00000\ 04710\ 874779\ \frac{m^{12}}{n^{12}}$
$-\ 0.00000\ 00006\ 688035\ \frac{m^{15}}{n^{15}}$	$-\ 0.00000\ 00063\ 866031\ \frac{m^{14}}{n^{14}}$
$-\ 0.00000\ 00000\ 060669\ \frac{m^{17}}{n^{17}}$	$+\ 0.00000\ 00000\ 656596\ \frac{m^{16}}{n^{16}}$
$-\ 0.00000\ 00000\ 000438\ \frac{m^{19}}{n^{19}}$	$-\ 0.00000\ 00000\ 005294\ \frac{m^{18}}{n^{18}}$
$-\ 0.00000\ 00000\ 000003\ \frac{m^{21}}{n^{21}}$	$+\ 0.00000\ 00000\ 000034\ \frac{m^{20}}{n^{20}}$

Les sinus et cosinus des arcs depuis zéro jusqu'à 50°, comrennent les sinus et cosinus des arcs, depuis 50° jusqu'à 100°; ar on a $\sin(50°+z)=\cos(50°-z)$ et $\cos(50°+z)=\sin(50°-z)$. Donc, dans les formules qui donnent la valeur de $\sin\frac{m}{n}100°$

et $\cos \frac{m}{n}\, 100^\circ$, on pourra toujours supposer $\frac{m}{n} < \frac{1}{2}$, de sorte que les séries seront tellement convergentes, qu'il n'en faudra jamais calculer qu'un petit nombre de termes, surtout si on n'a pas besoin de beaucoup de décimales.

Si on fait successivement $\frac{m}{n} = \frac{1}{10}, \frac{2}{10}, \frac{3}{10}, \frac{4}{10}, \frac{5}{10}$, on trouvera les résultats suivants :

$$
\begin{array}{l}
\sin 10^\circ = \cos 90^\circ = 0.15643\ 44650\ 40231 \\
\sin 20^\circ = \cos 80^\circ = 0.30901\ 69943\ 74947 \\
\sin 30^\circ = \cos 70^\circ = 0.45399\ 04997\ 39547 \\
\sin 40^\circ = \cos 60^\circ = 0.58778\ 52522\ 92473 \\
\sin 50^\circ = \cos 50^\circ = 0.70710\ 67811\ 86548 \\
\sin 60^\circ = \cos 40^\circ = 0.80901\ 69943\ 74947 \\
\sin 70^\circ = \cos 30^\circ = 0.89100\ 65241\ 88368 \\
\sin 80^\circ = \cos 20^\circ = 0.95105\ 65162\ 95154 \\
\sin 90^\circ = \cos 10^\circ = 0.98768\ 83405\ 95138 \\
\sin 100^\circ = \cos 0^\circ = 1.00000\ 00000\ 00000
\end{array}
$$

lesquels s'accordent avec les formules algébriques du n.° 22. On trouvera pareillement, en faisant $\frac{m}{n} = \frac{1}{100}$, la même valeur de sin 1°, qu'on a trouvée n.° 26; et la grande facilité avec laquelle on parvient à ces résultats, est une preuve de l'excellence de la méthode.

De la construction des tables de sinus.

XXXVII. Les savants utiles à qui on doit la première construction des tables de sinus, ont fondé leurs calculs sur des méthodes ingénieuses, mais dont l'application étoit fort pénible. L'analyse a fourni depuis des méthodes beaucoup plus expéditives pour remplir cet objet, mais les calculs étant déja faits, ces méthodes seroient restées sans application, si l'établissement du systême métrique n'eût fourni l'occasion de calculer de nouvelles tables conformes à la division décimale du cercle. Borda, l'un des principaux auteurs de ce systême, a fait calculer sous ses yeux, des tables de logarithmes des sinus et tangentes, pour tous les arcs de 10 en 10 secondes, avec sept décimales, ce qui suffit pour les usages astronomiques et nautiques. Un travail beaucoup plus étendu a été exécuté dans les bureaux du cadastre, sous la direction de Prony : on y a calculé tout à la fois les sinus naturels de minute en minute, avec 22 décimales exactes, les logarithmes de sinus pour tous les arcs de 10 en 10 secondes, avec 12 décimales, et enfin les logarithmes des nombres de 1 à 200000, avec 12 décimales. Ces trois tables construites par des moyens nouveaux, fondés principalement sur le calcul des différences, sont un des plus beaux monuments qu'on ait élevés aux sciences, mais leur étendue a empêché jusqu'à présent qu'elles fussent imprimées. Celles de Borda, suffisantes pour remplacer les tables de Gardiner et de Callet, sont sur le point de paroître; et, en attendant, on trouve dans l'édition stéréotype des tables de Callet, les logarithmes de sinus et tangentes, calculés de minute en minute, avec 7 décimales, ce qui peut suffire pour la plupart des usages de la trigonométrie.

Pour donner une idée des méthodes qu'on peut suivre dans la construction des tables, supposons qu'il s'agisse de calculer les sinus de tous les arcs de minute en minute, depuis 1 minute jusqu'à 10000 minutes ou 100 degrés; nous ferons le rayon $=1$, l'arc d'une minute $=a$, et d'abord il faudra trouver le sinus et le cosinus de l'arc a, avec un grand degré d'approximation.

Le rayon étant 1, on sait que la demi-circonférence ou l'arc de $200^{\circ} = 3.14159\ 26535\ 897932$; divisant ce nombre par 20000, on a l'arc de 1' ou $a = 0.00015\ 70796\ 32679\ 48966$, valeur exacte jusque dans la 20me décimale. Quand un arc est très-petit, son sinus est sensiblement égal à l'arc, ainsi on a à très-peu près $\sin a = 0.00015\ 70796\ 32679\ 48966$. Mais cette valeur est déja en erreur à la 13me décimale, laquelle n'est que le 10me chiffre significatif. Pour en avoir une plus exacte, le moyen le plus simple est de recourir aux formules de l'art. 36, dans lesquelles si on fait $\frac{m}{n} = \frac{1}{10000}$, on aura immédiatement, par les deux ou trois premiers termes de chaque série,

$$\sin a = 0.00015\ 70796\ 32033\ 525563$$
$$\cos a = 0.99999\ 99876\ 62994\ 52400\ 5253$$

valeurs exactes jusqu'à la 20me décimale pour le sinus, et jusqu'à la 24me pour le cosinus.

XXXVIII. Connoissant le sinus et le cosinus de l'arc d'une minute désigné par a, pour en déduire successivement les sinus de tous les arcs multiples de a, on fera dans les formules de l'art. 22, $p=x+a$, $q=x-a$. La 1re et la 3me donneront par cette substitution, et en faisant toujours $R=1$,

$$\sin(x+a)=2\cos a\sin x-\sin(x-a)$$
$$\cos(x+a)=2\cos a\cos x-\cos(x-a)$$

Il résulte de ces formules que si on a une suite d'arcs en progression arithmétique, dont la différence soit a, leurs sinus formeront une suite récurrente dont l'échelle de relation est $2\cos a$, -1, c'est-à-dire, que deux sinus consécutifs A et B étant calculés, on trouvera le sinus suivant C, en multipliant B par $2\cos a$, A par -1, et ajoutant les deux produits, ce qui donnera $C=2B\cos a-A$. Les cosinus des mêmes arcs formeront également une suite récurrente dont l'échelle de relation est $2\cos a$, -1 : on aura donc successivement,

$\sin 0=0$	$\cos 0=1$
$\sin a=\sin a$	$\cos a=\cos a$
$\sin 2a=2\cos a\sin a$	$\cos 2a=2\cos a\cos a-1$
$\sin 3a=2\cos a\sin 2a-\sin a$	$\cos 3a=2\cos a\cos 2a-\cos a$
$\sin 4a=2\cos a\sin 3a-\sin 2a$	$\cos 4a=2\cos a\cos 3a-\cos 2a$
$\sin 5a=2\cos a\sin 4a-\sin 3a$	$\cos 5a=2\cos a\cos 4a-\cos 3a$
etc.	etc.

XXXIX. Il ne s'agit plus que d'exécuter les opérations indiquées, en substituant les valeurs de $\sin a$ et $\cos a$. Si on veut construire des tables de sinus avec dix décimales, il suffira de prendre les valeurs de $\sin a$ et $\cos a$ approchées jusqu'à 16 décimales, savoir :

$$\sin a=0.00015\ 70796\ 320335$$
$$\cos a=0.99999\ 99876\ 629945$$

mais comme $\cos a$ diffère très-peu de l'unité, il y a un moyen d'abréviation dont il faut profiter. Soit $k=2(1-\cos a)=0.00000\ 00246\ 740110$, on aura $2\cos a=2-k$, ce qui donnera

$$\sin(x+a)-\sin x=\sin x-\sin(x-a)-k\sin x$$
$$\cos(x+a)-\cos x=\cos x-\cos(x-a)-k\cos x.$$

Le terme sin $(x+a)$ se calculera commodément en ajoutant au terme précédent sin x la différence sin $(x+a)$ — sin x, laquelle sera toujours très-petite : or cette différence est, suivant la formule, égale à une différence semblable déja calculée sin x — sin $(x-a)$, moins le produit de sin x par le nombre constant k. Cette multiplication est donc la seule opération un peu longue qu'on ait à faire pour déduire un sinus des deux précédents, mais il faut observer 1.° que l'on n'a besoin de connoître le produit que jusqu'à la 16me décimale, ce qui donnera fort peu de chiffres à calculer; 2.° que ces multiplications peuvent être abrégées beaucoup en formant d'avance les produits du nombre constant 246740110 par 1, 2, 3.. jusqu'à 9; car, par ce moyen, on aura immédiatement les produits partiels qui résultent des différents chiffres du multiplicateur sin x, et il ne restera plus qu'à faire l'addition de ces produits, en se bornant toujours à la 16me décimale.

Les mêmes procédés devront être suivis dans le calcul des cosinus; et, lorsqu'on aura prolongé l'une et l'autre séries jusqu'à 50°, la table sera complète.

XL. Il est nécessaire, nous le répétons, de calculer les sinus avec 16 décimales, c'est-à-dire, avec cinq ou six décimales de plus qu'on n'en veut avoir réellement, afin d'être assuré que les erreurs, qui peuvent se multiplier dans le cours de 5000 opérations, n'influeront cependant pas sur la 10me décimale des derniers résultats. Le calcul fait, on retranchera les décimales superflues, et on ne conservera dans la table que 10 décimales.

Au reste, quand il s'agit d'exécuter tant de calculs, on doit chercher à vérifier les résultats aussi souvent qu'il est possible. Dans l'exemple que nous avons apporté d'une table calculée de minute en minute, il seroit nécessaire de calculer préalablement les sinus et cosinus de degré en degré, ce qui fera, de 100 termes en 100 termes, une vérification très-utile. Or, pour calculer les sinus de degré en degré, on a les formules et valeurs qui suivent :

$$\sin(x+1^\circ)-\sin x=\sin x-\sin(x-1^\circ)-h\sin x$$
$$\cos(x+1^\circ)-\cos x=\cos x-\cos(x-1^\circ)-h\cos x$$

$$\sin 1^\circ = 0.01570\ 73173\ 11820\ 676$$
$$\cos 1^\circ = 0.99987\ 66324\ 81660\ 599$$
$$h = 2(1 - \cos 1^\circ) = 0.00024\ 67350\ 36678\ 802$$

Les sinus calculés de degré en degré se vérifieront eux-mêmes de dix en dix par les valeurs déja connues de sin 10°, sin 20°, etc. Enfin, lorsque la table entière est construite, on peut encore la vérifier de tant de manières qu'on voudra par l'équation $\sin(100^\circ - x) + \sin(20^\circ - x) + \sin(20^\circ + x) = \sin(60^\circ - x) + \sin(60^\circ + x)$.

XLI. Les sinus, tels qu'ils résultent des calculs que nous venons d'indiquer, sont exprimés en parties du rayon, et on les appelle *sinus naturels;* mais on a reconnu dans la pratique, qu'il y a beaucoup d'avantage à se servir des logarithmes des sinus, au lieu des sinus eux-mêmes; en conséquence la plupart des tables ne contiennent point les sinus naturels, mais seulement leurs logarithmes. On conçoit que les sinus étant calculés, il a été facile d'en trouver les logarithmes; mais comme la supposition du rayon = 1 rendroit négatifs tous les logarithmes des sinus, on a préféré de prendre le rayon = 10000000000, c'est-à-dire, qu'on a multiplié par 10000000000 tous les sinus trouvés dans la supposition du rayon = 1. Par ce moyen le rayon ou sinus de 100°, qui se rencontre fréquemment dans les calculs, a pour logarithme 10 unités, et il faudroit qu'un arc fût beaucoup plus petit qu'il ne peut être dans la pratique, pour que son sinus eût un logarithme négatif.

Il y a des moyens de construire directement la table de logarithmes des sinus, sans être obligé de calculer d'abord les sinus naturels, et de prendre ensuite les logarithmes de ceux-ci, mais l'exposition de ces moyens nous meneroit trop loin.

Les logarithmes des sinus étant trouvés, on en déduit très-aisément les logarithmes des tangentes par de simples soustractions; car, puisqu'on a $\tang x = \frac{R \sin x}{\cos x}$, il s'ensuit $\log. \tang x = 10 + \log. \sin x - \log. \cos x$. Quant aux logarithmes des sécantes, ils se trouveroient d'une manière encore plus simple, à l'aide de l'équation $\text{séc}\, x = \frac{R^2}{\cos x}$, mais comme on peut y suppléer si facilement, on n'insère dans les tables que les logarithmes des sinus et ceux des tangentes.

Principes pour la résolution des triangles rectilignes.

XLII. *Dans tout triangle rectangle le rayon est au sinus d'un des angles aigus, comme l'hypoténuse est au côté opposé à cet angle.*

Soit ABC le triangle proposé rectangle en A; fig. 3.
du point C, comme centre, et du rayon CD, égal au rayon des tables, décrivez l'arc DE qui sera la mesure de l'angle C; abaissez sur CD le perpendiculaire EF qui sera le sinus de l'angle C. Les triangles CBA, CEF sont semblables et donnent la proportion CE:EF :: CB:BA; donc

R: sin C :: BC:BA.

XLIII. *Dans tout triangle rectangle le rayon est à la tangente d'un des angles aigus, comme le côté adjacent à cet angle est au côté opposé.*

Ayant décrit l'arc DE, comme dans l'article précédent, élevez sur CD la perpendiculaire DG qui sera la tangente de l'angle C. Par les triangles semblables CDG, CAB, on aura la proportion CD:DG :: CA:AB; donc

R: tang C :: CA:AB.

XLIV. *Dans un triangle rectiligne quelconque les sinus des angles sont comme les côtés opposés.*

Soit ABC le triangle proposé, AD la perpendi- fig. 4.
culaire abaissée de l'angle A, sur le côté opposé BC, il pourra arriver deux cas :

1.° Si la perpendiculaire tombe au dedans du

triangle ABC, les triangles rectangles ABD, ACD donneront suivant l'art. XLII

$$R : \sin C :: AC : AD$$
$$R : \sin B :: AB : AD.$$

Dans ces deux proportions les extrêmes étant égaux, on pourra, avec les moyens, faire la proportion

$$\sin C : \sin B :: AB : AC.$$

fig. 5. 2.° Si la perpendiculaire tombe hors du triangle ABC, les triangles rectangles ABD, ACD donneront encore les proportions

$$R : \sin C :: AC : AD$$
$$R : \sin ABD :: AB : AD :$$

d'où l'on déduit $\sin C : \sin ABD :: AB : AC$. Mais l'angle ABD est supplément de ABC ou B; donc $\sin ABD = \sin B$; donc on a encore

$$\sin C : \sin B :: AB : AC.$$

XLV. *Dans tout triangle rectiligne le cosinus d'un angle est au rayon, comme la somme des quarrés des côtés qui comprennent cet angle moins le quarré du troisième côté, est au double rectangle des deux premiers côtés; c'est-à-dire, qu'on a*

$\cos B : R :: \overline{AB}^2 + \overline{BC}^2 - \overline{AC}^2 : 2\, AB \times BC$, ou $\cos B$

$$= R \times \frac{\overline{AB}^2 + \overline{BC}^2 - \overline{AC}^2}{2\, AB \times BC}.$$

fig. 4. Soit encore abaissée de l'angle A, la perpendiculaire AD sur le côté BC :

1.° Si cette perpendiculaire tombe au dedans du

*12. 5. triangle, on aura * $\overline{AC}^2 = \overline{AB}^2 + \overline{BC}^2 - 2\, BC \times BD$;

donc $BD = \frac{\overline{AB}^2 + \overline{BC}^2 - \overline{AC}^2}{2\,BC}$. Mais dans le triangle rectangle ABD, on a R : sin BAD :: AB : BD; d'ailleurs l'angle BAD étant complément de B, on a sin BAD = cos B; donc $\cos B = \frac{R \times BD}{AB}$, ou en substituant la valeur de BD,

$$\cos B = R \times \frac{\overline{AB}^2 + \overline{BC}^2 - \overline{AC}^2}{2\,AB \times BC}.$$

2.° Si la perpendiculaire tombe au dehors du triangle, on aura $\overline{AC}^2 = \overline{AB}^2 + \overline{BC}^2 + 2\,BC \times BD$ *; donc $BD = \frac{\overline{AC}^2 - \overline{AB}^2 - \overline{BC}^2}{2\,BC}$. Mais dans le triangle rectangle BAD, on a toujours sin BAD, ou $\cos ABD = \frac{R \times BD}{AB}$, et l'angle ABD étant supplément de ABC ou B, on a * $\cos B = -\cos ABD = -\frac{R \times BD}{AB}$; donc en substituant la valeur de BD, on aura encore fig. 5. * 13. 3. * XI.

$$\cos B = R \times \frac{\overline{AB}^2 + \overline{BC}^2 - \overline{AC}^2}{2\,AB \times BC}.$$

Soient A, B, C, les trois angles d'un triangle rectiligne; *a*, *b*, *c*, les côtés qui leur sont respectivement opposés, on aura, suivant cette dernière proposition, $\cos B = R.\ \frac{a^2 + c^2 - b^2}{2\,ac}$. Le même principe étant appliqué à chacun des deux autres angles, donnera semblablement $\cos A = R.\ \frac{b^2 + c^2 - a^2}{2\,bc}$, $\cos C = R.\ \frac{a^2 + b^2 - c^2}{2\,ab}$.

XLVI. Ces trois formules suffisent seules pour résoudre tous les problêmes de la trigonométrie rectiligne; car, étant données trois des six quantités A, B, C, a, b, c, on a par ces formules les équations nécessaires pour déterminer les trois autres. Il faut par conséquent que les principes déja exposés et ceux qu'on pourroit leur ajouter, ne soient qu'une conséquence de ces trois formules principales.

En effet, la valeur de cos B donne $R^2 - \cos^2 B = \sin^2 B = R^2 . \frac{4a^2c^2 - (a^2+c^2-b^2)^2}{4a^2c^2} = \frac{R^2}{4a^2c^2}(2a^2b^2 + 2a^2c^2 + 2b^2c^2 - a^4 - b^4 - c^4)$; donc $\frac{\sin B}{b} = \frac{R}{2abc}\sqrt{(2a^2b^2 + 2a^2c^2 + 2b^2c^2 - a^4 - b^4 - c^4)}$. Le second membre étant une fonction de a, b, c, dans laquelle ces trois lettres entrent toutes également, il est clair qu'on peut faire la permutation de deux de ces lettres à volonté, et qu'ainsi on aura $\frac{\sin B}{b} = \frac{\sin A}{a} = \frac{\sin C}{c}$, ce qui est le principe du n.° 44. Et de celui-ci se déduiroient facilement les principes des n.os 42 et 43.

XLVII. *Dans tout triangle rectiligne la somme de deux côtés est à leur différence, comme la tangente de la demi-somme des angles opposés à ces côtés, est à la tangente de la demi-différence de ces mêmes angles.*

fig. 4 et 5. Car de la proportion AB : AC :: sin C : sin B, on tire AB+AC : AB—AC :: sin C+ sin B : sin C— sin B. Mais, d'après les formules de l'art. XXIX, on a sin C + sin B : sin C — sin B :: tang $\frac{C+B}{2}$: tang $\frac{C-B}{2}$; donc

$$AB+AC : AB-AC :: \text{tang}\,\frac{C+B}{2} : \text{tang}\,\frac{C-B}{2},$$

ce qui est le principe énoncé.

Avec ce petit nombre de principes, on est en

état de résoudre tous les cas de la trigonométrie rectiligne.

Résolution des triangles rectangles.

XLVIII. Soit A l'angle droit d'un triangle rectangle proposé, B et C les deux autres angles; soit *a* l'hypoténuse, *b* le côté opposé à l'angle B, et *c* le côté opposé à l'angle C. Il faudra se rappeler que les deux angles B et C sont compléments l'un de l'autre, et qu'ainsi, suivant les différents cas, on peut prendre $\sin C = \cos B$, $\sin B = \cos C$, et pareillement $\tang B = \cot C$, $\tang C = \cot B$. Cela posé, les différents problèmes qu'on peut avoir à résoudre sur les triangles rectangles se réduiront toujours aux quatre cas suivants.

I.er CAS.

XLIX. *Etant donnée l'hypoténuse* a *et un côté* b, *trouver le troisième côté et les deux angles aigus.*

Pour déterminer l'angle B, on a la proportion* $a:b :: R:\sin B$. Connoissant l'angle B, on connoîtra en même temps son complément $100° - B = C$; on pourroit aussi avoir C directement par la proportion $a:b :: R:\cos C$. *XLII.

Quant au troisième côté *c*, il peut se trouver de deux manières. Après avoir trouvé l'angle B, on peut faire la proportion* $R:\cot B :: b:c$, qui donnera la valeur de *c*; ou bien on peut tirer directement la valeur de *c*, de l'équation $c^2 = a^2 - b^2$ qui donne $c = \sqrt{(a^2 - b^2)}$, et par conséquent *XLIII.

$$\log c = \tfrac{1}{2}\log(a+b) + \tfrac{1}{2}\log(a-b).$$

II.e CAS.

L. *Etant donnés les deux côtés de l'angle droit* b *et* c, *trouver l'hypoténuse* a *et les angles.*

* XLIII. On aura l'angle B par la proportion * $c:b::$ R : tang B. Ensuite on aura $C = 100° - B$. On trouveroit aussi C directement par la proportion $b:c::$ R : tang C.

Connoissant l'angle B, on trouvera l'hypoténuse par la proportion sin B : R :: $b:a$; ou bien on peut avoir a directement par l'équation $a = \sqrt{(b^2+c^2)}$; mais cette expression, dans laquelle b^2+c^2 ne peut se décomposer en facteurs, n'est pas commode pour le calcul logarithmique.

III.e CAS.

LI. *Etant donnée l'hypoténuse* a *et un angle* B, *trouver les deux autres côtés* b *et* c.

On fera les proportions R : sin B :: $a:b$, R : cos B :: $a:c$, lesquelles donneront les valeurs de b et c. Quant à l'angle C, il est égal au complément de B.

IV.e CAS.

LII. *Etant donné un côté de l'angle droit* b, *avec l'un des angles aigus, trouver l'hypoténuse et l'autre côté.*

Connoissant l'un des angles aigus on connoîtra l'autre, ainsi on peut supposer connus le côté b, et l'angle opposé B. Ensuite pour déterminer a et c, on aura les proportions

$$\sin B : R :: b : a, \quad R : \cot B :: b : c.$$

Résolution des triangles rectilignes en général.

Soient A, B, C, les trois angles d'un triangle rectiligne proposé, et soient a, b, c, les côtés qui leur sont respectivement opposés : les différents problèmes qui peuvent avoir lieu pour déterminer trois de ces quantités par le moyen des trois autres, se réduiront toujours aux quatre cas suivants.

I.er CAS.

LIII. *Etant donnés le côté* a *et deux des angles du triangle, trouver les deux autres côtés* b *et* c.

Les deux angles connus feront connoître le troisième, ensuite on trouvera les deux côtés b et c par les proportions * :

$$\sin A : \sin B :: a : b$$
$$\sin A : \sin C :: a : c.$$

* XLV.

II.e CAS.

LIV. *Etant donnés les deux côtés* a *et* b, *avec l'angle* A *opposé à l'un de ces côtés, trouver le troisième côté* c *et les deux autres angles* B *et* C.

On trouvera d'abord l'angle B par la proportion

$$a : b :: \sin A : \sin B.$$

Soit M l'angle aigu dont le sinus $= \frac{b \sin A}{a}$, on pourra, d'après la valeur de sin B, prendre B=M ou B=200°—M. Mais ces deux solutions n'auront lieu qu'autant qu'on aura à la fois l'angle A aigu et $b > a$. Si l'angle A est obtus, B ne sauroit l'être, ainsi il n'y aura qu'une solution ; et si A étant aigu on a $b < a$, il n'y aura non plus qu'une solution, parce qu'alors on a $M < A$, et qu'en faisant $B = 200^\circ - M$, on auroit $A + B > 200^\circ$, ce qui ne peut avoir lieu.

Connoissant les angles A et B, on en conclura le troisième C. Ensuite on aura le troisième côté c par la proportion

$$\sin A : \sin C :: a : c.$$

On peut aussi déduire c directement de l'équation $\frac{\cos A}{R} = \frac{b^2 + c^2 - a^2}{2bc}$, qui donne $c = \frac{b \cos A}{R} \pm \sqrt{\left(a^2 - \frac{b^2 \sin^2 A}{R^2}\right)}$. Mais cette valeur ne peut se calculer par logarithmes qu'au moyen d'un angle auxiliaire M ou B, d'où résulte la solution précédente.

IIIe CAS.

LV. *Etant donnés deux côtés* a *et* b *avec l'angle compris* C, *trouver les deux autres angles* A *et* B *et le troisième côté* c.

Connoissant l'angle C, on connoîtra la somme des deux autres angles $A + B = 200^\circ - C$ et leur demi-somme $\frac{1}{2}(A + B) = 100^\circ - \frac{1}{2} C$. Ensuite on calculera la demi-différence de ces mêmes angles

* XLVII. par la proportion *

$$a + b : a - b :: \text{tang}\,\tfrac{1}{2}(A + B) \text{ ou } \cot \tfrac{1}{2} C : \text{tang}\,\tfrac{1}{2}(A - B)$$

où l'on suppose $a > b$ et par conséquent $A > B$.

Ayant trouvé la demi-différence $\frac{1}{2}(A - B)$, si on l'ajoute à la demi-somme $\frac{1}{2}(A + B)$, on aura le plus grand angle A ; si au contraire on retranche la demi-différence de la demi-somme, on aura le plus petit angle B. Car, A et B étant deux quantités quelconques, on a toujours

$$A = \tfrac{1}{2}(A+B) + \tfrac{1}{2}(A-B)$$
$$B = \tfrac{1}{2}(A+B) - \tfrac{1}{2}(A-B).$$

Les angles A et B étant connus, pour avoir le troisième côté c, on fera la proportion

$$\sin A : \sin C :: a : c.$$

LVI. Il arrive souvent dans les calculs trigonométriques que deux côtés a et b sont connus par leurs logarithmes; alors pour ne pas être obligé de chercher les deux nombres correspondants, on cherchera seulement l'angle φ par la proportion $b:a::R:\text{tang}\,\varphi$. L'angle φ sera plus grand que 50°, puisqu'on suppose $a > b$; retranchant donc 50° de φ, on fera la proportion $R : \text{tang}\,(\varphi - 50°) :: \cot \tfrac{1}{2} C : \text{tang}\,\tfrac{1}{2}(A-B)$, d'où l'on déterminera comme ci-dessus la valeur de $\tfrac{1}{2}(A-B)$ et ensuite celles des deux angles A et B.

Cette solution est fondée sur ce que $\text{tang}\,(\varphi - 50°) = \dfrac{R^2\,\text{tang}\,\varphi - R^2\,\text{tang}\,50°}{R^2 + \text{tang}\,\varphi\,\text{tang}\,50°}$; or $\text{tang}\,\varphi = \dfrac{bR}{a}$ et $\text{tang}\,50° = R$; donc $\text{tang}\,(\varphi - 50°) = \dfrac{R(a-b)}{a+b}$; donc $a+b : a-b :: R : \text{tang}\,(\varphi - 50°) :: \cot \tfrac{1}{2} C : \text{tang}\,\tfrac{1}{2}(A-B)$.

Quant au troisième côté c, il peut se trouver directement par l'équation $\dfrac{\cos C}{R} = \dfrac{a^2+b^2-c^2}{2ab}$, qui donne $c = \sqrt{\left(a^2+b^2-\dfrac{2ab\cos C}{R}\right)}$. Mais cette valeur n'est pas commode à calculer par logarithmes, à moins que les nombres qui représentent a, b, et $\cos C$, ne soient très-simples.

Il est à remarquer que la valeur de c peut aussi se mettre sous ces deux formes:

$$c = \sqrt{\left[(a-b)^2 + 4ab\frac{\sin^2 \frac{1}{2} C}{R^2}\right]} = \sqrt{\left[(a+b)^2\frac{\sin^2 \frac{1}{2} C}{R^2} + (a-b)^2\frac{\cos^2 \frac{1}{2} C}{R^2}\right]}$$

Ce qui se vérifie aisément au moyen des formules $\sin^2 \tfrac{1}{2} C = \tfrac{1}{2} R^2 - \tfrac{1}{2} R \cos C$, $\cos^2 \tfrac{1}{2} C = \tfrac{1}{2} R^2 + \tfrac{1}{2} R \cos C$. Ces valeurs seront particulièrement utile, lorsque l'angle C étant très-petit, ainsi que $a-b$, on voudra calculer c avec beaucoup de précision. La dernière fait voir que c seroit l'hypoténuse d'un triangle rectangle, formé sur les côtés $(a+b)\frac{\sin\frac{1}{2}C}{R}$ et $(a-b)\frac{\cos\frac{1}{2}C}{R}$, et c'est ce qu'on peut aussi trouver par une construction fort simple.

fig. 6. Soit CAB le triangle proposé dans lequel on connoît les deux côtés $CB=a$, $CA=b$, et l'angle compris C. Du point C comme centre et du rayon CB égal au plus grand des deux côtés donnés, décrivez une circonférence qui rencontre en D et E le côté CA prolongé, joignez BD, BE, et menez AF perpendiculaire à BD. L'angle DBE inscrit dans la demi-circonférence sera un angle droit, ainsi les lignes AF, BE seront parallèles, et on aura la proportion $BF:AE::DF:AD::\cos D:R$. On aura aussi dans le triangle rectangle DAF, $AF:DA::\sin D:R$. Substituant donc les valeurs $DA=DC+CA=a+b$, $AE=CE-CA=a-b$, $D=\frac{1}{2}C$, on aura

$$AF=\frac{(a+b)\sin\frac{1}{2}C}{R},\ BF=\frac{(a-b)\cos\frac{1}{2}C}{R}$$

Donc en effet le troisième côté AB du triangle proposé est l'hypoténuse du triangle rectangle ABF, dont les côtés sont $(a+b)\frac{\sin\frac{1}{2}C}{R}$ et $(a-b)\frac{\cos\frac{1}{2}C}{R}$. Si dans ce même triangle on cherche l'angle ABF opposé au côté AF et qu'on en retranche l'angle $CBD=\frac{1}{2}C$, on aura l'angle B du triangle ABC. De là on voit que la résolution du triangle ABC, dans lequel on connoît les deux côtés a et b et l'angle compris C, se réduit immédiatement à celle du triangle rectangle ABF, dans lequel on connoît les deux côtés de l'angle droit, savoir, $AF=(a+b)\frac{\sin\frac{1}{2}C}{R}$ et $BF=(a-b)\frac{\cos\frac{1}{2}C}{R}$. Ainsi par cette construction on pourroit se passer de la proposition du n.° 47.

IVe. CAS.

LVII. *Etant donnés les trois côtés* a, b, c, *trouver les trois angles* A, B, C.

L'angle A, opposé au côté a, se trouve, par la

formule $\cos A = R.\ \frac{b^2+c^2-a^2}{2bc}$, et on déterminera semblablement les deux autres angles. Mais on peut résoudre ce même cas par une formule plus commode pour le calcul logarithmique.

Si on se rappelle la formule $R^2 - R\cos A = 2\sin^2 \frac{1}{2} A$, et qu'on y substitue la valeur de $\cos A$, on aura $2\sin^2 \frac{1}{2} A = R^2.\ \frac{a^2-b^2-c^2+2bc}{2bc} = R^2.\ \frac{a^2-(b-c)^2}{2bc} = R^2.\ \frac{(a+b-c)(a-b+c)}{2bc}$. Donc $\sin \frac{1}{2} A = R\sqrt{\left(\frac{(a+b-c)(a-b+c)}{4bc}\right)}$. Soit, pour abréger $\frac{1}{2}(a+b+c) = p$, ou $a+b+c = 2p$, on aura $a+b-c = 2p-2c$, $a-b+c = 2p-2b$. Donc

$$\sin \frac{1}{2} A = R\sqrt{\left(\frac{(p-b)(p-c)}{bc}\right)}$$

Formule qui donne aussi la proportion

$$bc : (p-b)(p-c) :: R^2 : \sin^2 \frac{1}{2} A$$

et qui est facile à calculer par logarithmes. Connoissant le logarithme de $\sin \frac{1}{2} A$, on connoîtra $\frac{1}{2} A$ dont le double sera l'angle cherché A. On pourra faire de même par rapport à chacun des deux autres angles B et C.

LVIII. Il y a d'autres formules également propres à résoudre la question. Et d'abord la formule $R^2 + R\cos A = 2\cos^2 \frac{1}{2} A$ donne $\cos^2 \frac{1}{2} A = R^2.\ \frac{b^2+c^2+2bc-a^2}{4bc} = R^2.\ \frac{(b+c)^2-a^2}{4bc} = R^2.\ \frac{(b+c-a)(b+c-a)}{4bc}$. Mais en faisant toujours $a+b+c = 2p$, on a $b+c-a = 2p-2a$; donc

$$\cos \frac{1}{2} A = R\sqrt{\left(\frac{(p-a)p}{bc}\right)}$$

Cette valeur étant ensuite combinée avec celle de $\sin \frac{1}{2} A$

donnera deux autres formules. Car ayant $\text{tang}\,\frac{1}{2}\,A = \frac{R \sin \frac{1}{2} A}{\cos \frac{1}{2} A}$ et $\sin A = \frac{2 \sin \frac{1}{2} A \cos \frac{1}{2} A}{R}$, on en tire

$$\text{tang}\,\tfrac{1}{2}\,A = R \sqrt{\left(\frac{p-b.p-c}{p.p-a}\right)}$$

$$\sin A = \frac{2R}{bc} \sqrt{(p.p-a.p-b.p-c)}$$

La dernière est la plus compliquée et celle qu'il convient le moins d'employer : car d'ailleurs elle laisse incertain si l'angle A est aigu ou obtus, inconvénient qui n'a pas lieu dans les autres formules où l'angle $\frac{1}{2}$ A doit toujours être aigu.

Exemples de la résolution des triangles rectilignes.

LVIII. *Exemple* I. Supposons qu'on veuille avoir la hauteur d'un édifice AB, dont le pied est accessible.

fig. 7. Ayant mesuré sur le terrain, supposé à peu près de niveau, une base AD qui ne soit ni très-grande ni très-petite par rapport à la hauteur AB, on placera en D le pied du cercle ou de l'instrument quelconque avec lequel on doit mesurer l'angle BCE formé par la ligne horizontale CE parallèle à AD, et par la ligne CB dirigée au sommet de l'édifice. Supposons qu'on ait trouvé AD ou CE=67.84 mètres et l'angle BCE=45° 64′ ; pour avoir BE, il faudra résoudre le triangle rectangle BCE dans lequel on connoît l'angle C, et le côté adjacent EC. Ainsi, d'après le cas IV, on fera la proportion R : tang 45° 64′ :: 67.84 : BE.

L. tang 45° 64′	9.9403263
L. 67.84	1.8314858
Somme — log R	1.7718121

Ce logarithme répond à 59.130, ainsi on a BE = 59^m. 13. Ajoutant à BE la hauteur de l'instrument CD ou AE que je suppose 1^m. 12, on aura la hauteur cherchée AB = 60^m. 25.

Si dans le même triangle BEC on veut connoître l'hypoténuse BC, on fera la proportion cos 45° 64' : R :: 67.84 : BC

L. R + L. 67.84	11.8314858
L. cos 45° 64'	9.8772784
Différence	1.9542074 = L. BC.

Donc BC = 89^m. 993.

N. B. Si l'on ne voyoit que le sommet B de l'édifice ou du lieu quelconque dont on veut connoître la hauteur, on détermineroit la distance BC comme il sera dit dans l'exemple suivant : cette distance et l'angle connu BCE suffisent pour résoudre le triangle rectangle BCE, dont le côté BE augmenté de la hauteur de l'instrument, sera la hauteur demandée.

LIX. *Exemple* II. Pour avoir sur le terrain la distance du point A, à un objet inaccessible B, on mesurera une base AD et les deux angles adjacents BAD, ADB. Supposons qu'on ait trouvé AD = 588^m. 45, BAD = 115° 48' et BDA = 40° 8', on en conclura le troisième angle ABD = 44° 44'; et pour avoir AB, on fera la proportion sin ABD : sin ADB :: AD : AB. fig. 8.

L. AD	2.7697096
L. sin ADB	9.7766322
Somme	12.5463418
L. sin ABD	9.8080314
L. AB	2.7383104.

Donc la distance cherchée AB = 547^m. 41.

Si, pour un autre objet inaccessible C, on a trouvé les angles CAD$=39^\circ\ 17'$, ADC$=132^\circ\ 83'$, on en conclura de même la distance AC$=1202^{m}.32$.

fig. 8. LX. *Exemple* III. Pour trouver la distance entre deux objets inaccessibles B et C, on déterminera AB et AC, comme dans l'exemple précédent, et on aura en même temps l'angle compris BAC$=$ BAD$-$DAC (1). Supposons qu'on ait trouvé AB$=547^{m}.41$, AC$=1202^{m}.32$, et l'angle BAC$=76^\circ\ 31'$; pour avoir BC, il faudra résoudre le triangle BAC dans lequel on connoît deux côtés, et l'angle compris. Or, d'après le III.e cas, on a la proportion

$$AC+AB:AC-AB::\text{tang}\,\frac{B+C}{2}:\text{tang}\,\frac{B-C}{2},\ \text{ou}$$

$$1749.73:654.91::\text{tang}\,61^\circ\ 84'\tfrac{1}{2}:\text{tang}\,\frac{B-C}{2}.$$

L. 654.91	2.8161816
L. tang $61^\circ\ 84'\frac{1}{2}$	10.1654748
Somme	12.9816564
L. 1749.73	3.2429710
L. tang $\frac{B-C}{2}$	9.7386854

Donc	$\frac{B-C}{2}$	$=$	$31^\circ\ 90',\ 8$
Mais on a	$\frac{B+C}{2}$	$=$	$61^\circ\ 84',\ 5$
Donc	B	$=$	$93^\circ\ 75',\ 3$
Et	C	$=$	$29^\circ\ 93',\ 7$

(1) Il pourroit arriver que les quatre points A, B, C, D, ne fussent pas dans un même plan, alors l'angle BAC ne

Maintenant, pour avoir la distance BC, on fera
la proportion sin B : sin A :: AC : BC ou

$$\sin 93^\circ 75'.3 : \sin 76^\circ 31' :: 1202^m.32 : BC.$$

L. 1202.32	3.0800200
L. sin 76° 31′	9.9692099
Somme	13.0492299
L. sin 93° 75′,3	9.9979057
L. BC	3.0513242

Donc la distance cherchée BC = 1125^m. 44.

LXI. *Exemple* IV. Trois points A, B, C, étant donnés sur la carte d'un pays, on propose de déterminer la position du quatrième point M, d'où on auroit mesuré les angles AMB, AMC; les quatre points étant supposés dans le même plan. fig. 9.

Sur AB décrivez un segment AMDB capable de l'angle donné BMA, sur AC décrivez pareillement un segment AMC capable de l'angle donné AMC, ces deux arcs se couperont en A et M, et le point M sera le point requis. Car les points de l'arc AMDB sont les seuls d'où l'on puisse voir AB sous un angle égal à AMB; ceux de l'arc AMC sont les seuls d'où l'on puisse voir AC sous un angle égal à AMC; donc le point M, intersection de ces deux arcs, est aussi le seul d'où l'on puisse voir à la fois AB et AC sous les angles AMB, AMC. Il s'agit maintenant de calculer trigonométriquement la position du point M, d'après cette construction.

---

seroit plus la différence entre BAD et DAC, et il faudroit avoir, par une mesure directe, la valeur de cet angle : à cela près, l'opération seroit la même.

Soient les données AB$=2500^m$, AC$=7000^m$, BC$=9000^m$, AMB$=30°\ 80'$, AMC$=121°\ 40'$. Dans le triangle ABC, où l'on connoît les trois côtés, on déterminera l'angle BAC par la formule $\sin^2 \frac{1}{2}A = R^2 . \frac{6750.2250}{2500.7000}$; d'où l'on tire $2 \log \sin \frac{1}{2} A =$ 19.9384483, $\log \sin \frac{1}{2} A = 9.9692241$, $\frac{1}{2} A = 76°\ 31'.5$, et enfin $A = 152°\ 63'$. Tirez le diamètre AD et joignez DB, dans le triangle BAD rectangle en B, on aura le côté BA$=2500$, et l'angle opposé BDA$=$BMA$=30°\ 80'$; d'où résulte l'hypoténuse $AD = \frac{BA \times R}{\sin BDA} = 5374^m.6$. Tirant de même le diamètre AE et joignant CE, on aura un triangle rectangle ACE dans lequel on connoît le côté AC$=$ 7000, et l'angle adjacent CAE$=$AMC$-100°=$ $21°\ 40'$; d'où l'on conclura $AE = \frac{R \times AC}{\cos CAE} = 7415^m$.

Maintenant si l'on tire MD et ME, les deux angles AMD, AME étant droits, la ligne DME sera droite. Il reste donc à résoudre le triangle DAE dans lequel la ligne AM, dont il faut déterminer la grandeur et la position, est perpendiculaire à DE. Or, dans ce triangle on a les côtés donnés AD$=5374.6$, AE$=7415$, et l'angle compris DAE$=$ BAC$+$CAE$-$DAB$=104°\ 83'$. De là on conclura l'angle ADE$=56°\ 93'$; et enfin par le triangle rectangle DAM on aura AM$=4190^m.83$. Cette distance et l'angle BAM$=112°\ 27'$ déterminent entièrement la position du point M.

Principes pour la résolution des triangles sphériques rectangles.

LXII. *Dans tout triangle sphérique rectangle le rayon est au sinus de l'hypoténuse, comme le sinus d'un des angles obliques est au sinus du côté opposé.*

Soit ABC le triangle sphérique proposé, A son angle droit, B et C les deux autres angles que nous appelerons *angles obliques*, et qui cependant pourroient être droits l'un ou l'autre, ou tous les deux; je dis qu'on aura la proportion R: sin BC :: sin B: sin AC. fig. 10

Du centre O de la sphère, menez les rayons OA, OB, OC; prenez ensuite OF égal au rayon des tables et du point F menez FD perpendiculaire sur OA; la ligne FD sera perpendiculaire au plan OAB, puisque, par hypothèse, l'angle A est droit, et qu'ainsi les deux plans OAB, OAC sont perpendiculaires entre eux. Du point D menez DE perpendiculaire sur OB, et joignez EF; la ligne EF sera aussi perpendiculaire sur OB, et ainsi l'angle DEF mesurera l'inclinaison des deux plans OBA, OBC, et sera égal à l'angle B du triangle ABC. Cela posé dans le triangle DEF rectangle en D, on a R: sin DEF :: EF: DF; or l'angle DEF = B, et puisque OF = R, on a EF = sin FOE = sin BC, DF = sin DOF = sin AC. Donc R: sin B :: sin BC: sin AC, ou

R: sin BC :: sin B. sin AC.

Si on appelle *a* l'hypoténuse ou côté opposé à

l'angle droit A, b le côté opposé à l'angle B, c le côté opposé à l'angle C, on aura donc

$$R : \sin a :: \sin B : \sin b :: \sin C : \sin c,$$

ce qui fournit déja deux équations entre les parties du triangle sphérique rectangle.

LXIII. *Dans tout triangle sphérique rectangle le rayon est au cosinus d'un angle oblique, comme la tangente de l'hypoténuse est à la tangente du côté adjacent à cet angle.*

fig. 10. Soit toujours ABC le triangle proposé rectangle en A, je dis qu'on aura $R : \cos B :: \text{tang } BC : \text{tang } AB$.

Car en faisant la même construction que ci-dessus, le triangle rectangle DEF donne la proportion $R : \cos DEF :: EF : ED$. Or on a $DEF = B$, $EF = \sin BC$, $OE = \cos BC$, et dans le triangle OED rectangle en E, on a $DE = \frac{OE \text{ tang } DOE}{R} = \frac{\cos BC \text{ tang } AB}{R}$; donc $R : \cos B :: \sin BC : \frac{\cos BC \text{ tang } AB}{R} :: \frac{R \sin BC}{\cos BC} : \text{tang } AB$, ou enfin

$$R : \cos B :: \text{tang } BC : \text{tang } AB.$$

Si on fait comme ci-dessus $BC = a$ et $AB = c$, on aura $R : \cos B :: \text{tang } a : \text{tang } c$, ou $\cos B = \frac{R \text{ tang } c}{\text{tang } a} = \frac{\text{tang } c \cot a}{R}$. Le même principe appliqué à l'angle C, donnera $\cos C = \frac{R \text{ tang } b}{\text{tang } a} = \frac{\text{tang } b \cot a}{R}$.

LXIV. *Dans tout triangle sphérique rectangle le rayon est au cosinus d'un côté de l'angle droit, comme le cosinus de l'autre côté est au cosinus de l'hypoténuse.*

Soit ABC le triangle proposé rectangle en A, je dis qu'on aura R : cos AB :: cos AC : cos BC. fig. 10.

Car la construction étant la même que dans les deux propositions précédentes, le triangle ODF rectangle en D, où l'on a l'hypoténuse OF = R, donnera OD = cos DOF = cos AC; ensuite le triangle ODE rectangle en E, donnera $OE = \frac{OD \cos DOE}{R} = \frac{\cos AC \cos AB}{R}$. Mais dans le triangle rectangle OEF, on a OE = cos BC; donc $\cos BC = \frac{\cos AC \cos AB}{R}$, ou ce qui revient au même

$$R : \cos AC :: \cos AB : \cos BC.$$

Ce troisième principe s'exprime par l'équation $R \cos a = \cos b \cos c$, et n'est pas susceptible d'en fournir une seconde, comme les deux précédents, parce que la permutation faite entre b et c n'apporte aucun changement à l'équation.

LXV. Au moyen de ces trois principes généraux, on en peut trouver trois autres nécessaires pour la résolution des triangles sphériques rectangles. Ces derniers principes pourroient se démontrer directement, chacun par une construction particulière; mais il est préférable de les déduire des trois premiers par voie d'analyse, ainsi qu'on va le faire.

Les équations $\sin B = \frac{R \sin b}{\sin a}$, $\cos C = \frac{R \tang b}{\tang a}$, donnent par leur division $\frac{\cos C}{\sin B} = \frac{\tang b}{\sin b} \cdot \frac{\sin a}{\tang a} = \frac{\cos a}{\cos b} =$ (suivant le troisième principe) $\frac{\cos c}{R}$. On a donc ce quatrième principe

$$\sin B : \cos C :: R : \cos c,$$

duquel résulte aussi par la permutation des lettres $\sin C : \cos B :: R : \cos b$.

Le premier et le second principes donnent $\sin B = \frac{R \sin b}{\sin a}$, $\cos B = \frac{R \tang c}{\tang a}$; delà on déduit $\frac{\sin B}{\cos B}$ ou $\frac{\tang B}{R} = \frac{\sin b \tang a}{\sin a \tang c} = \frac{R \sin b}{\cos a \tang c} =$ (en vertu du 3.e principe) $= \frac{R^2 \sin b}{\cos b \cos c \tang c} = \frac{\tang b}{\sin c}$. Donc on a pour cinquième principe l'équation $\tang B = \frac{R \tang b}{\sin c}$ ou l'analogie

$$R : \tang B :: \sin c : \tang b ;$$

d'où résulte aussi par la permutation des lettres

$$R : \tang C :: \sin b : \tang c.$$

Enfin ces deux formules donnent $\tang B \tang C = \frac{R^2 \tang b \tang c}{\sin c \sin b} = \frac{R^4}{\cos b \cos c} =$ (en vertu du 3.e principe) $\frac{R^3}{\cos a}$. Donc $R^3 = \cos a \tang B \tang C$, ou $\cot B \cot C = R \cos a$; ou $\tang B : \cot C :: R : \cos a$. C'est le sixième et dernier principe : il n'est pas susceptible de fournir une autre équation, parce que la permutation entre B et C n'y produit aucun changement.

Ces six principes, dont quatre donnent chacun deux équations, fournissent en tout dix équations ou formules, lesquelles contiennent toutes les relations qui peuvent exister entre trois des cinq éléments B, C, a, b, c; de sorte que deux de ces quantités étant connues avec l'angle droit, on connoîtra immédiatement la troisième par son sinus, son cosinus, sa tangente ou sa cotangente.

LXVI. Il est à remarquer que lorsqu'un élément sera déterminé par son sinus seulement, il y aura deux valeurs de cet élément, et par conséquent deux triangles qui satisferont à la question. Car le même sinus qui répond à un angle ou à un arc, répond aussi à son supplément. Il n'en est pas de même lorsque l'élément inconnu sera déterminé par son cosinus, sa tangente ou sa cotangente. Alors on pourra décider, par le signe de cette valeur, si l'élément dont il s'agit est plus grand ou plus petit que 100°; l'élément sera plus petit que 100°, si son cosinus, sa tangente ou sa cotangente a le signe +. Il sera plus grand que 100°, si l'une de ces lignes a le signe —. On pourroit aussi établir sur ce sujet des préceptes généraux, qui ne seroient que des conséquences des six équations démontrées.

Par exemple, il résulte de l'équation $R \cos a = \cos b \cos c$, que les trois côtés d'un triangle sphérique rectangle sont tous moindres que 100°, ou que des trois côtés deux sont plus grands que 100°, et le troisième moindre. Aucune autre combinaison ne peut rendre le signe de cos a cos b cos c positif, comme il doit être pour que cette équation ait lieu.

De même l'équation R tang C = sin b tang c, où sin b est toujours positif, prouve que tang C a toujours le même signe que tang c. Donc *dans tout triangle sphérique rectangle un angle oblique et le côté qui lui est opposé, sont toujours de la même espèce; c'est-à-dire, sont tous deux plus grands ou tous deux plus petits que* 100°.

Résolution des triangles sphériques rectangles.

LXVII. Un triangle sphérique peut avoir trois angles droits, et alors ses trois côtés sont de 100°; il peut avoir deux angles droits seulement, alors les côtés opposés sont tous deux de 100°, et il reste un angle et le côté opposé qui sont mesurés l'un et l'autre par le même nombre de degrés. Ces deux sortes de triangles ne peuvent, comme on voit, donner lieu à aucun problême; on peut donc faire abstraction de ces cas particuliers, pour ne considérer que les triangles qui ont un angle droit seulement.

Soit A l'angle droit, B et C les deux autres angles que nous appelons angles obliques, soit a l'hypoténuse opposée à l'angle A, b et c les côtés opposés aux angles B et C. Etant données deux des cinq quantités B, C, a, b, c, la résolution du triangle se réduira toujours à l'un des six cas suivants.

I.er CAS.

LXVIII. *Etant donné l'hypoténuse* a *et un côté* b, *on trouvera les deux angles* B *et* C *et le troisième côté* c *par les équations*

$$\sin B = \frac{R \sin b}{\sin a}, \cos C = \frac{\operatorname{tang} b \cot a}{R}, \cos c = \frac{R \cos a}{\cos b}.$$

L'angle C ne peut laisser aucune incertitude, non plus que le côté c; quant à l'angle B, il doit être de même espèce que le côté donné b.

II.e CAS.

LXIX. *Etant donnés les deux côtés de l'angle droit* b *et* c, *on trouvera l'hypoténuse* a *et les angles* B *et* C *par les équations*

$$\cos a = \frac{\cos b \cos c}{R}, \operatorname{tang} B = \frac{R \operatorname{tang} b}{\sin c}, \operatorname{tang} C = \frac{R \operatorname{tang} c}{\sin b}.$$

Il n'y a dans ce cas aucune ambiguité.

III.e CAS.

LXX. *Etant donnés l'hypoténuse* a *et un angle* B, *on aura les deux côtés* b *et* c *et l'autre angle* C *par les équations*

$$\sin b = \frac{\sin a \sin B}{R}, \operatorname{tang} c = \frac{\operatorname{tang} a \cos B}{R}, \cot C = \frac{\cos a \operatorname{tang} B}{R}.$$

Les éléments c et C sont déterminés sans ambiguité par ces formules; quant au côté b il sera de même espèce que B.

IV.e CAS.

LXXI. *Etant donné un côté de l'angle droit* b *avec l'angle opposé* B, *on trouvera* a, c *et* C *par les formules*

$$\sin a = \frac{R \sin b}{\sin B}, \ \sin c = \frac{\text{tang}\, b \cot B}{R}, \ \sin C = \frac{R \cos B}{\cos b}.$$

Dans ce cas, les trois éléments inconnus sont déterminés par des sinus, ainsi la question est susceptible de deux solutions. Il est évident en effet
fig. 11. que le triangle ABC et le triangle AB′C sont tous deux rectangles en A, ont tous deux le même côté $AC = b$ et le même angle opposé $B = B'$. Au reste, les valeurs doubles doivent se combiner de manière que c et C soient de la même espèce; ensuite l'espèce de c et b détermine celle de a, par l'inspection de la formule $\cos b \cos c = R \cos a$, mais la valeur de a se déterminera directement par l'équation $\sin a = \frac{R \sin b}{\sin B}$.

V.e CAS.

LXXII. *Etant donné le côté de l'angle droit* b *avec l'angle adjacent* C, *on trouvera les trois autres éléments* a, c, B, *par les formules*

$$\cot a = \frac{\cot b \cos C}{R}, \text{tang}\, c = \frac{\sin b \ \text{tang}\, C}{R}, \ \cos B = \frac{\cos b \sin C}{R}$$

Dans ce cas il ne peut rester aucune incertitude sur l'espèce des éléments inconnus.

VI.ᵉ CAS.

LXXIII. *Etant donnés les angles obliques* B *et* C, *on trouvera les trois côtés* a, b, c *par les formules*

$$\cos a = \frac{\cot B \cot C}{R}, \ \cos b = \frac{R \cos B}{\sin C}, \ \cos c = \frac{R \cos C}{\sin B}.$$

Et dans ce cas il ne reste encore aucune incertitude.

REMARQUE.

LXXIV. Le triangle sphérique dont A, B, C sont les angles, et a, b, c les côtés opposés, répond toujours à un triangle polaire dont les angles sont suppléments des côtés a, b, c; et les côtés suppléments des angles A, B, C; de sorte que si on appelle A′, B′, C′ les angles du triangle polaire et a', b', c' les côtés opposés à ces angles, on aura

$$A' = 200° - a,\ B' = 200° - b,\ C' = 200° - c$$
$$a' = 200° - A,\ b' = 200° - B,\ c' = 200° - C.$$

Cela posé, si un triangle sphérique a un côté a égal au quadrans, il est visible que l'angle correspondant A′ du triangle polaire sera droit, et qu'ainsi ce triangle sera rectangle. Donc les deux données qu'on doit avoir, outre le côté de 100°, pour résoudre le triangle proposé, serviront à trouver la solution du triangle polaire, et par suite celle du triangle proposé. On pourroit tirer de là des formules semblables aux précédentes pour résoudre directement les triangles sphériques qui ont un côté de 100°.

Un triangle isoscèle se partage en deux triangles rectangles égaux dans toutes leurs parties, ainsi la résolution des triangles sphériques isoscèles dépend encore de celle des triangles sphériques rectangles.

fig. 12. Soit ABC un triangle sphérique, tel que les deux côtés AB, BC soient suppléments l'un de l'autre; si on prolonge les côtés AB, AC, jusqu'à leur rencontre en D, il est clair que BC et BD seront égaux comme étant suppléments d'un même côté AB; d'ailleurs il est visible que les parties du triangle BCD étant connues, on connoît celles du triangle ABC, qui est le reste du fuseau AD, et *vice versâ*. Donc la résolution du triangle ABC, dans lequel deux côtés font ensemble 200°, se réduit à celle du triangle isoscèle BCD, ou à celle du triangle rectangle BDE, qui est la moitié de CBD.

Lorsque les deux côtés AB, BC, sont suppléments l'un de l'autre, il faut que les angles opposés BAC, ACB, soient aussi suppléments l'un de l'autre, car BCD est supplément de BCA; or BCD=D=A. Donc on ne peut avoir $a+c=200°$, sans avoir en même temps A+C=200°, ce qui est réciproque.

De là on voit que la résolution des triangles sphériques rectangles comprend 1.° celle des triangles sphériques qui ont un côté égal au quadrans; 2.° celle des triangles sphériques isoscèles; 3.° celle des triangles sphériques, dans lesquels la somme de deux côtés et celle des deux angles opposés sont l'une et l'autre de 200°.

Principes pour la résolution des triangles sphériques en général.

LXXV. *Dans tout triangle sphérique les sinus des angles sont comme les sinus des côtés opposés.*

Soit ABC un triangle sphérique quelconque, je dis qu'on aura sin B : sin C :: sin AC : sin AB. fig. 15.

De l'angle A abaissez l'arc AD perpendiculaire sur le côté opposé BC, les triangles rectangles ABD, ACD donneront les proportions

$$\sin B : R :: \sin AD : \sin AB$$
$$R : \sin C :: \sin AC : \sin AD.$$

Multipliant ces deux proportions par ordre et omettant les facteurs communs, on aura

$$\sin B : \sin C :: \sin AC : \sin AB.$$

Si la perpendiculaire AD tomboit au dehors du triangle ABC, on auroit les deux mêmes proportions, dans l'une desquelles sin C désigneroit sin ACD; mais comme l'angle ACD et l'angle ACB sont suppléments l'un de l'autre, leurs sinus sont égaux, et ainsi on a toujours dans le triangle ACB, sin B : sin C :: sin AC : sin AB. fig. 14.

Soient a, b, c les côtés opposés aux angles A, B, C, chacun à chacun, on aura, suivant cette proposition, sin A : sin a :: sin B : sin b :: sin C : sin c; ce qui donne la double équation

$$\frac{\sin A}{\sin a} = \frac{\sin B}{\sin b} = \frac{\sin C}{\sin c}.$$

LXXVI. *Dans tout triangle sphérique le cosinus d'un angle est égal au quarré du rayon multiplié par le cosinus du côté opposé, moins le produit du rayon par les cosinus des côtés adjacents, le tout divisé par le produit des sinus de ces mêmes côtés; c'est-à-dire, qu'on a pour l'angle C, par exemple,* $\cos C = \frac{R^2 \cos c - R \cos a \cos b}{\sin a \sin b}$. *On auroit semblablement pour les deux autres angles* $\cos A = \frac{R^2 \cos a - R \cos b \cos c}{\sin b \sin c}$, *et* $\cos B = \frac{R^2 \cos b - R \cos a \cos c}{\sin a \sin c}$.

fig. 15. Soit ABC le triangle proposé dans lequel on fait $BC = a$, $AC = b$, $AB = c$. Du point O, centre de la sphère, tirez les droites indéfinies OA, OB, OC; prenez OD à volonté, et par le point D, menez DE dans le plan OCA et DF dans le plan OCB, toutes deux perpendiculaires à OD, lesquelles rencontrent en E et F les rayons OA, OB, prolongés; enfin joignez EF.

L'angle D du triangle EDF est par construction l'angle que font entre eux les plans OCA, OCB, ainsi l'angle EDF est égal à l'angle C du triangle sphérique ACB : or dans les triangles DEF, OEF,

* XLV. on a *

$$\frac{\cos EDF}{R} = \frac{\overline{DE}^2 + \overline{DF}^2 - \overline{EF}^2}{2\,DE\,.\,DF}$$

$$\frac{\cos EOF}{R} = \frac{\overline{OE}^2 + \overline{OF}^2 - \overline{EF}^2}{2\,OE\,.\,OF}.$$

Prenant dans la seconde la valeur de $\overline{EF}^2$ et la substituant dans la première, on aura

$$\frac{\cos EDF}{R} = \frac{\overline{DE}^2 + \overline{DF}^2 - \overline{OE}^2 - \overline{OF}^2 + 2\,OE\,.\,FO\,.\,\frac{\cos EOF}{R}}{2\,DE\,.\,DF}.$$

Or $\overline{OE}^2 - \overline{DE}^2 = \overline{OD}^2$ et $\overline{OF}^2 - \overline{DF}^2 = \overline{OD}^2$, on a donc

$$\cos EDF = \frac{OE \,.\, OF \,.\, \cos EOF - \overline{OD}^2 \,.\, R}{DE \,.\, DF}.$$

Il n'es'agit plus que de substituer dans cette équation les valeurs relatives au triangle sphérique : or on a

$EDF = C$, $EOF = AB = c$, $\frac{OE}{DE} = \frac{R}{\sin DOE} = \frac{R}{\sin b}$, $\frac{OF}{DF} = \frac{R}{\sin DOF} = \frac{R}{\sin a}$, $\frac{OD}{DE} = \frac{\cos DOE}{\sin DOE} = \frac{\cos b}{\sin b}$, $\frac{OD}{DF} = \frac{\cos DOF}{\sin DOF} = \frac{\cos a}{\sin a}$. Donc

$$\cos C = \frac{R^2 \cos c - R \cos a \cos b}{\sin a \sin b}.$$

Ce principe qui, étant appliqué successivement aux trois angles, fournit trois équations, suffit pour la résolution de tous les problèmes de la trigonométrie sphérique : il a, par rapport aux triangles sphériques, la même généralité que le principe de l'art. XLV, par rapport aux triangles plans. En effet, puisqu'on a toujours trois éléments donnés par le moyen desquels il faut déterminer les trois autres, il est clair que ce principe donne les équations nécessaires pour résoudre le problème; équations qu'il appartient à l'analyse de développer ultérieurement, pour en tirer, suivant les différents cas, les formules les plus simples et les mieux adaptées au calcul logarithmique.

Puisque le principe dont nous parlons est absolument général, il doit renfermer tous les autres principes relatifs aux triangles sphériques, et notamment le principe du n.° 75. C'est ce qu'il est facile de vérifier.

En effet l'équation $\cos C = \frac{R^2 \cos c - R \cos a \cos b}{\sin a \sin b}$, donne $R^2 - \cos^2 C$ ou $\sin^2 C =$

$$\frac{R^2 \sin^2 a \sin^2 b - R^2 \cos^2 a \cos^2 b + 2 R^3 \cos a \cos b \cos c - R^4 \cos^2 c}{\sin^2 a \sin^2 b}$$

Or $\sin^2 a \sin^2 b = (R^2 - \cos^2 a)(R^2 - \cos^2 b) = R^4 - R^2 \cos^2 a - R^2 \cos^2 b + \cos^2 a \cos^2 b$. Donc en substituant et extrayant la racine, on aura

$$\sin C = \frac{R}{\sin a \sin b} \sqrt{(R^4 - R^2 \cos^2 a - R^2 \cos^2 b - R^2 \cos^2 c + 2 R \cos a \cos b \cos c)}.$$

Soit pour abréger $Z = \sqrt{(R^4 - R^2 \cos^2 a - R^2 \cos^2 b - R^2 \cos^2 c + 2 R \cos a \cos b \cos c)}$, on aura donc

$$\sin C = \frac{RZ}{\sin a \sin b}, \text{ ou } \frac{\sin C}{\sin c} = \frac{RZ}{\sin a \sin b \sin c}.$$

Les valeurs de cos A et de cos B donneroient semblablement $\frac{\sin A}{\sin a} = \frac{RZ}{\sin a \sin b \sin c}$, $\frac{\sin B}{\sin b} = \frac{RZ}{\sin a \sin b \sin c}$; car la quantité Z ne change pas, quelques permutations qu'on fasse entre deux des quantités a, b, c; donc on a $\frac{\sin A}{\sin a} = \frac{\sin B}{\sin b} = \frac{\sin C}{\sin c}$, ce qui est le principe du n.° 75.

LXXVIII. Les valeurs que nous venons de trouver pour cos C et sin C, peuvent servir à trouver les angles d'un triangle sphérique dont on connoît les trois côtés; mais il existe d'autres formules plus commodes pour le calcul logarithmique.

En effet, si dans la formule $R^2 - R\cos C = 2\sin^2 \frac{1}{2}C$, on substitue la valeur de $\cos C$, on aura

$$\frac{2\sin^2 \frac{1}{2}C}{R^2} = 1 - \frac{\cos C}{R} = \frac{\cos a \cos b + \sin a \sin b - R\cos c}{\sin a \sin b}.$$

Le numérateur de cette expression se réduit à $R\cos(a-b) - R\cos c$; or, d'après la formule $R\cos q - R\cos p = 2\sin\frac{1}{2}(p+q)\sin\frac{1}{2}(p-q)$, on trouve $R\cos(a-b) - R\cos c = 2\sin\frac{1}{2}(a-b+c)$ $\sin\frac{1}{2}(b-a+c)$; donc

$$\frac{\sin^2 \frac{1}{2}C}{R^2} = \frac{\sin\left(\frac{c+b-a}{2}\right)\sin\left(\frac{c+a-b}{2}\right)}{\sin a \sin b},$$

$$\text{ou } \sin\tfrac{1}{2}C = R\sqrt{\left\{\frac{\sin\frac{c+b-a}{2}\sin\frac{c+a-b}{2}}{\sin a \sin b}\right\}}$$

Il est évident qu'on auroit des formules semblables pour exprimer $\sin\frac{1}{2}A$ et $\sin\frac{1}{2}B$, par le moyen des trois côtés a, b, c.

LXXIX. Le probléme général de la trigonométrie sphérique consiste, comme nous l'avons déja dit, à déterminer trois des six quantités A, B, C, a, b, c, par le moyen des trois autres. Il est nécessaire, pour cet objet, d'avoir des équations entre quatre de ces quantités, prises de toutes les manières possibles; or, six quantités combinées quatre à quatre ou deux à deux, donnent $\frac{6.5}{1.2}$ ou 15 combinaisons, ainsi il y aura quinze équations à former; mais si on ne considère que les combi-

étant appliqué à ce dernier triangle, il en résulte

$$\cos(200^\circ-a)=\frac{R^2\cos(200^\circ-A)-R\cos(200^\circ-B)\cos(200^\circ-C)}{\sin(200^\circ-B)\sin(200^\circ-C)};$$

ce qui se réduit à

$$\cos a=\frac{R^2\cos A+R\cos B\cos C}{\sin B\sin C},$$

ainsi que nous l'avons trouvé par une autre voie.

Cette formule résout immédiatement le cas où l'on veut déterminer un côté par le moyen des trois angles; mais, pour avoir une formule plus commode pour le calcul logarithmique, on substituera la valeur de $\cos a$ dans l'équation $1-\frac{\cos a}{R}=\frac{2\sin^2\frac{1}{2}a}{R^2}$, ce qui donnera $\frac{\sin^2\frac{1}{2}a}{R^2}=$

$$\frac{\sin B\sin C-\cos B\cos C-R\cos A}{2\sin B\sin C}=\frac{-R\cos(B+C)-R\cos A}{2\sin B\sin C}$$

*XXVIII. Et parce qu'on a en général * $R\cos p+R\cos q=2\cos\frac{1}{2}(p+q)\cos\frac{1}{2}(p-q)$, cette équation se réduit à

$$\frac{\sin^2\frac{1}{2}a}{R^2}=\frac{-\cos\frac{1}{2}(A+B+C)\cos\frac{1}{2}(B+C-A)}{\sin B\sin C},$$

où il faut observer que le second membre, quoique sous une forme négative, est néanmoins toujours positif. Car on a en général $\sin(x-100^\circ)=\frac{\sin x\cos 100^\circ-\cos x\sin 100^\circ}{R}=-\cos x$; donc

$$-\cos\frac{1}{2}(A+B+C)=\sin\left(\frac{A+B+C}{2}-100^\circ\right),$$ quantité qui est toujours positive, parce que $A+B+C$ étant toujours compris entre 200° et 600°, l'angle $\frac{1}{2}(A+B+C)-100^\circ$ est compris entre zéro et 200°; d'ailleurs $\cos\frac{1}{2}(B+C-A)$ est toujours po-

sitif, parce que $B+C-A$ ne peut pas surpasser 200°; en effet, dans le triangle polaire le côté $200^\circ-A$ est plus petit que la somme des deux autres $200^\circ-B$, $200^\circ-C$; donc on a $200^\circ-A < 400^\circ-B-C$, ou $B+C-A < 200^\circ$.

Etant ainsi assuré que le résultat sera toujours positif, on aura, pour déterminer un côté par le moyen des angles, la formule

$$\sin\tfrac{1}{2}a = R\sqrt{\left\{\frac{-\cos\frac{A+B+C}{2}\cos\frac{B+C-A}{2}}{\sin B\sin C}.\right\}}$$

LXXXII. Il faut faire voir maintenant comment, de ces formules générales, on peut déduire celles qui concernent les triangles sphériques rectangles. Pour cet effet, on fera $A=100^\circ$, tant dans les quatre formules principales que dans celles qui en dérivent par la permutation des lettres. Et d'abord l'équation $\cos A\sin b\sin c = R^2\cos a - R\cos b\cos c$, donnera par cette substitution

$$R\cos a = \cos b\cos c. \qquad (1)$$

Les dérivées de l'équation générale ne contiennent point A, et ainsi ne donnent aucune relation nouvelle dans le cas de $C=100^\circ$.

L'équation $\frac{\sin A}{\sin a}=\frac{\sin B}{\sin b}$, donne dans le cas de $A=100^\circ$,

$$\frac{R}{\sin a}=\frac{\sin B}{\sin b}. \qquad (2)$$

Et la dérivée $\frac{\sin A}{\sin a}=\frac{\sin C}{\sin c}$, donneroit également $\frac{R}{\sin a}=\frac{\sin C}{\sin c}$; mais celle-ci est elle-même une dérivée de l'équation (2).

L'équation $\cot A \sin C + \cos C \cos b = \cot a \sin b$, donne dans le cas de $A = 100^\circ$, $\cos C \cos b = \cot a \sin b$, ou

$$\cos C \operatorname{tang} a = R \operatorname{tang} b. \qquad (3)$$

La dérivée $\cot C \sin A + \cos A \cos b = \cot c \sin b$, donne dans le même cas, $R \cot C = \cot c \sin b$, ou

$$R \operatorname{tang} c = \sin b \operatorname{tang} C \qquad (4)$$

Enfin la quatrième équation principale $\sin B \sin C \cos a = R^2 \cos A + R \cos B \cos C$, et sa dérivée $\sin A \sin C \cos b = R^2 \cos B + R \cos A \cos C$, donnent dans le cas de $A = 100^\circ$, $\sin B \sin C \cos a = R \cos B \cos C$ et $\sin C \cos b = R \cos B$, ou

$$\cot B \cot C = R \cos a, \qquad (5)$$
$$\sin C \cos b = R \cos B. \qquad (6)$$

Ce sont les six équations sur lesquelles la résolution des triangles rectangles est fondée.

LXXXIII. Nous terminerons ces principes par la démonstration des *Analogies de Néper*, qui servent à simplifier plusieurs cas de la résolution des triangles sphériques.

Par la combinaison des valeurs de $\cos A$ et $\cos C$ exprimées en a, b, c, nous avons déja obtenu l'équation

$$R \cos A \sin c = R \cos a \sin b - \cos C \sin a \cos b.$$

Celle-ci donne par une simple permutation :

$$R \cos B \sin c = R \cos b \sin a - \cos C \sin b \cos a.$$

Donc en ajoutant ces deux équations, et réduisant, on aura

$$\sin c (\cos A + \cos B) = (R - \cos C) \sin (a + b).$$

Mais puisque $\frac{\sin c}{\sin C} = \frac{\sin a}{\sin A} = \frac{\sin b}{\sin B}$, on a

$$\sin c (\sin A + \sin B) = \sin C (\sin a + \sin b)$$

et $\sin c(\sin A - \sin B) = \sin C(\sin a - \sin b)$.
Divisant successivement ces deux équations par la précédente, on aura

$$\frac{\sin A + \sin B}{\cos A + \cos B} = \frac{\sin C}{R - \cos C} \cdot \frac{\sin a + \sin b}{\sin(a+b)}$$

$$\frac{\sin A - \sin B}{\cos A - \cos B} = \frac{\sin C}{R - \cos C} \cdot \frac{\sin a - \sin b}{\sin(a+b)}$$

Et en réduisant celles-ci par les formules des articles XXIX et XXX, il viendra

$$\text{tang}\,\tfrac{1}{2}(A+B) = \cot\tfrac{1}{2}C \cdot \frac{\cos\frac{1}{2}(a-b)}{\cos\frac{1}{2}(a+b)}$$

$$\text{tang}\,\tfrac{1}{2}(A-B) = \cot\tfrac{1}{2}C \cdot \frac{\sin\frac{1}{2}(a-b)}{\sin\frac{1}{2}(a+b)}.$$

Donc étant donnés les deux côtés a et b avec l'angle compris C, on trouvera les deux autres angles A et B par les analogies,

$$\cos\tfrac{1}{2}(a+b) : \cos\tfrac{1}{2}(a-b) :: \cot\tfrac{1}{2}C : \text{tang}\,\tfrac{1}{2}(A+B)$$
$$\sin\tfrac{1}{2}(a+b) : \sin\tfrac{1}{2}(a-b) :: \cot\tfrac{1}{2}C : \text{tang}\,\tfrac{1}{2}(A-B).$$

Si on applique ces mêmes analogies au triangle polaire du triangle ABC, il faudra mettre $200° - A$, $200° - B$, $200° - a$, $200° - b$, $200° - c$, à la place de a, b, A, B, C, respectivement, et on aura pour résultat ces deux autres analogies

$$\cos\tfrac{1}{2}(A+B) : \cos\tfrac{1}{2}(A-B) :: \text{tang}\,\tfrac{1}{2}c : \text{tang}\,\tfrac{1}{2}(a+b)$$
$$\sin\tfrac{1}{2}(A+B) : \sin\tfrac{1}{2}(A-B) :: \text{tang}\,\tfrac{1}{2}c : \text{tang}\,\tfrac{1}{2}(a-b),$$

au moyen desquelles, étant donnés un côté c et les deux angles adjacents A et B, on pourra trouver les deux autres côtés a et b. Ces quatre proportions sont connues sous le nom d'*Analogies de Néper*.

Résolution des triangles sphériques en général.

La résolution des triangles sphériques comprend six cas généraux, que nous allons développer successivement.

I.er CAS.

LXXXIV. *Etant donnés les trois côtés* a, b, c, *on trouvera un angle quelconque, par exemple, l'angle* A *opposé au côté* a, *par la formule :*

$$\sin \tfrac{1}{2} A = R \sqrt{\left\{ \frac{\sin \frac{a+b-c}{2} \sin \frac{a+c-b}{2}}{\sin b \sin c} \right\}}$$

II.e CAS.

LXXXV. *Etant donnés deux côtés* a *et* b *avec l'angle* A *opposé à l'un de ces côtés, trouver le troisième côté* c *et les deux autres angles* B *et* C.

1.° L'angle B se trouvera par l'équation $\sin B = \frac{\sin A \sin b}{\sin a}$.

2.° Pour avoir l'angle C il faut résoudre l'équation

$$\cot A \sin C + \cos C \cos b = \cot a \sin b.$$

Soit pris pour cet effet un angle auxiliaire φ de manière qu'on ait $\operatorname{tang} \varphi = \frac{\cos b \operatorname{tang} A}{R}$, ou $\cot A = \frac{\cos b \cos \varphi}{\sin \varphi}$; cette valeur de cot A étant substituée dans l'équation à résoudre, on aura $\frac{\cos b}{\sin \varphi}(\cos \varphi \sin C +$

$\sin\varphi \cos C) = \cot a \sin b$, d'où l'on tire

$$\sin(C+\varphi) = \frac{\tang b \sin\varphi}{\tang a}.$$

Par cet artifice, on voit que les deux termes inconnus dans l'équation proposée se réduisent à un seul, d'où il est facile de tirer l'angle C.

3.° Le côté c se trouvera par l'équation $\sin c = \frac{\sin a \sin C}{\sin A}$.

On peut aussi le déterminer directement par la résolution de l'équation :

$$R \cos b \cos c + \cos A \sin b \sin c = R^2 \cos a.$$

Pour cet effet, soit $\cos A \sin b = \frac{R \cos b \sin\varphi}{\cos\varphi}$, ou $\tang\varphi = \frac{\cos A \tang b}{R}$, on aura $\frac{\cos b}{\cos\varphi}(\cos c \cos\varphi + \sin c \sin\varphi) = R \cos a$. Donc en cherchant d'abord l'auxiliaire φ par l'équation $\tang\varphi = \frac{\cos A \tang b}{R}$, on aura le côté c par l'équation

$$\cos(c-\varphi) = \frac{\cos a \cos\varphi}{\cos b}.$$

Ce second cas peut avoir deux solutions ainsi que le cas analogue des triangles rectilignes.

III.e CAS.

LXXXVI. *Etant donnés deux côtés* a *et* b *avec l'angle compris* C, *trouver les deux autres angles* A *et* B *et le troisième côté* c.

1.° Les angles A et B se trouvent par ces deux équations

$$\cot A = \frac{\cot a \sin b - \cos C \cos b}{\sin C}$$

$$\cot B = \frac{\cot b \sin a - \cos C \cos a}{\sin C}$$

dans lesquelles les seconds membres pourroient être réduits à un seul terme, au moyen d'un auxiliaire; mais il est plus simple, dans ce cas, de se servir des analogies de Néper, qui donnent

$$\tang \frac{A-B}{2} = \cot \tfrac{1}{2} C . \frac{\sin \frac{1}{2}(a-b)}{\sin \frac{1}{2}(a+b)}$$

$$\tang \frac{A+B}{2} = \cot \tfrac{1}{2} C . \frac{\cos \frac{1}{2}(a-b)}{\cos \frac{1}{2}(a+b)}.$$

2.° Connoissant les angles A et B, on pourra calculer le troisième côté c par l'équation $\sin c = \sin a . \frac{\sin c}{\sin A}$; mais pour déterminer c directement, on a l'équation

$$R^2 \cos c = \sin a \sin b \cos C + R \cos a \cos b.$$

Soit pris l'auxiliaire φ, de manière qu'on ait $\sin b \cos C = \cos b \tang \varphi$, ou $\tang \varphi = \frac{\cos C \tang b}{R}$, on aura

$$\cos c = \frac{\cos b}{\cos \varphi} \cos (a - \varphi).$$

IVe CAS.

LXXXVII. *Etant donnés deux angles* A *et* B *avec le côté adjacent* c, *trouver les deux autres côtés* a *et* b, *et le troisième angle* C.

1°. Les deux côtés a et b sont donnés par les formules

$$\cot a = \frac{\cot A \sin B + \cos B \cos c}{\sin G}$$

$$\cot b = \frac{\cot B \sin A + \cos A \cos c}{\sin c}.$$

Mais on peut les calculer plus facilement par les analogies de Neper, savoir :

$$\sin \frac{A+B}{2} : \sin \frac{A-B}{2} :: \tang \tfrac{1}{2} c : \tang \frac{a-b}{2}.$$

$$\cos \frac{A+B}{2} : \cos \frac{A-B}{2} :: \tang \tfrac{1}{2} c : \tang \frac{a+b}{2}.$$

2°. Connoissant a et b, on trouvera C par l'équation $\sin C = \frac{\sin c \sin A}{\sin a}$; mais on peut aussi trouver C directement par l'équation

$$R^2 \cos C = \cos c \sin A \sin B - R \cos A \cos B.$$

Soit pris l'auxiliaire φ, de manière qu'on ait

$$\cos c \sin B = \cos B \cot \varphi, \text{ ou } \cot \varphi = \frac{\cos c \tang B}{R},$$

on aura

$$\cos C = \cos B . \frac{\sin (A - \varphi)}{\sin \varphi}.$$

Ce cas et le précédent ne laissent aucune indétermination.

V.e CAS.

LXXXVIII. *Etant donnés deux angles* A *et* B *avec le côté* a *opposé à l'un de ces angles, trouver les deux autres côtés* b, c, *et le troisième angle* C.

1.° L'angle b se trouvera par l'équation $\sin b = \sin a . \frac{\sin B}{\sin A}$.

2.° Le côté c dépend de l'équation

$$\cot a \sin c - \cos B \cos c = \cot A \sin B.$$

Soit $\cot a = \cos B \frac{\cos \varphi}{\sin \varphi}$ ou $\tang \varphi = \frac{\cos B \tang a}{R}$, on aura $\frac{\cos B}{\sin \phi}(\sin c \cos \phi - \cos c \sin \phi) = \cot A$ $\sin B$; donc

$$\sin(c-\phi) = \frac{\operatorname{tang} B \sin \phi}{\operatorname{tang} A}.$$

3.° L'angle C se trouvera par la résolution de l'équation

$$\cos a \sin B \sin C - R \cos B \cos C = R^2 \cos A.$$

Soit pour cet effet $\cos a \sin B = \frac{R \cos B \cos \phi}{\sin \phi}$, ou $\cot \phi = \frac{\cos a \operatorname{tang} B}{R}$, on aura $\frac{\cos B}{\sin \phi}(\sin C \cos \phi -$ $\cos C \sin \phi) = R \cos A$; donc

$$\sin(C-\phi) = \frac{\cos A \sin \phi}{\cos B}.$$

Ce V.[e] cas est comme le II.[e] susceptible de deux solutions, ainsi que cela a lieu dans le cas analogue des triangles rectilignes.

VI.[e] CAS.

LXXXIX. Étant donnés les trois angles A, B, C, on trouvera un côté quelconque, par exemple le côté opposé à l'angle A, par la formule

$$\sin \tfrac{1}{2} a = R \sqrt{\left(\frac{-\cos \frac{1}{2}(A+B+C) \cos \frac{1}{2}(B+C-A)}{\sin B \sin C}.\right)}$$

On peut remarquer que de ces six cas généraux les trois derniers pourroient se déduire des trois premiers, par la propriété des triangles polaires : de sorte qu'à proprement parler, il n'y a que trois cas différents dans la résolution générale des triangles sphériques. Le premier cas se résout par une seule analogie, comme les triangles rectangles ; le troisième se résout d'une manière presqu'aussi simple, au moyen des analogies de Néper. Quant au second, il exige deux analogies ; et d'ailleurs, il admet quelquefois deux solutions, tandis que le premier et le troisième n'en admettent jamais qu'une.

XC. Pour distinguer dans le second cas si, pour des valeurs particulières données de A, a, b, il y a deux triangles qui satisfont à la question ou seulement un, supposons d'abord l'angle $A < 100^\circ$, fig. 16.
et soient prolongés les deux côtés AC, AB jusqu'à ce qu'ils se rencontrent de nouveau en A'. Si on prend l'arc $AC < 100^\circ$ et qu'on abaisse CD perpendiculaire sur AB, les côtés AD, CD du triangle rectangle ACD, seront tous deux plus petits que 100°, la ligne CD sera la distance la plus courte du point C à l'arc AB, et, en prenant $DB = DB'$, les obliques CB', CB seront égales et d'autant plus longues qu'elles s'écarteront plus de la perpendiculaire. Soit $AC = b$, $CB = a$, on voit donc qu'un triangle dans lequel on a $A < 100^\circ$, $b < 100^\circ$, et $a < b$, a nécessairement deux solutions ACB, ACB'; mais si, en supposant toujours A et b plus petits que 100°, on a $a > b$, alors le point B' passeroit au-delà du point A, et il n'y auroit qu'une solution représentée par ABC. Soit ensuite $AC' > 100^\circ$, si on abaisse la perpendiculaire C'D' sur ABA', on aura de même $C'D' < A'C$, et l'arc C'B''' mené entre D' et A', sera $> C'D'$ et $< C'A'$; donc si on fait $AC' = b$, $C'B'' = C'B''' = a$, on voit que la supposition $A < 100^\circ$ et $b > 100^\circ$, donnera deux solutions si $a + b < 200$, et n'en donnera qu'une

si $a+b>200°$, parce qu'alors le point B''' passeroit au-delà de A'. Discutant de la même manière le cas où l'angle A est $>100°$, on pourra établir ainsi les symptômes qui déterminent si, dans le cas II, la question admet deux solutions ou n'en admet qu'une.

$$A<100°,\ b<100°\begin{cases}a>b & \text{une solution.}\\ a<b & \text{deux solutions.}\end{cases}$$

$$A<100°,\ b>100°\begin{cases}a+b>200° & \text{une solution.}\\ a+b<200° & \text{deux solutions.}\end{cases}$$

$$A>100°,\ b<100°\begin{cases}a+b>200° & \text{deux solutions.}\\ a+b<200° & \text{une solution.}\end{cases}$$

$$A>100°,\ b>100°\begin{cases}a>b & \text{deux solutions.}\\ a<b & \text{une seule solution.}\end{cases}$$

Il n'y aura qu'une solution si on a $A=100°$, ou $a=b$, ou $a+b=200°$. Il y en aura deux si $b=100°$.

XCI. Ces mêmes résultats peuvent s'appliquer au cas V.^{e} par la voie du triangle supplémentaire, et on en tirera les symptômes suivants, qui feront connoître si pour des valeurs données de A, B, a, il y a deux triangles qui satisfont à la question, ou s'il n'y en a qu'un.

$$a>100°,\ B>100°\begin{cases}A<B & \text{une solution.}\\ A>B & \text{deux solutions.}\end{cases}$$

$$a>100°,\ B<100°\begin{cases}A+B<200° & \text{une solution.}\\ A+B>200° & \text{deux solutions.}\end{cases}$$

$$a<100°,\ B>100°\begin{cases}A+B<200° & \text{deux solutions.}\\ A+B>200° & \text{une solution.}\end{cases}$$

$$a<100°,\ B<100°\begin{cases}A<B & \text{deux solutions.}\\ A>B & \text{une solution.}\end{cases}$$

Il n'y aura qu'une solution si l'une des égalités suivantes a lieu $a=100°$, $A=B$, $A+B=200°$; il y en aura deux si $B=100°$.

XCII. Dans tous les cas, pour écarter les solutions inutiles ou fausses, il faut se rappeler, 1°. que tout angle ou tout côté doit être plus petit que 200°;

2°. Que les angles opposés aux plus grands côtés sont les plus grands, et *vice versâ*, ensorte que si on a $A<B$, il faut qu'on ait aussi $a<b$.

Exemples de la résolution des triangles sphériques.

XCIII. *Exemple* I. Soient O, M, N trois points situés dans un plan incliné à l'horizon ; si de ces trois points on abaisse les perpendiculaires OD, Mm, Nn, sur le plan horizontal DEF, les objets situés en O, M, N devront être représentés sur le plan horizontal par les points D, m, n, et l'angle MON sera représenté par sa *projection* mDn. Cela posé, étant donné l'angle MON, et les inclinaisons de ses deux côtés OM, ON sur la verticale OD, il s'agit de trouver l'angle de projection mDn. fig. 15.

Du point O comme centre et d'un rayon $=1$, décrivez une surface sphérique qui rencontre en A, B, C, les côtés OM, ON et la verticale OD, vous aurez un triangle sphérique ABC, dont les trois côtés sont connus ; on pourra donc déterminer l'angle C égal à mDn par la formule du 1.er cas.

Soit, par exemple, l'angle MON$=$AB$=64°\,44'\,60''$; l'angle DOM$=$AC$=98°\,12'$, et l'angle DON$=$BC$=105°\,42'$, on aura par la formule citée

$$\sin^2\tfrac{1}{2}C=R^2\,\frac{\sin 28°\,57'\,30''\,\sin 35°\,87'\,30''}{\sin 98°\,12'\,\sin 105°\,42'}.$$

L. sin 28° 57′ 30″.	9.6373956	L. sin 98° 12′.	9.9998106
L. sin 35° 87′ 30″.	9.7276562	L. sin 105° 42′	9.9984242
somme + 2 L R..	39.3650518		19.9982348
	19.9982348		
2 L. sin $\frac{1}{2}$ C.....	19.3668170		
L. sin $\frac{1}{2}$ C.....	9.6834085	$\frac{1}{2}$ C = 32° 4′ 70″. 5	
		C = 64 9 41	

Donc l'angle 64° 44′ 60″, mesuré dans un plan incliné à l'horizon, se réduit à 64° 9′ 41″, lorsqu'il est projeté sur le plan de l'horizon.

Ce problême est utile dans l'art de lever les plans, lorsque le terrain sur lequel on opère présente des inégalités sensibles, et qu'on veut cependant déterminer les positions principales avec beaucoup d'exactitude.

XCIV. *Exemple* II. Connoissant les latitudes de deux points du globe, et leur différence en longitude, trouver leur plus courte distance.

On imaginera un triangle sphérique ACB formé
fig. 14. par le pole boréal C, et les deux lieux A et B dont il s'agit; dans ce triangle on connoîtra l'angle au pole ACB, qui est la différence en longitude des deux points A et B, et les deux côtés compris AC, CB, qui sont les compléments des latitudes des points A et B. On déterminera donc le troisième côté AB par les formules du cas III.

Soient, par exemple, A et B les Observatoires de Paris et de Pékin; la latitude boréale de l'un de ces lieux est de 54° 26′ 36″, celle de l'autre est de

44° 33′ 73″, et leur différence en longitude est de 126° 80′ 56″. Ainsi on aura

$$a = 45° \; 73' \; 64''$$
$$b = 55 \;\; 66 \;\; 27$$
$$C = 126 \;\; 80 \;\; 56.$$

D'après ces données on aura pour déterminer c, les formules $\text{tang}\,\varphi = \dfrac{\cos C \,\text{tang}\, b}{R}$, $\cos c = \dfrac{\cos b \cos (a-\varphi)}{\cos \varphi}$, dont voici le calcul

L. cos C	9.6114352
L. tang b....	10.0776707
L. tang φ....	9.6891059

L'angle φ que donnent les tables par le moyen de ce logarithme-tangente est 28° 94′ 23″. Mais il faut observer que cos C est négatif, et qu'ainsi tang φ étant négatif, on doit prendre $\varphi = -28° \; 94' \; 23''$, ce qui donnera $a - \varphi = 74° \; 67' \; 87''$. Cela posé, en observant que $\cos(-\varphi) = \cos \varphi$, on achevera ainsi le calcul

L. cos $(a-\varphi)$.	9.5880938
L. cos b.....	9.8071953
	19.3952891
L. cos φ.....	9.9534823
L. cos c.....	9.4418068

Donc la distance cherchée $c = 82° \; 16' \; 05''$. Cette même distance peut s'exprimer en myriamètres par 821.605; car un myriamètre est la longueur d'un arc de 10 minutes, et un mètre est celle d'un arc d'un dixième de seconde.

XCV. *Exemple* III. Pour donner un exemple du cas V.e, proposons-nous de résoudre le triangle sphérique dans lequel on connoît les deux angles $A = 78° 50'$, $B = 54° 0'$, et le côté opposé à l'un d'eux $a = 99° 20' 17''$. Au moyen de ces données, on trouve, d'après le tableau de l'art. XCI, qu'il ne doit y avoir qu'une solution, parce qu'on a tout à la fois $a < 100°$, $B < 100°$ et $A > B$. Voici le calcul de cette solution.

1.° Le côté b se trouvera par la formule $\sin b = \sin a \frac{\sin B}{\sin A}$

L. sin a	9.9999659
L. sin B	9.8751256
10 — L. sin A	0.0252525
L. sin b	9.9003440

Ce qui donne $b = 58° 50' 14''$ ou son supplément $141° 49' 86''$, mais puisque l'angle B est $< A$, il faut que le côté b soit $< a$, ainsi la première valeur est la seule qui puisse avoir lieu.

2.° Pour avoir le côté c on doit faire $\tan \varphi = \frac{\cos B \tan a}{R}$, $\sin(c - \varphi) = \frac{\tan B \sin \varphi}{\tan A} = \frac{\tan B \cot A \sin \varphi}{R^2}$.

		L. sin φ	9.9999220
L. cos B	9.8204063	L. tang B — LR	0.0547193
L. tang a — LR	1.9016731	L. cot A	9.5455236
L. tang φ	11.7220794	L. sin $(c - \varphi)$.	9.6001649
	$\varphi = 98° 79' 28''.8$		$c - \varphi = 26° 7' 70''.5$

Ici on a encore le choix de prendre pour $c - \varphi$ la

valeur $26^\circ 7' 70''.5$, ou son supplément $173^\circ 92' 29''.5$; mais en prenant cette seconde valeur on auroit $c > 200^\circ$, ainsi il faut s'en tenir à la première qui donne $c = 124^\circ 81' 99''.3$.

3.° Enfin, pour calculer directement l'angle C, nous prendrons les formules $\cot\varphi = \frac{\cos a \tang B}{R}$

$$\sin(C - \varphi) = \frac{\cos A \sin\varphi}{\cos B}$$

		L. sin φ.......	9.9999563
L. cos a........	8.0982928	L. cos A.....	9.5202711
L. tang B — L R	0.0547193	L. R — L cos B	0.1795937
L. cot φ........	8.1530121	L. sin (C — φ)	9.6998211
$\varphi =$	99° 9′ 45″.5	C — φ =	33° 40′ 54″. 5
		φ ...	99 9 45. 5
		C =	132 50 0. 0

On n'a pas pu prendre pour C—φ le supplément de $33^\circ 40' 54''.5$, parce qu'il en seroit résulté pour C une valeur plus grande que 200°. Ainsi on voit qu'en effet le problême proposé n'est susceptible que d'une solution.

APPENDICE

Contenant la résolution de divers cas particuliers de la Trigonométrie.

XCVI. LA résolution des triangles, telle qu'on vient de l'exposer, ne laisse rien à desirer du côté de la généralité. Il est néanmoins quelques circonstances où l'on peut, avec avantage, substituer des solutions particulières aux solutions générales, soit pour abréger les calculs, soit pour en rendre les résultats plus exacts et plus indépendants de l'erreur des tables. Nous allons résoudre quelques-uns de ces cas particuliers, en choisissant ceux qui sont de l'usage le plus fréquent, ou qui conduisent aux formules les plus remarquables.

Nous continuerons de désigner par A, B, C, les angles du triangle proposé, rectiligne ou sphérique, et par a, b, c les côtés qui leur sont respectivement opposés. Nous supposerons de plus le rayon des tables $= 1$, ce qui n'altère pas la généralité des résultats. Les angles A, B, C, sont exprimés dans le calcul, soit par les degrés, soit par les longueurs absolues des arcs qui les mesurent, ces arcs étant pris dans le cercle dont le rayon est 1. Si un angle ou un arc x est très-petit, on pourra mettre, au lieu de $\sin x$ et $\cos x$, leurs valeurs en séries; savoir : $\sin x = x - \frac{x^3}{1.2.3} + \text{etc}$, $\cos x = 1 - \frac{x^2}{1.2.} + \text{etc.}$; mais alors x doit être exprimé en parties du rayon. Un arc étant trouvé en parties du rayon, pour avoir sa valeur en minutes, il faut le multiplier par le nombre de minutes comprises dans le rayon; ce nombre est $\frac{20000}{\pi} = 6366.1977237$, et son logarithme $= 3.80388012297$.

§. I. *Des triangles rectilignes dont deux angles sont très-petits.*

XCVII. Supposons que les angles A et B soient très-petits et par suite C très-obtus, on pourra faire $\sin A = A - \frac{1}{6} A^3$,

$\sin B = B - \frac{1}{6}B^3$, et $\sin C = \sin(A+B) = A+B - \frac{1}{6}(A+B)^3$. Si donc on connoît le côté c avec les angles adjacents A et B, on trouvera les deux autres côtés par les formules $a = \frac{c \sin A}{\sin(A+B)}$, $b = \frac{c \sin B}{\sin(A+B)}$, lesquelles en substituant les valeurs précédentes et réduisant, deviennent

$$a = \frac{c A}{A+B}\left(1 + \frac{2AB+B^2}{6}\right)$$

$$b = \frac{c B}{A+B}\left(1 + \frac{A^2+2AB}{6}\right)$$

et de là résulte $a+b-c = \frac{1}{2}c\,AB$. Ces valeurs sont exactes, aux termes près qui contiendront quatre dimensions en A et B.

XCVIII. Supposons en second lieu qu'on donne les deux côtés a et b, avec l'angle compris $C = 200° - \theta$, θ étant très-petit. On aura d'abord $c^2 = a^2 + b^2 + 2ab\cos\theta = a^2 + b^2 + 2ab(1 - \frac{1}{2}\theta^2) = (a+b)^2 - ab\theta^2$; donc

$$c = a+b - \frac{1}{2} \cdot \frac{ab\theta^2}{a+b}$$

Ensuite l'angle A se trouvera par l'équation $\sin A = \frac{a}{c}\sin C = \frac{a}{c}\sin\theta$, d'où l'on tire, en substituant la valeur de c et celle de $\sin\theta$, $\sin A = \frac{a}{a+b}\left(1 + \frac{1}{2} \cdot \frac{ab}{(a+b)^2}\theta^2\right)(\theta - \frac{1}{6}\theta^3) = \frac{a\theta}{a+b}\left(1 + \frac{ab - a^2 - b^2}{(a+b)^2} \cdot \frac{\theta^2}{6}\right)$

Donc $A = \sin A + \frac{1}{6}\sin^3 A = \frac{a\theta}{a+b} + \frac{ab(a-b)}{(a+b)^3} \cdot \frac{\theta^3}{6}$. De là on déduiroit la valeur de B en permutant entr'elles les lettres a et b, mais A étant connu, on a immédiatement $B = \theta - A$. Si θ est donné en minutes, pour avoir A exprimé aussi en minutes, il faudra, dans les formules précédentes, substituer, au lieu de A et θ, les rapports $\frac{A}{R}$, $\frac{\theta}{R}$, R étant le nombre de minutes comprises dans le rayon. On aura ainsi

$$c = a+b - \frac{\frac{1}{2}ab}{a+b} \cdot \left(\frac{\theta}{R}\right)^2$$

$$A = \frac{a\theta}{a+}\left(1 + \frac{b(a-b)}{6(a+b)^2}\left(\frac{\theta}{R}\right)^2\right)$$

XCIX. Pour donner un exemple de ces formules, soit $a = 1000^m$, $b = 2400^m$, $c = 199°\,32'$ ou $\theta = 68'$, on aura $a+b-c = \frac{1200000}{3400}\cdot\left(\frac{68}{R}\right)^2 = 0.037806$, d'où $c = 3399^m.962194$. Ensuite on a par une première approximation $A = \frac{a\theta}{a+b} = 20'$, et $B = \theta - A = 48'$, mais pour plus d'exactitude on a $A = 20'\left(1 - \frac{1000 \times 1400}{6(3400)^2}\left(\frac{68}{R}\right)^2\right) = 19'.999953942$, et par suite $B = 48'.000046058$, valeurs qui doivent être exactes jusques dans la dernière décimale.

§. II. *Résolution du cas III.e des triangles rectilignes par la voie des séries.*

C. Etant donnés les deux côtés a et b et l'angle compris C, pour trouver l'angle B, on a la proportion $b : a :: \sin B : \sin(B+C)$, laquelle donne $a \sin B = b(\sin B \cos C + \cos B \sin C)$, et par conséquent $\frac{\sin B}{\cos B} = \frac{b \sin C}{a - b \cos C}$. Si dans cette équation on met à la place des sinus et cosinus leurs
* XXXV. valeurs en exponentielles imaginaires *, on aura

$$\frac{e^{B\sqrt{-1}} - e^{-B\sqrt{-1}}}{e^{B\sqrt{-1}} + e^{-B\sqrt{-1}}} = \frac{b\left(e^{C\sqrt{-1}} - e^{-C\sqrt{-1}}\right)}{2a - b\left(e^{C\sqrt{-1}} + e^{-C\sqrt{-1}}\right)}$$

D'où l'on tire

$$e^{2B\sqrt{-1}} = \frac{a - b e^{-C\sqrt{-1}}}{a - b e^{C\sqrt{-1}}}$$

Prenant les logarithmes de chaque membre et développant le second en série d'après la formule connue $L(a-x) = La - \frac{x}{a} - \frac{x^2}{2a^2} - \frac{x^3}{3a^3} -$ etc. on aura

$$2B\sqrt{-1} = \frac{b}{a}e^{C\sqrt{-1}} + \frac{b^2}{2a^2}e^{2C\sqrt{-1}} + \frac{b^3}{3a^3}e^{3C\sqrt{-1}} + \text{etc.}$$
$$- \frac{b}{a}e^{-C\sqrt{-1}} - \frac{b^2}{2a^2}e^{-2C\sqrt{-1}} - \frac{b^3}{3a^3}e^{3C\sqrt{-1}} - \text{etc.}$$

Donc en divisant par $2\sqrt{-1}$, et observant que $e^{mC\sqrt{-1}} - e^{-mC\sqrt{-1}} = 2\sqrt{-1}\sin mC$, on aura

$$B = \frac{b}{a}\sin C + \frac{b^2}{2a^2}\sin 2C + \frac{b^3}{3a^3}\sin 3C + \frac{b^4}{4a^4}\sin 4C + \text{etc.}$$

C'est la valeur de l'angle B, exprimée en parties du rayon, par une suite dont la loi est très-simple et qui sera d'autant plus convergente que b sera plus petit par rapport à a.

La valeur qu'on vient de trouver doit satisfaire aussi à l'équation $\tang(B + \frac{1}{2}C) = \frac{a+b}{a-b}\tang\frac{1}{2}C$, qui est la même que $\tang\frac{1}{2}(A-B) = \frac{a-b}{a+b}\cot\frac{1}{2}C$, et qui ne diffère que par la forme, de l'équation $\frac{\sin B}{\cos B} = \frac{b\sin C}{a - b\cos C}$.

CI. L'angle B étant connu, on aura le troisième angle $A = 200^\circ - B - C$. Quant au troisième côté c, il dépend de l'équation $c^2 = a^2 - 2ab\cos C + b^2$, laquelle donne par l'extraction de la racine,

$$c = a - b\cos C + \frac{b^2}{2a}\sin^2 C + \frac{b^3}{2a^2}\sin^2 C\cos C - \text{etc.}$$

Mais cette série n'a pas une marche régulière et ne peut pas être continuée à volonté. Au contraire, on peut trouver une série fort simple pour la valeur du logarithme hyperbolique de c. En effet, il est facile de voir que la quantité $a^2 - 2ab\cos C + b^2 = (a - be^{C\sqrt{-1}})(a - be^{-C\sqrt{-1}})$, car le produit développé de ces deux facteurs donne

$a^2 - ab(e^{C\sqrt{-1}} + e^{-C\sqrt{-1}}) + b^2$, ou $a^2 - 2ab\cos C + b^2$.

On a donc $c^2 = (a - be^{C\sqrt{-1}})(a - be^{-C\sqrt{-1}})$.

Prenant les logarithmes de chaque membre, il viendra

$$\begin{aligned} 2Lc = La &- \frac{b}{a}e^{C\sqrt{-1}} - \frac{b^2}{2a^2}e^{2C\sqrt{-1}} - \frac{b^3}{3a^3}e^{3C\sqrt{-1}} - \text{etc.} \\ + La &- \frac{b}{a}e^{-C\sqrt{-1}} - \frac{b^2}{2a^2}e^{-2C\sqrt{-1}} - \frac{b^3}{3a^3}e^{-3C\sqrt{-1}} - \text{etc.} \end{aligned}$$

Donc

$$Lc = La - \frac{b}{a}\cos C - \frac{b^2}{2a^2}\cos 2C - \frac{b^3}{3a^3}\cos 3C - \text{etc.}$$

série non moins élégante que celle qui donne la valeur de B; il faudra multiplier ses différens termes par le module 0.4342948, si on veut que les logarithmes soient ceux des tables ordinaires.

§. III. *Résolution du III.e cas des triangles sphériques par la voie des séries.*

CII. Il résulte du paragraphe précédent que la valeur de x tirée de l'équation $\tang x = \frac{m+n}{m-n} \tang \frac{1}{2} C$, peut s'exprimer par cette série

$$x = \tfrac{1}{2} C + \frac{n}{m} \sin 2C + \frac{n^2}{2m^2} \sin 2C + \frac{n^3}{3m^3} \sin 3C + \text{etc.}$$

Or, dans un triangle sphérique où l'on connoît les deux côtés a et b et l'angle compris C, on a par les analogies de
*LXXXVI. Néper *

$$\cot \frac{A-B}{2} = \frac{\sin(\frac{1}{2}a + \frac{1}{2}b)}{\sin(\frac{1}{2}a - \frac{1}{2}b)} \tang \tfrac{1}{2} C$$

$$= \frac{\sin \frac{1}{2}a \cos \frac{1}{2}b + \cos \frac{1}{2}a \sin \frac{1}{2}b}{\sin \frac{1}{2}a \cos \frac{1}{2}b - \cos \frac{1}{2}a \sin \frac{1}{2}b} \tang \tfrac{1}{2} C$$

$$\cot \frac{A+B}{2} = \frac{\cos(\frac{1}{2}a + \frac{1}{2}b)}{\cos(\frac{1}{2}a - \frac{1}{2}b)} \tang \tfrac{1}{2} C$$

$$= \frac{\cos \frac{1}{2}a \cos \frac{1}{2}b - \sin \frac{1}{2}a \sin \frac{1}{2}b}{\cos \frac{1}{2}a \cos \frac{1}{2}b + \sin \frac{1}{2}a \sin \frac{1}{2}b} \tang \tfrac{1}{2} C.$$

Donc, en vertu de la formule précédente et supposant toujours $b < a$, on aura

$$\frac{A-B}{2} = 100^\circ - \tfrac{1}{2} C - \frac{\tang \frac{1}{2} b}{\tang \frac{1}{2} a} \sin C - \frac{\tang^2 \frac{1}{2} b}{2 \tang^2 \frac{1}{2} a} \sin 2C - \frac{\tang^3 \frac{1}{2} b}{3 \tang^3 \frac{1}{2} a} \sin 3C - \text{etc.}$$

$$\frac{A+B}{2} = 100^\circ - \tfrac{1}{2} C + \frac{\tang \frac{1}{2} b}{\cot \frac{1}{2} a} \sin C - \frac{\tang^2 \frac{1}{2} b}{2 \cot^2 \frac{1}{2} a} \sin 2C + \frac{\tang^3 \frac{1}{2} b}{3 \cot^3 \frac{1}{2} a} \sin 3C - \text{etc.}$$

Suites dont la loi est très-simple et qui seront d'autant plus convergentes que b sera plus petit. La première est toujours convergente, puisqu'on suppose $b < a$; la seconde le sera aussi, si on a $\tang \frac{1}{2} b < \cot \frac{1}{2} a$, ou $a+b < 200^\circ$. Elle seroit divergente et fausse si on avoit $a+b > 200^{\circ}$, mais ce cas peut toujours s'éviter ; car la résolution du triangle BCA dans lequel on auroit $CA+CB > 200^{\circ}$ se réduit toujours à celle du triangle $A'CB'$, dans lequel on a $CA'+CB' < 200^{\circ}$. Au reste, la seconde série est dans sa plus grande convergence, lorsque a et b sont tous deux très-petits ; alors le troisième côté c est très-petit aussi, puisqu'on doit avoir $c < a+b$, et le triangle sphérique diffère tres-peu d'un triangle plan ; dans ce cas l'excès de la somme des trois angles sur deux angles droits, s'exprime ainsi : fig. 11.

$$A+B+C-200^{\circ} = \tfrac{2}{1}\,\text{tang}\,\tfrac{1}{2}a\,\text{tang}\,\tfrac{1}{2}b\sin C - \tfrac{2}{2}\,\text{tang}^2\tfrac{1}{2}a\,\text{tang}^2\tfrac{1}{2}b\sin 2C + \tfrac{2}{3}\,\text{tang}^3\tfrac{1}{2}a\,\text{tang}^3\tfrac{1}{2}b\sin 3C - \text{etc.}$$

CIII. Pour trouver le troisième côté c du triangle proposé, on a l'équation $\cos c = \cos a \cos b + \sin a \sin b \cos C$, de laquelle il est aisé de déduire les deux suivantes :

$$c = \sin^2\tfrac{1}{2}a\cos^2\tfrac{1}{2}b - 2\sin\tfrac{1}{2}a\cos\tfrac{1}{2}b\cos\tfrac{1}{2}a\sin\tfrac{1}{2}b\cos C + \cos^2\tfrac{1}{2}a\sin^2\tfrac{1}{2}b$$
$$c = \cos^2\tfrac{1}{2}a\cos^2\tfrac{1}{2}b + 2\cos\tfrac{1}{2}a\cos\tfrac{1}{2}b\sin\tfrac{1}{2}a\sin\tfrac{1}{2}b\cos C + \sin^2\tfrac{1}{2}a\sin^2\tfrac{1}{2}b.$$

Par la forme de ces valeurs on voit que $\sin\frac{1}{2}c$ peut être regardé comme le troisième côté d'un triangle rectiligne dans lequel on auroit les deux côtés connus $\sin\frac{1}{2}a\cos\frac{1}{2}b$, $\cos\frac{1}{2}a\sin\frac{1}{2}b$ et l'angle compris C ; de même $\cos\frac{1}{2}c$ est le troisième côté d'un triangle rectiligne, dont deux côtés seroient $\cos\frac{1}{2}a\cos\frac{1}{2}b$, $\sin\frac{1}{2}a\sin\frac{1}{2}b$ et l'angle compris $200^{\circ} - C$. Donc on a par la formule trouvée pour les triangles rectilignes *

* CI.

$$\text{n}\,\tfrac{1}{2}c = \log(\sin\tfrac{1}{2}a\cos\tfrac{1}{2}b) - \frac{\text{tang}\,\frac{1}{2}b}{\text{tang}\,\frac{1}{2}a}\cos C - \frac{\text{tang}^2\,\frac{1}{2}b}{2\,\text{tang}^2\frac{1}{2}a}\cos 2C - \text{etc.}$$

$$\text{os}\,\tfrac{1}{2}c = \log(\cos\tfrac{1}{2}a\cos\tfrac{1}{2}b) + \frac{\text{tang}\,\frac{1}{2}b}{\cot\frac{1}{2}a}\cos C - \frac{\text{tang}^2\,\frac{1}{2}b}{2\cot^2\frac{1}{2}a}\cos 2C + \text{etc.}$$

Il est à remarquer ultérieurement que comme chacun des triangles rectilignes dont nous venons de parler peut se résoudre par le moyen d'un triangle rectiligne rectangle, on peut directement réduire la résolution du triangle sphérique proposé à celle d'un triangle rectiligne rectangle.

On trouve par ce moyen que $\sin\frac{1}{2}c$ est l'hypoténuse d'un triangle rectangle dont les côtés sont $\sin\frac{1}{2}(a+b)\sin\frac{1}{2}C$ et $\sin\frac{1}{2}(a-b)\cos\frac{1}{2}C$. De même $\cos\frac{1}{2}c$ est l'hypoténuse d'un triangle rectangle, dont les côtés seroient $\cos\frac{1}{2}(a-b)\cos\frac{1}{2}C$ et $\cos\frac{1}{2}(a+b)\sin\frac{1}{2}C$.

De plus, si on appelle M l'angle qui dans le premier triangle est opposé au côté $\sin\frac{1}{2}(a-b)\cos\frac{1}{2}C$, et dans le second, N l'angle opposé au côté $\cos\frac{1}{2}(a-b)\cos\frac{1}{2}C$, il résulte des analogies de Néper qu'on aura $\frac{A-B}{2}=M$, et $\frac{A+B}{2}=N$ ou $=200^\circ-N$; savoir: $\frac{A+B}{2}=N$ si $a+b<200^\circ$, et $\frac{A+B}{2}=200^\circ-N$ si $a+b>200^\circ$. Donc dans tout triangle sphérique où l'on connoît deux côtés a et b et l'angle compris C, on peut trouver directement chacune des quantités $\frac{1}{2}c$, $\frac{A+B}{2}$, $\frac{A-B}{2}$, par la résolution d'un triangle rectiligne rectangle où l'on connoît les deux côtés de l'angle droit.

Il résulte aussi de là qu'après avoir trouvé l'angle M ou $\frac{A-B}{2}$ par la formule $\operatorname{tang} M=\frac{\sin\frac{1}{2}(a-b)}{\cos\frac{1}{2}(a-b)}\cot\frac{1}{2}C$, on peut calculer le troisième côté par la formule $\sin\frac{1}{2}c=\frac{\sin\frac{1}{2}(a-b)\cos\frac{1}{2}C}{\sin M}=\frac{\cos\frac{1}{2}(a-b)\sin\frac{1}{2}C}{\cos M}$.

N. B. Les formules trouvées dans ce paragraphe s'appliqueront aisément à la résolution du V.[e] cas des triangles sphériques, puisque celui-ci peut se rapporter au III.[e] par la propriété du triangle polaire.

§. IV. *Résolution d'un triangle sphérique dont deux côtés sont peu différents de* 100°.

CIV. Soient a et b les deux côtés donnés peu différents de 100°, on propose de déterminer l'angle C par le moyen des trois côtés a, b, c.

Si les côtés a et b étoient exactement égaux à 100°, on auroit $C=c$; donc a et b différant très-peu de 100°, l'angle C aura pour mesure un arc très-peu différent de c. Soit $a=100^\circ+\alpha$, $b=100^\circ+6$, $C=c+x$, si on substitue ces valeurs dans l'équation $\cos C=\frac{\cos c-\cos a\cos b}{\sin a\sin b}$, on aura $\cos(c+x)=\frac{\cos c-\sin\alpha\sin 6}{\cos\alpha\cos 6}$. Mais puisque α et 6 sont supposés très-petits, on peut, en négligeant seulement les termes où α

et $\mathfrak{C}$ montent au quatrième degré, faire $\sin\alpha \sin \mathfrak{C} = \alpha\mathfrak{C}$, $\cos\alpha \cos\mathfrak{C} = 1 - \frac{\alpha^2}{2} - \frac{\mathfrak{C}^2}{2}$, ce qui donnera

$$\cos(c+x) = \frac{\cos c - \alpha\mathfrak{C}}{1 - \frac{1}{2}\alpha^2 - \frac{1}{2}\mathfrak{C}^2} = (1 + \tfrac{1}{2}\alpha^2 + \tfrac{1}{2}\mathfrak{C}^2)\cos c - \alpha\mathfrak{C}$$

or, en négligeant le quarré de x on a $\cos(c+x) = \cos c - x \sin c$; donc

$$x = \frac{\alpha\mathfrak{C} - \frac{1}{2}(\alpha^2 + \mathfrak{C}^2)\cos c}{\sin c}$$

Et puisque x est du second ordre par rapport à α et $\mathfrak{C}$, on voit qu'il n'y a de négligées dans cette valeur que les quantités du quatrième ordre. Soit $\frac{1}{2}(\alpha + \mathfrak{C}) = p$, $\frac{1}{2}(\alpha - \mathfrak{C}) = q$, ou $\alpha = p + q$, $\mathfrak{C} = p - q$, on aura sous une forme plus simple $x = p^2\left(\frac{1 - \cos c}{\sin c}\right) - q^2\left(\frac{1 + \cos c}{\sin c}\right) = p^2 \operatorname{tang} \frac{1}{2} c - q^2 \cot \frac{1}{2} c$.
Cette valeur est exprimée en parties du rayon; mais comme dans la pratique p et q sont données en secondes, si l'on veut que x soit exprimé aussi en secondes, il faudra faire

$$x = \frac{p^2}{R} \operatorname{tang} \tfrac{1}{2} c - \frac{q^2}{R} \cot \tfrac{1}{2} c,$$

R étant le nombre de secondes contenues dans le rayon, nombre dont le logarithme $= 5.8038801$. Connoissant x, on aura l'angle cherché $C = c + x$.

La formule que nous venons de trouver est utile dans les opérations géodésiques pour réduire à l'horizon les angles observés dans des plans inclinés; elle est plus expéditive et demande des tables moins étendues que la formule du cas 1.er des triangles sphériques, dont nous avons donné un exemple (n.° 93). Cependant, si les élévations ou dépressions α et $\mathfrak{C}$ étoient de plus de 2 ou 3 degrés, il seroit plus sûr de se servir de la méthode générale.

§. V. *Résolution des triangles sphériques dont les côtés sont très-petits par rapport au rayon de la sphère.*

CV. Lorsque les côtés a, b, c, sont très-petits par rapport au rayon de la sphère, le triangle proposé est peu différent d'un triangle rectiligne; et, en le considérant comme tel, on peut en avoir une première solution approchée, mais on néglige de cette manière l'excès de la somme des angles sur 200°. Pour avoir une solution plus approchée, il faut tenir compte de cet excès, et c'est ce qu'on peut faire très-aisément, au moyen d'un principe général que nous allons démontrer.

Soit r le rayon de la sphère sur laquelle est situé le triangle proposé; si l'on imagine un triangle semblable tracé sur la sphère dont le rayon est 1, les côtés de ce triangle seront $\frac{a}{r}, \frac{b}{r}, \frac{c}{r}$, et on aura $\cos A = \frac{\cos\frac{a}{r} - \cos\frac{b}{r}\cos\frac{c}{r}}{\sin\frac{b}{r}\sin\frac{c}{r}}$. Mais puisque r est fort grand par rapport à a, b, c, on aura d'une manière très-approchée, $\cos\frac{a}{r} = 1 - \frac{a^2}{2r^2} + \frac{a^4}{2.3.4r^4}$, $\cos\frac{b}{r} = 1 - \frac{b^2}{2r^2} + \frac{b^4}{2.3.4r^4}$, $\cos\frac{c}{r} = 1 - \frac{c^2}{2r^2} + \frac{c^4}{2.3.4r^4}$, $\sin\frac{b}{r} = \frac{b}{r} - \frac{b^3}{2.3r^3}$, $\sin\frac{c}{r} = \frac{c}{r} - \frac{c^3}{2.3r^3}$. Substituant ces valeurs dans l'équation précédente, et négligeant les termes où b et c ont plus de quatre dimensions, on aura

$$\cos A = \frac{\frac{b^2+c^2-a^2}{2r^2} + \frac{a^4-b^4-c^4}{24r^4} - \frac{b^2c^2}{4r^4}}{\frac{bc}{r^2}\left(1 - \frac{b^2}{6r^2} - \frac{c^2}{6r^2}\right)}$$

Multipliant les deux termes de cette fraction par $1 + \frac{b^2+c^2}{6r^2}$, et réduisant, on aura

$$\cos A = \frac{b^2+c^2-a^2}{2bc} + \frac{a^4+b^4+c^4-2a^2b^2-2a^2c^2-2b^2c^2}{24bcr^2}$$

Soit maintenant A' l'angle opposé au côté a, dans le triangle rectiligne dont les côtés seroient égaux en longueur aux arcs a, b, c; on aura $\cos A' = \frac{b^2+c^2-a^2}{2bc}$ et $4b^2c^2\sin^2 A' = 2a^2b^2 + 2a^2c^2 + 2b^2c^2 - a^4 - b^4 - c^4$. Donc

$$\cos A = \cos A' - \frac{bc}{6r^2}\sin^2 A'$$

Soit $A = A' + x$, on aura en rejetant le quarré de x,

$\cos A = \cos A' - x \sin A'$, d'où l'on voit que $x = \frac{bc}{6r^2} \sin A'$.

et puisque x est du second ordre par rapport à $\frac{b}{r}$ et $\frac{c}{r}$, il s'ensuit que ce résultat est exact aux quantités près du quatrième ordre. On aura donc

$$A = A' + \frac{bc}{6r^2} \sin A'$$

Mais $\frac{1}{2} bc \sin A'$ est l'aire du triangle rectiligne dont a, b, c sont les trois côtés, laquelle ne diffère pas sensiblement de celle du triangle sphérique proposé. Donc, si l'une ou l'autre aire est appelée α, on aura $A = A' + \frac{\alpha}{3r^2}$, ou $A' = A - \frac{\alpha}{3r^2}$. On auroit semblablement $B' = B - \frac{\alpha}{3r^2}$, $C' = C - \frac{\alpha}{3r^2}$, et il en résulte $A' + B' + C'$ ou $200° = A + B + C - \frac{\alpha}{r^2}$. On peut donc considérer $\frac{\alpha}{r^2}$ comme étant l'excès de la somme des trois angles du triangle sphérique proposé sur deux angles droits. Cela posé, on a ce théorême remarquable qui réduit la résolution des triangles sphériques très-petits, à celle des triangles rectilignes.

Etant proposé un triangle sphérique dont les côtés sont très-petits par rapport au rayon de la sphère, si de chacun de ses angles on retranche le tiers de l'excès de la somme des trois angles sur deux droits, les angles ainsi diminués deviendront les angles d'un triangle rectiligne, dont les côtés sont égaux en longueur à ceux du triangle sphérique proposé, ou en d'autres termes :

Le triangle sphérique très-peu courbe dont les angles sont A, B, C, *et les côtés opposés* a, b, c, *répond toujours à un triangle rectiligne qui a les côtés de même longueur* a, b, c, *et dont les angles opposés sont* $A - \frac{1}{3}\varepsilon$, $B - \frac{1}{3}\varepsilon$, $C - \frac{1}{3}\varepsilon$, ε *étant l'excès de la somme des angles du triangle sphérique proposé sur deux angles droits*.

CVI. L'excès ε ou $\frac{\alpha}{r^2}$, qui est proportionnel à l'aire du triangle, peut toujours se calculer *a priori* par les données du triangle sphérique considéré comme rectiligne. Si deux côtés b, c, sont donnés avec l'angle compris A, on aura l'aire $\alpha = \frac{1}{2} bc \sin A$; si on donne un côté a et les deux angles adjacents B, C, on aura l'aire $\alpha = \frac{1}{2} a^2 \frac{\sin B \sin C}{\sin (B+C)}$. Ensuite on aura $\varepsilon = \frac{\alpha}{r^2} R$, R étant le nombre de secondes comprises dans le rayon, et de cette manière ε sera exprimé en secondes.

Si on veut appliquer ces formules aux triangles tracés sur la surface de la terre, considérée comme sphérique (1), il faudra supposer que les côtés a, b, c, ainsi que le rayon de la terre r sont exprimés en mètres. Or, puisque le quart du méridien $\frac{1}{2} \pi r$ est égal à 10000000 mètres, on en conclut log. $r = 6.8038801$; d'un autre côté le rayon R exprimé en secondes, a pour logarithme 5,8038801. Donc si au logarithme de l'aire α exprimée en mètres quarrés, on ajoute le logarithme constant 2. 196119, et qu'on retranche 10 unités de la somme, on aura le logarithme de l'excès ε exprimé en secondes.

Connoissant ε on retranchera ou on supposera retranché $\frac{1}{3} \varepsilon$ de chaque angle du triangle sphérique proposé, et alors dans le triangle rectiligne formé par les côtés a, b, c, et les angles $A' = A - \frac{1}{3}\varepsilon$, $B' = B - \frac{1}{3}\varepsilon$, $C' = C - \frac{1}{3}\varepsilon$, on aura les données nécessaires pour en déterminer toutes les parties. Ainsi on connoîtra en même temps celles du triangle sphérique proposé.

CVII. *Exemple.* Soient donnés l'angle C et les deux côtés a et b, savoir :

$$C = 123^{\circ}\ 19'\ 99''.\ 23$$
$$\log. a = 4.\ 5891503$$
$$\log. b = 4.\ 5219271$$

(1) Dans les opérations géodésiques les triangles sont le plus souvent formés entre trois stations inégalement éloignées du centre de la terre; mais, par des réductions convenables, on substitue aux triangles observés les triangles qui résultent de la projection des stations sur une surface sphérique perpendiculaire à la direction de la pesanteur.

La quantité $\frac{1}{2}ab \sin C$ qui représente l'aire du triangle, aura pour logarithme 8.78055, à quoi ajoutant 2.19612, on aura $\log \varepsilon = 0.97667$, partant $\varepsilon = 9''.48$ et $\frac{1}{3}\varepsilon = 3''.16$. Cela posé, il faut résoudre le triangle rectiligne dans lequel on a les deux côtés a et b comme ci-dessus, et l'angle compris $C' = 123^\circ\ 19'\ 96''.07$. Pour cet effet, nous suivrons la méthode du n.° 56.

a	4.5891503	tang $(\varphi - 50^\circ)$	8.8878392
b	4.5219271	$\cot \frac{1}{2} C'$	9.8381110
tang φ ...	0.0672232	tang $\frac{A'-B'}{2}$	8.7259502

$\varphi = 54^\circ 90' 74''.72$

$\frac{1}{2}C' = 61\ 59\ 98.\ 03$

$100^\circ - \frac{1}{2}C' = 38\ 40\ \ 1.\ 97$

$\frac{A'-B'}{2} = 3^\circ\ 38'\ 39''.27$

$\frac{A'+B'}{2} = 38\ 40\ \ 1.\ 97$

$A' = 41\ 78\ 41.\ 24$

$B' = 35\ \ 1\ 62.\ 70$

Il reste à déterminer le troisième côté c, ce qui se fera par l'équation $c = \frac{a \sin C'}{\sin A'}$

a	4.5891503		
sin A'	9.7854893		
différence..	4.8036610	....	4.8036610
sin C'	9.9705008	sin B'	9.7182661
$\log c =$	4.7741618	$\log.\ b =$	4.5219271

Donc dans le triangle sphérique proposé, les éléments qu'il falloit trouver sont :

$A = 41^\circ\ 78'\ 44''.40$

$B = 35\ \ 1\ \ 65\ .\ 86$

$\log.\ c = 4.7741618$, ou $c = 59451^{m}.256$.

N. B. La méthode donnée dans ce paragraphe, peut servir aussi à résoudre les triangles dans lesquels deux côtés seroient très-peu différents de 200° et le troisième très-petit. Car, en prolongeant les grands côtés B'C, B'A, on aura un triangle sphérique BCA, dont les trois côtés seront très-petits. fig. 11.

§. VI. *Des triangles sphériques dont deux angles sont très-aigus.*

fig. 17. CVIII. Soit ABC le triangle sphérique proposé dans lequel A et B sont deux angles très-aigus, soit LMN son triangle polaire, de sorte qu'on ait MN $= 200° - $ A et LN $= 200° -$ B. Si on prolonge les arcs NM, NL, jusqu'à leur rencontre en K, il est clair qu'on aura KM $=$ A, et KL $=$ B; le triangle LKM aura donc ses côtés très-petits, et il sera dans le cas d'être résolu par la méthode du paragraphe précédent. Soient A', B', C' les trois angles et a', b', c' les trois côtés du triangle LKM, on aura

$$\begin{array}{ll} A' = MLK = a & a' = KM = A \\ B' = LMK = b & b' = LK = B \\ C' = LKM = 200° - c & c' = LM = 200° - C. \end{array}$$

Donc trois éléments connus dans le triangle ABC en donneront trois dans le triangle LKM, et par conséquent trois aussi dans le triangle rectiligne auquel le triangle LKM peut être ramené : or, celui-ci étant résolu, on aura la solution du triangle LKM, et de là celle du triangle proposé ABC.

CIX. Soit par exemple A $= 3°$, B $= 2°$ et le côté adjacent $c = 150°$, les données du triangle LKM, ou plutôt A' B' C', seront $a' = 3°$, $b' = 2°$, et l'angle compris C' $= 50°$. Par le moyen de ces données, on trouve l'excès sphérique $\epsilon = \frac{\frac{1}{2} a' b' \sin C'}{R} = 333''.21$, et le tiers de ϵ étant retranché de C' le reste sera $49° 98' 88''. 93$. Il faut donc résoudre un triangle rectiligne dans lequel on a les deux côtés $a' = 30000''$, $b' = 20000''$, et l'angle compris $C'' = 49° 98' 88''. 93$. On trouvera les deux autres angles $A'' = 103° 64' 86''. 33$, $B'' = 46° 36' 24''. 75$, et le troisième côté $c' = 21244''. 36$; ajoutant donc $\frac{1}{3}\epsilon$ aux angles A'' et B'' du triangle rectiligne, afin d'avoir les angles A', B' du triangle sphérique, on aura pour la solution cherchée

$$\begin{array}{rrrrr} A' = a = & 103° & 65' & 97''. & 40 \\ B' = b = & 46 & 37 & 35 & .82 \\ C = 200° - c' = & 197 & 87 & 55 & .64 \end{array}$$

§. VII. *Des triangles sphériques dans lesquels un angle est égal à la somme des deux autres.*

CX. De tous les triangles sphériques qui ont deux côtés donnés a et b avec un troisième à volonté, le plus grand est, comme on l'a démontré, celui dans lequel l'angle C compris par les côtés donnés est égal à la somme des deux autres A et B. Les triangles sphériques qui jouissent de cette propriété de *maximum*, ont en même temps celle de pouvoir être résolus d'une manière à peu près aussi simple que les triangles sphériques rectangles, c'est ce qui mérite d'être développé.

L'équation $C = A + B$ fait voir qu'un angle se conclut immédiatement des deux autres : elle prouve en même temps que l'angle C est toujours obtus, car la somme des trois angles étant alors $2C$, on a $2C > 200°$, et $C > 100.°$

Si dans l'équation $\cos c = \frac{\cos C + \cos A \cos B}{\sin A \sin B}$, on met au lieu de C sa valeur $A + B$, on aura $\cos c = 2 \cot A \cot B - 1$, ou

$$\cos^2 \tfrac{1}{2} c = \cot A \cot B$$

Les équations $\cos a = \frac{\cos A + \cos B \cos C}{\sin B \sin C}$, $\cos b = \frac{\cos B + \cos A \cos C}{\sin A \sin C}$ donneront semblablement :

$$\sin^2 \tfrac{1}{2} a = - \cot B \cot C, \sin^2 \tfrac{1}{2} b = - \cot A \cot C$$

Et par celles-ci on voit que, puisque $\cot C$ est négative, il faut que $\cot A$ et $\cot B$ soient toutes deux positives. Donc les deux angles A et B sont toujours moindres que 100°.

En ajoutant les deux dernières équations, on a $\sin^2 \frac{1}{2} a + \sin^2 \frac{1}{2} b = - \cot C \left(\frac{\cos B}{\sin B} + \frac{\cos A}{\sin A} \right) = - \frac{\cot C \sin (A+B)}{\sin A \sin B} = - \frac{\cos C}{\sin A \sin B}$. Mais $\sin^2 \frac{1}{2} c = 1 - \cos^2 \frac{1}{2} c = 1 - \cot A \cot B = - \frac{\cos (A+B)}{\sin A \sin B}$. Donc $\sin^2 \frac{1}{2} a + \sin^2 \frac{1}{2} b = \sin^2 \frac{1}{2} c$; équation qui d'ailleurs se déduiroit immédiatement de ce que le triangle rectiligne formé par les cordes des côtés AB, BC, AC, est rectangle en C. (Voyez prop. 26, liv. VII). La même équation peut s'exprimer aussi par

$$1 + \cos c = \cos a + \cos b$$

Elle donne le moyen de déterminer un côté par les deux autres, et on en tire

$$\cos^2 \tfrac{1}{2} c = \cos\frac{a+b}{2} \cos\frac{a-b}{2}$$

$$\sin^2 \tfrac{1}{2} a = \sin\frac{c+b}{2} \sin\frac{c-b}{2}, \ \sin^2 \tfrac{1}{2} b = \sin\frac{c+a}{2} \sin\frac{c-a}{2}$$

Maintenant si dans l'équation $\cos C = \frac{\cos c - \cos a \cos b}{\sin a \sin b}$, on substitue la valeur $\cos c = \cos a + \cos b - 1$, on aura $\cos C = -\frac{(1-\cos a)(1-\cos b)}{\sin a \sin b}$, ou

$$\cos C = - \operatorname{tang} \tfrac{1}{2} a \operatorname{tang} \tfrac{1}{2} b$$

Les valeurs de cos A et cos B, exprimées en a, b, c, donneroient semblablement

$$\cos A = \operatorname{tang} \tfrac{1}{2} b \cot \tfrac{1}{2} c, \ \cos B = \operatorname{tang} \tfrac{1}{2} a \cot \tfrac{1}{2} c$$

Etant donnés c et C, pour trouver a et b on a les équations $\cos C = -\operatorname{tang} \tfrac{1}{2} a \operatorname{tang} \tfrac{1}{2} b$, $\cos^2 \tfrac{1}{2} c = \cos\frac{a+b}{2} \cos\frac{a-q}{2}$

La première donne $\frac{1-\cos C}{1+\cos C}$ ou $\operatorname{tang}^2 \tfrac{1}{2} C = \ldots\ldots$
$\frac{\cos \frac{1}{2} a \cos \frac{1}{2} b + \sin \frac{1}{2} a \sin \frac{1}{2} b}{\cos \frac{1}{2} a \cos \frac{1}{2} b - \sin \frac{1}{2} a \sin \frac{1}{2} b} = \frac{\cos \frac{1}{2}(a-b)}{\cos \frac{1}{2}(a+b)}$; donc

$$\cos\left(\frac{a+b}{2}\right) = \cos \tfrac{1}{2} c \cot \tfrac{1}{2} C$$

$$\cos\left(\frac{a-b}{2}\right) = \cos \tfrac{1}{2} c \operatorname{tang} \tfrac{1}{2} C.$$

a et b étant connus, on aura A et B par les formules $\cos A = \operatorname{tang} \tfrac{1}{2} b \cot \tfrac{1}{2} c$, $\cos B = \operatorname{tang} \tfrac{1}{2} a \cot \tfrac{1}{2} c$, mais il suffit de déterminer l'un d'eux, puisqu'on a $A+B=C$.

Etant donnés a et A, pour trouver le reste, on reprendra l'équation $\cos A = \operatorname{tang} \tfrac{1}{2} b \cot \tfrac{1}{2} c$, d'où l'on tire $\frac{1-\cos A}{1+\cos A}$ ou $\operatorname{tang}^2 \tfrac{1}{2} A = \frac{\sin \frac{1}{2}(c-b)}{\sin \frac{1}{2}(c+b)}$; d'ailleurs on a $\sin^2 \tfrac{1}{2} a = \ldots$ $\sin\frac{c+b}{2} \sin\frac{c-b}{2}$; donc

$$\sin \tfrac{1}{2}(c+b) = \sin \tfrac{1}{2} a \cot \tfrac{1}{2} A$$

$$\sin \tfrac{1}{2}(c-b) = \sin \tfrac{1}{2} a \operatorname{tang} \tfrac{1}{2} A$$

Les côtés c et b étant trouvés, on aura B et C par les formules $\cos B = \tang \frac{1}{2} a \cot \frac{1}{2} c$, $\cos C = - \tang \frac{1}{2} a \tang \frac{1}{2} b$, mais il suffit d'avoir l'un d'eux, puisque $A+B=C$.

A ces formules on peut joindre encore les deux suivantes :

$$\tang \tfrac{1}{2}(A+B) = \sqrt{\left\{\frac{\cos\frac{a-b}{2}}{\cos\frac{a+b}{2}}\right\}}, \quad \tang \tfrac{1}{2}(A-B) = \frac{\sin\frac{a-b}{2}}{\sin\frac{a+b}{2}} \sqrt{\left\{\frac{\cos\frac{a+b}{2}}{\cos\frac{a-b}{2}}\right\}}$$

qui se déduisent des analogies de Néper, et qui serviront à trouver les deux angles A et B, lorsqu'on connoîtra les deux côtés a et b.

Il est facile maintenant de ranger ces formules dans l'ordre convenable, et d'en deduire la résolution de tous les cas où l'on a deux éléments connus.

CXI. Si du point I milieu de AB on abaisse sur AC et CB les perpendiculaires IL, IK et qu'on joigne CI, LK, il a été déja démontré * que la distance CI=AI=BI, et qu'ainsi on a AL=LC et CK=KB. De plus il est facile de prouver que le triangle LIK est rectangle en I. fig. 18. * 26. 7.

Si l'on prolonge les côtés CA, CB jusqu'à leur rencontre en D, on aura un triangle ABD, dont la somme des angles est de quatre angles droits, et dont par conséquent la surface est égale au quart de celle de la sphère. Pour rendre cette propriété sensible, soit ABD un triangle sphérique dont la somme des angles est de 400°; faites au point D l'angle ADE=DAB, prenez DE=AB, et joignez AE, EB. Par cette construction on voit d'abord que le triangle ADE est égal au triangle ADB, et qu'ainsi on a AE=DB. Ensuite, puisque les trois angles autour du point D valent quatre angles droits, ainsi que les trois angles du triangle ABD, si on retranche de part et d'autre ADB commun et ADE=DAB, il restera l'angle EDB=ABD. D'ailleurs les côtés DE, DB sont égaux aux côtés AB, BD, donc le triangle DEB est encore égal au triangle ABD, et on a EB=AD. Enfin le quatrième triangle AEB est équilatéral à ABD, car on a AE=BD, EB=AD et AB commun. Donc les quatre triangles sont égaux entr'eux, et chacun d'eux est égal au quart de la surface de la sphère. On peut s'assurer en outre que fig. 19.

les parties égales sont disposées semblablement dans ces triangles, ensorte qu'ils pourroient être superposés.

Il y a donc une infinité de manières de diviser la surface de la sphère en quatre triangles égaux et semblables. Soient
fig 18. donnés à volonté les deux côtés AB, BD dont la somme soit plus grande qu'une demi-circonférence, on trouvera l'angle qu'ils doivent comprendre et le troisième côté AD par les formules $\cos ABD = -\cot \frac{1}{2} AB \cot \frac{1}{2} BD$, $\cos^2 \frac{1}{2} AD = -\cos \frac{1}{2}(BD+AB) \cos \frac{1}{2}(BD-AB)$.

CXII. Pour revenir à la résolution des triangles, il est évident que les formules trouvées pour la résolution du triangle ABC serviront en même temps à résoudre le triangle ABD, lorsqu'outre la somme des angles qui est de 400°, on aura deux éléments donnés dans ce triangle. Donc on peut résoudre par cette voie tout triangle sphérique dont la somme des angles est de 400°, et la résolution de ces triangles sera à peu près aussi simple que celle des triangles sphériques rectangles.

Enfin dans le triangle qui seroit le polaire de ABC, la somme des deux côtés correspondants aux angles A et B surpasse de 200° le troisième côté correspondant à l'angle C; et dans le triangle polaire de ABD la somme des trois côtés est de 200°. Donc on peut encore résoudre par la même voie et d'une manière également facile, tout triangle sphérique dans lequel la somme des côtés est de 200°, ainsi que tout triangle dans lequel la somme des deux côtés surpasse le troisième de 200°.

FIN.

ERRATA.

PAGE 27, *ligne* 20, MN=AN; *lisez :* MN=AM.

Pag. 205, *lig.* 18, de le; *lisez :* de la.

Pag. 261, *lig.* 2, B'A'C'C, 'A'H'; *lisez :* B'A'C', C'A'H'.

Pag. 378, *lig.* avant dernière, 2000°; *lisez :* 200°.

Pag. 382, *en marge*, fig. 2; *lisez :* fig. 1.

Pag. 387, *lig.* 6, $\sin^2 \frac{1}{2} a = \frac{1}{2} R - \frac{1}{2} R^2 \cos a$; *lisez :* $\sin^2 \frac{1}{2} a = \frac{1}{2} R^2 - \frac{1}{2} R \cos a$.

Pag. 395, *lig.* avant-dernière, $\frac{m.n-1}{1.2}$; *lisez :* $\frac{n.n-1}{1.2}$.

Pag. 396, *lig.* 17, — etc.; *lisez :* — etc.)

Trigonométrie.

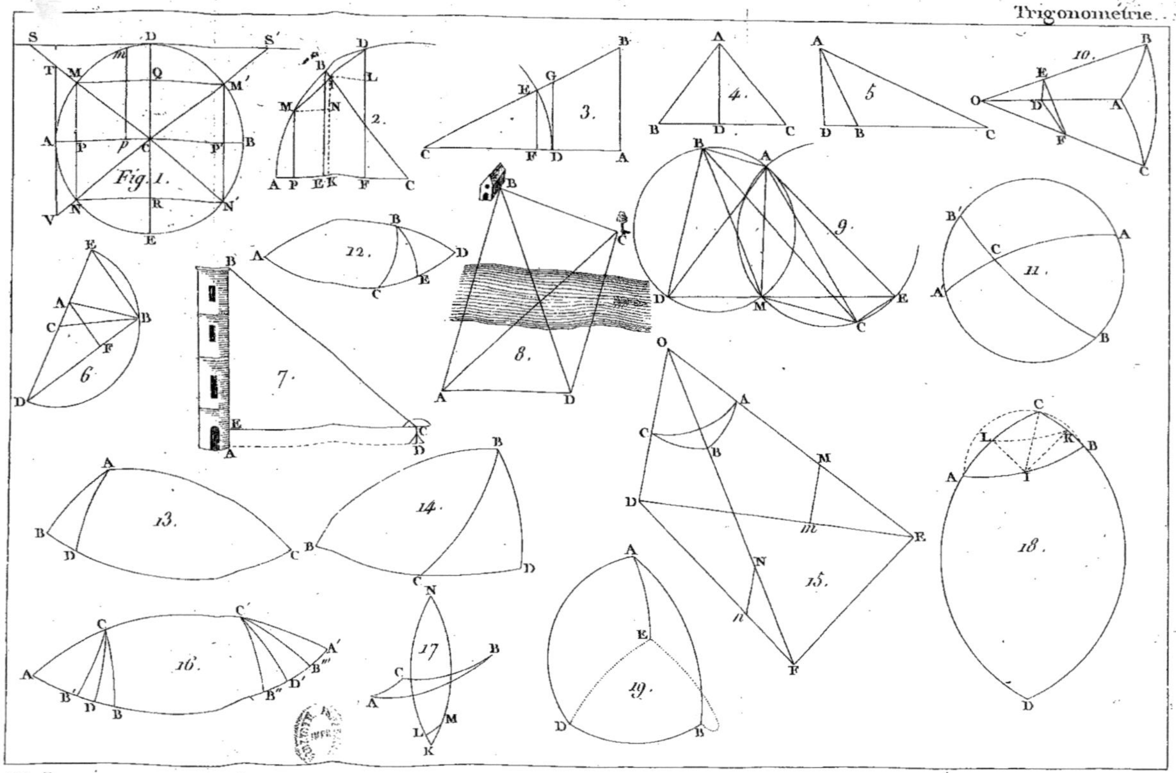

N° 13.

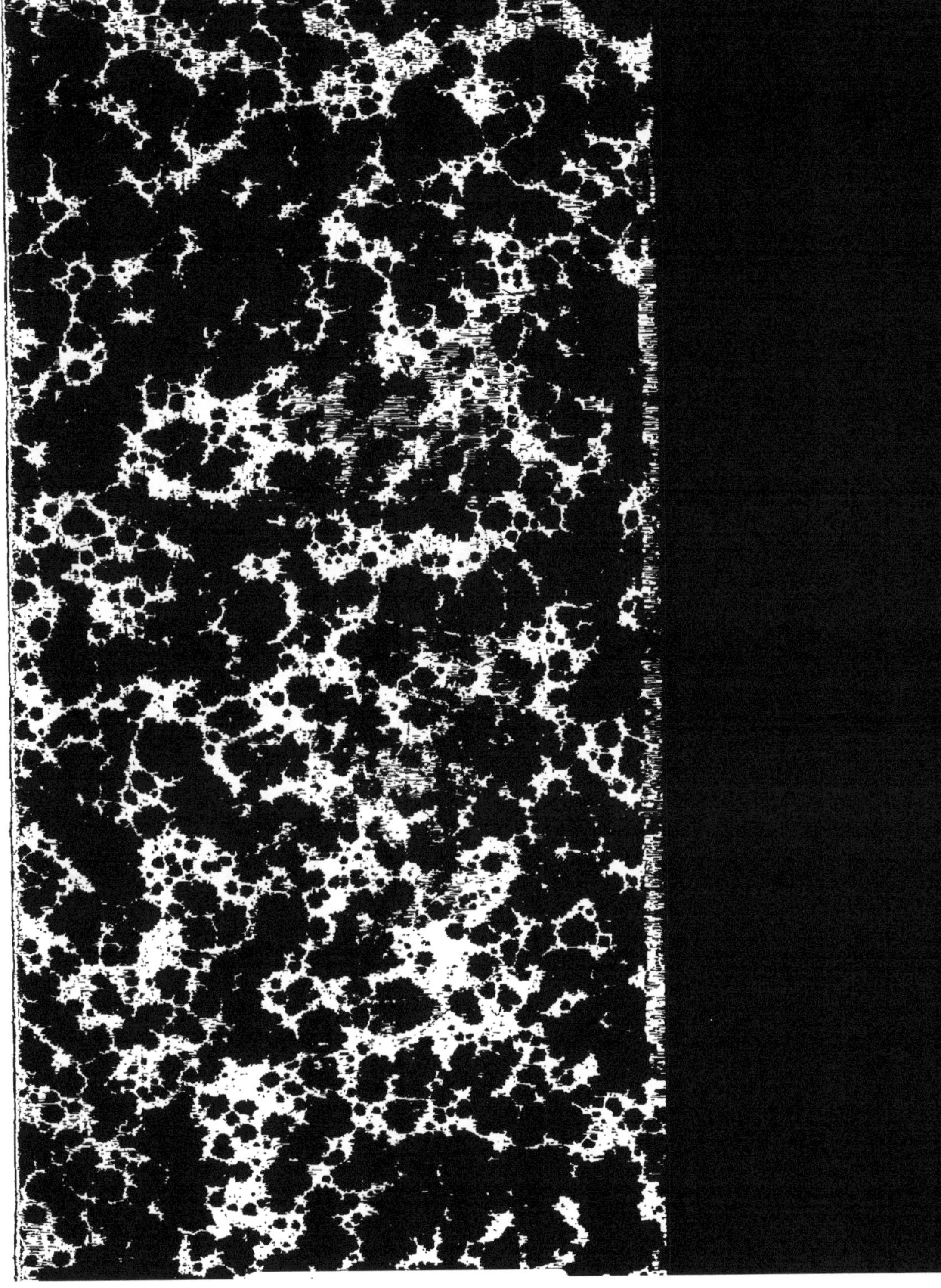

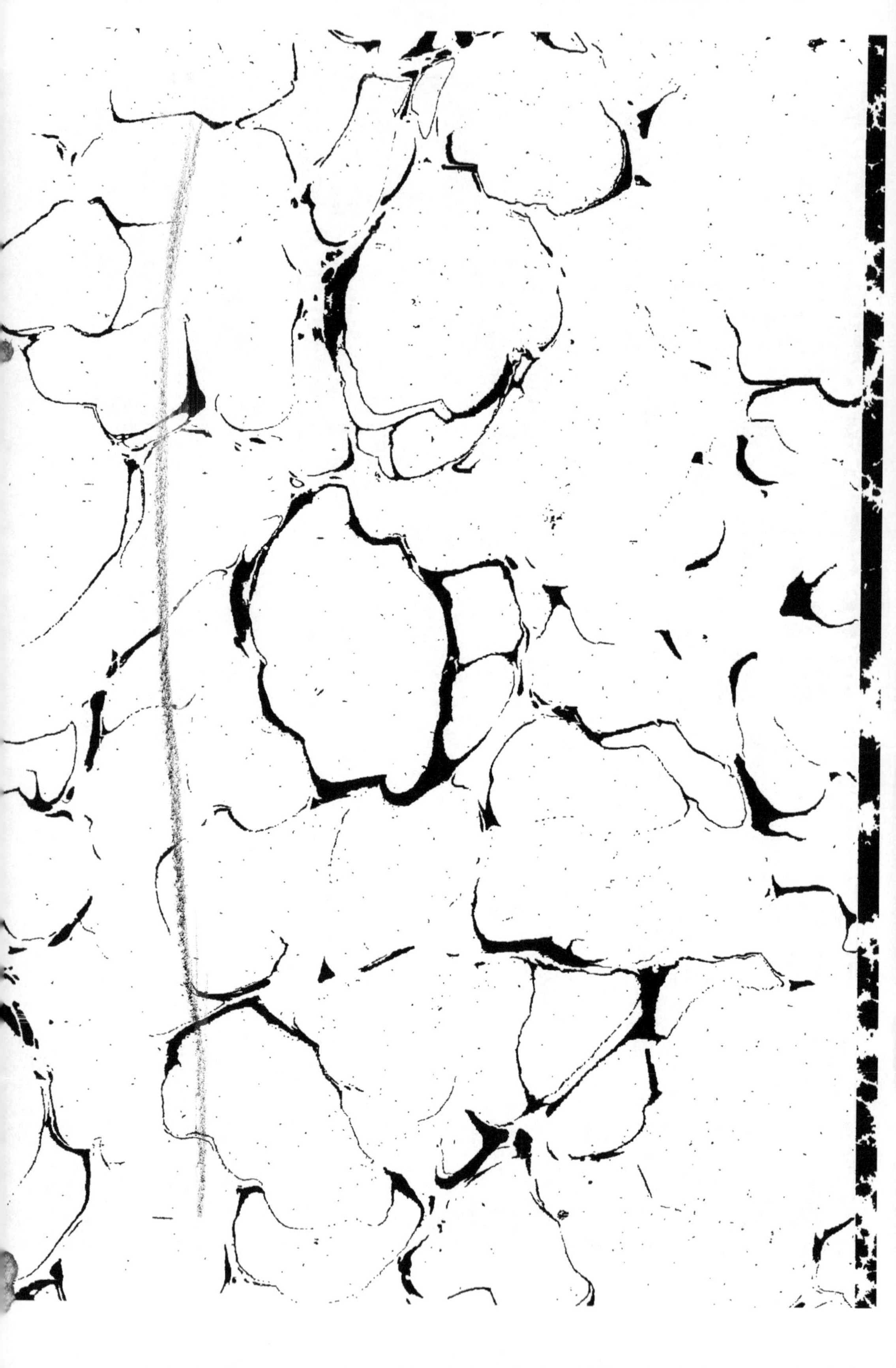

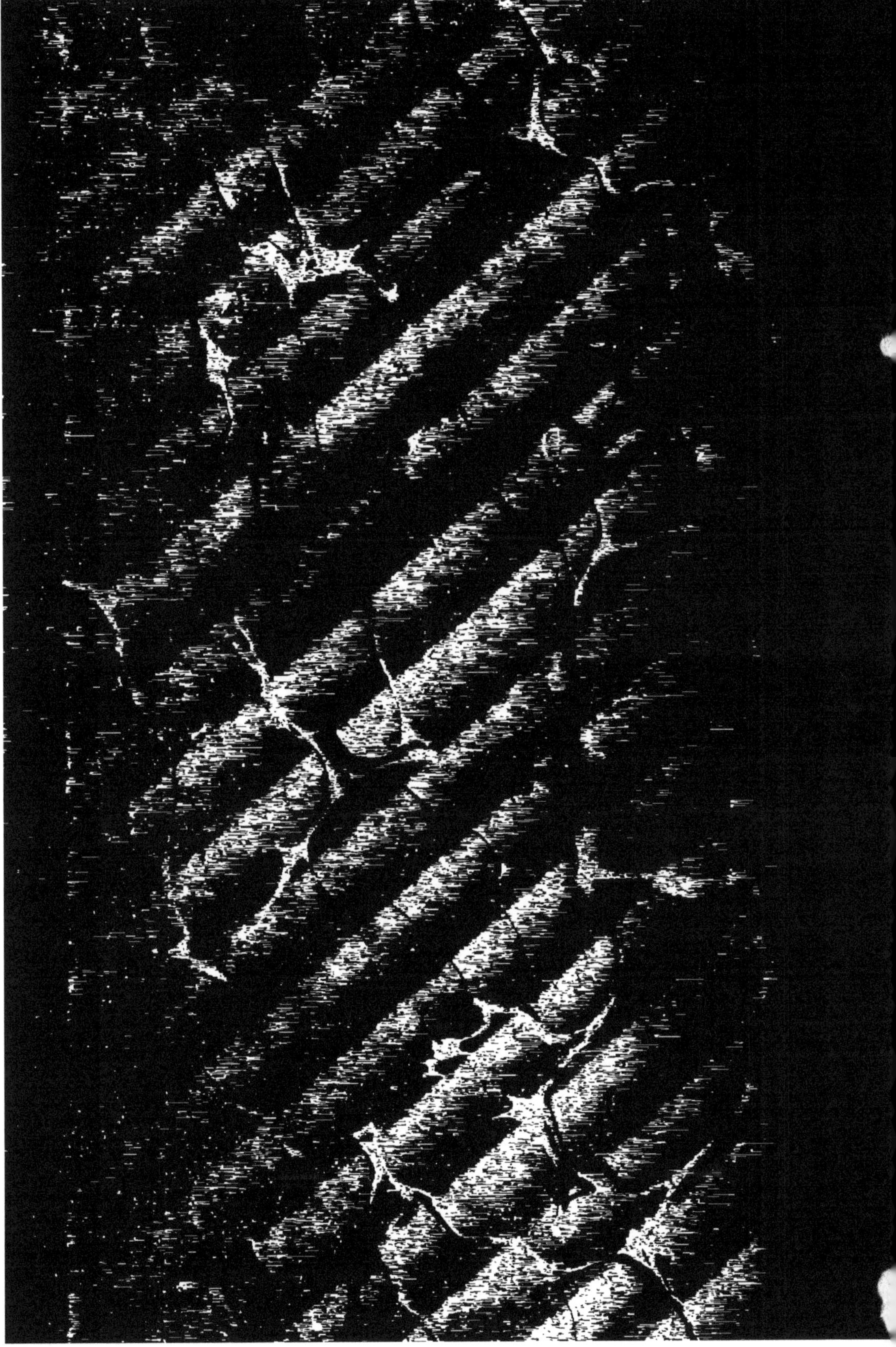